Princípios de engenharia de fundações

Dados Internacionais de Catalogação na Publicação (CIP)
(Câmara Brasileira do Livro, SP, Brasil)

Das, Braja M.
 Princípios de engenharia de fundações / Braja
M. Das ; [tradução Noveritis do Brasil ;
revisão técnica Roberta Boszczowski]. --
São Paulo : Cengage Learning, 2016.

 Título original: Principles of foundation
engineering
 8. ed. norte-americana.
 Bibliografia.
 ISBN 978-85-221-2415-2

1. Fundações (Engenharia) I. Título.

15-11529 CDD-624.15

Índice para catálogo sistemático:

1. Engenharia de fundações 624.15
2. Fundações : Engenharia 624.15

Princípios de engenharia de fundações

Tradução e adaptação da 8ª edição norte-americana

BRAJA M. DAS

Tradução: Noveritis do Brasil

Revisão técnica: Roberta B. Boszczowski
Doutora em Engenharia Civil pela Pontifícia Universidade Católica do Rio de Janeiro (PUC-Rio).
Professora dos Cursos de Engenharia Civil e Engenharia Ambiental da Universidade Federal do Paraná (UFPR).

Austrália • Brasil • Japão • Coreia • México • Cingapura • Espanha • Reino Unido • Estados Unidos

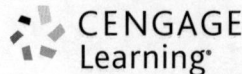

Princípios de engenharia de fundações
Tradução e adaptação da 8ª edição norte-americana
1ª edição brasileira
Braja M. Das

Gerente editorial: Noelma Brocanelli

Editora de desenvolvimento: Gisela Carnicelli

Supervisora de produção gráfica: Fabiana Alencar Albuquerque

Editora de aquisições: Guacira Simonelli

Especialista em direitos autorais: Jenis Oh

Assistente editorial: Joelma Andrade

Título original: Principles of Foundation Engineering 8th edition (ISBN 13: 978-1-133-08156-7; ISBN 10: 1-133-08156-0)

Tradução: Noveritis do Brasil

Revisão técnica: Roberta B. Boszczowski

Copidesque e revisão: Beatriz Simões Araújo, FZ Consultoria, Tatiana Tanaka e Norma Gusukuma

Diagramação: PC Editorial Ltda.

Capa: BuonoDisegno

Imagem de capa: Lifeking/Shutterstock

© 2016, 2012 Cengage Learning Edições Ltda.
© 2017 Cengage Learning Edições Ltda.

Todos os direitos reservados. Nenhuma parte deste livro poderá ser reproduzida, sejam quais forem os meios empregados, sem a permissão, por escrito, da Editora. Aos infratores aplicam-se as sanções previstas nos artigos 102, 104, 106 e 107 da Lei nº 9.610, de 19 de fevereiro de 1998.

Esta editora empenhou-se em contatar os responsáveis pelos direitos autorais de todas as imagens e de outros materiais utilizados neste livro. Se porventura for constatada a omissão involuntária na identificação de algum deles, dispomo-nos a efetuar, futuramente, os possíveis acertos.

A Editora não se responsabiliza pelo funcionamento dos sites contidos neste livro que possam estar suspensos.

Para informações sobre nossos produtos, entre em contato pelo telefone **0800 11 19 39**

Para permissão de uso de material desta obra, envie seu pedido para
direitosautorais@cengage.com

© 2017 Cengage Learning. Todos os direitos reservados.

ISBN-13: 978-85-221-2415-2
ISBN-10: 85-221-2415-9

Cengage Learning
Condomínio E-Business Park
Rua Werner Siemens, 111 – Prédio 11 – Torre A – Conjunto 12
Lapa de Baixo – CEP 05069-900 – São Paulo – SP
Tel.: (11) 3665-9900 – Fax: (11) 3665-9901
SAC: 0800 11 19 39

Para suas soluções de curso e aprendizado, visite
www.cengage.com.br

Impresso no Brasil.
Printed in Brazil.
1 2 3 4 5 6 7 8   19 18 17 16

Sumário

Prefácio ix

1 Introdução 1
1.1 Engenharia geotécnica 1
1.2 Engenharia de fundações 1
1.3 Formato geral do livro 1
1.4 Métodos de projeto 2
1.5 Métodos numéricos na engenharia geotécnica 3

Parte I – Propriedades geotécnicas e exploração do solo 5

2 Propriedades geotécnicas do solo 7
2.1 Introdução 7
2.2 Distribuição granulométrica 7
2.3 Limites de tamanho para solos 10
2.4 Relações peso-volume 10
2.5 Densidade relativa 14
2.6 Limites de Atterberg 19
2.7 Índice de liquidez 20
2.8 Atividade 20
2.9 Sistemas de classificação dos solos 21
2.10 Condutividade hidráulica do solo 28
2.11 Percolação em regime permanente 33
2.12 Tensão efetiva 34
2.13 Adensamento 37
2.14 Cálculo do recalque por adensamento primário 41
2.15 Taxa de adensamento 42
2.16 Grau de adensamento sob rampa de carregamento 48
2.17 Resistência ao cisalhamento 50
2.18 Ensaio de compressão não confinado 55
2.19 Comentários sobre o ângulo de atrito, ϕ' 56
2.20 Correlações para a resistência ao cisalhamento não drenado, c_u 58
2.21 Sensibilidade 59

3 Depósitos de solo natural e exploração de subsolo 60
3.1 Introdução 60

Depósitos de solo natural 60
3.2 Origem do solo 60
3.3 Solo residual 61
3.4 Solo transportado pela gravidade 62
3.5 Depósitos aluviais 63
3.6 Depósitos de lacustre 65
3.7 Depósitos de geleiras 65
3.8 Depósitos de solo eólicos 66
3.9 Solo orgânico 67
3.10 Alguns termos locais para solos 67

Exploração de subsuperfície 68
3.11 Finalidade da exploração de subsuperfície 68
3.12 Programa de exploração de subsuperfície 68
3.13 Perfuração exploratória no campo 71
3.14 Procedimentos para amostragem de solo 73
3.15 Amostragem bipartida 73
3.16 Amostragem com raspador 82
3.17 Amostragem com tubo com parede fina 83
3.18 Amostragem com amostrador de pistão 83
3.19 Observação sobre o lençol freático 85
3.20 Ensaio de palheta 85
3.21 Ensaio de penetração de cone 90
3.22 Ensaio pressiométrico (PMT) 97
3.23 Ensaio dilatométrico 100

3.24 Testemunhagem de rocha 103
3.25 Apresentação dos relatórios de perfuração 106
3.26 Exploração geofísica 107
3.27 Relatório de exploração de subsolo 113

Parte II – Análise de fundações 115

4 Fundações rasas: capacidade de carga final 117

4.1 Introdução 117
4.2 Conceito geral 117
4.3 Teoria da capacidade de suporte de Terzaghi 121
4.4 Fator de segurança 125
4.5 Modificação das equações de capacidade de suporte para o lençol freático 127
4.6 Equação da capacidade de suporte geral 127
4.7 Outras soluções para os fatores de capacidade de carga N_γ, forma e profundidade 132
4.8 Estudos de caso sobre a capacidade de suporte limite 135
4.9 Efeito da compressibilidade do solo 139

5 Aumento da tensão vertical no solo 144

5.1 Introdução 144
5.2 Tensão em função de carga concentrada 144
5.3 Tensão em função de área circular carregada 145
5.4 Tensão em função de uma carga linear 146
5.5 Tensão abaixo de suporte em sapata contínua em carga vertical (largura finita e comprimento infinito) 147
5.6 Tensão abaixo de área retangular 149
5.7 Isóbaros de tensão 155
5.8 Aumento da tensão vertical média causado por área retangular carregada 156
5.9 Aumento da tensão vertical média abaixo do centro de área circular carregada 160
5.10 Solução de Westergaard para tensão vertical em função de carga pontual 163
5.11 Distribuição da tensão para o material de Westergaard 165

6 Recalque das fundações rasas 168

6.1 Introdução 168
6.2 Recalque elástico da fundação rasa na argila saturada ($\mu_s = 0{,}5$) 168

Recalque elástico em solo granular 170

6.3 Recalque com base na teoria da elasticidade 170
6.4 Equação aprimorada para recalque elástico 178
6.5 Recalque de solo arenoso: uso de fatores de influência de deformação 182
6.6 Recalque da fundação na areia com base no índice de resistência à penetração 191

7 Fundações em radier 195

7.1 Introdução 195
7.2 Sapatas combinadas 195
7.3 Tipos comuns de fundações em radier 200
7.4 Capacidade de suporte de fundações em radier 201

8 Fundações por estacas 205

8.1 Introdução 205
8.2 Tipos de estacas e as características estruturais 206
8.3 Estimativa do comprimento da estaca 214
8.4 Instalação das estacas 215
8.5 Mecanismo de transferência de carga 219
8.6 Equações para estimar a capacidade de carga da estaca 221
8.7 Método de Meyerhof para estimar Q_p 223
8.8 Método de Vesic para estimar Q_p 226
8.9 Correlações para o cálculo de Q_p com os resultados SPT e CPT em solo granular 229
8.10 Resistência ao atrito (Q_s) em areia 231
8.11 Resistência ao atrito (lateral) em argila 236
8.12 Recalque elástico das estacas 241
8.13 Atrito lateral negativo 244

9 Fundações com tubulões 249

9.1 Introdução 249
9.2 Tipos de tubulões 249
9.3 Procedimentos para construção 250
9.4 Outras considerações de projeto 256
9.5 Mecanismo de transferência de carga 256
9.6 Estimativa da capacidade de suporte 256
9.7 Tubulões em solo granular: capacidade de carga 258
9.8 Capacidade de suporte com base no recalque 262
9.9 Tubulões em argila: capacidade de suporte 269

9.10 Capacidade de suporte com base no recalque 271

Parte III – Empuxo lateral de terra e estruturas de arrimo de terra 277

10 Empuxo lateral de terra 279
10.1 Introdução 279
10.2 Empuxo lateral de terra em repouso 280

Empuxo ativo 283

10.3 Empuxo ativo de terra de Rankine 283
10.4 Caso generalizado para o empuxo ativo de Rankine – aterro granular 288
10.5 Empuxo ativo de Rankine com a face posterior do muro vertical e aterro de solo $c' – \varnothing'$ inclinado 292
10.6 Empuxo ativo de terra de Coulomb 293
10.7 Empuxo lateral de terra decorrente de sobrecarga 296

Empuxo passivo 299

10.8 Empuxo passivo de terra de Rankine 299
10.9 Empuxo passivo de terra de Coulomb 303
10.10 Comentários sobre a suposição da superfície de ruptura para os cálculos do empuxo de Coulomb 304

11 Muros de arrimo 306
11.1 Introdução 306

Muros de gravidade e cantiléver 308

11.2 Dimensionamento dos muros de arrimo 308
11.3 Aplicação das teorias do empuxo lateral de terra para projeto 308
11.4 Estabilidade dos muros de arrimo 310
11.5 Verificação para o tombamento 311
11.6 Verificação para o deslizamento ao longo da base 313
11.7 Verificação para a ruptura da capacidade de suporte 316

11.8 Juntas de construção e drenagem do aterro 324
11.9 Comentários sobre a concepção de muros de arrimo e um estudo de caso 326

Muros de arrimo mecanicamente estabilizados 328

Parte IV – Melhoramento do solo 329

12 Melhoramento do solo e modificação do terreno 331
12.1 Introdução 331
12.2 Princípios gerais da compactação 331
12.3 Compactação em campo 334
12.4 Pré-compressão 336

Referências bibliográficas R-1

Índice remissivo I-1

Disponível para download na página deste livro no site da Cengage:

APÊNDICE – Projeto de concreto reforçado de fundações rasas 341
A.1 Princípios básicos do projeto de concreto reforçado 341
A.2 Barras de reforço 344
A.3 Comprimento de desenvolvimento 345
A.4 Exemplo do projeto de fundação de muro contínuo 345
A.5 Exemplo do projeto de fundação quadrada para pilar 349
A.6 Exemplo do projeto de fundação retangular para pilar 353

Problemas P-1

Respostas dos problemas 1

Prefácio

Mecânica dos solos e engenharia de fundações têm se desenvolvido rapidamente nos últimos 50 anos ou mais. Intensa pesquisa e observação, tanto em campo quanto no laboratório, têm refinado e melhorado a ciência do projeto da fundação. Originalmente publicado no outono de 1983, com direitos autorais em 1984, este texto sobre os princípios da engenharia de fundações está agora na oitava edição. Destina-se principalmente para uso de estudantes de graduação de engenharia civil. O uso deste texto em todo o mundo tem aumentado consideravelmente ao longo dos anos. Ele também foi traduzido para várias línguas. Materiais novos e aperfeiçoados foram publicados em várias revistas de engenharia, e procedimentos de conferência que são consistentes com o nível de compreensão dos usuários foram incorporados em cada edição do texto.

Com base nas observações úteis recebidas dos colaboradores para a preparação desta edição, as alterações foram feitas a partir da sétima edição. Há um pequeno capítulo introdutório (Capítulo 1) no início. O capítulo sobre a capacidade de suporte admissível em fundações superficiais foi dividido em dois capítulos – um sobre a estimativa da tensão vertical devido às cargas sobrepostas e outro sobre o recalque das fundações rasas. O texto foi dividido em quatro partes principais para consistência e continuidade, e os capítulos foram reorganizados.

Parte I – Propriedades geotécnicas e exploração do solo (Capítulos 2 e 3)
Parte II – Análise de fundações (Capítulos 4 a 9)
Parte III – Empuxo lateral de terra e estruturas de arrimo de terra (Capítulos 10 e 11)
Parte IV – Melhoramento do solo (Capítulo 12)

Agradecimentos

Os agradecimentos são para:

- Os seguintes colaboradores, pelas suas observações e sugestões construtivas:

    Mohamed Sherif Aggour, University of Maryland, College Park
    Paul J. Cosentino, Florida Institute of Technology
    Jinyuan Liu, Ryerson University
    Zhe Luo, Clemson University
    Robert Mokwa, Montana State University
    Krishna R. Reddy, University of Illinois em Chicago
    Cumaraswamy Vipulanandan, University of Houston

- Henry Ng, da hkn Engineers, El Paso, Texas, por sua ajuda e conselhos para completar os exemplos de projeto de concreto armado do Apêndice A.
- Dr. Richard L. Handy, Professor Emérito no Departamento de Engenharia Civil, Construção e Engenharia Ambiental na Iowa State University, por seu contínuo encorajamento e por fornecer várias fotografias utilizadas nesta edição.

- Dr. Nagaratnam Sivakugan da James Cook University, Austrália, e Dr. Khaled Sobhan da Florida Atlantic University, por ajudarem e aconselharem no desenvolvimento da revisão.
- Vários profissionais na Cengage Learning, por sua assistência e assessoria no desenvolvimento final do livro, a saber:

Tim Anderson, Editor
Hilda Gowans, Editor de Desenvolvimento Sênior

Também é apropriado agradecer a Rose P. Kernan da RPK Editorial Services. Ela foi importante para a formação do estilo e da administração do produto desta edição dos *Princípios da Engenharia de Fundações* assim como em diversas edições anteriores.

Durante os últimos 35 anos, a minha principal fonte de inspiração tem sido a energia incomensurável de minha esposa, Janice. Sou grato por sua ajuda contínua no desenvolvimento do texto original e suas sete revisões subsequentes.

Braja M. Das

*Em memória de minha mãe.
Dedico este livro a Janice,
Joe, Valerie e Elizabeth.*

1 Introdução

1.1 Engenharia geotécnica

Para fins de engenharia, *solo* é definido como um agregado não cimentado de grãos minerais e matéria orgânica decomposta (partículas sólidas), com líquido e gás preenchendo os espaços vazios existentes entre as partículas sólidas. O solo é usado como material de construção em diversos projetos da engenharia civil e suporta fundações estruturais. Dessa forma, os engenheiros civis devem estudar as propriedades do solo, como origem, distribuição granulométrica, permeabilidade, compressibilidade, resistência ao cisalhamento, capacidade de suporte, e assim por diante.

Mecânica dos solos é o ramo da ciência que estuda as propriedades físicas e o comportamento de massas do solo submetidas a diversos tipos de forças.

Mecânica das rochas é um ramo da ciência que estuda as propriedades das rochas. Ela inclui o efeito do conjunto de fissuras e poros no comportamento não linear de tensão-deformação das rochas, como anisotropia de resistência. A mecânica das rochas (como conhecemos) surgiu da mecânica dos solos. Portanto, coletivamente, a mecânica dos solos e a mecânica das rochas são conhecidas como *engenharia geotécnica*.

1.2 Engenharia de fundações

Engenharia de fundações é a aplicação e a prática dos princípios básicos da mecânica dos solos e da mecânica das rochas (isto é, engenharia geotécnica) no projeto de fundações de diversas estruturas. Essas fundações incluem os pilares e paredes de edifícios, pilares de pontes, aterros e outros. Também envolvem a análise e o projeto de estruturas de contenção de terra, como muros de arrimo, cortinas de estaca-prancha e escavações escoradas. Este livro foi preparado, no geral, para trabalhar com os aspectos da engenharia de fundações dessas estruturas.

1.3 Formato geral do livro

Este livro é dividido em quatro partes principais.

- Parte I – Propriedades geotécnicas e exploração do solo (capítulos 2 e 3)
- Parte II – Análise de fundações (capítulos 4 ao 9).

A análise das fundações, no geral, pode ser dividida em duas categorias: fundações rasas e fundações profundas. As fundações em sapata corrida e radier (ou raft) são conhecidas como fundações rasas. Uma *sapata corrida* é simplesmente uma extensão de parede ou pilar estrutural que possibilita a distribuição da carga da estrutura em uma área maior do solo. Em solos com baixa capacidade de suporte, as dimensões das sapatas requeridas são excessivamente grandes. Nesse caso, é mais econômico construir toda a estrutura sobre uma base de concreto. Esse tipo de fundação é chamado *radier*. Estacas e tubulões são fundações profundas. Eles são membros estruturais utilizados para estruturas mais pesadas quando a profundidade necessária para suportar a carga é maior. Transmitem a carga da superestrutura para as camadas inferiores do solo.

- Parte III – Empuxo lateral de terra e estruturas de arrimo de terra (capítulos 10 e 11)

Inclui a discussão dos princípios gerais do empuxo lateral de terra em muros verticais ou semiverticais com base no movimento do muro e nas análises dos muros de arrimo.

- Parte IV – Melhoramento do solo (Capítulo 12)

Discute os processos de estabilização mecânica e química utilizados para melhorar a qualidade do solo para a construção de fundações. Os processos de estabilização mecânica incluem compactação e pré-compressão. Do mesmo modo, os processos de estabilização química incluem modificação do terreno utilizando aditivos como cal, cimento e cinzas volantes.

1.4 Métodos de projeto

O *método das tensões admissíveis* (*allowable stress design*; ASD) tem sido usado por um século no projeto de fundações e também é utilizado na edição deste livro. O ASD é um método de projeto determinista que tem como base o conceito da aplicação de um fator de segurança (FS) para uma carga final Q_u (que é um estado do último limite). Assim, a carga admissível Q_{total} pode ser expressa como:

$$Q_{total} = \frac{Q_u}{FS} \tag{1.1}$$

De acordo com o ASD,

$$Q_{projeto} \leq Q_{total} \tag{1.2}$$

onde $Q_{projeto}$ é a carga do projeto (trabalho).

Ao longo dos últimos anos, os *métodos de projeto com base na confiabilidade* estão lentamente sendo incorporados no projeto da engenharia civil. Isso também é chamado de método dos estados limites (*load and resistance factor design method*; LRFD). Também é conhecido como o método da resistência direta (*ultimate strength design*; USD). O LRFD foi inicialmente colocado em prática pelo American Concrete Institute (ACI) nos anos 1960. Diversos códigos na América do Norte agora fornecem parâmetros para o LRFD.

- American Association of State Highway and Transportation Officials (AASHTO) (1994, 1998)
- American Petroleum Institute (API) (1993)
- American Concrete Institute (API) (2002)

De acordo com o LRFD, a *carga nominal fatorada* Q_u é calculada como:

$$Q_u = (LF)_1 Q_{u(1)} + (LF)_2 Q_{u(2)} + \ldots \tag{1.3}$$

onde:

Q_u = carga nominal fatorada;
$(LF)_i$ ($i = 1, 2, \ldots$) é o fator da carga para a carga nominal $Q_{u(i)}$ ($i = 1, 2, \ldots$).

A maioria dos fatores da carga é maior que um. Como exemplo, de acordo com a AASHTO (1998), os fatores de carga são:

Carga	LF
Carga morta	1,25 a 1,95
Carga viva	1,35 a 1,75
Carga de vento	1,4
Sísmica	1,0

Então, a desigualdade do projeto básico pode ser dada como:

$$Q_u \leq \phi Q_n \tag{1.4}$$

onde:

Q_n = capacidade de suporte nominal;
ϕ = fator de resistência (<1).

Como um exemplo da Equação (1.4), consideremos uma fundação rasa – uma sapata do pilar medindo $B \times B$. Com base na carga morta, carga viva e na carga de vento do pilar e dos fatores de carga recomendados na norma, o valor de Q_u pode ser obtido. A capacidade de suporte nominal,

$$Q_n = q_u(A) = q_u B^2 \tag{1.5}$$

onde:

q_u = capacidade de suporte final (Capítulo 4);
A = área da sapata do pilar = B^2.

O fator de resistência ϕ pode ser obtido do código. Assim,

$$Q_u \leq \phi q_u B^2 \tag{1.6}$$

A Equação (1.6) agora pode ser usada para obter o tamanho da sapata B.

O LRFD é um tanto lento para ser aceito e adotado na comunidade geotécnica hoje em dia. No entanto, este é o futuro método de projeto.

No Apêndice A deste livro (Projeto de Concreto Reforçado de Fundações Rasas), o método da resistência direta foi usado com base no ACI 381-11 (American Concrete Institute, 2011).

1.5 Métodos numéricos na engenharia geotécnica

Com muita frequência, as condições limítrofes no projeto da engenharia geotécnica podem ser tão complexas que impossibilitam a realização da análise tradicional com uso das teorias simplificadas, equações e gráficos de projeto tratados nos livros didáticos. Essa situação torna-se ainda mais complexa pela variabilidade do solo. Sob essas circunstâncias, o modelamento numérico pode ser muito útil. O *modelamento numérico* está se tornando cada vez mais popular nos projetos de fundações, muros de arrimo, barragens e outras estruturas suportadas pelo solo. Geralmente, ele é usado em projetos grandes. Pode modelar a interação entre o solo e a estrutura de maneira muito eficaz.

A análise dos elementos finitos e a análise das diferenças finitas são duas técnicas diferentes de modelamento numérico. Aqui, o domínio do problema é dividido em uma rede, consistindo em milhares de elementos e nós. As condições de contorno e os modelos constitutivos apropriados (p. ex., elástico linear e Mohr-Coulomb) são aplicados, e as equações são desenvolvidas para todos os nós. Ao solucionar milhares de equações, as variáveis nos nós são determinadas.

Há pessoas que escrevem seu próprio programa de elementos finitos para resolver um problema geotécnico. Para os novatos, há programas disponíveis no mercado que podem ser utilizados para esses fins. *PLAXIS* (http://www.plaxis.nl) é um programa de elementos finitos muito popular e bastante utilizado por engenheiros profissionais. *FLAC* (http://www.itasca.com) é um poderoso programa de diferenças finitas utilizado na engenharia geotécnica e de minas. Há também outros softwares de modelamento numérico disponíveis, como os desenvolvidos pela GEO-SLOPE International Ltd.

(http://www.geo-slope.com), SoilVision Systems Ltd. (http://www.soilvision.com) e GGU-Software (http://www.ggu--software.com). Além disso, alguns dos pacotes de softwares mais poderosos e versáteis desenvolvidos para a engenharia estrutural, de materiais e de concreto também têm a habilidade de modelar problemas geotécnicos. *Abaqus* e *Ansys*® são dois pacotes de elementos finitos utilizados nas universidades para ensino e pesquisa. Eles também são bem eficazes no modelamento de problemas geotécnicos.

Para simplificar a análise, geralmente supõe-se que o solo se comporta como um meio contínuo linear elástico ou um meio contínuo plástico rígido. Na realidade, esse não é o caso, e pode ser necessário adotar modelos constitutivos mais sofisticados que modelariam o comportamento do solo de maneira mais realista. Não importa a qualidade do modelo, o produto final só pode ser tão bom quanto o produto inicial. É necessário ter bons parâmetros de entrada para chegar a soluções sensatas.

Parte I
Propriedades geotécnicas e exploração do solo

Capítulo 2: Propriedades geotécnicas do solo
Capítulo 3: Depósitos de solo natural e exploração de subsolo

2 Propriedades geotécnicas do solo

2.1 Introdução

O projeto das fundações de estruturas, como edifícios, pontes e barragens, geralmente exige um conhecimento de fatores como (a) a carga que será transmitida pela superestrutura para o sistema da fundação, (b) as exigências de normas de construção local, (c) o comportamento e a deformabilidade relacionada à tensão dos solos que suportarão o sistema da fundação e (d) as condições geológicas do solo sob consideração. Para um engenheiro de fundações, os últimos dois fatores são extremamente importantes porque concernem à mecânica dos solos.

As propriedades geotécnicas de um solo – como a distribuição granulométrica, plasticidade, compressibilidade e resistência ao cisalhamento – podem ser avaliadas pelos ensaios laboratoriais adequados. Além do mais, uma ênfase mais recente foi dada à determinação *in situ* das propriedades de resistência e de deformação do solo, porque esse processo evita amostras perturbadas durante a exploração em campo. Entretanto, sob certas circunstâncias, nem todos os parâmetros necessários podem ser ou são determinados, em função de razões econômicas ou de outras razões. Nesses casos, o engenheiro deve fazer certas suposições a respeito das propriedades do solo. Para avaliar a precisão dos parâmetros do solo – se eles foram determinados no laboratório e em campo ou se foram estimadas –, o engenheiro deve ter uma boa compreensão dos princípios básicos da mecânica dos solos. Ao mesmo tempo, ele deve perceber que os depósitos naturais dos solos em que as fundações são construídas não são homogêneos na maioria dos casos. Dessa forma, o engenheiro deve ter um entendimento completo da geologia da área – ou seja, a origem e a natureza da estratificação do solo e também das condições de água subterrânea. A engenharia de fundações é uma combinação inteligente da mecânica dos solos, da geologia de engenharia e do julgamento adequado derivado de experiências passadas. Em certa medida, isso pode ser chamado de arte.

Este capítulo serve principalmente como revisão das propriedades geotécnicas básicas dos solos. Ele inclui tópicos como distribuição granulométrica, plasticidade, classificação dos solos, condutividade hidráulica, tensão efetiva, adensamento e parâmetros de resistência ao cisalhamento. Baseia-se na suposição de que você já estudou esses conceitos em um curso básico de mecânica dos solos.

2.2 Distribuição granulométrica

Em qualquer massa de solo, os tamanhos dos grãos variam imensamente. Para classificar uma propriedade, você deve saber a *distribuição granulométrica*. A distribuição granulométrica do solo de *grãos grossos* geralmente é determinada pelo *ensaio de peneiramento*. Para um solo de *grãos finos*, a distribuição granulométrica pode ser obtida pelo *ensaio de sedimentação*. As características fundamentais desses ensaios são apresentadas nesta seção. Para descrições detalhadas, consulte qualquer manual laboratorial sobre mecânica dos solos (p. ex., Das, 2013).

Ensaio de peneiramento

Um ensaio de peneiramento é realizado com uma quantidade predeterminada de solo seco e bem destorroado e passando-a por uma série de peneiras progressivamente mais finas com um tacho no fundo. A quantidade do solo retido em cada peneira é medida, e o percentual cumulativo do solo passando por cada uma é determinado. Esse percentual geralmente é conhecido por *percentual de finos*. A Tabela 2.1 contém uma lista de números de peneiras dos EUA e o tamanho correspondente das aberturas. Essas peneiras são comumente utilizadas para o ensaio do solo para fins de classificação.

O percentual de finos para cada peneira, determinado por um ensaio de peneiramento, é plotado em *papel gráfico semilogarítmico,* como mostrado na Figura 2.1. Observe que o diâmetro do grão, D, é plotado na *escala logarítmica* e o percentual de finos é plotado na *escala aritmética*.

Dois parâmetros podem ser determinados a partir das curvas de distribuição granulométrica dos solos com grãos grossos: (1) *o coeficiente de uniformidade* (C_u) e (2) *o coeficiente de graduação* ou *coeficiente de curvatura* (C_c). Esses coeficientes são:

$$C_u = \frac{D_{60}}{D_{10}} \tag{2.1}$$

e

$$C_c = \frac{D_{30}^2}{(D_{60})(D_{10})} \tag{2.2}$$

Tabela 2.1 Padrão dos EUA dos tamanhos de peneira

Peneira nº	Abertura (mm)
4	4,750
6	3,350
8	2,360
10	2,000
16	1,180
20	0,850
30	0,600
40	0,425
50	0,300
60	0,250
80	0,180
100	0,150
140	0,106
170	0,088
200	0,075
270	0,053

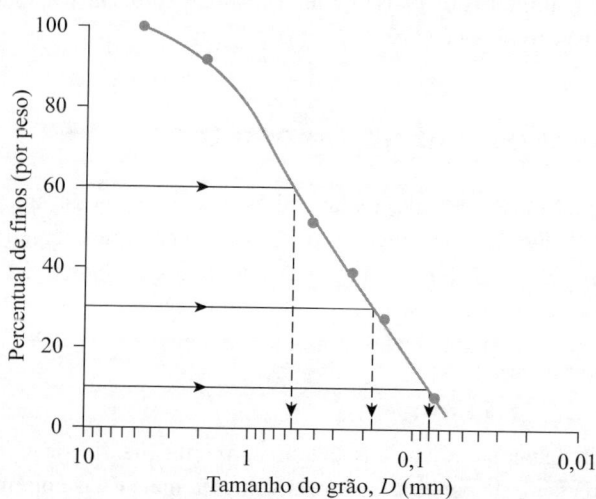

Figura 2.1 A curva de distribuição granulométrica de um solo de grãos grossos obtida com base em ensaio de peneiramento

onde D_{10}, D_{30} e D_{60} são os diâmetros correspondentes às porcentagens de grãos mais finos que 10%, 30% e 60%, respectivamente.

Para a curva de distribuição granulométrica mostrada na Figura 2.1, $D_{10} = 0{,}08$ mm, $D_{30} = 0{,}17$ mm e $D_{60} = 0{,}57$ mm. Desse modo, os valores de C_u e C_c são:

$$C_u = \frac{0{,}57}{0{,}08} = 7{,}13$$

e

$$C_c = \frac{0{,}17^2}{(0{,}57)(0{,}08)} = 0{,}63$$

Os parâmetros C_u e C_c são utilizados no *Sistema Unificado de Classificação de Solos*, que é descrito posteriormente no capítulo.

Ensaio de sedimentação

O ensaio de sedimentação tem como base o princípio da sedimentação das partículas de solo na água. Esse ensaio envolve o uso de 50 gramas de solo seco e destorroado. Um *agente defloculante* sempre é adicionado ao solo. O agente defloculante mais utilizado para o ensaio de sedimentação é 125 ml de 4% da solução de hexametafosfato de sódio. O solo é deixado em imersão por pelo menos 16 horas no agente defloculante. Após esse período, acrescenta-se água destilada, e essa mistura de solo e agente defloculante é agitada por completo. Em seguida, a amostra é transferida para uma proveta de 1000 ml. Mais água destilada é adicionada à proveta para enchê-la até a marca de 1000 ml e, após isso, a mistura é bem agitada novamente. Um densímetro é colocado na proveta para medir a massa específica da suspensão de água de solo nas proximidades do bulbo do instrumento (Figura 2.2), normalmente por um período de 24 horas. Os densímetros são calibrados para mostrar a quantidade de solo que ainda está em suspensão em determinado momento t. O maior diâmetro das partículas do solo ainda em suspensão no momento t pode ser determinado pela lei de Stokes,

$$D = \sqrt{\frac{18\eta}{(G_s - 1)\gamma_\omega}} \sqrt{\frac{L}{t}} \tag{2.3}$$

onde:

$D = $ diâmetro da partícula do solo;
$G_s = $ massa específica dos sólidos do solo;

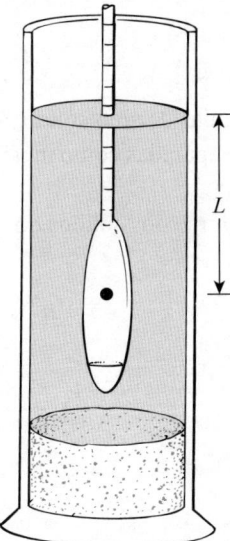

Figura 2.2 Ensaio de sedimentação

η = viscosidade dinâmica da água;
γ_w = peso específico da água;
L = extensão efetiva (isto é, extensão medida da superfície da água na proveta até o centro de gravidade do densímetro; consulte a Figura 2.2);
t = tempo.

As partículas do solo com diâmetros maiores que aqueles calculados pela Equação (2.3) teriam se posicionado além da zona da medida. Dessa maneira, com as leituras do densímetro feitas em vários tempos, o solo com *percentual de finos* maior que determinado diâmetro D pode ser calculado, e um gráfico da distribuição granulométrica pode ser preparado. As técnicas de peneiramento e de sedimentação podem ser combinadas para um solo com constituintes de grãos grossos e de grãos finos.

2.3 Limites de tamanho para solos

Diversas organizações tentaram desenvolver os limites de tamanho para *pedregulho, areia, silte* e *argila* com base no tamanho dos grãos presentes nos solos. A Tabela 2.2 apresenta os limites de tamanho recomendados pela American Association of State Highway and Transportation Officials (AASHTO) e pelos Sistemas Unificados de Classificação dos Solos (Corpo de Engenheiros, Departamento da Marinha e Central Hidrelétrica). A tabela mostra que as partículas do solo menores que 0,002 mm são classificadas como *argila*. Entretanto, argilas por natureza são aderentes e podem ser enroladas em um fio quando úmidas. Essa propriedade é causada pela presença de *argilominerais* como *caulinita, ilita* e *montmorilonita*. Por outro lado, alguns minerais, como *quartzo* e *feldspato*, podem estar presentes em um solo em tamanhos de partículas tão pequenas quanto as dos argilominerais, porém essas partículas não terão a propriedade aderente dos argilominerais. Portanto, elas são chamadas de *partículas do tamanho de argila*, e não *partículas de argila*.

Tabela 2.2 Limites de tamanho separados do solo

Sistema de classificação	Tamanho do grão (mm)
Unificado	Pedregulho: 75 mm a 4,75 mm Areia: 4,75 mm a 0,075 mm Silte e argila (finos): < 0,075 mm
AASHTO	Pedregulho: 75 mm a 2 mm Areia: 2 mm a 0,05 mm Silte: 0,05 mm a 0,002 mm Argila: < 0,002 mm

2.4 Relações peso-volume

Na natureza, os solos são sistemas trifásicos que consistem em partículas de solo sólido, água e ar (ou gás). Para desenvolver as *relações peso-volume* para um solo, as três fases podem ser separadas como mostrado na Figura 2.3a. Com base nessa separação, as relações de volume podem ser definidas.

O *índice de vazios*, e, é a relação do volume de vazios para o volume dos sólidos do solo em determinada massa do solo, ou

$$e = \frac{V_v}{V_s} \tag{2.4}$$

onde:

V_v = volume de vazios;
V_s = volume dos sólidos do solo.

A *porosidade, n,* é a relação do volume de vazios para o volume total da amostra do solo, ou

$$n = \frac{V_v}{V} \qquad (2.5)$$

onde:

$V =$ volume total do solo.

Além disso,

$$n = \frac{V_v}{V} = \frac{V_v}{V_s + V_v} = \frac{\dfrac{V_v}{V_s}}{\dfrac{V_s}{V_s} + \dfrac{V_v}{V_s}} = \frac{e}{1+e} \qquad (2.6)$$

O *grau de saturação, S,* é a relação do volume da água nos espaços vazios para o volume de vazios, geralmente expresso como um percentual, ou

$$S(\%) = \frac{V_\omega}{V_v} \times 100 \qquad (2.7)$$

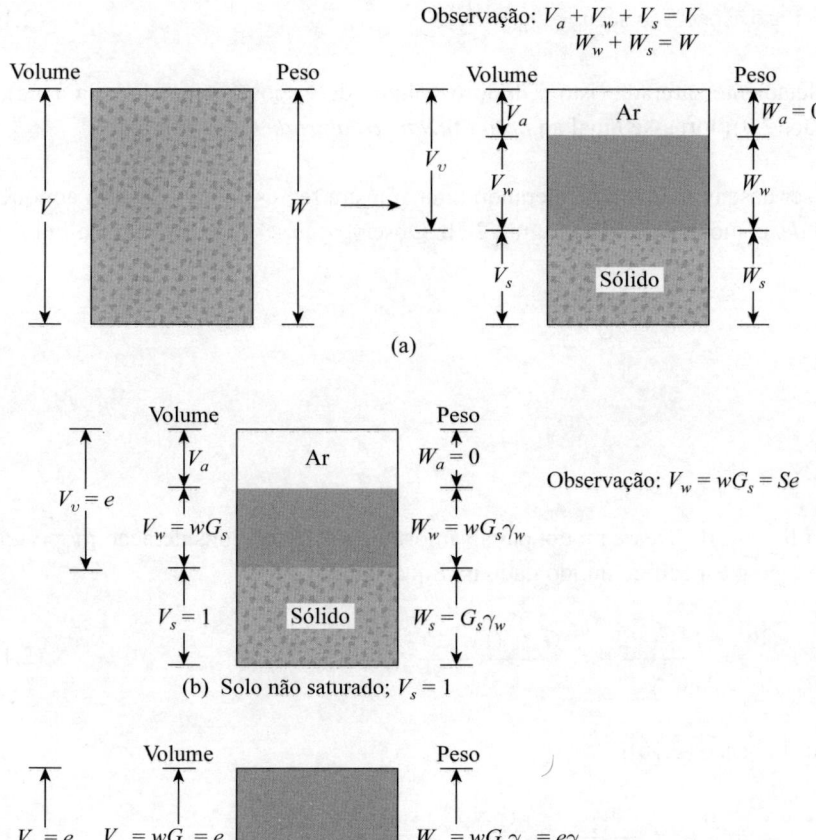

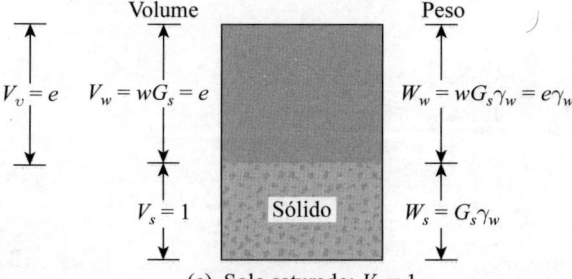

Figura 2.3 Relações peso-volume

onde:

V_w = volume da água.

Observe que, para os solos saturados, o grau de saturação é de 100%.

As relações de peso são *teor de umidade*, *peso específico úmido*, *peso específico seco* e *peso específico saturado*, frequentemente definidas da seguinte forma:

$$\text{Teor de umidade} = \omega(\%) = \frac{W_\omega}{W_s} \times 100 \tag{2.8}$$

onde:

W_s = peso dos sólidos do solo;
W_ω = peso da água.

$$\text{Peso específico úmido} = \gamma = \frac{W}{V} \tag{2.9}$$

onde:

W = peso total da amostra do solo = $W_s + W_\omega$.

O peso do ar, W_a, na massa do solo é considerado insignificante.

$$\text{Peso específico seco} = \gamma_d = \frac{W_s}{V} \tag{2.10}$$

Quando uma massa do solo é completamente saturada (isto é, todo o volume de vazios é ocupado pela água), o peso específico úmido de um solo [Equação (2.9)] torna-se igual ao *peso específico saturado* (γ_{sat}). Portanto, $\gamma = \gamma_{sat}$ se $V_v = V_\omega$.

Agora as relações mais úteis podem ser desenvolvidas considerando uma amostra representativa de solo em que o volume dos sólidos do solo é igual à *unidade*, como mostrado na Figura 2.3b. Observe que se $V_s = 1$, então, da Equação (2.4), $V_v = e$, e o peso dos sólidos do solo é:

$$W_s = G_s \gamma_\omega$$

onde:

G_s = massa específica dos sólidos do solo;
γ_ω = peso específico da água (9,81 kN/m³).

Também, da Equação (2.8), o peso da água $W_\omega = \omega W_s$. Desse modo, para a amostra do solo sob consideração, $W_\omega = \omega W_s = \omega G_s \gamma_\omega$. Agora, para a relação geral para o peso específico úmido dado na Equação (2.9),

$$\gamma = \frac{W}{V} = \frac{W_s + W_\omega}{V_s + V_v} = \frac{G_s \gamma_\omega (1 + \omega)}{1 + e} \tag{2.11}$$

Da mesma maneira, o peso específico seco [Equação (2.10)] é:

$$\gamma_d = \frac{W_s}{V} = \frac{W_s}{V_s + V_v} = \frac{G_s \gamma_\omega}{1 + e} \tag{2.12}$$

Das equações (2.11) e (2.12), observe que:

$$\gamma_d = \frac{\gamma}{1 + \omega} \tag{2.13}$$

De acordo com a Equação (2.7), o grau de saturação é:

$$S = \frac{V_\omega}{V_v}$$

Agora, com relação à Figura 2.3(b),

$$V_\omega = \omega G_s$$

e

$$V_v = e$$

Assim,

$$S = \frac{V_\omega}{V_v} = \frac{\omega G_s}{e} \tag{2.14}$$

Para um solo saturado, $S = 1$. Então,

$$e = \omega G_s \tag{2.15}$$

O peso específico saturado do solo então se torna:

$$\gamma_{sat} = \frac{W_s + W_\omega}{V_s + V_v} = \frac{G_s \gamma_\omega + e \gamma_\omega}{1 + e} \tag{2.16}$$

Nas unidades SI, newton (N) ou quilonewton (kN) é o peso e uma unidade derivada, e grama (g) ou quilograma (kg) é a massa. As relações dadas nas equações (2.11), (2.12) e (2.16) podem ser expressas como densidades úmida, seca e saturada da seguinte forma:

$$\rho = \frac{G_s \rho_\omega (1 + \omega)}{1 + e} \tag{2.17}$$

$$\rho_d = \frac{G_s \rho_\omega}{1 + e} \tag{2.18}$$

$$\rho_{sat} = \frac{\rho_\omega (G_s + e)}{1 + e} \tag{2.19}$$

onde:
ρ, ρ_d, ρ_{sat} = densidade úmida, densidade seca e densidade saturada, respectivamente;
ρ_w = densidade da água (= 1000 kg/m³).

As relações semelhantes às equações (2.11), (2.12) e (2.16) em termos de porosidade também podem ser obtidas considerando uma amostra representativa de solo com um volume de unidade (Figura 2.3c). Essas relações são:

$$\gamma = G_s \gamma_\omega (1 - n)(1 + \omega) \tag{2.20}$$

$$\gamma_d = (1 - n) G_s \gamma_\omega \tag{2.21}$$

e

$$\gamma_{sat} = [(1 - n) G_s + n] \gamma_\omega \tag{2.22}$$

A Tabela 2.3 faz um resumo de diversas formas de relações que podem ser obtidas para γ, γ_d e γ_{sat}.

Tabela 2.3 Diversas formas de relações para γ, γ_d e γ_{sat}

Relação unidade-peso	Peso específico seco	Peso específico saturado
$\gamma = \dfrac{(1+\omega)G_s\gamma_\omega}{1+e}$	$\gamma_d = \dfrac{\gamma}{1+\omega}$	$\gamma_{sat} = \dfrac{(G_s+e)\gamma_\omega}{1+e}$
$\gamma = \dfrac{(G_s+Se)\gamma_\omega}{1+e}$	$\gamma_d = \dfrac{G_s\gamma_\omega}{1+e}$	$\gamma_{sat} = [(1-n)G_s + n]\gamma_\omega$
$\gamma = \dfrac{(1+\omega)G_s\gamma_\omega}{1+\dfrac{\omega G_s}{S}}$	$\gamma_d = G_s\gamma_\omega(1-n)$	$\gamma_{sat} = \left(\dfrac{1+\omega}{1+\omega G_s}\right)G_s\gamma_\omega$
$\gamma = G_s\gamma_\omega(1-n)(1+\omega)$	$\gamma_d = \dfrac{G_s}{1+\dfrac{\omega G_s}{S}}\gamma_\omega$	$\gamma_{sat} = \left(\dfrac{e}{\omega}\right)\left(\dfrac{1+\omega}{1+e}\right)\gamma_\omega$
	$\gamma_d = \dfrac{eS\gamma_\omega}{(1+e)\omega}$	$\gamma_{sat} = \gamma_d + n\gamma_\omega$
	$\gamma_d = \gamma_{sat} - n\gamma_\omega$	$\gamma_{sat} = \gamma_d + \left(\dfrac{e}{1+e}\right)\gamma_\omega$
	$\gamma_d = \gamma_{sat} - \left(\dfrac{e}{1+e}\right)\gamma_\omega$	

Exceto pela turfa e por solos altamente orgânicos, a variação geral dos valores da massa específica dos sólidos do solo (G_s) encontrados na natureza é bem pequena. A Tabela 2.4 dá alguns valores representativos. Para fins práticos, um valor razoável pode ser considerado em lugar da execução de um ensaio.

Tabela 2.4 Massas específicas de alguns solos

Tipo de solo	G_s
Areia quartzo	2,64 – 2,66
Silte	2,67 – 2,73
Argila	2,70 – 2,9
Giz	2,60 – 2,75
Loess	2,65 – 2,73
Turfa	1,30 – 1,9

2.5 Densidade relativa

Em *solos granulares,* o grau de compactação na área pode ser medido de acordo com a *densidade relativa,* definida como:

$$(\%) = \dfrac{e_{max} - e}{e_{max} - e_{min}} \times 100 \tag{2.23}$$

onde:

e_{max} = índice de vazios do solo no estado mais fofo;
e_{min} = índice de vazios no estado mais denso;
e = índice de vazios *in situ.*

A densidade relativa também pode ser expressa em termos de peso específico seco, ou

$$D_r(\%) = \left\{\frac{\gamma_d - \gamma_{d(min)}}{\gamma_{d(max)} - \gamma_{d(min)}}\right\} \frac{\gamma_{d(max)}}{\gamma_d} \times 100 \qquad (2.24)$$

onde:

γ_d = peso específico seco *in situ*;
$\gamma_{d(max)}$ = peso específico seco no estado *mais denso*; ou seja, quando o índice de vazios é e_{min};
$\gamma_{d(min)}$ = peso específico seco no estado *mais fofo*; ou seja, quando o índice de vazios é e_{max}.

A capacidade de um solo granular está relacionada à densidade relativa do solo. A Tabela 2.5 dá uma correlação geral da capacidade e da D_r. Para areias que ocorrem naturalmente, as grandezas de e_{max} e e_{min} [Equação (2.23)] podem variar muito. As principais razões para essas grandes variações são o coeficiente de uniformidade, C_u, e a forma das partículas.

Tabela 2.5 Capacidade de um solo granular

Densidade relativa, D_r (%)	Descrição
0 – 15	Muito fofo
15 – 35	Fofo
35 – 65	Médio
65 – 85	Denso
85 – 100	Muito denso

Cubrinovski e Ishihara (2002) estudaram a variação de e_{max} e e_{min} para um grande número de solos. Com base nas linhas de regressão linear de melhor ajuste, eles forneceram as relações a seguir.

- Areia limpa (F_c = 0 a 5%)

$$e_{max} = 0{,}072 + 1{,}53 e_{min} \qquad (2.25)$$

- Areia com finos ($5 < F_c \leq 15\%$)

$$e_{max} = 0{,}25 + 1{,}37 e_{min} \qquad (2.26)$$

- Areia com finos e argila ($15 < P_c \leq 30\%$; F_c = 5% a 20%)

$$e_{max} = 0{,}44 + 1{,}21 e_{min} \qquad (2.27)$$

- Solos siltosos ($30 < F_c \leq 70\%$; P_c = 5% a 20%)

$$e_{max} = 0{,}44 + 1{,}32 e_{min} \qquad (2.28)$$

onde:

F_c = fração de finos para a qual o tamanho do grão é menor que 0,075 mm;
P_c = fração do tamanho da argila (< 0,005 mm).

Cubrinovski e Ishihara (1999, 2002) também forneceram a correlação:

$$e_{max} - e_{min} = 0{,}23 + \frac{0{,}06}{D_{50}(\text{mm})} \qquad (2.29)$$

onde D_{50} = tamanho mediano do grão (tamanho da peneira pela qual 50% de solo passa).

Exemplo 2.1

Uma amostra representativa de solo coletada em campo pesa 1,8 kN e tem um volume de 0,1 m³. O teor de umidade conforme determinado pelo laboratório é de 12,6%. Para $G_s = 2,71$, determine:

a. Peso específico úmido.
b. Peso específico seco.
c. Índice de vazios.
d. Porosidade.
e. Grau de saturação.

Solução
Parte a: Peso específico úmido
Da Equação (2.9),

$$\gamma = \frac{W}{V} = \frac{1,8 \text{ kN}}{0,1 \text{ m}^3} = \mathbf{18 \text{ kN/m}^3}$$

Parte b: Peso específico seco
Da Equação (2.13),

$$\gamma_d = \frac{\gamma}{1+\omega} = \frac{1,8 \text{ kN}}{1 + \frac{12,6}{100}} = \mathbf{15,99 \text{ kN/m}^3}$$

Parte c: Índice de vazios
Da Equação (2.12),

$$\gamma_d = \frac{G_s \gamma_\omega}{1+e}$$

ou

$$e = \frac{G_s \gamma_\omega}{\gamma_d} - 1 = \frac{(2,71)(9,81)}{15,99} - 1 = \mathbf{0,66}$$

Parte d: Porosidade
Da Equação (2.6),

$$n = \frac{e}{1+e} = \frac{0,66}{1+0,66} = \mathbf{0,398}$$

Parte e: Grau de saturação
Da Equação (2.14),

$$S = \frac{V_\omega}{V_v} = \frac{\omega G_s}{e} = \frac{(0,126)(2,71)}{0,66} \times 100 = \mathbf{51,7\%}$$

Exemplo 2.2

A densidade seca de uma areia com porosidade de 0,387 é de 1600 kg/m³. Encontre o índice de vazios do solo e a massa específica dos sólidos do solo.

Solução

Índice de vazios

Dado: $n = 0{,}387$. Da Equação (2.6),

$$e = \frac{n}{1-n} = \frac{0{,}387}{1-0{,}387} = \mathbf{0{,}631}$$

Massa específica dos sólidos do solo

Da Equação (2.18),

$$\rho_d = \frac{G_s \rho_w}{1+e}$$

$$1600 = \frac{G_s(1000)}{1{,}631}$$

$$G_s = \mathbf{2{,}61}$$

Exemplo 2.3

O peso específico úmido de um solo é de 19,2 kN/m³. Dados $G_s = 2{,}69$ e o teor da umidade $w = 9{,}8\%$, determine:

a. Peso específico seco (kN/m³).
b. Índice de vazios.
c. Porosidade.
d. Grau de saturação (%).

Solução

Parte a

Da Equação (2.13),

$$\gamma_d = \frac{\gamma}{1+\omega} = \frac{19{,}2}{1+\dfrac{9{,}8}{100}} = \mathbf{17{,}49 \text{ kN/m}^3}$$

Parte b

Da Equação (2.12),

$$\gamma_d = 17{,}49 \text{ kN/m}^3 = \frac{G_s \gamma_\omega}{1+e} = \frac{(2{,}69)(9{,}81)}{1+e}$$

$$e = \mathbf{0{,}509}$$

Parte c

Da Equação (2.6),

$$n = \frac{e}{1+e} = \frac{0{,}509}{1+0{,}509} = \mathbf{0{,}337}$$

Parte d

Da Equação (2.14),

$$S = \frac{\omega G_s}{e} = \left[\frac{(0{,}098)(2{,}69)}{0{,}509}\right](100) = \mathbf{51{,}79\%}$$

Exemplo 2.4

A massa de uma amostra de solo úmido coletada do campo é de 465 gramas, e sua massa seca em forno é de 405,76 gramas. A massa específica dos sólidos no solo foi determinada em laboratório como 2,68. Se o índice de vazios do solo em estado natural é 0,83, encontre:

a. A densidade úmida do solo no campo (kg/m^3).
b. A densidade seca do solo no campo (kg/m^3).
c. A massa de água, em quilogramas, a ser adicionada por metro cúbico de solo no campo para saturação.

Solução
Parte a
Da Equação (2.8),

$$\omega = \frac{W_\omega}{W_s} = \frac{\text{Massa de água}}{\text{Massa de sólidos do solo}} = \frac{465 - 405,76}{405,76} = \frac{59,24}{405,76} = 14,6\%$$

Da Equação (2.17),

$$= \frac{G_s\rho_\omega + wG_s\rho_\omega}{1+e} = \frac{G_s\rho_\omega(1+\omega)}{1+e} = \frac{(2,68)(1000)(1,146)}{1,83}$$

1678,3 kg m

Parte b
Da Equação (2.18),

$$\rho_d = \frac{G_s\rho_\omega}{1+e} = \frac{(2,68)(1000)}{1,83} = \mathbf{1464,48 \ kg/m^3}$$

Parte c
Massa de água a ser acrescentada $= \rho_{sat} - \rho$
Da Equação (2.19),

$$\rho_{sat} = \frac{G_s\rho_\omega + e\rho_\omega}{1+e} = \frac{\rho_\omega(G_s + e)}{1+e} = \frac{(1000)(2,68 + 0,83)}{1,83} = 1918 \ \text{kg/m}^3$$

Portanto, a massa de água a ser adicionada $= 1918 - 1678,3 = \mathbf{239,7 \ kg/m^3}$. ∎

Exemplo 2.5

Os pesos máximo e mínimo da unidade seca de uma areia são de 17,1 kN/m^3 e 14,2 kN/m^3, respectivamente. A areia no campo tem uma densidade relativa de 70% com um teor de umidade de 8%. Determine o peso específico úmido de areia no campo.

Solução
Da Equação (2.24),

$$D_r = \left[\frac{\gamma_d - \gamma_{d(min)}}{\gamma_{d(max)} - \gamma_{d(min)}}\right]\left[\frac{\gamma_{d(max)}}{\gamma_d}\right]$$

$$0,7 = \left[\frac{\gamma_d - 14,2}{17,1 - 14,2}\right]\left[\frac{17,1}{\gamma_d}\right]$$

$$\gamma_d = 16,11 \text{ kN/m}^3$$

$$\gamma = \gamma_d(1+\omega) = 16,11\left(1 + \frac{8}{100}\right) = \mathbf{17,4 \text{ kN/m}^3}$$

Exemplo 2.6

Para um solo granular com $\gamma = 16,98$ kN/m³, $D_r = 82\%$, $\omega = 8\%$ e $G_s = 2,65$. Se $e_{min} = 0,44$, qual seria e_{max}? Qual seria o peso específico seco no estado mais fofo?

Solução
Da Equação (2.13),

$$\gamma_d = \frac{\gamma}{1+\omega} = \frac{16,98}{1+0,08} = \mathbf{15,72 \text{ kN/m}^3}$$

Da Equação (2.12),

$$\gamma_d = \frac{G_s \gamma_\omega}{1+e}$$

$$15,72 = \frac{(2,65)(9,81)}{1+e}$$

$$e = 0,654$$

Da Equação (2.23),

$$D_r = \frac{e_{max} - e}{e_{max} - e_{min}}$$

$$0,82 = \frac{e_{max} - 0,654}{e_{max} - 0,44}$$

$$e_{max} = \mathbf{1,63}$$

$$\gamma_{d(min)} = \frac{G_s \gamma_\omega}{1+e_{max}} = \frac{(2,65)(9,81)}{1+1,63} = \mathbf{9,88 \text{ kN/m}^3}$$

2.6 Limites de Atterberg

Quando um solo argiloso é misturado com uma quantidade excessiva de água, ele pode fluir como um *semilíquido*. Se o solo é gradualmente seco, ele se comportará como um material *plástico, semissólido* ou *sólido*, dependendo do teor de umidade. O teor de umidade, em percentual, em que o solo muda do estado semilíquido para o estado plástico é definido como o *limite de liquidez* (LL). Da mesma forma, os teores de umidade, em percentual, em que o solo muda do estado plástico para o estado semissólido e do estado semissólido para o estado sólido são definidos como *limite de plasticidade* (LP) e *limite de contração* (LC), respectivamente. Esses limites são chamados de *limites de Atterberg* (Figura 2.4):

- O *limite de liquidez* de um solo é determinado pelo aparelho de Casagrande (Designação do Ensaio ASTM D-4318) e é definido como o teor de umidade em que o fechamento de um sulco de 12,7 mm (1/2 pol.) ocorre em 25 golpes.
- O *limite de plasticidade* é definido como o teor de umidade em que o solo se desintegra quando enrolado em um cilindro de 3,18 mm (1/8 pol.) de diâmetro (Designação do Ensaio ASTM D-4318).
- O *limite de contração* é definido como o teor de umidade em que o solo não passa por nenhuma mudança de volume com perda de umidade (Designação do Ensaio ASTM D-4943).

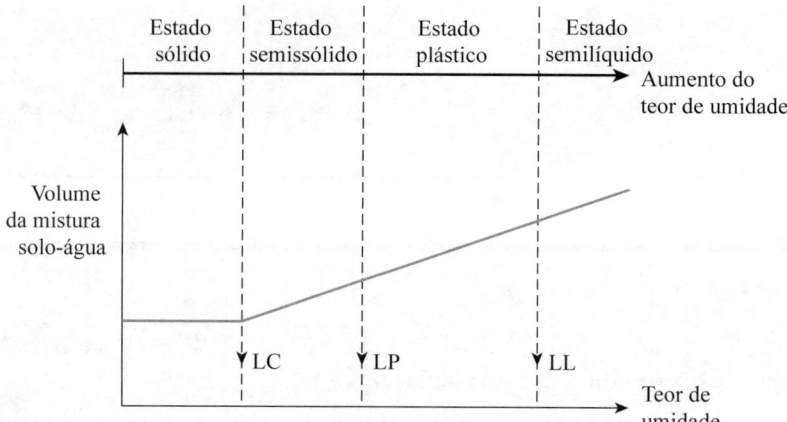

Figura 2.4 Definição dos limites de Atterberg

A diferença entre o limite de liquidez e o limite de plasticidade de um solo é definida como *índice de plasticidade* (IP), ou

$$IP = LL - LP \tag{2.30}$$

2.7 Índice de liquidez

A consistência relativa de um solo aderente no estado natural pode ser definida pela relação chamada *índice de liquidez*, que é dada por

$$IL = \frac{\omega - LP}{LL - LP} \tag{2.31}$$

onde w = teor de umidade do solo *in situ*.

O teor de umidade *in situ* para uma argila sensível pode ser maior que o limite de liquidez. Nesse caso,

$$IL > 1$$

Esses solos, quando remoldados, podem ser transformados em uma forma viscosa para fluírem como um líquido.

Os depósitos de solo altamente sobreadensados podem ter um teor de umidade natural menor que o limite de plasticidade. Nesse caso,

$$IL < 0$$

2.8 Atividade

Como a plasticidade do solo é causada pela água absorvida que circunda as partículas de argila, podemos esperar que o tipo de argilominerais e as quantidades proporcionais em um solo afetem os limites de liquidez e de plasticidade. Skempton (1953) observou que o índice de plasticidade de um solo aumenta linearmente com o percentual da fração do tamanho da argila (% mais fino que 2 μm por peso) presente. As correlações do IP com as frações do tamanho da argila para as linhas separadas do gráfico de argilas são diferentes. Essa diferença se deve à diversidade das características de plasticidade dos vários tipos de argilominerais. Com base nesses resultados, Skempton definiu um parâmetro chamado *atividade*, que é a inclinação da linha correlacionada ao IP e % mais fino que 2 μm. Essa atividade pode ser expressa como

$$A = \frac{IP}{(\% \text{ da argila/fração do tamanho, por peso})} \tag{2.32}$$

A atividade é utilizada como um índice para identificação do potencial de expansão dos solos argilosos. Os valores típicos do limite de liquidez, limite de plasticidade e atividade para os diversos argilominerais são dados na Tabela 2.6.

Tabela 2.6 Valores típicos do limite de liquidez, limite de plasticidade e atividade de alguns minerais de argila

Mineral	Limite de liquidez, LL	Limite de plasticidade, LP	Atividade, A
Caulinita	35–100	20–40	0,3–0,5
Ilita	60–120	35–60	0,5–1,2
Montmorilonita	100–900	50–100	1,5–7,0
Haloisita (hidratada)	50–70	40–60	0,1–0,2
Haloisita (desidratada)	40–55	30–45	0,4–0,6
Atapulgita	150–250	100–125	0,4–1,3
Alofano	200–250	120–150	0,4–1,3

2.9 Sistemas de classificação dos solos

Os sistemas de classificação dos solos dividem-se em grupos e subgrupos com base nas propriedades comuns de engenharia, como *distribuição granulométrica, limite de liquidez* e *limite de plasticidade*. Os dois principais sistemas de classificação utilizados atualmente são: (1) o Sistema *American Association of State Highway and Transportation Officials* (AASHTO) e (2) o Sistema Unificado de Classificação dos Solos (também conhecido por ASTM). O sistema AASHTO é utilizado principalmente para a classificação de sub-base de rodovias. Ele não é utilizado na construção de fundações.

Sistema AASHTO

O Sistema de Classificação de Solos AASHTO foi originalmente proposto pelo Comitê do Conselho de Pesquisa de Rodovias sobre a Classificação de Materiais para Sub-bases e Estradas de Tipo Granular (1945). De acordo com a forma atual desse sistema, os solos podem ser classificados de acordo com oito grupos principais, A-1 a A-8, com base em sua distribuição granulométrica, limite de liquidez e índices de plasticidade. Os solos listados nos grupos A-1, A-2 e A-3 são materiais com grãos grossos, e os pertencentes aos grupos A-4, A-5, A-6 e A-7 são materiais de grãos finos. Turfa, esterco e outros solos altamente orgânicos são classificados no A-8. Eles são identificados por inspeção visual.

O sistema de classificação AASHTO (para solos A-1 a A-7) é apresentado na Tabela 2.7. Observe que o grupo A-7 inclui dois tipos de solo. Para o tipo A-7-5, o índice de plasticidade do solo é menor que ou igual ao limite de liquidez menos 30. Para o tipo A-7-6, o índice de plasticidade do solo é maior que ou igual ao limite de liquidez menos 30.

Para a avaliação quantitativa da aplicabilidade de um solo como um material de sub-base de rodovia, um número chamado *índice de grupo* também foi desenvolvido. Quanto mais alto o índice de grupo para determinado solo, mais fraco será o desempenho do solo como sub-base. Um índice de grupo de 20 ou mais indica um material de sub-base bem ruim. A fórmula para o índice de grupo é:

$$\text{IG} = (F_{200} - 35)[0,2 + 0,005(\text{LL} - 40)] + 0,01(F_{200} - 15)(\text{IP} - 10) \tag{2.33}$$

onde:

F_{200} = percentual passando pela peneira nº 200, expresso como um número inteiro;
LL = limite de liquidez;
IP = índice de plasticidade.

Ao calcular o índice de grupo para um solo pertencente ao grupo A-2-6 ou A-2-7, use apenas a equação do índice de grupo relacionando ao índice de plasticidade:

$$\text{IG} = 0,01(F_{200} - 15)(\text{IP} - 10) \tag{2.34}$$

Tabela 2.7 Sistema de Classificação de Solos AASHTO

Classificação geral	Materiais granulares (35% ou menos da amostra total passando pela peneira nº 200)						
	A-1			A-2			
Classificação de grupo	A-1-a	A-1-b	A-3	A-2-4	A-2-5	A-2-6	A-2-7
Ensaio de peneiramento (% passando)							
Peneira nº 10	50 max						
Peneira nº 40	30 max	50 max	51 min				
Peneira nº 200	15 max	25 max	10 max	35 max	35 max	35 max	35 max
Para a fração de passante na Peneira nº 40							
Limite de liquidez (LL)				40 max	41 min	40 max	41 min
Índice de plasticidade (IP)	6 max		NP	10 max	10 max	11 min	11 min
Tipo comum de material	Fragmentos de solo, pedregulhos e areia		Areia fina	Silte ou pedregulho argiloso e areia			
Classificação da sub-base	Excelente para bom						

Classificação geral	Materiais de silte-argila (mais de 35% da amostra total passando pela peneira nº 200)			
Classificação de grupo	A-4	A-5	A-6	A-7
Ensaio de peneiramento (% passando)				A-7-5[a]
Peneira nº 10				A-7-6[b]
Peneira nº 40				
Peneira nº 200	36 mínimo	36 mínimo	36 mínimo	36 mínimo
Para a fração de passante na Peneira nº 40				
Limite de liquidez (LL)	40 máximo	41 mínimo	40 máximo	41 mínimo
Índice de plasticidade (IP)	10 máximo	10 máximo	11 mínimo	11 mínimo
Tipos comuns de materiais	Solos com silte		Solos argilosos	
Classificação da sub-base	Fraco para ruim			

[a] Se IP ≤ LL − 30, a classificação é A-7-5.
[b] Se IP > LL − 30, a classificação é A-7-6.

O índice de grupo é arredondado ao número inteiro seguinte e escrito próximo ao grupo do solo em parênteses; por exemplo, temos:

$$\underbrace{A\text{-}4}_{\text{Grupo do solo}} \quad \underbrace{(5)}_{\text{Índice de grupo}}$$

O índice de grupo para os solos que estão nos grupos A-1-a, A-1-b, A-3, A-2-4 e A-2-5 sempre é zero.

Sistema Unificado

O Sistema Unificado de Classificação dos Solos foi originalmente proposto por A. Casagrande em 1942 e foi posteriormente revisado pelo United States Bureau of Reclamation e pelo U.S. Army Corps of Engineers. O sistema é atualmente utilizado em quase todo trabalho geotécnico.

No Sistema Unificado, os seguintes símbolos são utilizados para identificação:

Símbolo	G	S	M	C	O	Pt	H	L	W	P
Descrição	Pedregulho	Areia	Silte	Argila	Siltes e argila orgânicos	Turva e solos altamente orgânicos	Plasticidade alta	Plasticidade baixa	Bem graduado	Mal graduado

O gráfico de plasticidade (Figura 2.5) e a Tabela 2.8 mostram o procedimento para determinação dos símbolos do grupo para diversos tipos de solo. Durante a classificação de um solo, certifique-se de fornecer o nome do grupo que geralmente descreve o solo, com o símbolo do grupo. As figuras 2.6, 2.7 e 2.8 dão fluxogramas para obtenção dos nomes do grupo para solo de grãos grossos, solo inorgânico de grãos finos e solo orgânico de grãos finos, respectivamente.

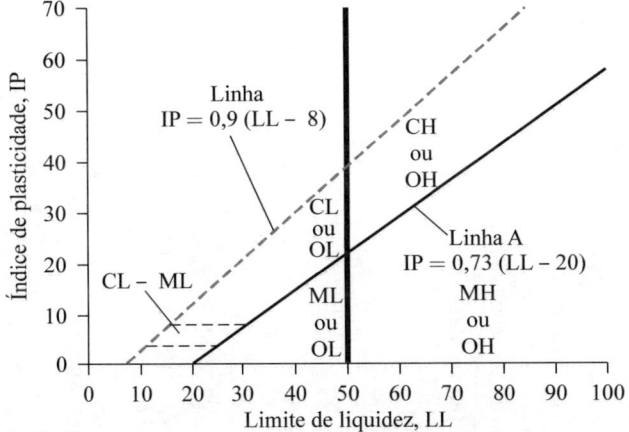

Figura 2.5 Gráfico de plasticidade

Exemplo 2.7

Classifique o solo a seguir pelo sistema de classificação AASHTO.

Percentual passando pela peneira nº 4 = 82
Percentual passando pela peneira nº 10 = 71
Percentual passando pela peneira nº 40 = 64
Percentual passando pela peneira nº 200 = 41
Limite de liquidez = 31
Índice de plasticidade = 12

Solução

Consulte a Tabela 2.7. Mais de 35% passa por uma peneira de nº 200, portanto é um material de silte-argila. Poderia ser A-4, A-5, A-6 ou A-7. Como LL = 31 (isto é, menor que 40) e IP = 12 (isto é, maior que 11), esse solo fica no grupo A-6. Da Equação (2.33):

$$IG = (F_{200} - 35)[0,02 + 0,005(LL - 40)] + 0,01(F_{200} - 15)(IP - 10)$$

Então,

$$IG = (41 - 35)[0,02 + 0,005(31 - 40)] + 0,01(41 - 15)(12 - 10)$$
$$= 0,37 \approx 0$$

Assim, o solo é **A-6(0)**.

Tabela 2.8 Gráfico unificado de classificação dos solos (de acordo com ASTM, 2011) com base no ASTM D2487-10: Prática-Padrão para Classificação dos Solos para Fins de Engenharia (Classificação Unificada dos Solos).

Critérios para atribuição dos símbolos do grupo e nomes do grupo utilizando ensaios laboratoriais[a]				Classificação dos solos	
				Símbolo de grupo	Nome do grupo[b]
Solos de grãos grossos Mais de 50% retido na peneira nº 200	Pedregulhos Mais de 50% da fração de grãos grossos retidos na peneira nº 4	Pedregulhos limpos Menos de 5% de grãos finos[c]	$C_u \geq 4$ e $1 \leq C_c \leq 3$[e]	GW	Pedregulho bem graduado[f]
			$C_u < 4$ e/ou $1 > C_c \leq 3$[e]	GP	Pedregulho mal graduado[f]
		Pedregulhos com finos Mais de 12% de grãos finos[c]	Os finos classificam-se como ML ou MH	GM	Pedregulho siltoso[f, g, h]
			Os finos classificam-se como CL ou CH	GC	Pedregulho argiloso[f, g, h]
	Areias 50% ou mais de fração de grãos grossos passa na peneira nº 4	Areias limpas Menos de 5% de grãos finos[d]	$C_u \geq 6$ e $1 \leq C_c \leq 3$[e]	SW	Areia bem graduada[i]
			$C_u < 6$ e/ou $1 > C_c > 3$[e]	SP	Areia mal graduada[i]
		Areia com finos Mais de 12% de grãos finos[d]	Os finos classificam-se como ML ou MH	SM	Areia siltosa[g, h, i]
			Os finos classificam-se como CL ou CH	SC	Areia argilosa[g, h, i]
Solos de grãos finos 50% ou mais de fração passa na peneira nº 200	Siltes e argilas Limite de liquidez menor que 50	Inorgânicos	IP > 7 e está marcado em ou acima da linha "A"[j]	CL	Argila magra[k, l, m]
			IP < 4 ou está marcado abaixo da linha "A"[j]	ML	Silte[k, l, m]
		Orgânicos	$\dfrac{\text{Limite de liquidez – seco em forno}}{\text{Limite de liquidez – não seco}} < 0{,}75$	OL	Argila orgânica[k, l, m, n] Silte orgânico[k, l, m, o]
	Siltes e argilas Limite de liquidez de pelo menos 50	Inorgânicos	IP está marcado em ou acima da linha "A"	CH	Argila gorda[k, l, m]
			IP está marcado abaixo da linha "A"	MH	Silte elástico[k, l, m]
		Orgânicos	$\dfrac{\text{Limite de liquidez – seco em estufa}}{\text{Limite de liquidez – não seco}} < 0{,}75$	OH	Argila orgânica[k, l, m, p] Silte orgânico[k, l, m, q]
Solos altamente orgânicos	Matéria principalmente orgânica, com coloração escura e odor orgânico			PT	Turfa

[a]Elevado sobre o material passando pela peneira de 75 mm (3 pol.).

[b]Se a amostra de campo contém pedregulhos ou seixos, ou ambos, adicione "com pedregulhos ou seixos, ou ambos" ao nome do grupo.

[c]Cascalhos com 5% a 12% de finos exigem símbolos duplos: GW-GM pedregulho bem graduado com silte; GW-GC pedregulho bem graduado com argila; GP-GM pedregulho mal graduado com silte; GP-GC pedregulho mal graduado com argila.

[d]Areias com 5% a 12% de finos exigem símbolos duplos: SW-SM areia bem graduada com silte; SW-SC areia bem graduada com argila; SP-SM areia mal graduada com silte; SP-SC areia mal graduada com silte.

[e]$C_u = D_{60}/D_{10} \quad C_c = \dfrac{(D_{30})^2}{D_{10} \times D_{60}}$

[f]Se o solo contém ≥ 15% de areia, adicione "com areia" ao nome do grupo.

[g]Se os finos se classificam como CL-ML, use o símbolo duplo GC-GM ou SC-SM.

[h]Se os finos são orgânicos, adicione "com finos orgânicos" ao nome do grupo.

[i]Se o solo contém ≥ 15% de pedregulho, adicione "com pedregulho" ao nome do grupo.

[j]Se os limites de Atterberg estiverem marcados na área sombreada, o solo é um CL-ML, argila siltosa.

[k]Se o solo contém 15% a 29% de excesso na nº 200, adicione "com areia" ou "com pedregulho", o que for predominante.

[l]Se o solo contém ≥ 30% de excesso na nº 200, predominantemente areia, adicione "arenoso" ao nome do grupo.

[m]Se o solo contém ≥ 30% de excesso na nº 200, predominantemente pedregulho, adicione "de pedregulho" ao nome do grupo.

[n]IP ≥ 4 e está marcado em ou acima da linha "A".

[o]IP < 4 ou está marcado abaixo da linha "A".

[p]IP está marcado em ou acima da linha "A".

[q]IP está marcado abaixo da linha "A".

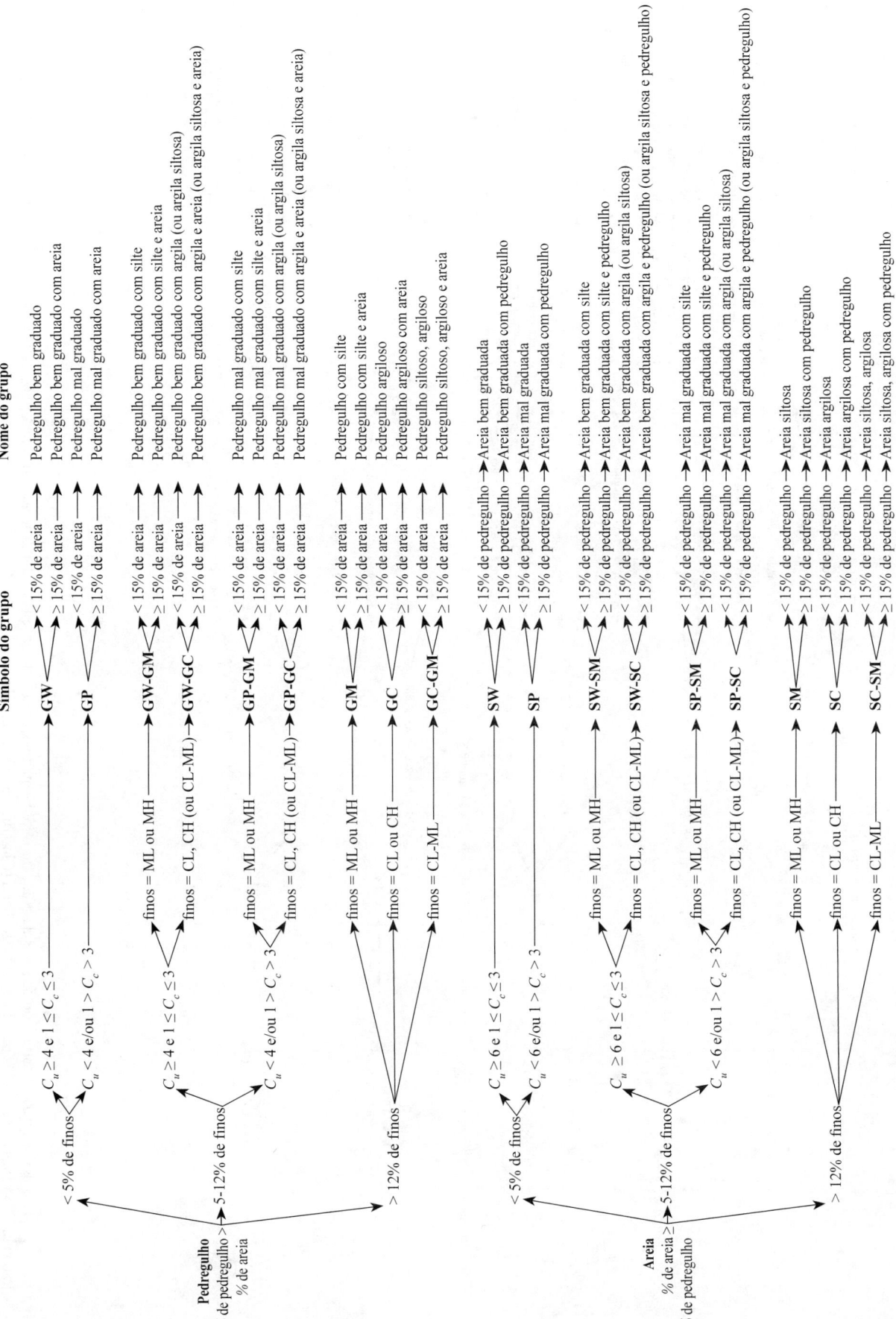

Figura 2.6 Fluxograma para classificação de solos de grãos grossos (mais de 50% retido na peneira nº 200) (de acordo com ASTM, 2011) com base no ASTM D2487-10: Prática-Padrão para Classificação dos Solos para Fins de Engenharia (Classificação Unificada dos Solos)

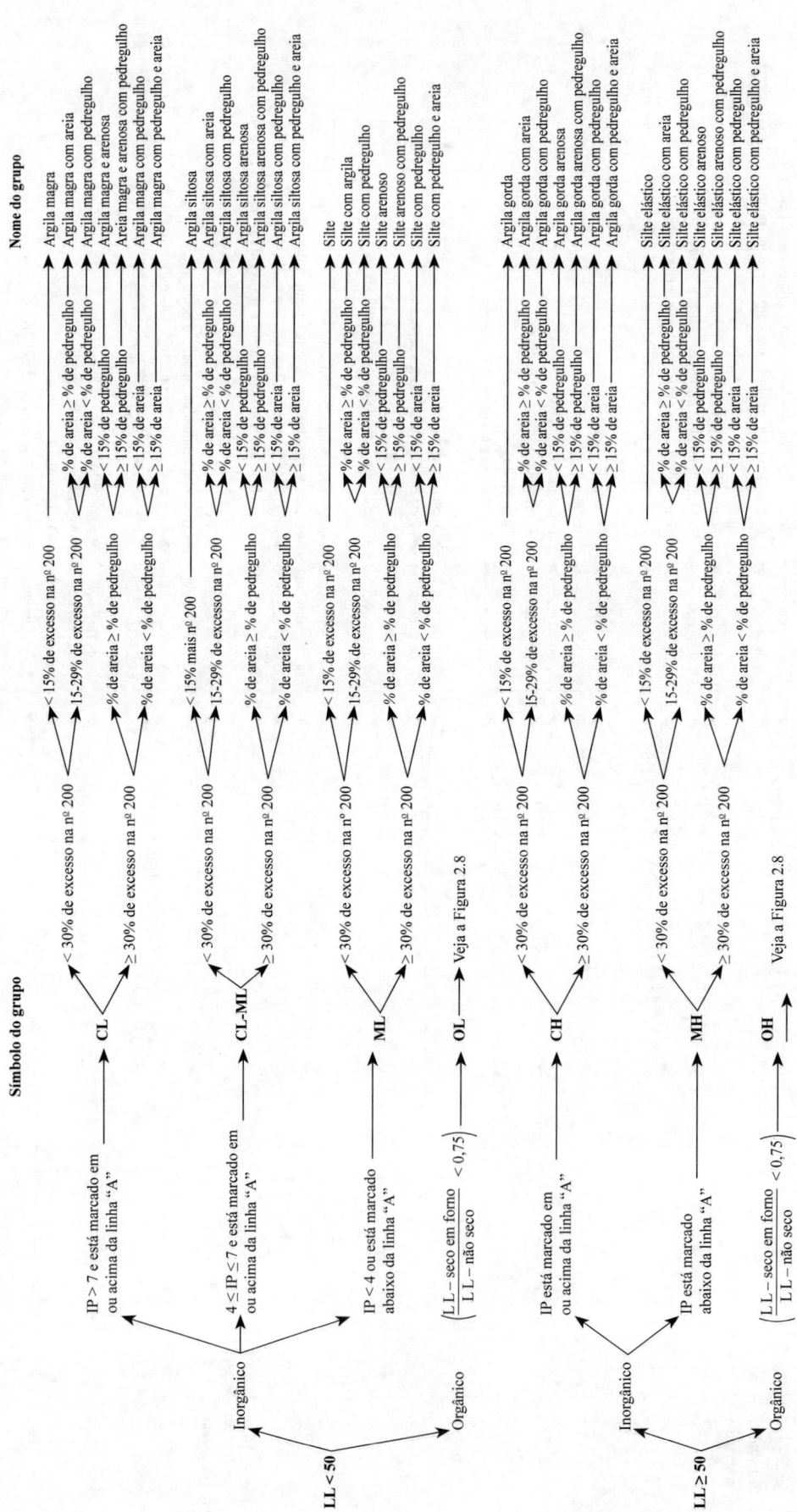

Figura 2.7 Fluxograma para classificação de solos de grãos finos (50% ou mais passa pela peneira nº 200) (de acordo com ASTM, 2011) com base no ASTM D2487-10: Prática-Padrão para Classificação dos Solos para Fins de Engenharia (Classificação Unificada dos Solos)

Símbolo do grupo

Nome do grupo

OL
- IP ≥ 4 e está marcado em ou acima da linha "A"
  - < 30% de excesso na nº 200
    - < 15% de excesso na nº 200 → Argila orgânica
    - 15-29% de excesso na nº 200
      - % de areia ≥ % de pedregulho → Argila orgânica com areia
      - % de areia < % de pedregulho → Argila orgânica com pedregulho
  - ≥ 30% de excesso na nº 200
    - % de areia ≥ % de pedregulho
      - < 15% de pedregulho → Argila orgânica arenosa
      - ≥ 15% de pedregulho → Argila orgânica arenosa com pedregulho
    - % de areia < % de pedregulho
      - < 15% de areia → Argila orgânica com pedregulho
      - ≥ 15% de areia → Argila orgânica com pedregulho e areia

- IP < 4 e está marcado abaixo da linha "A"
  - < 30% de excesso na nº 200
    - < 15% de excesso na nº 200 → Silte orgânico
    - 15-29% de excesso na nº 200
      - % de areia ≥ % de pedregulho → Silte orgânico com areia
      - % de areia < % de pedregulho → Silte orgânico com pedregulho
  - ≥ 30% de excesso na nº 200
    - % de areia ≥ % de pedregulho
      - < 15% de pedregulho → Silte orgânico arenoso
      - ≥ 15% de pedregulho → Silte orgânico arenoso com pedregulho
    - % de areia < % de pedregulho
      - < 15% de areia → Silte orgânico com pedregulho
      - ≥ 15% de areia → Silte orgânico com pedregulho e areia

OH
- Está marcado em ou acima da linha "A"
  - < 30% de excesso na nº 200
    - < 15% de excesso na nº 200 → Argila orgânica
    - 15-29% de excesso na nº 200
      - % de areia ≥ % de pedregulho → Argila orgânica com areia
      - % de areia < % de pedregulho → Argila orgânica com pedregulho
  - ≥ 30% de excesso na nº 200
    - % de areia ≥ % de pedregulho
      - < 15% de pedregulho → Argila orgânica arenosa
      - ≥ 15% de pedregulho → Argila orgânica arenosa com pedregulho
    - % de areia < % de pedregulho
      - < 15% de areia → Argila orgânica com pedregulho
      - ≥ 15% de areia → Argila orgânica com pedregulho e areia

- Está marcado abaixo da linha "A"
  - < 30% de excesso na nº 200
    - < 15% de excesso na nº 200 → Silte orgânico
    - 15-29% de excesso na nº 200
      - % de areia ≥ % de pedregulho → Silte orgânico com areia
      - % de areia < % de pedregulho → Silte orgânico com pedregulho
  - ≥ 30% de excesso na nº 200
    - % de areia ≥ % de pedregulho
      - < 15% de pedregulho → Silte orgânico arenoso
      - ≥ 15% de pedregulho → Silte orgânico arenoso com pedregulho
    - % de areia < % de pedregulho
      - < 15% de areia → Silte orgânico com pedregulho
      - ≥ 15% de areia → Silte orgânico com pedregulho e areia

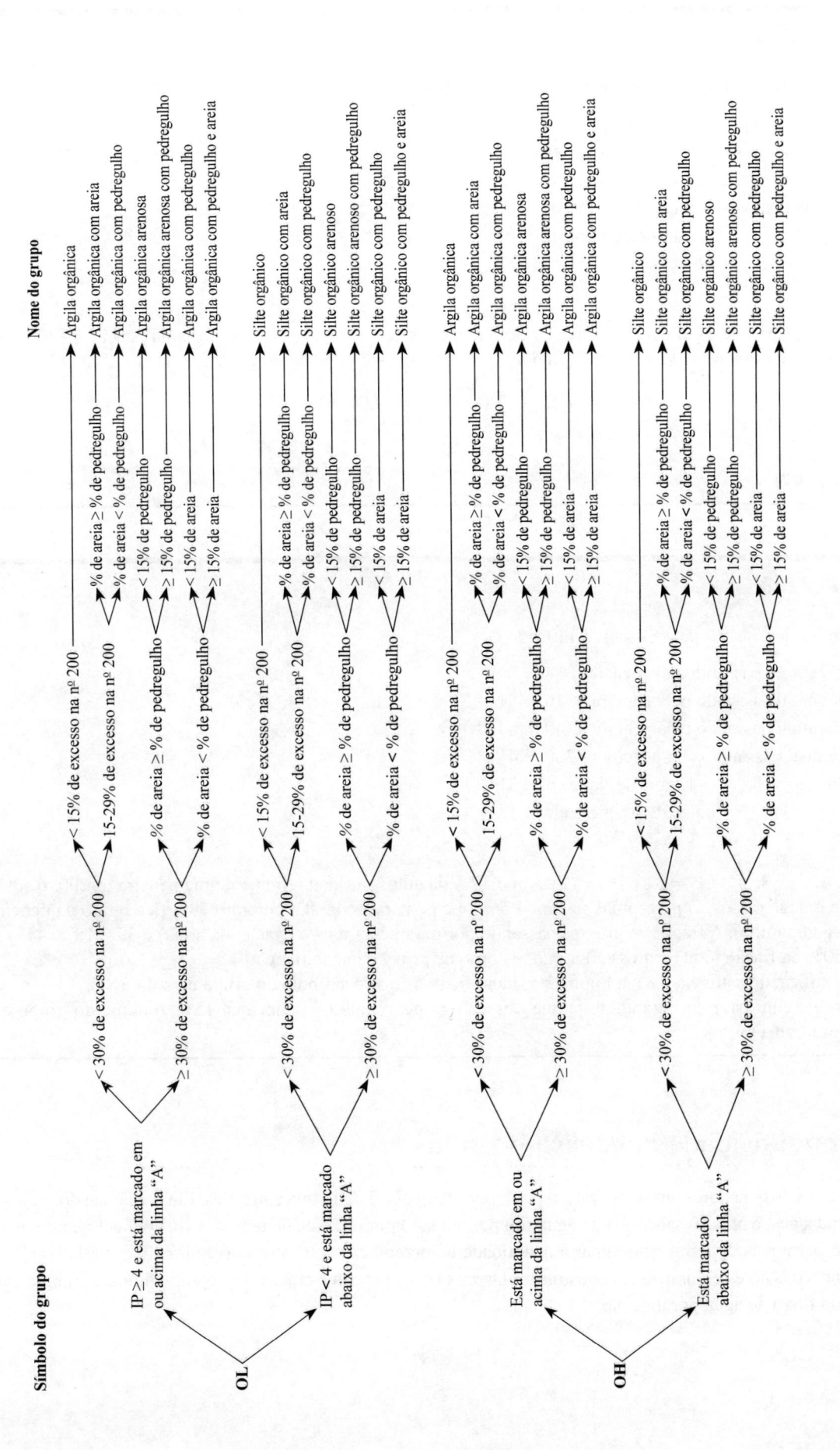

Figura 2.8 Fluxograma para classificação de solos de grãos finos (50% ou mais passa pela peneira nº 200) (de acordo com ASTM, 2011) com base no ASTM D2487-10: Prática-Padrão para Classificação dos Solos para Fins de Engenharia (Classificação Unificada dos Solos)

Exemplo 2.8

Classifique o solo a seguir pelo sistema de classificação AASHTO.

Percentual passando pela peneira nº 4 = 92
Percentual passando pela peneira nº 10 = 87
Percentual passando pela peneira nº 40 = 65
Percentual passando pela peneira nº 200 = 30
Limite de liquidez = 22
Índice de plasticidade = 8

Solução

A Tabela 2.7 mostra que é um material granular porque menos de 35% está passando por uma peneira nº 200. Com LL = 22 (isto é, menor que 40) e IP = 8 (isto é, menor que 10), esse solo fica no grupo A-2-4. Da Equação (2.34):

$$IG = 0{,}01(F_{200} - 15)(IP - 10) = 0{,}01(30 - 15)(8 - 10)$$
$$= -0{,}3 \approx 0$$

O solo é **A-2-4(0)**. ∎

Exemplo 2.9

Classifique o solo a seguir pelo Sistema Unificado de Classificação.

Percentual passando pela peneira nº 4 = 82
Percentual passando pela peneira nº 10 = 71
Percentual passando pela peneira nº 40 = 64
Percentual passando pela peneira nº 200 = 41
Limite de liquidez = 31
Índice de plasticidade = 12

Solução

Sabemos que $F_{200} = 41$, LL = 31 e IP = 12. Já que 59% da amostra ficou retida em uma peneira nº 200, o solo é um material de grãos grossos. O percentual passando por uma peneira nº 4 é 82, portanto 18% fica retido na peneira nº 4 (fração do pedregulho). A fração de grossos passando por uma peneira nº 4 (fração da areia) é 59 − 18 = 41% (que é mais que 50% da fração total de grossos). Logo, o corpo de prova é um solo arenoso.

Agora, utilizando a Tabela 2.8 e a Figura 2.5, identificamos que o símbolo do grupo do solo é **SC**.

Novamente com base na Figura 2.6, já que a fração do pedregulho é maior que 15%, o nome do grupo é **areia argilosa com pedregulho**. ∎

2.10 Condutividade hidráulica do solo

Os espaços de vazios, ou poros, entre os grãos do solo permitem que a água flua entre eles. Em mecânica dos solos e engenharia de fundações, é preciso saber quanta água flui por um solo por unidade de tempo. Esse conhecimento é necessário para projetar barragens de terra, determinar a quantidade de percolação sob estruturas hidráulicas e rebaixar o nível de água das fundações antes e durante sua construção. Darcy (1856) propôs a equação a seguir (Figura 2.9) para calcular a velocidade do fluxo de água por um solo:

$$v = ki \tag{2.35}$$

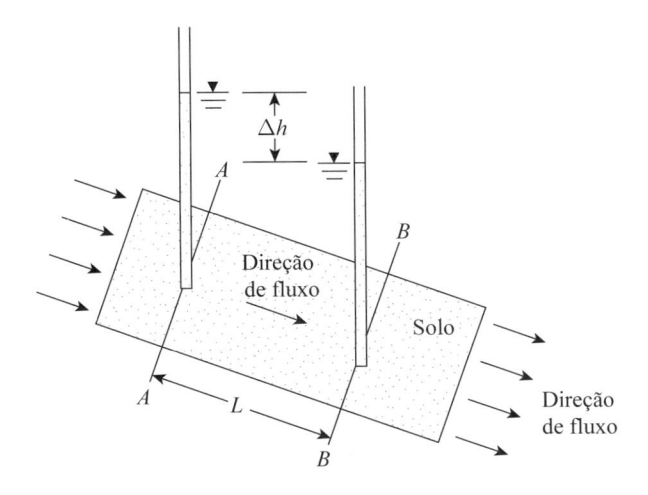

Figura 2.9 Definição da lei de Darcy

Nessa equação,

v = velocidade de Darcy (unidade: cm/s);
k = condutividade hidráulica do solo (unidade: cm/s);
i = gradiente hidráulico.

O gradiente hidráulico é definido como:

$$i = \frac{\Delta h}{L} \tag{2.36}$$

onde:

Δh = diferença da altura piezométrica entre as seções em AA e BB.
L = distância entre as seções em AA e BB.

(*Observação:* As seções AA e BB são perpendiculares à direção do fluxo.)

A lei de Darcy [Equação (2.35)] é válida para grande variedade de solos. No entanto, com materiais como pedregulho limpo e enrocamentos de graduação aberta, a lei é quebrada em decorrência da natureza turbulenta do fluxo entre eles.

O valor da condutividade hidráulica dos solos varia imensamente. Em laboratório, ela pode ser determinada por ensaios de permeabilidade com *carga constante* ou *carga variável*. O ensaio com carga constante é mais adequado para solos granulares. A Tabela 2.9 fornece o intervalo geral para os valores de k para diversos solos.

Tabela 2.9 Intervalo da condutividade hidráulica para diversos solos

Tipo de solo	Condutividade hidráulica, k (cm/s)
Areia média para o pedregulho grosso	Maior que 10^{-1}
Areia grossa a fina	10^{-1} a 10^{-3}
Areia fina, areia siltosa	10^{-3} a 10^{-5}
Silte, silte argiloso, argila siltosa	10^{-4} a 10^{-6}
Argilas	10^{-7} ou menos

Condutividade hidráulica de solos granulares

Em solos granulares, o valor da condutividade hidráulica depende principalmente do índice de vazios. Anteriormente, várias equações haviam proposto relacionar o valor de k ao índice de vazios no solo granular. Todavia, o autor recomenda que se utilize a equação a seguir (veja também Carrier, 2003):

$$k \propto \frac{e^3}{1+e} \tag{2.37}$$

onde:

k = condutividade hidráulica;
e = índice de vazios.

Chapuis (2004) propôs uma relação empírica para k em conjunto com a Equação (2.37) como:

$$k(\text{cm/s}) = 2,4622 \left[D_{10}^2 \frac{e^3}{1+e} \right]^{0,7825} \tag{2.38}$$

onde D = tamanho efetivo (mm).

A equação anterior é válida para a areia e o pedregulho naturais e uniformes para prever k que está no intervalo de 10^{-1} a 10^{-3} cm/s. Isso pode ser estendido para areias naturais e com silte sem plasticidade. Não é válido para materiais triturados ou solos com silte com alguma plasticidade.

Com base em resultados experimentais laboratoriais, Amer e Awad (1974) propuseram a seguinte relação para k no solo granular:

$$k = 3,5 \times 10^{-4} \left(\frac{e^3}{1+e} \right) C_u^{0,6} D_{10}^{2,32} \left(\frac{\rho_\omega}{\eta} \right) \tag{2.39}$$

onde:

k está em cm/s;
C_u = coeficiente de uniformidade;
D_{10} = tamanho efetivo (mm);
ρ_ω = densidade da água (g/cm^3);
η = viscosidade dinâmica (g·s/cm^2).

A 20 °C, $\rho_\omega = 1$ g/cm^3 e $\eta \approx 0,1 \times 10^{-4}$ g·s/cm^2. Então:

$$k = 3,5 \times 10^{-4} \left(\frac{e^3}{1+e} \right) C_u^{0,6} D_{10}^{2,32} \left(\frac{1}{0,1 \times 10^{-4}} \right)$$

ou

$$k(\text{cm/s}) = 35 \left(\frac{e^3}{1+e} \right) C_u^{0,6} D_{10}^{2,32} \tag{2.40}$$

Com base em experimentos laboratoriais, o Departamento da Marinha dos Estados Unidos (1986) forneceu uma correlação empírica entre k e D_{10} (mm) para solos granulares com o coeficiente de uniformidade variando entre 2 a 12 e $D_{10}/D_5 < 1,4$. Essa correlação é mostrada na Figura 2.10.

Condutividade hidráulica de solos coesivos

De acordo com suas observações experimentais, Samarasinghe, Huang e Drnevich (1982) sugeriram que a condutividade hidráulica de argilas normalmente adensadas poderia ser dada pela equação:

$$k = C \frac{e^n}{1+e} \tag{2.41}$$

onde C e n são constantes a serem determinadas experimentalmente.

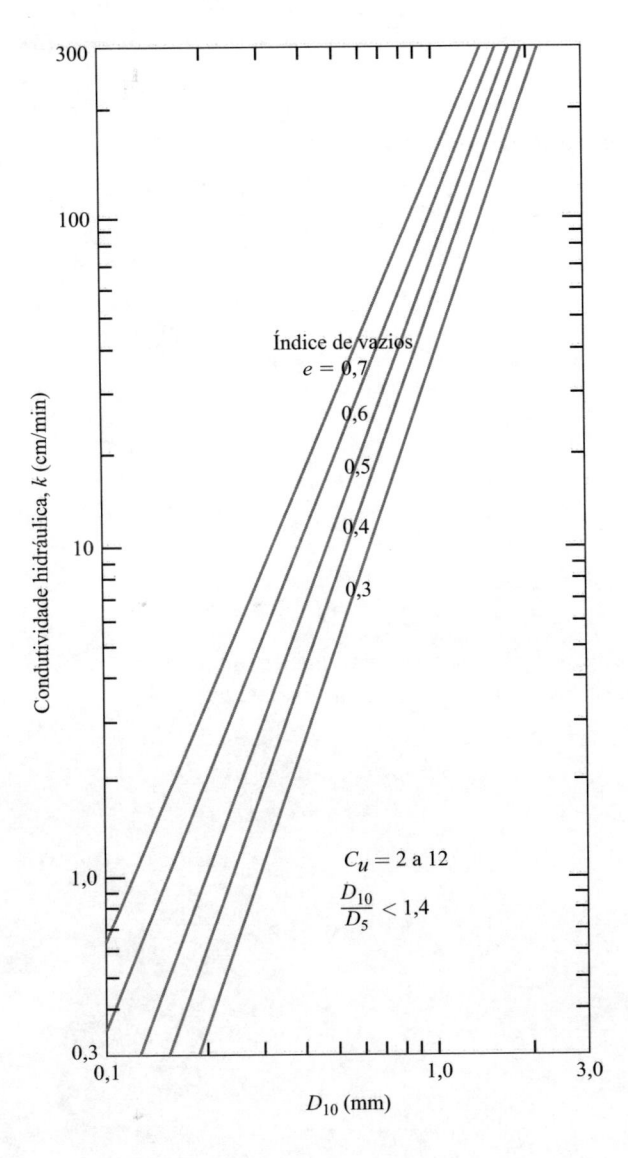

Figura 2.10 Condutividade hidráulica de solos granulares (*Redesenhado do Departamento da Marinha dos Estados Unidos, 1986*)

Algumas outras relações empíricas para estimar a condutividade hidráulica em solos argilosos são dadas na Tabela 2.10. No entanto, deve-se ter em mente que qualquer relação empírica desse tipo é apenas para estimativa, porque a grandeza de k é um parâmetro altamente variável e depende de diversos fatores.

Tabela 2.10 Relações empíricas para estimar a condutividade hidráulica em solos argilosos

Tipo de solo	Fonte	Relação[a]
Argila	Mesri e Olson (1971)	$\log k = A' \log e + B'$
	Taylor (1948)	$\log k = \log k_0 - \dfrac{e_0 - e}{C_k}$
		$C_k \approx 0{,}5 e_0$

[a] k_0 = condutividade hidráulica *in situ* no índice de vazios e_0;
k = condutividade hidráulica no índice de vazios e;
C_k = índice de alteração da condutividade hidráulica.

Exemplo 2.10

Para um solo de argila normalmente adensada, os valores a seguir são dados.

Índice de vazios	k (cm/s)
1,1	$0,302 \times 10^{-7}$
0,9	$0,12 \times 10^{-7}$

Estime a condutividade hidráulica da argila a um índice de vazios de 0,75. Use a Equação (2.41).

Solução

Da Equação (2.41), obtemos:

$$k = C\left(\frac{e^n}{1+e}\right)$$

$$\frac{k_1}{k_2} = \frac{\left(\dfrac{e_1^n}{1+e_1}\right)}{\left(\dfrac{e_2^n}{1+e_2}\right)}$$

(*Observação*: k_1 e k_2 são condutividades hidráulicas nos índices de vazios e_1 e e_2, respectivamente.)

$$\frac{0,302 \times 10^{-7}}{0,12 \times 10^{-7}} = \frac{\dfrac{(1,1)^n}{1+1,1}}{\dfrac{(0,9)^n}{1+0,9}}$$

$$2,517 = \left(\frac{1,9}{2,1}\right)\left(\frac{1,1}{0,9}\right)^n$$

$$2,782 = (1,222)^n$$

$$n = \frac{\log(2,782)}{\log(1,222)} = \frac{0,444}{0,087} = 5,1$$

assim

$$k = C\left(\frac{e^{5,1}}{1+e}\right)$$

Para encontrar C, realizamos o cálculo:

$$0,302 \times 10^{-7} = C\left[\frac{(1,1)^{5,1}}{1+1,1}\right] = \left(\frac{1,626}{2,1}\right)C$$

$$C = \frac{(0,302 \times 10^{-7})(2,1)}{1,626} = 0,39 \times 10^{-7}$$

Portanto,

$$k = (0,39 \times 10^{-7}\,\text{cm/s})\left(\frac{e^n}{1+e}\right)$$

No índice de vazios de 0,75, temos:

$$k = (0,39 \times 10^{-7})\left(\frac{0,75^{5,1}}{1 + 0,75}\right) = 0,514 \times 10^{-8} \text{ cm/s}$$

2.11 Percolação em regime permanente

Para a maioria dos casos de percolação sob estruturas hidráulicas, a trajetória do fluxo muda de direção e não é uniforme para uma área inteira. Nesses casos, uma das formas de determinar a taxa de percolação é pela construção de um gráfico chamado *rede de fluxo,* um conceito com base na teoria da continuidade de Laplace. De acordo com essa teoria, para uma condição de fluxo estável, o fluxo em qualquer ponto A (Figura 2.11) pode ser representado pela equação

$$k_x \frac{\partial^2 h}{\partial x^2} + k_y \frac{\partial^2 h}{\partial y^2} + k_z \frac{\partial^2 h}{\partial z^2} = 0 \tag{2.42}$$

onde:

$k_x, k_y, k_z =$ condutividade hidráulica do solo nas direções x, y e z, respectivamente;
$h =$ coluna hidrostática no ponto A (isto é, a coluna de água que um piezômetro colocado em A mostraria com o *nível de água a jusante* como *dado,* como mostrado na Figura 2.11).

Para uma condição bidimensional do fluxo, como mostrado na Figura 2.11,

$$\frac{\partial^2 h}{\partial^2 y} = 0$$

portanto, a Equação (2.42) assume a forma:

$$k_x \frac{\partial^2 h}{\partial x^2} + k_z \frac{\partial^2 h}{\partial z^2} = 0 \tag{2.43}$$

Se o solo é isotrópico com relação à condutividade hidráulica, $k_x = k_z = k$, e

$$\frac{\partial^2 h}{\partial x^2} + \frac{\partial^2 h}{\partial z^2} = 0 \tag{2.44}$$

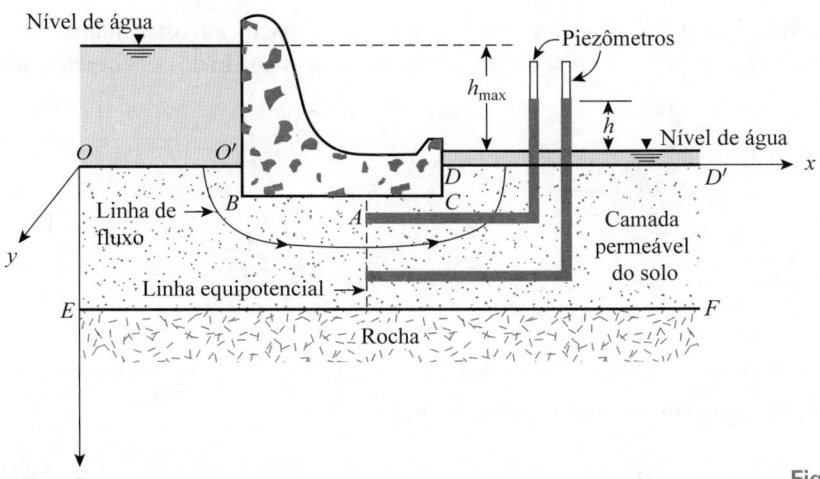

Figura 2.11 Percolação em regime permanente

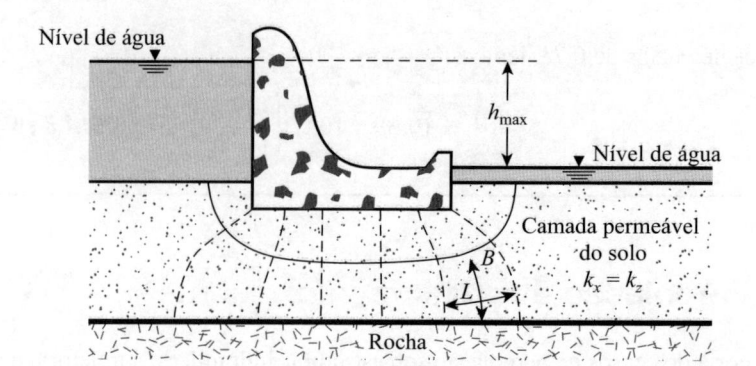

Figura 2.12 Rede de fluxo

A Equação (2.44), que é chamada equação de Laplace e é válida para o fluxo confinado, representa dois conjuntos ortogonais de curvas conhecidas como *linhas de fluxo* e *linhas equipotenciais*. Uma rede de fluxo é uma combinação de inúmeras linhas equipotenciais e linhas de fluxo. Uma linha de fluxo é uma trajetória que uma partícula de água seguiria ao percorrer do lado a montante para o lado a jusante. Uma linha equipotencial é uma linha ao longo da qual a água, em piezômetros, surgiria para a mesma elevação. (Veja a Figura 2.11.)

Ao desenhar uma rede de fluxo, é preciso estabelecer as *condições de contorno*. Por exemplo, na Figura 2.11, as superfícies do terreno nos lados a montante (OO') e a jusante (DD') são linhas equipotenciais. A base da barragem abaixo da superfície do terreno, $O'BCD$, é uma linha de fluxo. O topo da superfície da rocha, EF, também é uma linha de fluxo. Uma vez que as condições de contorno são estabelecidas, inúmeras linhas de fluxo e linhas equipotenciais são desenhadas por tentativa e erro de modo que todos os elementos do fluxo na rede tenham a mesma relação comprimento-largura (L/B). Na maioria dos casos, L/B é mantida em unidade, os elementos do fluxo são desenhados como "quadrados" curvilineares. Esse método é ilustrado pela rede de fluxo mostrada na Figura 2.12. Observe que todas as linhas de fluxo devem interceptar as linhas equipotenciais em *ângulos retos*.

Uma vez que a rede de fluxo é desenhada, a percolação (em tempo de unidade por comprimento de unidade da estrutura) pode ser calculada como:

$$q = kh_{max} \frac{N_f}{N_d} n \quad (2.45)$$

onde:

N_f = número de canais de fluxo;
N_d = número de equipotenciais;
n = índice largura-comprimento dos elementos de fluxo na rede de fluxo (B/L);
h_{max} = diferença no nível da água entre os lados a montante e a jusante.

O espaço entre duas linhas de fluxo consecutivas é definido como um *canal de fluxo*, e o espaço entre duas linhas equipotenciais é chamado de *queda*. Na Figura 2.12, $N_f = 2$, $N_d = 7$ e $n = 1$. Quando os elementos quadrados são desenhados em uma rede de fluxo,

$$q = kh_{max} \frac{N_f}{N_d} \quad (2.46)$$

2.12 Tensão efetiva

A tensão *total* em determinado ponto na massa de um solo pode ser expressa como:

$$\sigma = \sigma' + u \quad (2.47)$$

onde:

σ = tensão total;
σ' = tensão efetiva;
u = poropressão.

A tensão efetiva, σ', é o componente vertical das forças em pontos de contato sólido com sólido sobre uma unidade da área transversal. Consultando a Figura 2.13a, no ponto A:

$$\sigma = \gamma h_1 + \gamma_{sat} h_2$$
$$u = h_2 \gamma_\omega$$

onde:

γ_ω = peso específico da água;
γ_{sat} = peso específico saturado do solo.

Então,

$$\sigma' = (\gamma h_1 + \gamma_{sat} h_2) - (h_2 \gamma_\omega)$$
$$= \gamma h_1 + h_2(\gamma_{sat} - \gamma_\omega)$$
$$= \gamma h_1 + \gamma' h_2 \qquad (2.48)$$

onde γ' = peso específico efetivo ou submerso do solo.

Para o problema na Figura 2.13a, não houve *percolação da água* no solo. A Figura 2.13b mostra uma condição simples em um perfil de solo em que há percolação ascendente. Para esse caso, no ponto A,

$$\sigma = h_1 \gamma_\omega + h_2 \gamma_{sat}$$

e

$$u = (h_1 + h_2 + h)\gamma_\omega$$

Assim, a partir da Equação (2.47),

$$\sigma' = \sigma - u = (h_1 \gamma_\omega + h_2 \gamma_{sat}) - (h_1 + h_2 + h)\gamma_\omega$$
$$= h_2(\gamma_{sat} - \gamma_\omega) - h\gamma_\omega = h_2 \gamma' - h\gamma_\omega$$

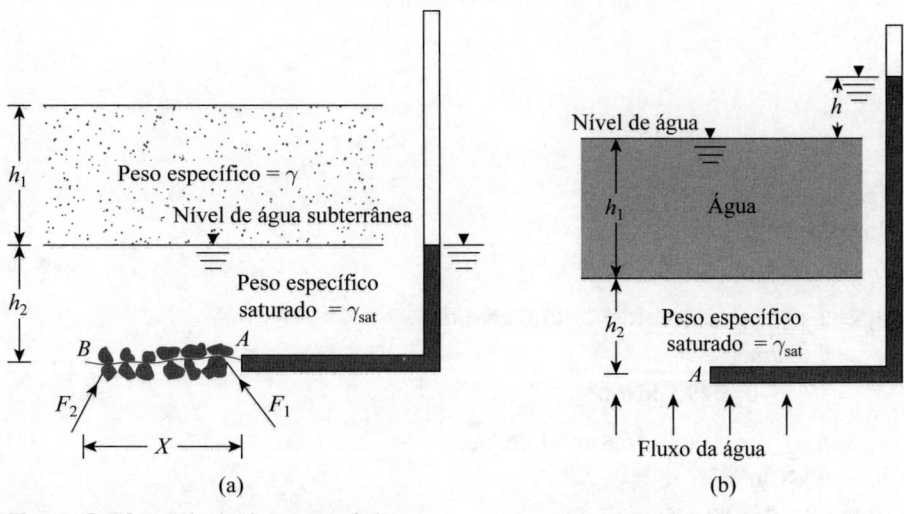

Figura 2.13 Cálculo da tensão efetiva

ou:

$$\sigma' = h_2\left(\gamma' - \frac{h}{h_2}\gamma_w\right) = h_2(\gamma' - i\gamma_w) \tag{2.49}$$

Observe na Equação (2.49) que h/h_2 é o gradiente hidráulico i. Se o gradiente hidráulico é muito alto de modo que $\gamma' - i\gamma_w$ se torna zero, *a tensão efetiva se tornará zero*. Em outras palavras, não há tensão de contato entre as partículas do solo, e o solo se quebrará. Essa situação é chamada *areia movediça*, ou *ruptura hidráulica*. Portanto, para a condição de areia movediça:

$$i = i_{cr} = \frac{\gamma'}{\gamma_w} = \frac{G_s - 1}{1 + e} \tag{2.50}$$

onde i_{cr} = gradiente hidráulico crítico.

Para a maioria dos solos arenosos, i_{cr} varia de 0,9 para 1,1, com uma média da unidade aproximada.

Exemplo 2.11

Um perfil de solo é mostrado na Figura 2.14. Calcule a tensão total, a poropressão e a tensão efetiva nos pontos A, B, C e D.

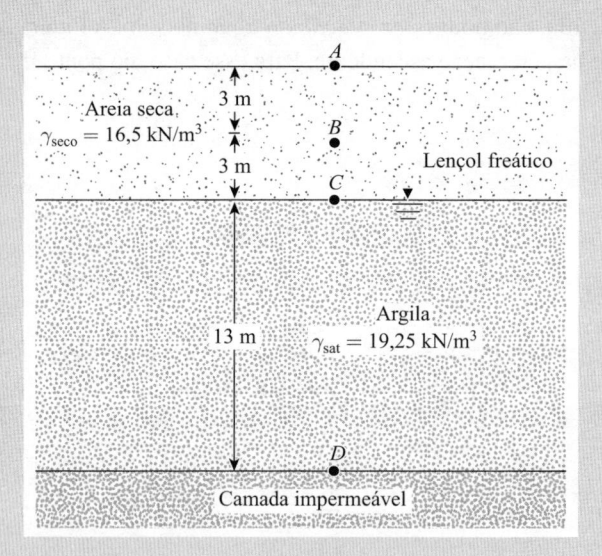

Figura 2.14

Solução

Em A: Tensão total: $\sigma'_A = 0$
Poropressão: $u_A = 0$
Tensão efetiva: $\sigma'_A = 0$

Em B: $\sigma_B = 3\gamma_{seco(areia)} = 3 \times 16,5 = \mathbf{49,5\ kN/m^2}$
$u_B = \mathbf{0\ kN/m^2}$
$\sigma'_B = 49,5 - 0 = \mathbf{49,5\ kN/m^2}$

Em C: $\sigma_C = 6\gamma_{seco(areia)} = 6 \times 16,5 = \mathbf{99\ kN/m^2}$
$u_C = \mathbf{0\ kN/m^2}$
$\sigma'_C = 99 - 0 = \mathbf{99\ kN/m^2}$

Em D: $\quad o_D = 6\gamma_{seco(areia)} + 13\gamma_{sat(argila)}$
$= 6 \times 16,5 + 13 \times 19,25$
$= 99 + 250,25 = \mathbf{349,25\ kN/m^2}$
$u_D = 13\gamma_\omega = 13 \times 9,81 = \mathbf{127,53\ kN/m^2}$
$\sigma'_B = 349,25 - 127,53 = \mathbf{221,72\ kN/m^2}$

2.13 Adensamento

Em campo, quando a tensão em uma camada de argila saturada é aumentada – por exemplo, pela construção de uma fundação –, a poropressão na argila aumentará. Como a condutividade hidráulica é bem pequena, será necessário um certo tempo para a poropressão em excesso dissipar e para o aumento na tensão ser transferido para o esqueleto do solo. De acordo com a Figura 2.15, se $\Delta\sigma$ é uma sobrecarga na superfície do terreno sobre uma área muito grande, o aumento na tensão total em qualquer profundidade da camada de argila será igual a $\Delta\sigma$.

Entretanto, no tempo $t = 0$ (isto é, imediatamente após a tensão ser aplicada), a poropressão em excesso em qualquer profundidade Δu será igual a $\Delta\sigma$, ou

$$\Delta u = \Delta h_i \gamma_\omega = \Delta\sigma \text{ (no tempo } t = 0\text{)}$$

Logo, o aumento na tensão efetiva no tempo $t = 0$ será:

$$\Delta\sigma' = \Delta\sigma - \Delta u = 0$$

Teoricamente, no tempo $t = \infty$, quando toda a poropressão em excesso na camada da argila tiver dissipado como resultado da drenagem em camadas de areia,

$$\Delta u = 0 \text{ (no tempo } t = \infty\text{)}$$

Então o aumento na tensão efetiva na camada de argila é:

$$\Delta\sigma' = \Delta\sigma - \Delta u = \Delta\sigma - 0 = \Delta\sigma$$

Esse aumento gradual na tensão efetiva na camada de argila causará o recalque ao longo do tempo e é chamado de *adensamento*.

Ensaios laboratoriais em amostras de argila saturada não perturbada podem ser realizados (Designação do Ensaio ASTM D-2435) para determinar o recalque por adensamento causado por diversas cargas adicionais. Os corpos de prova de ensaio costumam ter 63,5 mm (2,5 pol.) de diâmetro e 25,4 mm (1 pol.) de altura. Os corpos de prova são colocados

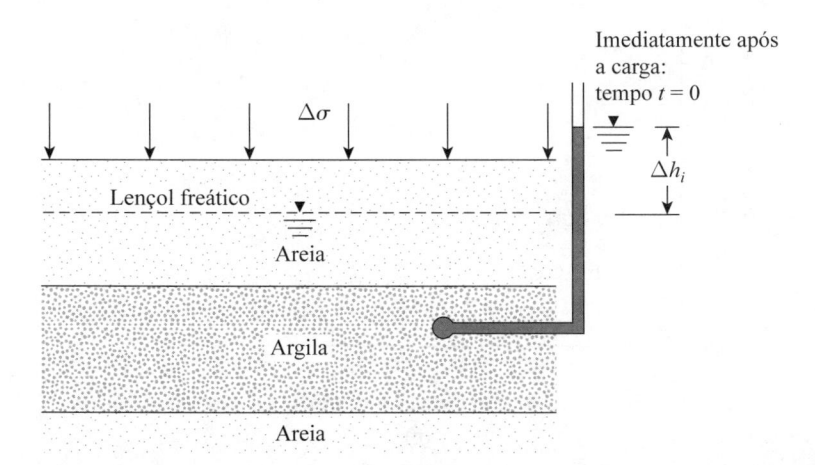

Figura 2.15 Princípios do adensamento

dentro de um anel, com uma pedra porosa na parte superior e uma na parte inferior do corpo de prova (Figura 2.16a). Em seguida, uma carga é aplicada no corpo de prova de modo que a tensão vertical total seja igual a σ. As leituras do recalque para o corpo de prova são obtidas periodicamente por 24 horas. Após esse período, a carga no corpo de prova é duplicada e mais leituras do recalque são obtidas. Em todos os momentos durante o ensaio, o corpo de prova e mantido debaixo d'água. O procedimento é continuado até que o limite de tensão desejada no corpo de prova de argila seja atingido.

Com base nos ensaios laboratoriais, um gráfico pode ser plotado mostrando a variação do índice de vazios e ao *final* do adensamento em relação à tensão efetiva vertical correspondente σ'. (Em um gráfico semilogarítmico, e é plotado na escala aritmética, e σ', na escala logarítmica.) A natureza da variação de e em relação ao log σ' para um corpo de prova de argila é mostrada na Figura 2.16b. Após a pressão de adensamento desejada ter sido atingida, o corpo de prova gradualmente será descarregado, o que resultará em expansão. A figura também mostra a variação do índice de vazios durante o período de descarregamento.

Com base na curva e-log σ' mostrada na Figura 2.16b, três parâmetros necessários para calcular o recalque no campo podem ser determinados.

Eles são pressão de pré-adensamento (σ'_c), índice de compressão (C_c) e o índice de expansão (C_s). As descrições a seguir são mais detalhadas para cada um dos parâmetros.

Pressão de pré-adensamento

A *pressão de pré-adensamento*, σ'_c, é a *pressão efetiva de sobrecarga que excede a máxima* para a o qual o corpo de prova do solo esteve sujeito. Ela pode ser determinada pela utilização de um procedimento gráfico simples proposto por Casagrande (1936). O procedimento envolve cinco etapas (veja a Figura 2.16b):

a. Determine o ponto O na curva e–log σ' que tem a curvatura mais aguda (isto é, o menor raio de curvatura).
b. Desenhe uma linha horizontal OA.

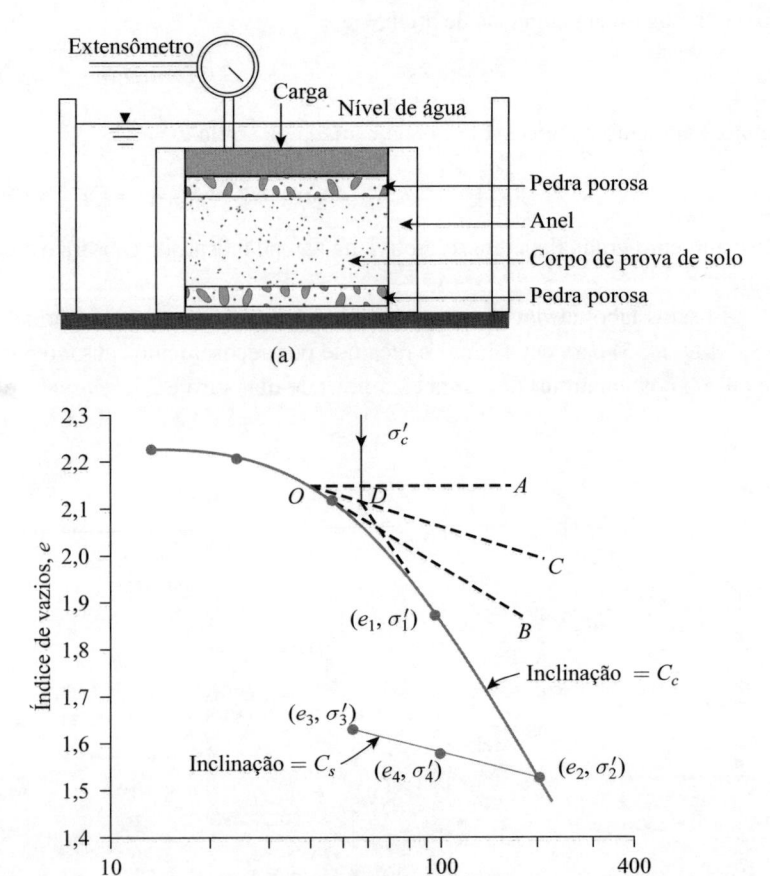

Figura 2.16 (a) Diagrama esquemático do arranjo do ensaio de adensamento; (b) curva e-log σ' para uma argila fofa de East St. Louis, Illinois.
(*Observação:* Ao final do adensamento, $\sigma = \sigma'$)

c. Desenhe uma linha *OB* que é tangente à curva *e*–log σ' em *O*.
d. Desenhe uma linha *OC* que bifurca o ângulo *AOB*.
e. Produza uma porção da reta da curva *e*–log σ' para trás para interceptar *OC*. Este é o ponto *D*. A pressão que corresponde ao ponto *D* é a pressão de pré-adensamento σ'_c.

Os depósitos de solo natural podem ser *normalmente adensados* ou *sobreadensados* (ou *pré-adensados*). Se a pressão efetiva da sobrecarga atual $\sigma' = \sigma'_o$ é igual à pressão de pré-adensamento σ'_c, o solo é *normalmente adensado*. No entanto, se $\sigma'_o < \sigma'_c$, o solo é *sobreadensado*.

Stas e Kulhawy (1984) correlacionaram a pressão de pré-adensamento com o índice de liquidez na fórmula a seguir:

$$\frac{\sigma'_c}{p_a} = 10^{(1,11-1,62\,\mathrm{IL})} \qquad (2.51)$$

onde:

P_a = pressão atmosférica (≈ 100 kN/m²);
IL = índice de liquidez.

Uma correlação semelhante também foi feita por Kulhawy e Mayne (1990), que tem como base o trabalho de Wood (1983) como:

$$\sigma'_c = \sigma'_o \left\{ 10^{\left[1-2,5\,\mathrm{IL}-1,25\log\left(\frac{\sigma'_o}{p_a}\right)\right]} \right\} \qquad (2.52)$$

onde σ'_o = a pressão efetiva da sobrecarga *in situ*.

Índice de compressão

O *índice de compressão*, C_c, é a inclinação da porção da reta (a última parte) da curva de carregamento, ou

$$C_c = \frac{e_1 - e_2}{\log \sigma'_2 - \log \sigma'_1} = \frac{e_1 - e_2}{\log\left(\frac{\sigma'_2}{\sigma'_1}\right)} \qquad (2.53)$$

onde e_1 e e_2 são os índices de vazios ao final do adensamento sob tensões efetivas σ'_1 e σ'_2, respectivamente.

O *índice de compressão*, como determinado a partir da curva laboratorial *e*–log σ', será um tanto diferente daquele encontrado em campo. A principal razão é que o solo remolda a si próprio para algum grau durante a exploração em campo. A natureza da variação da curva *e*–log σ' em campo para uma argila normalmente adensada é mostrada na Figura 2.17.

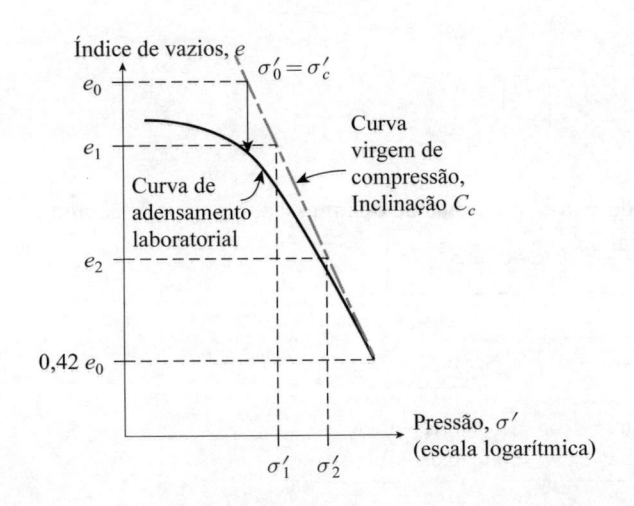

Figura 2.17 Construção da curva virgem de compressão para a argila normalmente adensada

A curva, geralmente chamada de *curva virgem de compressão,* intercepta aproximadamente a curva laboratorial em um índice de vazios de $0{,}42e_o$ (Terzaghi e Peck, 1967). Observe que e_o é o índice de vazios em campo. Conhecendo os valores de e_o e σ'_c, é possível construir facilmente a curva virgem e calcular seu índice de compressão utilizando a Equação (2.53).

O valor de C_c pode variar imensamente, dependendo do solo. Skempton (1944) deu uma correlação empírica para o índice de compressão em que:

$$C_c = 0{,}009(\text{LL} - 10) \tag{2.54}$$

onde LL = limite de liquidez.

Além de Skempton, vários outros investigadores também propuseram correlações para o índice de compressão. Algumas delas são dadas aqui:

Rendon-Herrero (1983):

$$C_c = 0{,}141 G_s^{1,2} \left(\frac{1 + e_o}{G_s}\right)^{2,38} \tag{2.55}$$

Nagaraj e Murty (1985):

$$C_c = 0{,}2343 \left[\frac{\text{LL}(\%)}{100}\right] G_s \tag{2.56}$$

Park e Koumoto (2004):

$$C_c = \frac{n_o}{371{,}747 - 4{,}275 n_o} \tag{2.57}$$

onde n_o = porosidade do solo *in situ*.
Wroth e Wood (1978):

$$C_c = 0{,}5 G_s \left(\frac{\text{IP}(\%)}{100}\right) \tag{2.58}$$

Se um valor típico de $G_s = 2{,}7$ é usado na Equação (2.58), obtemos (Kulhawy e Mayne, 1990):

$$C_c = \frac{\text{IP}(\%)}{74} \tag{2.59}$$

Índice de expansão

O *índice de expansão*, C_s, é a inclinação da porção de descarga da curva e–log σ'. Na Figura 2.16b, é definido como:

$$C_s = \frac{e_3 - e_4}{\log\left(\dfrac{\sigma'_4}{\sigma'_3}\right)} \tag{2.60}$$

Na maioria dos casos, o valor do índice de expansão é de $\frac{1}{4}$ a $\frac{1}{5}$ do índice de compressão. A seguir estão alguns valores representativos de C_s/C_c para os depósitos de solo natural:

Descrição do solo	C_s/C_c
Argila azul de Boston	0,24 – 0,33
Argila de Chicago	0,15 – 0,3
Argila de New Orleans	0,15 – 0,28
Argila de St. Lawrence	0,05 – 0,1

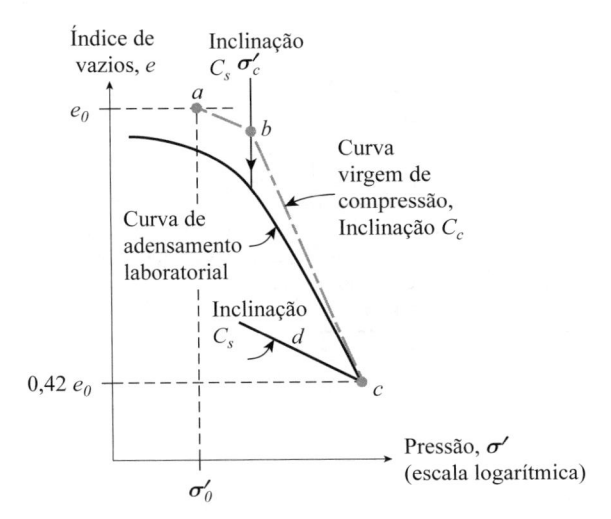

Figura 2.18 Construção da curva de adensamento de campo para a argila sobreadensada

O índice de expansão também é conhecido como *índice de recompressão*.

A determinação do índice de expansão é importante na estimativa do recalque por adensamento de *argilas sobreadensadas*. Em campo, dependendo do aumento da pressão, a argila sobreadensada seguirá uma trajetória e–log σ' abc, como mostrado na Figura 2.18. Observe que o ponto *a*, com coordenadas σ'_o e e_o, corresponde às condições em campo antes de qualquer aumento na pressão. O ponto *b* corresponde à pressão de pré-adensamento (σ'_c) da argila. A linha *ab* é aproximadamente paralela à curva laboratorial de descarga *cd* (Schmertmann, 1953). Logo, se você conhece e_o, σ'_o, σ'_c, C_c e C_s, é possível construir facilmente a curva de adensamento de campo.

Utilizando o modelo Cam Clay modificado e a Equação (2.58), Kulhawy e Mayne (1990) mostraram que:

$$C_s = \frac{\text{IP}(\%)}{370} \tag{2.61}$$

Comparando as equações (2.59) e (2.61), obtemos:

$$C_s \approx \frac{1}{5} C_c \tag{2.62}$$

2.14 Cálculo do recalque por adensamento primário

O recalque por adensamento primário unidimensional (provocado por uma carga adicional) de uma camada de argila (Figura 2.19) com espessura de H_c pode ser calculado como:

$$S_c = \frac{\Delta e}{1 + e_o} H_c \tag{2.63}$$

onde:

S_c = recalque por adensamento primário;
Δ_e = alteração total do índice de vazios causada pela aplicação da carga adicional;
e_o = índice de vazios da argila antes da aplicação da carga.

Para a argila normalmente adensada (isto é, $\sigma'_o = \sigma'_c$),

$$\Delta e = C_c \log \frac{\sigma'_o + \Delta\sigma'}{\sigma'_o} \tag{2.64}$$

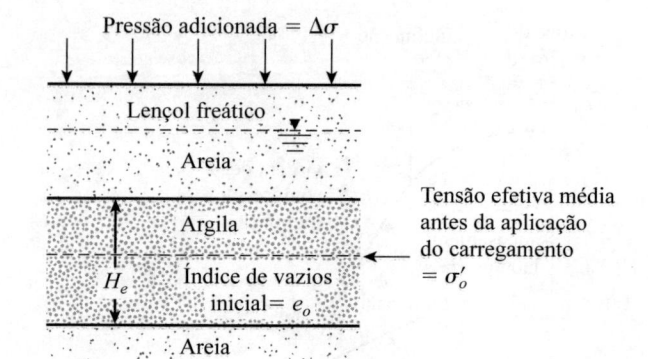

Figura 2.19 Cálculo do recalque unidimensional

onde:

σ'_o = tensão vertical efetiva média na camada de argila;
$\Delta\sigma' = \Delta\sigma$ (isto é, pressão adicionada).

Agora, a combinação das equações (2.63) e (2.64) produz:

$$S_c = \frac{C_c H_c}{1 + e_o} \log \frac{\sigma'_o + \Delta\sigma'}{\sigma'_o} \qquad (2.65)$$

Para a argila sobreadensada com $\sigma'_o + \Delta\sigma' \leq \sigma'_c$,

$$\Delta e = C_s \log \frac{\sigma'_o + \Delta\sigma'}{\sigma'_o} \qquad (2.66)$$

A combinação das equações (2.63) e (2.66) dá:

$$S_c = \frac{C_s H_c}{1 + e_o} \log \frac{\sigma'_o + \Delta\sigma'}{\sigma'_o} \qquad (2.67)$$

Para a argila sobreadensada, se $\sigma'_o < \sigma'_c < \sigma'_o + \Delta\sigma'$, então:

$$\Delta e = \Delta e_1 + \Delta e_2 = C_s \log \frac{\sigma'_c}{\sigma'_o} + C_c \log \frac{\sigma'_o + \Delta\sigma'}{\sigma'_c} \qquad (2.68)$$

Agora, a combinação das equações (2.63) e (2.68) produz:

$$S_c = \frac{C_s H_c}{1 + e_o} \log \frac{\sigma'_c}{\sigma'_o} + \frac{C_c H_c}{1 + e_o} \log \frac{\sigma'_o + \Delta\sigma'}{\sigma'_c} \qquad (2.69)$$

2.15 Taxa de adensamento

Na Seção 2.13 (veja a Figura 2.15), mostramos que o adensamento é o resultado da dissipação gradual da poropressão em excesso de uma camada de argila. A dissipação da poropressão, por sua vez, aumenta a tensão efetiva, que induz o recalque. Assim, para estimar o grau de adensamento da camada de argila em algum tempo t após a carga ser aplicada, é necessário saber a taxa de dissipação da poropressão em excesso.

A Figura 2.20 mostra uma camada de espessura H_c que possui camadas de areia altamente permeáveis nas partes superior e inferior. Aqui, a poropressão em excesso em qualquer ponto A em qualquer tempo t após a carga ser aplicada é $\Delta u = (\Delta h)\gamma_w$. Para uma condição de drenagem vertical (isto é, apenas na direção de z) da camada da argila, Terzaghi derivou a equação diferencial:

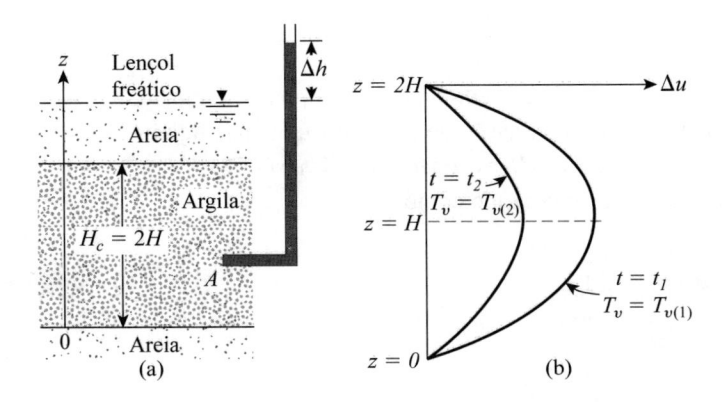

Figura 2.20 (a) Derivação da Equação (2.72); (b) natureza da variação de Δu com tempo

$$\frac{\partial(\Delta u)}{\partial t} = C_v \frac{\partial^2(\Delta u)}{\partial z^2} \qquad (2.70)$$

onde C_v = coeficiente de adensamento, é definido por:

$$C_v = \frac{k}{m_v \gamma_\omega} = \frac{k}{\dfrac{\Delta e}{\Delta \sigma'(1+e_{méd})}\gamma_\omega} \qquad (2.71)$$

onde:

k = condutividade hidráulica da argila;
Δe = alteração total do índice de vazios causada pelo aumento de uma tensão efetiva de $\Delta \sigma'$;
$e_{méd}$ = índice de vazios médio durante o adensamento;
m_v = coeficiente volumétrico de compressibilidade $= \dfrac{a_v}{1+e_{méd}} = \Delta e/[\Delta \sigma'(1+e_{méd})]$;

$$a_v = \frac{\Delta e}{\Delta \sigma'}$$

A Equação (2.70) pode ser resolvida para obter Δu como função de tempo t com as seguintes condições de contorno:

1. Como as camadas de areia altamente permeáveis estão localizadas em $z = 0$ e $z = H_c$, a poropressão em excesso desenvolvida na argila naqueles pontos será imediatamente dissipada. Assim,

$$\Delta u = 0 \text{ em } z = 0$$

e

$$\Delta u = 0 \text{ em } z = H_c = 2H$$

onde H = comprimento da trajetória máxima de drenagem (em decorrência da condição de drenagem de duas vias – isto é, nas partes superior e inferior da argila).

2. No tempo $t = 0$, $\Delta u = \Delta u_0$ = excesso de poropressão inicial após a aplicação da carga. Com as condições de contorno anteriores, a Equação (2.70) produz:

$$\Delta u = \sum_{m=0}^{m=\infty}\left[\frac{2(\Delta u_0)}{M}\operatorname{sen}\left(\frac{Mz}{H}\right)\right]e^{-M^2 T_v} \qquad (2.72)$$

onde:

$M = [(2m + 1)\pi]/2$;
m = um inteiro = 1, 2, ...;
T_v = fator de tempo não dimensional = $(C_v t)/H^2$. (2.73)

O valor de Δu para diversas profundidades (isto é, $z = 0$ para $z = 2H$) em qualquer tempo t determinado (e, assim, T_v) pode ser calculado com base na Equação (2.72). A natureza dessa variação de Δu é mostrada nas figuras 2.21a e 2.21b. A Figura 2.21c mostra a variação de $\Delta u/\Delta u_0$ com T_v e H/H_c utilizando as equações (2.72) e (2.73).

O *grau médio de adensamento* da camada de argila pode ser definido como:

$$U = \frac{S_{c(t)}}{S_{c(max)}} \tag{2.74}$$

onde:

$S_{c(t)}$ = recalque de uma camada de argila no tempo t após a carga ser aplicada;
$S_{c(max)}$ = recalque por adensamento máximo a que a argila sofrerá sob determinada carga.

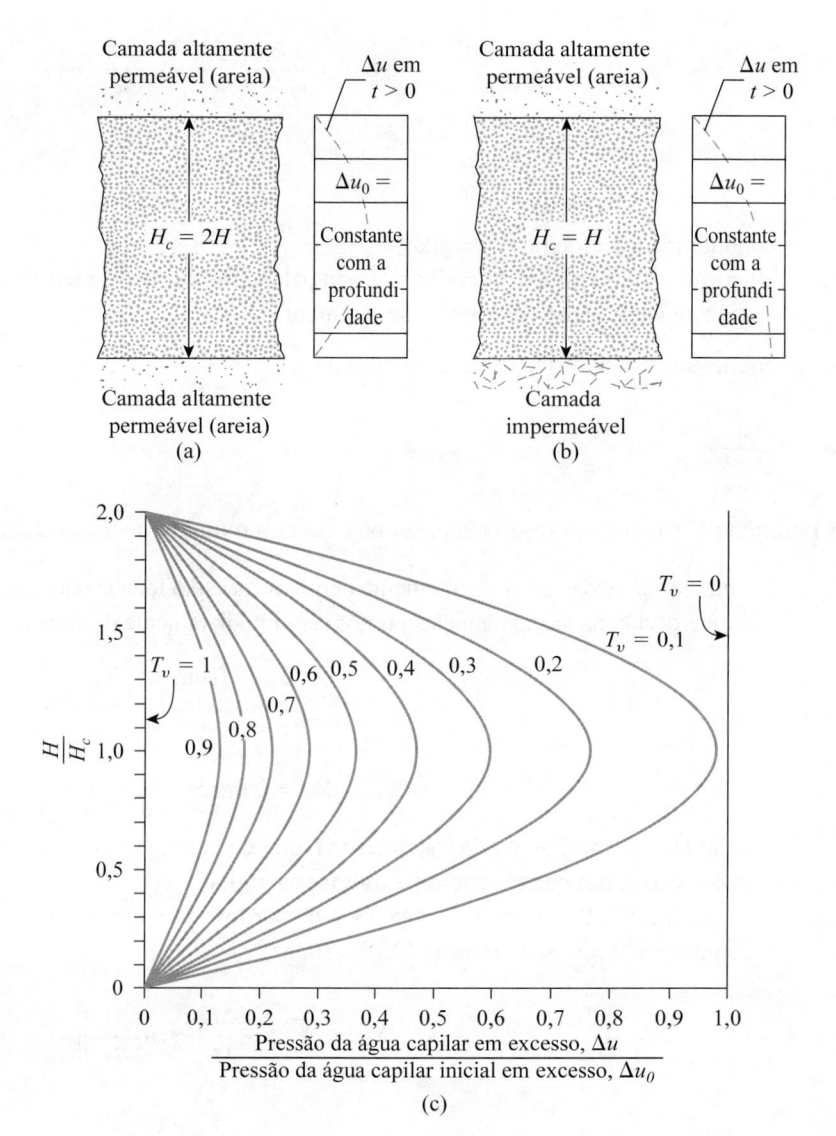

Figura 2.21 Condição de drenagem para adensamento: (a) drenagem dupla; (b) drenagem simples; (c) gráfico de $\Delta u/\Delta u_0$ com T_v e H/H_c

Se a distribuição da poropressão inicial (Δu_0) for constante com a profundidade, como mostrado na Figura 2.21a, o grau médio de adensamento também pode ser expresso como:

$$U = \frac{S_{c(t)}}{S_{c(\max)}} = \frac{\int_0^{2H}(\Delta u_0)dz - \int_0^{2H}(\Delta u)dz}{\int_0^{2H}(\Delta u_0)dz} \tag{2.75}$$

ou

$$U = \frac{(\Delta u_0)2H - \int_0^{2H}(\Delta u_0)dz}{(\Delta u_0)2H} = 1 - \frac{\int_0^{2H}(\Delta u)dz}{2H(\Delta u_0)} \tag{2.76}$$

Agora, combinando as equações (2.72) e (2.76), temos:

$$U = \frac{S_{c(t)}}{S_{c(\max)}} = 1 - \sum_{m=0}^{m=\infty}\left(\frac{2}{M^2}\right)e^{-M^2 T_v} \tag{2.77}$$

A variação de U com T_v pode ser calculada com base na Equação (2.77) e é plotada na Figura 2.22. Observe que a Equação (2.77) e, portanto, a Figura 2.22 também são válidas quando a camada impermeável está localizada na parte inferior da camada da argila (Figura 2.21). Nesse caso, a dissipação da poropressão em excesso pode ocorrer em apenas uma direção. Então, o comprimento da *trajetória de drenagem máxima* é igual a $H = H_c$.

A variação de T_v com U mostrada na Figura 2.22 também pode ser aproximada por:

$$T_v = \frac{\pi}{4}\left(\frac{U\%}{100}\right)^2 \quad \text{(para } U = 0 \text{ para } 60\%) \tag{2.78}$$

e

$$T_v = 1{,}781 - 0{,}933 \log(100 - U\%) \quad \text{(para } U > 60\%) \tag{2.79}$$

A Tabela 2.11 dá a variação de T_v com U com base nas equações (2.78) e (2.79).

Sivaram e Swamee (1977) deram a seguinte equação para U variando de 0 para 100%:

$$\frac{U\%}{100} = \frac{(4T_v/\pi)^{0,5}}{[1 + (4T_v/\pi)^{2,8}]^{0,179}} \tag{2.80}$$

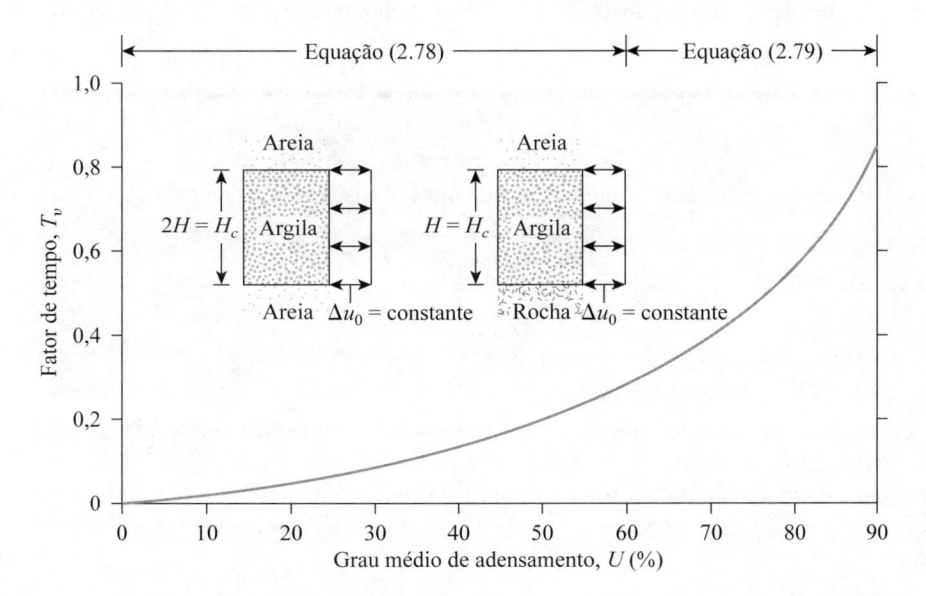

Figura 2.22 Gráfico do fator tempo em relação ao grau médio de adensamento (Δu_0 = constante)

Tabela 2.11 Variação de T_v com U

U (%)	T_v	U (%)	T_v	U (%)	T_v	U (%)	T_v
0	0	26	0,0531	52	0,212	78	0,529
1	0,00008	27	0,0572	53	0,221	79	0,547
2	0,0003	28	0,0615	54	0,230	80	0,567
3	0,00071	29	0,0660	55	0,239	81	0,588
4	0,00126	30	0,0707	56	0,248	82	0,610
5	0,00196	31	0,0754	57	0,257	83	0,633
6	0,00283	32	0,0803	58	0,267	84	0,658
7	0,00385	33	0,0855	59	0,276	85	0,684
8	0,00502	34	0,0907	60	0,286	86	0,712
9	0,00636	35	0,0962	61	0,297	87	0,742
10	0,00785	36	0,102	62	0,307	88	0,774
11	0,0095	37	0,107	63	0,318	89	0,809
12	0,0113	38	0,113	64	0,329	90	0,848
13	0,0133	39	0,119	65	0,304	91	0,891
14	0,0154	40	0,126	66	0,352	92	0,938
15	0,0177	41	0,132	67	0,364	93	0,993
16	0,0201	42	0,138	68	0,377	94	1,055
17	0,0227	43	0,145	69	0,390	95	1,129
18	0,0254	44	0,152	70	0,403	96	1,219
19	0,0283	45	0,159	71	0,417	97	1,336
20	0,0314	46	0,166	72	0,431	98	1,500
21	0,0346	47	0,173	73	0,446	99	1,781
22	0,0380	48	0,181	74	0,461	100	∞
23	0,0415	49	0,188	75	0,477		
24	0,0452	50	0,197	76	0,493		
25	0,0491	51	0,204	77	0,511		

ou

$$T_v = \frac{(\pi/4)(U\%/100)^2}{[1 - (U\%/100)^{5,6}]^{0,357}} \tag{2.81}$$

As equações (2.80) e (2.81) dão um erro em T_v de menos de 1% para 0% < U < 90% e menos de 3% para 90% < U < 100%.

Exemplo 2.12

Um ensaio de adensamento laboratorial em uma argila normalmente adensada mostrou os seguintes resultados:

Carga, $\Delta\sigma'$ (kN/m²)	Índice de vazios ao final do adensamento, e
140	0,92
212	0,86

O corpo de prova testado tinha 25,4 mm de espessura e foi drenado em ambos os lados. O tempo necessário para o corpo de prova atingir 50% de adensamento foi de 4,5 min.

Uma camada de argila semelhante em campo de 2,8 m de espessura e drenada em ambos os lados foi sujeita a um aumento similar na pressão efetiva média (isto é, $\sigma'_0 = 140$ kN/m² e $\sigma'_0 + \Delta\sigma' = 212$ kN/m²). Determine:

a. O recalque por adensamento primário máximo esperado em campo.
b. A duração do tempo necessário para o recalque total em campo atingir 40 mm. (Suponha um aumento inicial uniforme na poropressão em excesso com a profundidade.)

Solução
Parte a
Para a argila normalmente adensada [Equação (2.53)],

$$C_c = \frac{e_1 - e_2}{\log\left(\frac{\sigma_2'}{\sigma_1'}\right)} = \frac{0{,}92 - 0{,}86}{\log\left(\frac{212}{140}\right)} = 0{,}333$$

Com base na Equação (2.65),

$$S_c = \frac{C_c H_c}{1 + e_0} \log \frac{\sigma_0' + \Delta\sigma'}{\sigma_0'} = \frac{(0{,}333)(2{,}8)}{1 + 0{,}92} \log \frac{212}{140} = 0{,}0875 \text{ m} = \mathbf{87{,}5 \text{ mm}}$$

Parte b
Com base na Equação (2.74), o grau médio de adensamento é:

$$U = \frac{S_{c(t)}}{S_{c(\max)}} = \frac{40}{87{,}5}(100) = 45{,}7\%$$

O coeficiente de adensamento, C_v, pode ser calculado por ensaio laboratorial. Com base na Equação (2.73),

$$T_v = \frac{C_v t}{H^2}$$

Para 50% de adensamento (Figura 2.22), $T_v = 0{,}197$, $t = 4{,}5$ min e $H = H_c/2 = 12{,}7$ mm, portanto:

$$C_v = T_{50} \frac{H^2}{t} = \frac{(0{,}197)(12{,}7)^2}{4{,}5} = 7{,}061 \text{ mm}^2/\text{min}$$

Novamente, para o adensamento em campo, $U = 45{,}7\%$. Com base na Equação (2.78),

$$T_v = \frac{\pi}{4}\left(\frac{U\%}{100}\right)^2 = \frac{\pi}{4}\left(\frac{45{,}7}{100}\right)^2 = 0{,}164$$

Porém,

$$T_v = \frac{C_v t}{H^2}$$

ou

$$t = \frac{T_v H^2}{C_v} = \frac{0{,}164\left(\frac{2{,}8 \times 1000}{2}\right)^2}{7{,}061} = 45{,}523 \text{ min} = \mathbf{31{,}6 \text{ dias}}$$

Exemplo 2.13

Um ensaio de adensamento laboratorial em um corpo de prova de solo (drenado em ambos os lados) determinou os seguintes resultados:

Espessura do corpo de prova de argila = 25 mm

$\sigma'_1 = 50$ kN/m² $\quad e_1 = 0,92$
$\sigma'_2 = 120$ kN/m² $\quad e_2 = 0,78$

Tempo para 50% de adensamento = 2,5 min

Determine a condutividade hidráulica, k, da argila para o intervalo de carga.

Solução

$$m_v = \frac{a_v}{1 + e_{méd}} = \frac{(\Delta e/\Delta\sigma')}{1 + e_{méd}}$$

$$= \frac{\dfrac{0,92 - 0,78}{120 - 50}}{1 + \dfrac{0,92 + 0,78}{2}} = 0,00108 \text{ m}^2/\text{kN}$$

$$C_v = \frac{T_{50}H^2}{t_{50}}$$

Com base na Tabela 2.11 para $U = 50\%$, o valor de $T_v = 0,197$, portanto,

$$C_v = \frac{(0,197)\left(\dfrac{0,025 \text{ m}}{2}\right)^2}{2,5 \text{ min}} = 1,23 \times 10^{-5} \text{ m}^2/\text{min}$$

$$k = C_v m_v \gamma_\omega = (1,23 \times 10^{-5})(0,00108)(9,81)$$

$$= \mathbf{1{,}303 \times 10^{-7} \text{ m/min}}$$

2.16 Grau de adensamento sob rampa de carregamento

As relações derivadas para o grau médio de adensamento na Seção 2.15 assumem que a carga de sobrecarga por área da unidade ($\Delta\sigma$) é aplicada instantaneamente no tempo $t = 0$. Entretanto, na maioria das situações práticas, $\Delta\sigma$ aumenta gradualmente com o tempo a um valor máximo e permanece constante em seguida. A Figura 2.23 mostra $\Delta\sigma$ aumentando linearmente com o tempo (t) até um máximo no tempo t_c (uma condição chamada rampa de carregamento). Para $t \geq t_c$, a grandeza de $\Delta\sigma$ permanece constante. Olson (1977) considerou esse fenômeno e apresentou o grau médio de adensamento, U, na fórmula a seguir:

Para $T_v \leq T_c$,

$$U = \frac{T_v}{T_c}\left\{1 - \frac{2}{T_v}\sum_{m=0}^{m=\infty}\frac{1}{M^4}[1 - \exp(-M^2 T_v)]\right\} \tag{2.82}$$

e para $T_v \geq T_c$,

$$U = 1 - \frac{2}{T_c}\sum_{m=0}^{m=\infty}\frac{1}{M^4}[\exp(M^2 T_c) - 1]\exp(-M^2 T_c) \tag{2.83}$$

onde m, M e T_v têm a mesma definição como a da Equação (2.72) e onde:

$$T_c = \frac{C_v t_c}{H^2} \qquad (2.84)$$

A Figura 2.24 mostra a variação de U com T_v para diversos valores de T_c, com base na solução dada pelas equações (2.82) e (2.83).

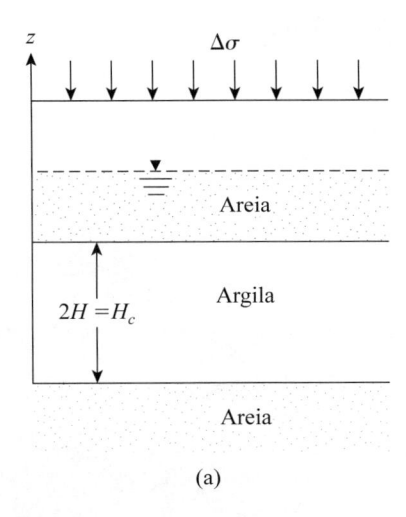

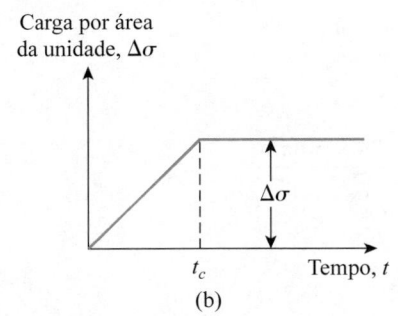

Figura 2.23 Adensamento unidimensional em função de uma única rampa de carregamento

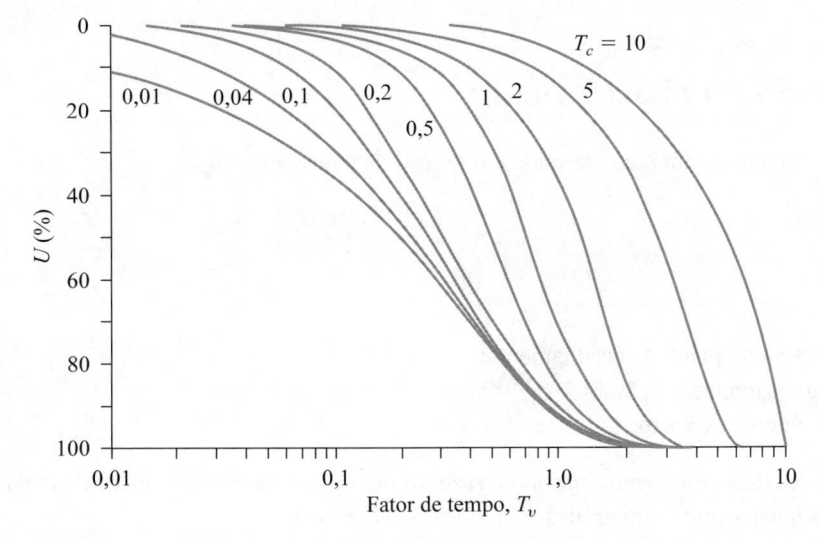

Figura 2.24 Solução da rampa de carregamento de Olson: gráfico de U versus T_v (equações 2.82 e 2.83)

Exemplo 2.14

No Exemplo 2.12, Parte (b), se o aumento em $\Delta\sigma$ tivesse sido feito do modo mostrado na Figura 2.25, calcule o recalque da camada da argila no tempo $t = 31{,}6$ dias após do início da sobrecarga.

Solução

Com base na Parte (b) do Exemplo 2.12, $C_v = 7{,}061$ mm²/min. Considerando a Equação (2.84),

$$T_c = \frac{C_v t_c}{H^2} = \frac{(7{,}061 \text{ mm}^2/\text{min})(15 \times 24 \times 60 \text{ min})}{\left(\frac{2{,}8}{2} \times 1000 \text{ mm}\right)^2} = 0{,}0778$$

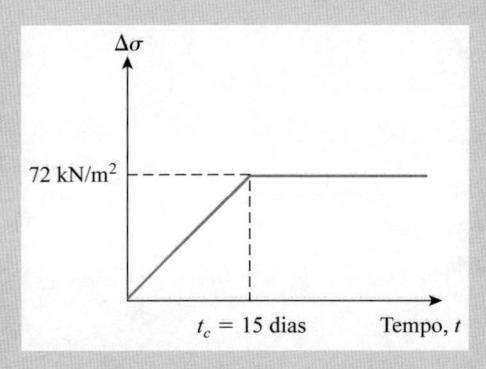

Figura 2.25 Rampa de carregamento

Da mesma forma,

$$T_v = \frac{C_v t}{H^2} = \frac{(7{,}061 \text{ mm}^2/\text{min})(31{,}6 \times 24 \times 60 \text{ min})}{\left(\frac{2{,}8}{2} \times 1000 \text{ mm}\right)^2} = 0{,}164$$

Com base na Figura 2.24, para $T_v = 0{,}164$ e $T_c = 0{,}0778$, o valor de U é de 36%. Assim,

$$S_{c(t=31{,}6 \text{ dias})} = S_{c(\max)}(0{,}36) = (87{,}5)(0{,}36) = \mathbf{31{,}5 \text{ mm}}$$

2.17 Resistência ao cisalhamento

A resistência ao cisalhamento de um solo, definida em termos de tensão efetiva, é:

$$s = c' + \sigma' \text{ tg } \phi' \tag{2.85}$$

onde:

$\sigma' =$ tensão normal efetiva no plano de cisalhamento;
$c' =$ coesão, ou coesão aparente;
$\phi' =$ tensão efetiva do ângulo de atrito.

A Equação (2.85) é conhecida como *critério de ruptura de Mohr–Coulomb*. O valor de c' para areias e argilas normalmente adensadas é igual a zero. Para argilas sobreadensadas, $c' > 0$.

Para a maior parte do trabalho cotidiano, os parâmetros da resistência ao cisalhamento de um solo (isto é, c' e ϕ') são determinados por dois ensaios laboratoriais: o *ensaio de cisalhamento direto* e o *ensaio triaxial*.

Ensaio de cisalhamento direto

A areia seca pode passar convenientemente pelos ensaios de cisalhamento direto. A areia é colocada em uma caixa de cisalhamento que é dividida em duas metades (Figura 2.26a). Primeiro, uma carga normal é aplicada ao corpo de prova. Depois, uma força de cisalhamento é aplicada à metade superior da caixa de cisalhamento para provocar ruptura na areia. As tensões normal e de cisalhamento na ruptura são:

$$\sigma' = \frac{N}{A}$$

e

$$s = \frac{R}{A}$$

onde A = área do plano da ruptura no solo – ou seja, a área transversal da caixa de cisalhamento.

Diversos ensaios desse tipo podem ser realizados pela variação da carga normal. O ângulo do atrito da areia pode ser determinado pela criação de um gráfico de s em relação a σ' (= σ para areia seca), como mostrado na Figura 2.26b, ou

$$\phi' = \text{tg}^{-1}\left(\frac{s}{\sigma'}\right) \tag{2.86}$$

Para areias, o ângulo de atrito normalmente varia de 26° a 45°, aumentando com a densidade relativa de compactação. Uma variação geral do ângulo de atrito, ϕ', para areias é dada na Tabela 2.12.

Em 1970, Brinch Hansen (veja Hansbo, 1975, e Thinh, 2001) deu a seguinte correlação para ϕ' dos solos granulares:

$$\phi' \text{ (graus)} = 26° + 10D_r + 0{,}4C_u + 1{,}6 \log(D_{50}) \tag{2.87}$$

onde:

D_r = densidade relativa (fração);
C_u = coeficiente de uniformidade;
D_{50} = tamanho médio do grão, em mm (isto é, o diâmetro pelo qual 50% de solo passa).

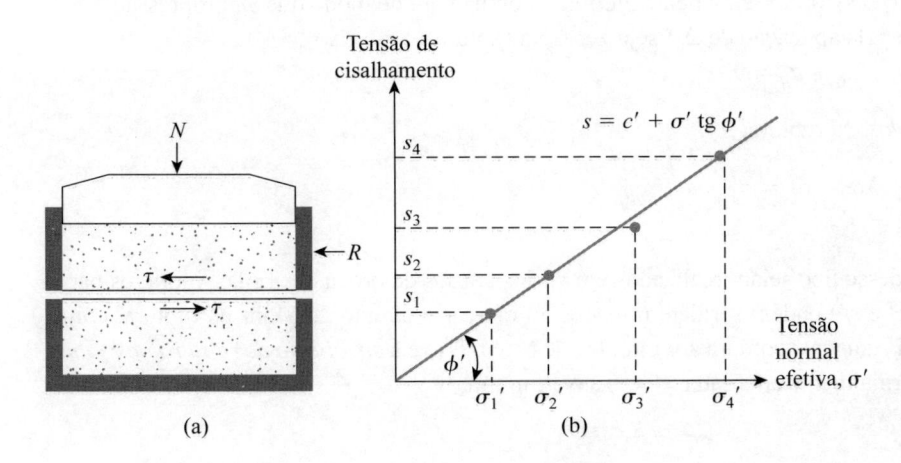

Figura 2.26 Ensaio de cisalhamento direto na areia: (a) diagrama esquemático do equipamento de ensaio; (b) gráfico dos resultados do ensaio para obter o ângulo de atrito ϕ'

Tabela 2.12 Relação entre a densidade relativa e o ângulo de atrito dos solos sem coesão

Estado de acondicionamento	Densidade relativa (%)	Ângulo de atrito, ϕ' (graus)
Muito fofo	< 15	< 28
Fofo	15–35	28–30
Compacto	35–65	30–36
Denso	65–85	36–41
Muito denso	>85	> 41

Teferra (1975) sugeriu a seguinte correlação empírica com base em um grande banco de dados:

$$\phi'(\text{graus}) = \text{tg}^{-1}\left(\frac{1}{ae+b}\right) \tag{2.88}$$

onde:

e = índice de vazios;

$$a = 2{,}101 + 0{,}097\left(\frac{D_{85}}{D_{15}}\right); \tag{2.89}$$

$$b = 0{,}845 - 0{,}398a; \tag{2.90}$$

D_{85} e D_{15} = diâmetros pelos quais, respectivamente, 85% e 15% de solo passam.

Thinh (2001) sugeriu que a Equação (2.88) fornece melhor correlação para ϕ' em comparação à Equação (2.87).

Ensaios triaxiais

Os ensaios de compressão triaxial podem ser realizados em areias e argilas. A Figura 2.27a mostra um diagrama esquemático do arranjo do ensaio triaxial. Essencialmente, o ensaio consiste em posicionar um corpo de prova do solo confinado por uma membrana de borracha em uma câmara cilíndrica e, em seguida, aplicar uma pressão de confinamento geral (σ_3) ao corpo de prova pelo fluido de câmara (geralmente, água ou glicerina). Uma tensão adicionada ($\Delta\sigma$) também pode ser aplicada ao corpo de prova na direção axial para causar ruptura ($\Delta\sigma = \Delta\sigma_f$ na ruptura). A drenagem do corpo de prova pode ser permitida ou interrompida, dependendo da condição testada. Para argilas, três tipos de ensaios principais podem ser realizados com equipamento triaxial (veja a Figura 2.28):

1. Ensaio adensado drenado (ensaio CD)
2. Ensaio adensado não drenado (ensaio CU)
3. Ensaio não adensado não drenado (ensaio UU)

Ensaios Adensados Drenados:

Etapa 1. Aplique a pressão da câmara σ_3. Permita a drenagem completa, de modo que a poropressão ($u = u_0$) desenvolvida seja zero.

Etapa 2. Aplique uma tensão de desvio $\Delta\sigma$ lentamente. Permita a drenagem, de modo que a poropressão ($u = u_d$) desenvolvida pela aplicação de $\Delta\sigma$ seja zero. Na ruptura, $\Delta\sigma = \Delta\sigma_f$; da poropressão total $u_f = u_0 + u_d = 0$.

Então, para os *ensaios adensados drenados,* na ruptura,

Tensão efetiva principal primária = $\sigma_3 + \Delta\sigma_f = \sigma_1 = \sigma_1'$
Tensão efetiva principal secundária = $\sigma_3 = \sigma_3'$

Alterar σ_3 permite que diversos ensaios desse tipo sejam realizados em vários corpos de prova de argila. Agora, os parâmetros da resistência ao cisalhamento (c' e ϕ') podem ser determinados ao marcar o círculo de Mohr na ruptura, como mostrado na Figura 2.27b, e desenhar uma tangente comum aos círculos de Mohr. Isso é a *envoltória de ruptura de Mohr–Coulomb*. (*Observação:* Para a argila normalmente adensada, $c' \approx 0$.) Na ruptura,

$$\sigma_1' = \sigma_3' \text{tg}^2\left(45 + \frac{\phi'}{2}\right) + 2c'\,\text{tg}\left(45 + \frac{\phi'}{2}\right) \tag{2.91}$$

Ensaios Adensados Não Drenados:

Etapa 1. Aplique a pressão da câmara σ_3. Permita a drenagem completa, de modo que a poropressão ($u = u_0$) desenvolvida seja zero.

Etapa 2. Aplique uma tensão de desvio $\Delta\sigma$. Não permita a drenagem, de modo que a poropressão $u = u_d \neq 0$. Na ruptura, $\Delta\sigma = \Delta\sigma_f$; da poropressão total $u_f = u_0 + u_d = 0 + u_{d(f)}$.

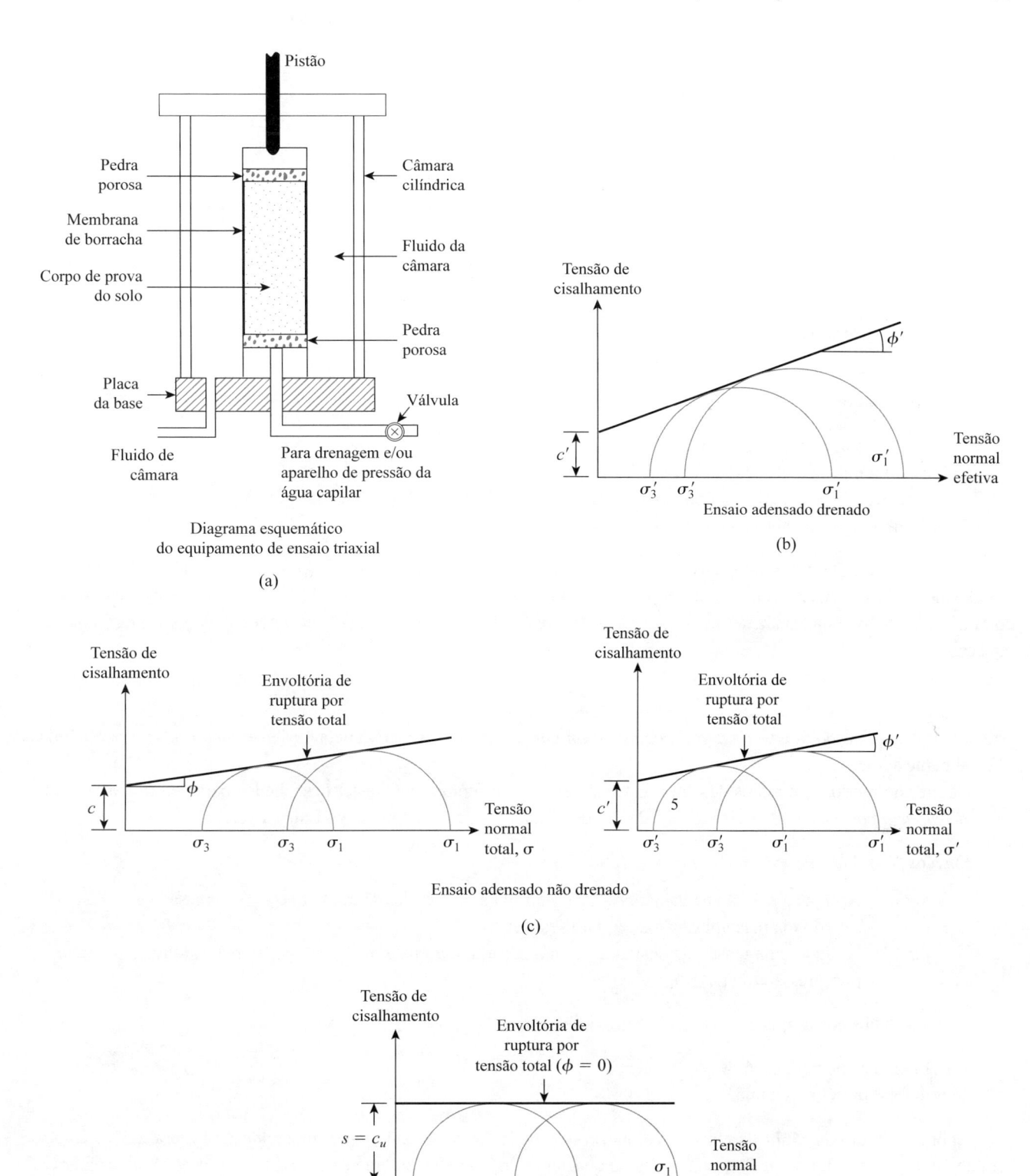

Figura 2.27 Ensaio triaxial

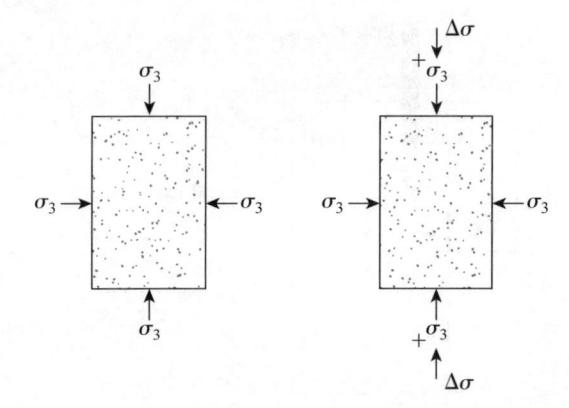

Figura 2.28 Sequência da aplicação da tensão no ensaio triaxial

Logo, na ruptura,

Tensão total principal primária = $\sigma_3 + \Delta\sigma_f = \sigma_1$
Tensão total principal secundária = σ_3
Tensão efetiva principal primária = $(\sigma_3 + \Delta\sigma_f) - u_f = \sigma_1'$
Tensão efetiva principal secundária = $\sigma_3 - u_f = \sigma_3'$

Alterar σ_3 permite que muitos ensaios desse tipo sejam realizados em vários corpos de prova de argila. Agora, os círculos de Mohr da tensão total na ruptura podem ser plotados, como mostrado na Figura 2.27c, e depois uma tangente comum pode ser desenhada para definir a *envoltória de ruptura*. Essa *envoltória de ruptura por tensão total* é definida pela equação:

$$s = c + \sigma \operatorname{tg} \phi \tag{2.92}$$

onde c e ϕ são a *coesão adensada não drenada* e o *ângulo de atrito*, respectivamente. (*Observação:* $c \approx 0$ para argilas normalmente adensadas.)

Do mesmo modo, os círculos de Mohr da tensão efetiva na ruptura podem ser desenhados para determinar a *envoltória de ruptura por tensão efetiva* (Figura 2.27c), que satisfaz a relação expressa na Equação (2.85).

Ensaios Não Adensados Não Drenados:

Etapa 1. Aplique a pressão da câmara σ_3. Não permita a drenagem, de modo que a poropressão ($u = u_0$) desenvolvida pela aplicação de σ_3 não seja zero.

Etapa 2. Aplique uma tensão de desvio $\Delta\sigma$. Não permita a drenagem ($u = u_d \neq 0$). Na ruptura, $\Delta\sigma = \Delta\sigma_f$; a poropressão total $u_f = u_0 + u_{d(f)}$.

Para os ensaios triaxiais *não adensados não drenados*,

Tensão total principal primária = $\sigma_3 + \Delta\sigma_f = \sigma_1$
Tensão total principal secundária = σ_3

Agora o círculo de Mohr da tensão total na ruptura pode ser desenhado como mostrado na Figura 2.27d. Para as argilas saturadas, o valor de $\sigma_1 - \sigma_3 = \Delta\sigma_f$ é uma constante, independentemente da pressão de confinação da câmara σ_3 (também mostrada na Figura 2.27d). A tangente para esses círculos de Mohr será uma linha horizontal, chamada de condição $\phi = 0$. A resistência ao cisalhamento para essa condição é:

$$s = c_u = \frac{\Delta\sigma_f}{2} \tag{2.93}$$

onde c_u = coesão não drenada (ou resistência ao cisalhamento não drenada).

A poropressão desenvolvida no corpo de prova do solo durante o ensaio triaxial não adensado não drenado é:

$$u = u_0 + u_d \tag{2.94}$$

A poropressão u_0 é a contribuição da pressão da câmara hidrostática σ_3. Assim,

$$u_0 = B\sigma_3 \tag{2.95}$$

onde B = parâmetro da poropressão de Skempton.

Do mesmo modo, o parâmetro do poro u_d é o resultado da tensão axial adicionada $\Delta\sigma$, portanto

$$u_d = A\Delta\sigma \tag{2.96}$$

onde A = parâmetro da poropressão de Skempton.
Todavia,

$$\Delta\sigma = \sigma_1 - \sigma_3 \tag{2.97}$$

A combinação das equações (2.94), (2.95), (2.96) e (2.97) dá:

$$u = u_0 + u_d = B\sigma_3 + A(\sigma_1 - \sigma_3) \tag{2.98}$$

O parâmetro B da poropressão nos solos saturados fofos é de aproximadamente 1, portanto

$$u = \sigma_3 + A(\sigma_1 - \sigma_3) \tag{2.99}$$

O valor do parâmetro A da poropressão na ruptura vai variar com o tipo de solo. O que vem a seguir é um intervalo geral dos valores de A na ruptura para diversos tipos de solos argilosos encontrados na natureza:

Tipo de solo	A na ruptura
Argilas arenosas	0,5–0,7
Argilas normalmente adensadas	0,5–1
Argilas sobreadensadas	–0,5–0

2.18 Ensaio de compressão não confinado

O *ensaio de compressão não confinado* (Figura 2.29a) é um tipo especial de ensaio triaxial não adensado não drenado em que a pressão de confinamento é $\sigma_3 = 0$, como mostrado na Figura 2.29b. Nesse ensaio, uma tensão axial $\Delta\sigma$ é aplicada ao corpo de prova para causar ruptura (isto é, $\Delta\sigma = \Delta\sigma_f$). O círculo de Mohr correspondente é mostrado na Figura 2.29b. Observe que, para esse caso,

Tensão total principal primária $= \Delta\sigma_f = q_u$
Tensão total principal secundária $= 0$

A tensão axial na ruptura, $\Delta\sigma_f = q_u$, geralmente é chamada de *resistência de compressão não confinada*. A resistência ao cisalhamento de argilas não saturadas sob essa condição ($\phi = 0$), com base na Equação (2.85), é:

$$s = c_u = \frac{q_u}{2} \tag{2.100}$$

A resistência de compressão não confinada pode ser usada como um indicador da consistência das argilas.

Às vezes, os ensaios de compressão não confinado são realizados em solos não saturados. Com o índice de vazios de um corpo de prova de solo que permanece constante, a resistência da compressão não confinada diminui rapidamente com o grau de saturação (Figura 2.29c).

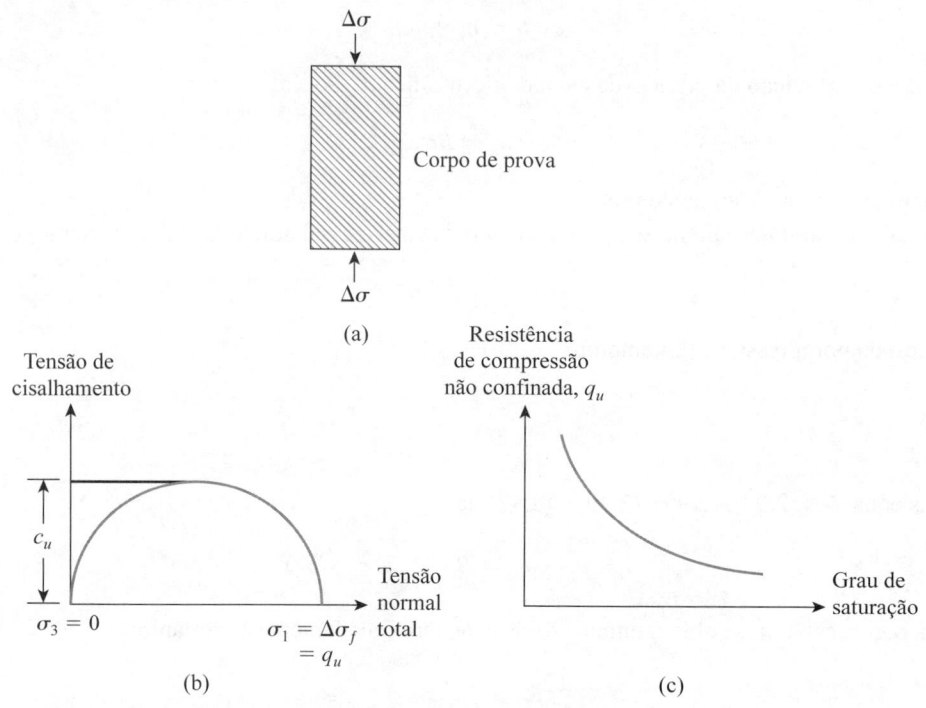

Figura 2.29 Ensaio de compressão não confinada: (a) corpo de prova do solo; (b) círculo de Mohr para o ensaio; (c) variação de q_u com grau de saturação

2.19 Comentários sobre o ângulo de atrito, ϕ'

Ângulo de atrito da tensão efetiva de solos granulares

No geral, o ensaio de cisalhamento direto produz um ângulo de atrito mais alto em comparação ao obtido com o ensaio triaxial. Observe também que a envoltória de ruptura para determinado solo é, na verdade, curvada. O critério de ruptura de Mohr-Coulomb definido pela Equação (2.85) é apenas uma aproximação. Em função da natureza curva da envoltória de ruptura, um solo testado em tensão normal mais alta produzirá um valor inferior de ϕ'. Um exemplo dessa relação é mostrado na Figura 2.30, que é um gráfico de ϕ' versus o índice de vazios e para a areia do rio Chattachoochee, próximo a Atlanta, Geórgia (Vesic, 1963). Os ângulos de atrito mostrados foram obtidos de ensaios triaxiais. Observe que, para determinado valor de e, a grandeza de ϕ' é de 4° a 5° menor quando a pressão de confinamento σ'_3 é maior que 70 kN/m², em comparação àquela quando $\sigma'_3 < 70$ kN/m².

Ângulo de atrito da tensão efetiva de solos coesivos

A Figura 2.31 mostra a variação do ângulo de atrito da tensão efetiva, ϕ', para diversas argilas normalmente adensadas (Bjerrum e Simons, 1960; Kenney, 1959). Pode ser visto na figura que, no geral, o ângulo de atrito ϕ' diminui com o aumento do índice de plasticidade. O valor de ϕ' geralmente aumenta de 37° para 38° com índice de plasticidade de cerca de 10° para 25° ou menos com índice de plasticidade de cerca de 100. O ângulo de atrito não adensado não drenado (ϕ) das argilas saturadas normalmente adensadas geralmente varia de 5° a 20°.

O ensaio triaxial adensado foi descrito na Seção 2.17. A Figura 2.32 mostra um diagrama esquemático de um gráfico de $\Delta\sigma$ versus tensão axial em um ensaio triaxial drenado para uma argila. Na ruptura, para esse ensaio, $\Delta\sigma = \Delta\sigma_f$. No entanto, para grandes deformações (isto é, a condição de resistência final), temos as seguintes relações:

Tensão principal primária: $\sigma'_{1(ult)} = \sigma_3 + \Delta\sigma_{ult}$

Tensão principal secundária: $\sigma'_{3(ult)} = \sigma_3$

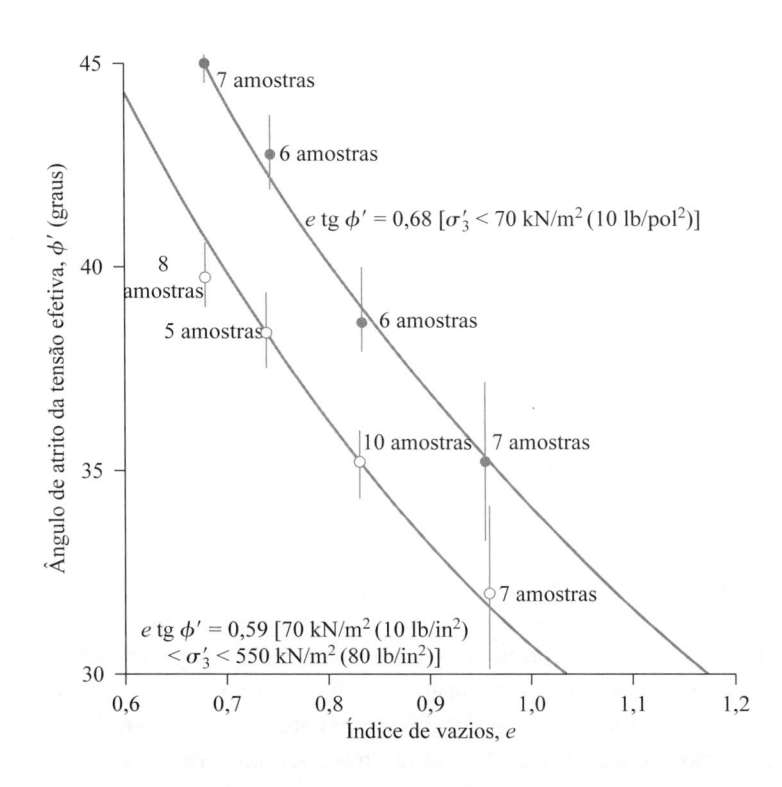

Figura 2.30 Variação do ângulo de atrito ϕ' com índice de vazios para a areia do rio Chattachoochee. (Com base em Vesic, A.B. Bearing capacity of deep foundations in sand. *Highway Research Record 39*, Highway Research Board. National Research Council, Washington, D.C., 1963, Figura 11, p. 123.)

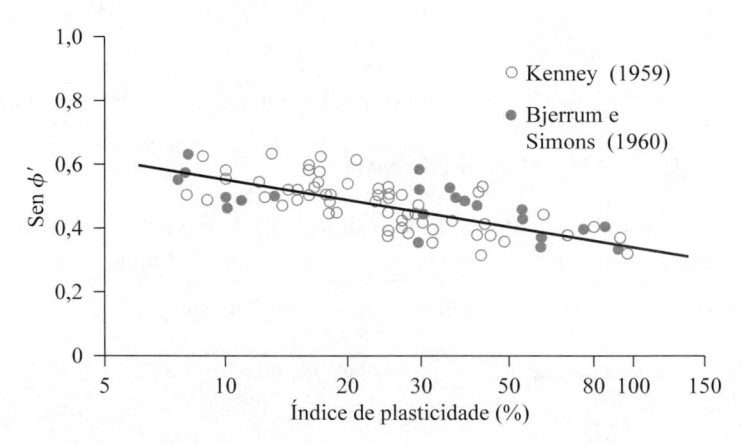

Figura 2.31 Variação de sen ϕ' com índice de plasticidade (IP) para diversas argilas normalmente adensadas

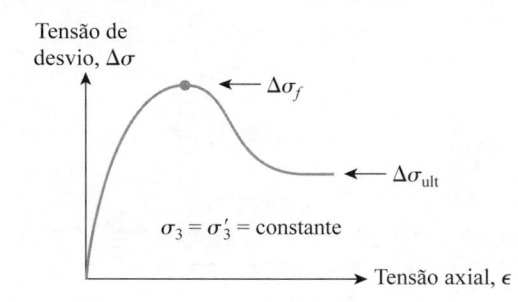

Figura 2.32 Gráfico da tensão de desvio *versus* ensaio triaxial drenado por tensão axial

Na ruptura (isto é, resistência de pico), a relação entre σ'_1 e σ'_3 é dada pela Equação (2.91). No entanto, para a resistência final, pode ser mostrado que:

$$\sigma'_{1(\text{ult})} = \sigma'_3 \, \text{tg}^2\left(45 + \frac{\phi'_r}{2}\right) \tag{2.101}$$

onde $\phi'_r = $ ângulo de atrito da tensão efetiva residual.

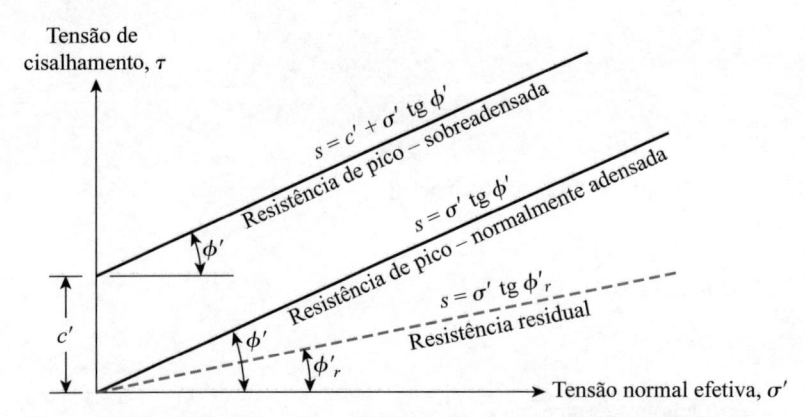

Figura 2.33 Envoltórias das resistências de pico e residual para argila

A Figura 2.33 mostra a natureza geral das envoltórias de ruptura na resistência de pico e na resistência final (ou *resistência residual*). A resistência de cisalhamento residual das argilas é importante na avaliação da estabilidade a longo prazo de novos taludes e de taludes existentes e da criação de medidas corretivas. Os ângulos de atrito residuais da tensão efetiva ϕ'_r de argilas podem ser substancialmente menores que o ângulo de atrito de pico da tensão efetiva ϕ'. Uma pesquisa anterior mostrou que a fração da argila (isto é, o percentual mais fino que 2 mícrons) presente em determinado solo, FA, e a mineralogia da argila são dois fatores primários que controlam ϕ'_r. Um resumo dos efeitos do CF em ϕ'_r é apresentado a seguir.

1. Se o FA é menor que 15%, então ϕ'_r é maior que 25°.
2. Para FA > cerca de 50%, ϕ'_r é inteiramente regido pelo deslizamento de argilominerais e pode estar no intervalo de 10° a 15°.
3. Para caulinita, ilita e montmorilonita, ϕ'_r é de 15°, 10° e 5°, respectivamente.

Skempton (1964) forneceu os resultados da variação do ângulo de atrito residual, ϕ'_r, de inúmeros solos argilosos com o atrito do tamanho da argila ($\leq 2\ \mu m$) presente. Um resumo desses resultados é mostrado na Tabela 2.13.

Tabela 2.13 Variação do ângulo de atrito residual para algumas argilas (com base em Skempton, 1964)

Solo	Fração de argila (%)	Ângulo de atrito residual, ϕ'_r (graus)
Selset	17,7	29,8
Wiener Tegel	22,8	25,1
Jackfield	35,4	19,1
Argila de Oxford	41,9	16,3
Jari	46,5	18,6
Argila de Londres	54,9	16,3
Madeira de Walton	67	13,2
Weser-Elbe	63,2	9,3
Little Beit	77,2	11,2
Biotita	100	7,5

2.20 Correlações para a resistência ao cisalhamento não drenado, c_u

Diversas relações empíricas podem ser observadas entre c_u e a pressão efetiva do soterramento (σ'_0) em campo. Algumas dessas relações estão resumidas na Tabela 2.14.

Tabela 2.14 Equações empíricas relacionadas a c_u e σ'_0

Referência	Relação	Observações
Skempton (1957)	$\dfrac{c_{u(VST)}}{\sigma'_0} = 0{,}11 + 0{,}00037\,(IP)$ IP = índice de plasticidade (%) $C_{u(VST)}$ = resistência ao cisalhamento não drenado com base no ensaio de cisalhamento de palheta	Para a argila normalmente adensada
Chandler (1988)	$\dfrac{c_{u(VST)}}{\sigma'_0} = 0{,}11 + 0{,}0037\,(IP)$ σ'_c = pressão de pré-adensamento	Pode ser usada no solo sobreadensado; precisão ± 25%; inválida para argilas sensíveis e fissuradas
Jamiolkowski et al. (1985)	$\dfrac{c_u}{\sigma'_c} = 0{,}23 \pm 0{,}04$	Para argilas ligeiramente sobreadensadas
Mesri (1989)	$\dfrac{c_u}{\sigma'_0} = 0{,}22$	Argila normalmente adensada
Bjerrum e Simons (1960)	$\dfrac{c_u}{\sigma'_0} = 0{,}45\left(\dfrac{IP\%}{100}\right)^{0{,}5}$ para IP > 50% $\dfrac{c_u}{\sigma'_0} = 0{,}118\,(IL)^{0{,}15}$ para IL = índice de liquidez > 0,5	Argila normalmente adensada
Ladd et al. (1977)	$\dfrac{\left(\dfrac{c_u}{\sigma'_0}\right)_{\text{sobreadensado}}}{\left(\dfrac{c_u}{\sigma'_0}\right)_{\text{normalmente adensado}}} = OCR^{0{,}8}$ OCR = índice de sobreadensamento = σ'_c / σ'_0	

2.21 Sensibilidade

Para muitos solos de argila naturalmente depositados, a resistência da compressão não confinada é bem menor quando os solos são testados após o remolde sem qualquer mudança no teor de umidade. Essa propriedade do solo de argila é chamada de *sensibilidade*. O grau de sensibilidade é a relação da resistência da compressão não confinada em um estado não perturbado para aquela em um estado remoldado, ou

$$S_t = \frac{q_{u(\text{não perturbado})}}{q_{u(\text{remoldado})}} \tag{2.102}$$

A relação de sensibilidade da maioria das argilas varia de aproximadamente 1 a 8; no entanto, os depósitos de argila marinha altamente flocosa podem ter relações de sensibilidade de aproximadamente 10 a 80. Algumas argilas viram líquidos viscosos mediante a remoldagem e são conhecidas como argilas "rápidas". A perda de resistência dos solos de argila pela remoldagem é provocada, principalmente, pela destruição da estrutura da partícula de argila desenvolvida durante o processo de sedimentação original.

3 Depósitos de solo natural e exploração de subsolo

3.1 Introdução

Para projetar a fundação que suportará a estrutura, um engenheiro deve compreender os tipos de depósitos de solo que suportarão a fundação. Além disso, os engenheiros de fundações devem se lembrar de que o solo normalmente não é homogêneo, ou seja, o perfil do solo pode variar. As teorias de mecânica de solo envolvem condições idealizadas, então a aplicação das teorias para os problemas de engenharia de fundações envolve uma avaliação criteriosa das condições do local e dos parâmetros de solo. Para isso, exigem-se conhecimentos do processo geológico pelo qual o depósito de solo no local foi formado, complementados pela exploração da subsuperfície. Uma boa avaliação profissional faz parte de uma parte essencial da engenharia geotécnica – e vem somente com a prática.

Este capítulo pode ser dividido em duas partes. A primeira é uma visão geral do depósito de solo natural geralmente encontrado e a segunda descreve os princípios gerais de exploração de subsolo.

Depósitos de solo natural

3.2 Origem do solo

A maioria dos solos que cobrem a terra é formada pelo intemperismo de diversas rochas. Existem dois tipos gerais de intemperismo: (1) intemperismo mecânico e (2) intemperismo químico.

O *intemperismo mecânico* é um processo pelo qual a rocha é quebrada em pedaços bem menores por forças físicas sem qualquer mudança na composição química. As mudanças na temperatura resultam em *expansão e contração da rocha* em razão do ganho e da perda de calor. A expansão e a contração contínuas resultarão em rachaduras nas rochas. Os blocos e os fragmentos grandes de rocha são divididos. A *ação de congelamento* é outra fonte de intemperismo mecânico de rochas. A água pode entrar pelos poros, pelas rachaduras e por outras aberturas na rocha. Quando a temperatura cai, a água congela, assim aumenta o volume em aproximadamente 9%. Isso resulta em uma pressão externa para a parte interna da rocha. O congelamento e o descongelamento contínuos resultarão no rompimento da massa da rocha. A *esfoliação* é outro processo de intemperismo mecânico pelo qual as placas rochosas são descascadas a partir das rochas grandes por forças físicas. O intemperismo mecânico de rochas também acontece em razão da ação de *correntes de água, geleiras, vento, ondas do mar* etc.

O *intemperismo químico* é um processo de decomposição ou alteração mineral no qual os minerais originais são modificados para algo totalmente diferente. Por exemplo, os minerais comuns na rocha ígnea são quartzo, feldspato e minerais ferromagnesianos. Os produtos decompostos desses minerais em decorrência do intemperismo químico estão listados na Tabela 3.1.

A maioria do intemperismo de rochas é uma combinação de intemperismo mecânico e químico. O solo produzido pelo intemperismo de rochas pode ser transportado pelos processos físicos para outros locais. Os depósitos de solo resultantes são chamados de *solos transportados*. Em contraste, alguns solos permanecem onde foram formados e cobrem a superfície da rocha da qual são derivados. Esses solos são referidos como *solos residuais*.

Os solos transportados podem ser subdivididos em cinco categorias principais com base no *agente transportador*:

1. Tálus, *depositado pela gravidade*;
2. Depósitos de *lacustre* (lago);
3. Solo *aluvial* ou *fluvial* depositado pela corrente de água;
4. Solo *glacial* depositado por geleiras;
5. Solo *eólico* depositado pelo vento.

Além dos solos transportado e residual, existem *turfas* e *solos orgânicos*, derivados da decomposição de materiais orgânicos.

Tabela 3.1 Alguns produtos decompostos de minerais na rocha ígnea

Mineral	Produto decomposto
Quartzo	Quartzo (grãos arenosos)
Feldspato de potássio ($KAlSi_3O_8$) e Feldspato de sódio ($NaAlSi_3O_8$)	Caulinita (argila) Bauxita Ilita (argila) Sílica
Feldspato de cálcio ($CaAl_2Si_2O_8$)	Sílica Calcita
Biotita	Argila Limonita Hematita Sílica Calcita
Olivina $(Mg, Fe)_2SiO_4$	Limonita Serpentina Hematita Sílica

3.3 Solo residual

Os solos residuais são encontrados em áreas em que a taxa de intemperismo é maior do que a taxa na qual os materiais intemperizados são transportados pelos agentes transportadores. A taxa de intemperismo é maior em regiões quentes e úmidas se comparada com regiões mais frias e secas e, dependendo das condições climáticas, o efeito do intemperismo pode variar amplamente.

Os depósitos de solo residual são comuns nas regiões trópicas, em ilhas, como Ilhas Havaianas, e no sudeste dos Estados Unidos. Geralmente, a natureza do depósito de solo residual dependerá da rocha principal. Quando as rochas duras, como granito e gnaisse, são submetidas ao intemperismo, a maioria dos materiais provavelmente se manterá no local. Esses depósitos de solo geralmente têm uma camada superior de material argiloso ou argila siltosa, abaixo da qual estão as camadas de solo siltoso ou arenoso. Essas camadas, por sua vez, são geralmente constituídas por uma rocha parcialmente intemperizada e, depois, o leito da rocha sólido. A profundidade do leito da rocha sólido pode variar amplamente, mesmo sendo alguns metros. A Figura 3.1 mostra o relatório de perfuração de depósito de solo residual derivado do intemperismo de granito.

Em contraste com as rochas duras, existem algumas rochas químicas, como calcário, que são feitas principalmente de calcita ($CaCO_3$). O giz e a dolomita têm altas concentrações de dolomita [$Ca Mg(CO_3)_2$]. Essas rochas têm grandes quantidades de materiais solúveis, alguns dos quais são removidos pelo lençol freático, deixando a fração insolúvel da rocha. Os solos residuais derivados das rochas químicas não possuem uma zona de transição gradual para o leito da rocha, conforme visto na Figura 3.1. Os solos residuais derivados do intemperismo de rochas como calcário apresentam, principalmente, a cor vermelha. Embora seja uniforme no tipo, a profundidade de intemperismo pode variar bastante. Os solos

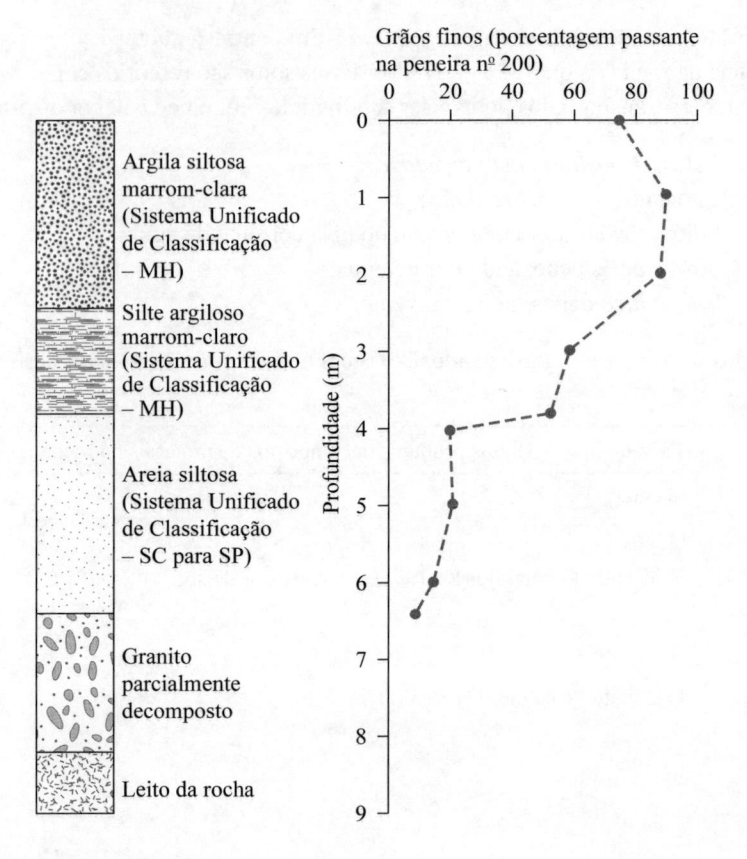

Figura 3.1 Perfuração em um solo residual de granito

Camadas (de cima para baixo):
- Argila siltosa marrom-clara (Sistema Unificado de Classificação – MH)
- Silte argiloso marrom-claro (Sistema Unificado de Classificação – MH)
- Areia siltosa (Sistema Unificado de Classificação – SC para SP)
- Granito parcialmente decomposto
- Leito da rocha

Gráfico: Grãos finos (porcentagem passante na peneira nº 200) vs. Profundidade (m)

residuais imediatamente acima do leito da rocha podem ser normalmente adensados. Nesses tipos de solo, as fundações maiores com cargas pesadas podem ser suscetíveis a grandes recalques de adensamento.

3.4 Solo transportado pela gravidade

Os solos residuais em um talude natural podem escorregar. Cruden e Varnes (1996) propuseram uma escala de velocidade para o movimento do solo em talude, que está resumida na Tabela 3.2. Quando os solos residuais escorregam de um talude natural vagarosamente, o processo é geralmente referido como *escoamento*. Quando o movimento de declive do solo é repentino e rápido, é chamado de *deslizamento de terra*. Os depósitos formados pelo escoamento vagaroso e deslizamentos de terra são o denominador *colúvio*.

O colúvio é uma mistura heterogênea de solos e fragmentos de rocha, variando de partículas com tamanho de argila para rochas com, pelo menos, um metro de diâmetro. As *correntes de lama* são um tipo de solo transportado pela gravidade. Os fluxos fazem movimentos descendentes de terra que parecem com um fluido viscoso (Figura 3.2) e repousam em uma condição mais densa. Os depósitos de solo derivados de correntes de lama anteriores são altamente heterogêneos na composição.

Tabela 3.2 Escala de velocidade para o movimento de solo em um talude

Descrição	Velocidade (mm/s)
Muito lenta	5×10^{-5} a 5×10^{-7}
Lenta	5×10^{-3} a 5×10^{-5}
Moderada	5×10^{-1} a 5×10^{-3}
Rápida	5×10^{1} a 5×10^{-1}

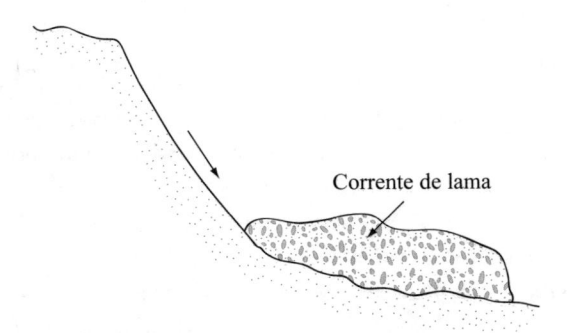

Figura 3.2 Corrente de lama

3.5 Depósitos aluviais

Os depósitos de solo aluvial derivam da ação de córregos e riachos, além da possibilidade de serem divididos em duas categorias principais: (1) *depósitos de riachos entrelaçados* e (2) depósitos causados pela *faixa de riachos meandrosos*.

Depósitos de riachos entrelaçados

Os riachos entrelaçados são riachos de gradiente alto e com fluxo rápido altamente erosivos e carregam grandes quantidades de sedimentos. Por conta da alta carga de leito, uma mudança pequena na velocidade de fluxo fará com que os sedimentos se depositem. Por esse processo, esses riachos podem construir um cenário complexo de canais convergentes e divergentes separados por bancos de areia e ilhas.

Os depósitos formados pelos riachos entrelaçados são altamente irregulares na estratificação e os grãos têm ampla gama de tamanho. A Figura 3.3 mostra uma seção perpendicular a tal depósito. Esses depósitos compartilham diversas características:

1. Os tamanhos dos grãos geralmente variam de pedregulho a silte. As partículas com tamanho de argila geralmente *não* são encontradas em depósitos dos riachos entrelaçados.
2. Embora o tamanho do grão varie amplamente, o solo em determinada bolsa ou lente é mais uniforme.
3. Em determinada profundidade, o índice de vazios e o peso específico podem variar dentro de uma distância lateral de somente alguns metros. Essa variação pode ser observada durante a exploração do solo para a construção da fundação para a estrutura. A resistência de penetração-padrão em determinada profundidade obtida de diversos furos será altamente irregular e variável.

Os depósitos aluviais estão presentes em diversas partes do oeste dos Estados Unidos, como no sul da Califórnia, Utah, e nas seções de bacia e de cordilheira de Nevada. Além disso, uma grande quantidade de sedimentos originalmente derivados das Montanhas Rochosas foi carregada para o lado leste para formar depósitos aluviais das Grandes Planícies. Em escala menor, esse tipo de depósito de solo natural deixado pelos riachos entrelaçados pode ser encontrado localmente.

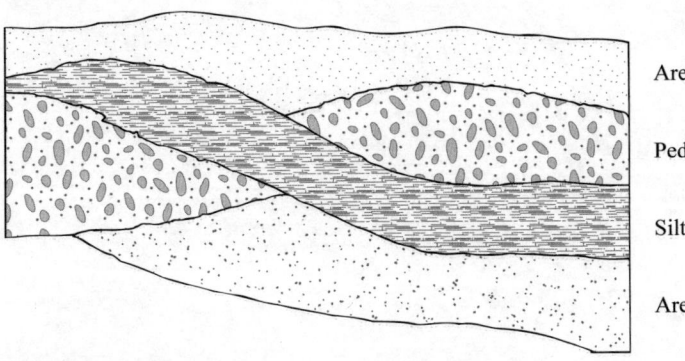

Figura 3.3 Seção cruzada de um depósito de riacho entrelaçado

Depósitos de faixa meandrante

O termo *meandro* é derivado da palavra grega *maiandros*, após o rio Maiandros (agora, Menderes) na Ásia, famoso pelo curso sinuoso. Os riachos estabelecidos em vale curvam adiante e atrás. A superfície do vale com meandro de rio é referida como *faixa meandrante*. Em um rio de meandro, o solo do banco é continuamente deteriorado nos pontos em que é côncavo no formato e é depositado em pontos em que o banco tem o formato convexo, conforme indicado na Figura 3.4. Esses depósitos são chamados de *depósitos de barra de pontal* e, geralmente, consistem de partículas do tamanho de areia e de silte. Às vezes, durante o processo de erosão e deposição, o rio abandona o meandro e faz um caminho mais curto. O meandro abandonado, quando preenchido com água, é chamado de *braço morto*. (Veja a Figura 3.4.)

Durante as inundações, o rio transborda as áreas no nível do mar. As partículas do tamanho da areia e do silte carregadas pelo rio são depositadas pelos bancos para formar o espinhaço conhecido como *barragem natural* (Figura 3.5). As partículas de solo mais finas que consistem de silte e argila são carregadas pela água para longe da planície aluvial. Essas partículas sedimentam em diferentes ritmos para formar o que é chamado de *depósito de pântano de planície aluvial* (Figura 3.5), frequentemente as argilas altamente plásticas.

A Tabela 3.3 informa algumas propriedades de depósitos de solo encontradas em barragens naturais, barras de pontal, canais abandonados, pântanos de planície aluvial e pântanos dentro do vale aluvial do Mississippi (Kolb e Shockley, 1959).

Tabela 3.3 Propriedades de depósitos dentro do vale aluvial do Mississipi

Ambiente	Textura do solo	Teor de água natural (%)	Limite de liquidez	Índice de plasticidade
Barragem natural	Argila (CL)	25–35	35–45	15–25
	Silte (ML)	15–35	NP–35	NP–5
Barra de pontal	Silte (ML) e areia siltosa (SM)	25–45	30–55	10–25
Canal abandonado	Argila (CL, CH)	30–95	30–100	10–65
Pântano de planície aluvial	Argila (CH)	25–70	40–115	25–100
Pântano	Argila orgânica (OH)	100–265	135–300	100–165

(*Observação*: NP – Não Plástico)

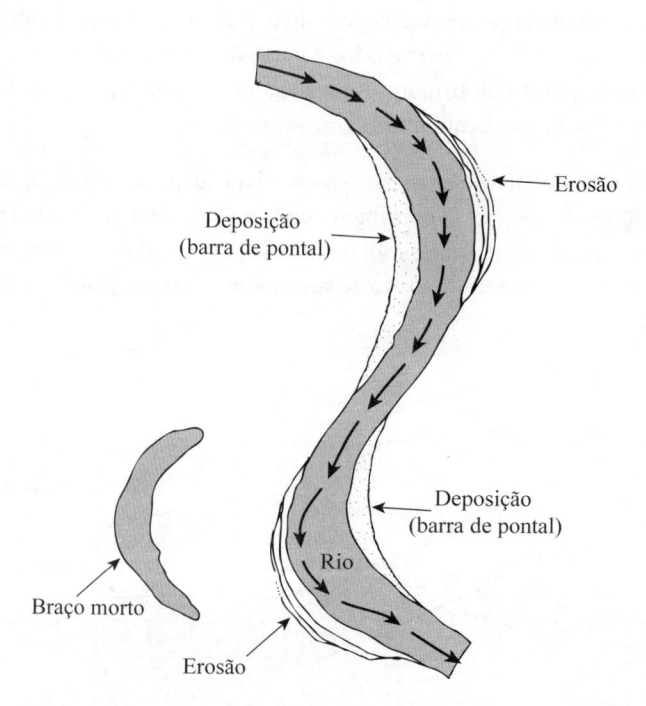

Figura 3.4 Formação de depósitos de barra de pontal e braço morto no riacho meandroso

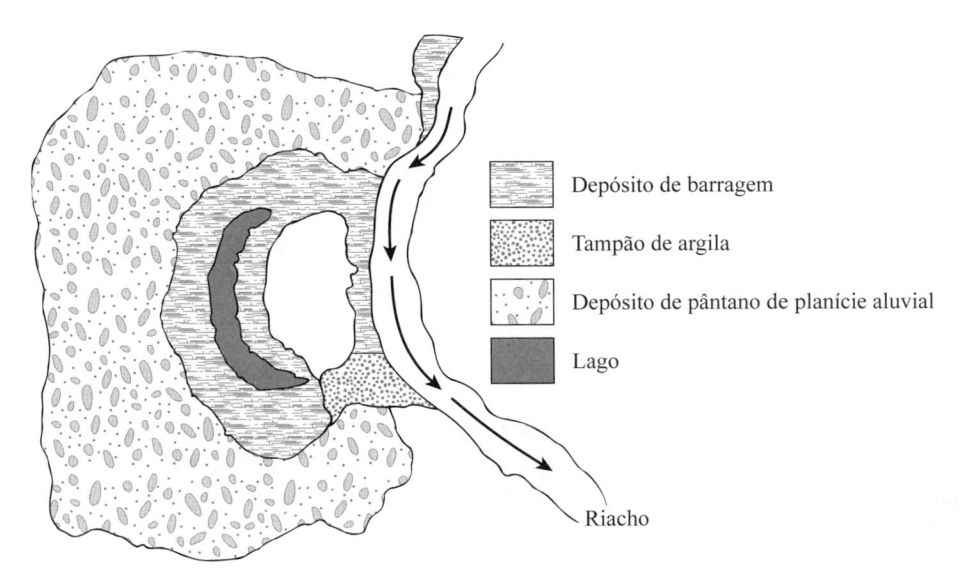

Figura 3.5 Depósito de pântano de planície aluvial

3.6 Depósitos de lacustre

A água dos rios e nascentes flui para os lagos. Em regiões áridas, os riachos carregam grandes quantidades de sólidos suspensos. Nos locais em que os riachos entram no lago, as partículas granulares são depositadas nas áreas que formam o delta. Algumas partículas mais grossas e as mais finas (ou seja, silte e argila) carregadas para o lago são depositadas na parte inferior do lago em camadas alternadas de partículas de grão grosso com as de grão fino. Geralmente, os deltas formados em regiões úmidas têm depósitos de solo de grão mais fino se comparados àqueles nas regiões áridas.

As *argilas varvíticas* são camadas alternadas de silte e argila siltosa com espessura de camada que excede 13 mm. O silte e a argila siltosa que constituem as camadas foram carregados em lagos de água doce pela água fundida no fim da Era do Gelo. A condutividade hidráulica de argilas varvíticas exibe alto grau de anisotropia.

3.7 Depósitos de geleiras

Durante o Pleistoceno da Era do Gelo, as geleiras cobriram grandes áreas da Terra. Com o tempo, as geleiras avançaram e recuaram. Durante o avanço, as geleiras carregaram grandes quantidades de areia, silte, argila, pedregulho e pedregulhos. *Deriva* é um termo geral normalmente aplicado a depósitos estabelecidos pelas geleiras. As derivas podem ser amplamente divididas em duas categorias principais: (a) derivas não estratificadas e (b) derivas estratificadas. Abaixo, segue uma breve descrição de cada categoria.

Detritos não estratificados

Os detritos *não estratificados* estabelecidos pelo derretimento das geleiras são conhecidos como *tilitos*. As características físicas do tilito podem variar de geleira para geleira. O tilito é chamado de *tilito argiloso* por causa da presença de grande quantidade de partículas do tamanho de argila. Em algumas áreas, o tilito consiste de grandes quantidades de pedregulhos e é conhecido como *tilito de pedregulhos*. A gama dos tamanhos do grão em determinado tilito varia bastante. A quantidade presente de frações do grão do tamanho da argila e os índices de plasticidade de tilitos também variam muito. Durante o programa de exploração de campo, também podem ser esperados valores equivocados da resistência de penetração-padrão (Seção 3.13).

As formas de aterramento desenvolvidas a partir do depósito de tilitos são chamadas de *morenas*. Uma *morena terminal* (Figura 3.6) é um espinhaço de tilito que marca o limite máximo do avanço da geleira. *Morenas recessionais* são espinhaços de tilito desenvolvidos atrás da morena terminal com distâncias variadas. Elas são o resultado da estabilização temporária da geleira durante o período recessional. O tilito depositado pela geleira entre as morenas é conhecido como *morena terrestre* (Figura 3.6). As morenas terrestres constituem grandes áreas do centro dos Estados Unidos e são chamadas de *planícies de tilito*.

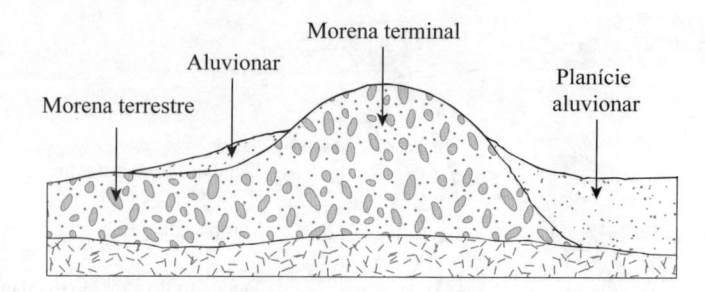

Figura 3.6 Morena terminal, morena terrestre e planície aluvionar

Detritos estratificados

A areia, o silte e o pedregulho carregados pela água derretida da parte frontal da geleira são chamados de *aluvionares*. A água derretida classifica as partículas pelo tamanho do grão e forma depósitos estratificados. Em um padrão semelhante ao do depósito de riacho entrelaçado, a água derretida também deposita aluviões, formando as *planícies aluvionares* (Figura 3.6), chamadas *depósitos glaciofluviais*.

3.8 Depósitos de solo eólicos

O vento também é um grande agente transportador para a formação de depósitos de solo. Quando grandes áreas de areia ficam expostas, o vento pode soprar a areia para longe e redepositar em outro lugar. Os depósitos de areia transportados pelo vento geralmente tomam forma de *dunas* (Figura 3.7). À medida que as dunas se formam, a areia é soprada no cume pelo vento. Além do cume, as partículas de areia rolam pelo declive. O processo tende a formar um depósito de *areia compacta* na *direção do vento* e uma provável *perda de depósito* na *parte do sotavento*, da duna.

As dunas existem ao longo das margens sul e leste do lago de Michigan, da costa atlântica e da costa sul da Califórnia e em diversos locais ao longo das costas de Oregon e Washington. As dunas de areia também podem ser encontradas nas planícies aluviais e rochosas no oeste dos Estados Unidos. Abaixo você encontra algumas das propriedades típicas de *dunas de areia*:

1. A distribuição do tamanho do grão da areia em locais particulares é surpreendentemente uniforme. Essa uniformidade pode ser atribuída à segregação do vento.
2. O tamanho geral do grão diminui com a distância da fonte, já que o vento carrega as partículas menores para mais longe do que as maiores.
3. A densidade relativa da areia depositada pela força do vento das dunas pode ser tão alta quanto 50% a 65%, diminuindo para aproximadamente 0 a 15% no sotavento.

A Figura 3.8 mostra algumas dunas de areia no deserto do Saara, no Egito.

Loess é um depósito eólico que consiste de partículas de silte e do tamanho de silte. A distribuição do tamanho do grão de loess é mais uniforme. A coesão de loess é geralmente derivada de um revestimento de argila sobre as partículas do tamanho do grão de silte, que contribui para uma estrutura de solo estável em um estado não saturado. A coesão também pode ser o resultado da precipitação de produtos químicos filtrados pela água da chuva. Loess é um *solo colapsível*, pois quando o solo fica saturado, perde-se a resistência elástica entre as partículas. Precisam ser tomadas precauções especiais para a construção de fundações sobre os depósitos de loess. Existem grandes depósitos de loess nos Estados Unidos, a maioria nos estados de Iowa, Missouri, Illinois e Nebraska e em alguns lugares ao longo do rio Mississipi, em Tennessee e Mississipi.

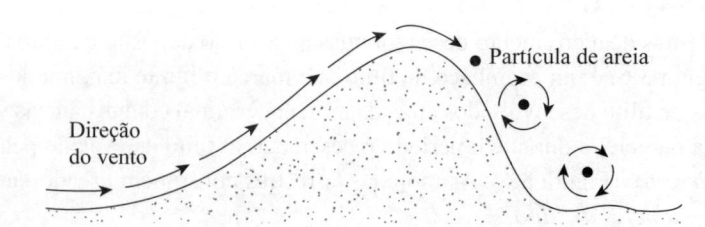

Figura 3.7 Duna de areia

Figura 3.8 Dunas de areia no deserto do Saara no Egito (Cortesia de Janice Das)

As cinzas vulcânicas (com tamanho dos grãos entre 0,25 mm a 4 mm) e o pó vulcânico (com tamanhos de grãos menores que 0,25 mm) podem ser classificados como solo transportado pelo vento. Cinzas vulcânicas são areias leves ou de grãos grossos e arenosos. A decomposição das cinzas vulcânicas resulta em argilas altamente plásticas e compressíveis.

3.9 Solo orgânico

Geralmente, os solos orgânicos são encontrados em áreas abaixo do nível do mar em que o lençol freático está próximo ou acima do nível da superfície do solo. A presença de lençol freático alto ajuda no crescimento de plantas aquáticas que, quando se decompõem, formam o solo orgânico. Esse tipo de depósito de solo é geralmente encontrado nas áreas costeiras e regiões de geleiras. Os solos orgânicos exibem as seguintes características:

1. O teor de umidade natural pode variar de 200% a 300%.
2. São altamente compressíveis.
3. Os testes laboratoriais indicam que, sob carga, uma grande quantidade de recalque é derivada do adensamento secundário.

3.10 Alguns termos locais para solos

Às vezes, os solos são referidos pelos termos locais. Abaixo seguem alguns desses termos com uma breve descrição de cada um.

1. *Caliche*: é uma palavra espanhola derivada do latim *calix*, que significa *cal*. A maior parte é encontrada no deserto sul dos Estados Unidos. É uma mistura de areia, silte e pedregulho junto com os *depósitos de calcários*. Os depósitos de calcário são trazidos à superfície pela migração ascendente da água. A água evapora na alta temperatura local. Em razão da escassez de chuvas, os carbonatos não são eliminados da camada superior do solo.
2. *Gumbo*: um solo altamente plástico e argiloso.
3. *Adobe*: um solo altamente plástico e argiloso encontrado no sudoeste dos Estados Unidos.
4. *Terra roxa*: Depósitos de solo residual de cor vermelha que derivam de calcário e dolomita.
5. *Humo*: solo orgânico com teor de umidade bastante alto.
6. *Lama*: depósito de solo orgânico.
7. *Saprolito*: depósito de solo residual derivado da maioria das rochas insolúveis.

8. *Marga*: mistura de grãos de solo de diversos tamanhos, como areia, silte e argila.
9. *Laterita*: caracterizada pelo acúmulo de óxido de ferro (Fe_2O_3) e óxido de alumínio (Al_2O_3) próximo à superfície além da filtragem de sílica. Os solos lateríticos na América Central contêm aproximadamente 80% a 90% de partículas de argila e de grãos do tamanho de silte. Nos Estados Unidos, os solos lateríticos podem ser encontrados nos estados do sudeste, como Alabama, Geórgia e nas Carolinas.

Exploração de subsuperfície

3.11 Finalidade da exploração de subsuperfície

O processo de identificar as camadas de depósitos que sustentam a estrutura proposta e as características físicas é geralmente referido como *exploração de subsuperfície*. A proposta da exploração de subsuperfície é para obter as informações que ajudarão o engenheiro geotécnico na:

1. Seleção do tipo e da profundidade da fundação adequada para determinada estrutura.
2. Avaliação da capacidade de suporte de carga da fundação.
3. Estimativa do recalque provável da estrutura.
4. Determinação de problemas potenciais da fundação (por exemplo, solo expansivo, solo colapsível, aterro sanitário etc.).
5. Determinação do local do lençol freático.
6. Previsão da pressão lateral terrestre para estruturas, como muro de arrimo, cortinas de estaca-prancha e cortes escorados.
7. Determinação dos métodos de construção para mudança das condições do subsolo.

A exploração da subsuperfície também pode ser necessária quando as adições e as alterações em estruturas existentes são contempladas.

3.12 Programa de exploração de subsuperfície

A exploração de subsuperfície engloba diversas etapas, incluindo a coleta de informações preliminares, reconhecimento e investigação do local.

Coleta de informações preliminares

Essa etapa envolve a obtenção de informações com relação ao tipo de estrutura a ser construída e o uso geral. Para a construção de prédios, as cargas aproximadas dos pilares, o espaçamento e as normas de construção local e as exigências de subsolo devem ser conhecidos. A construção das pontes exige a determinação de comprimentos dos vãos e a carga nos pilares e encontros.

Uma ideia geral de topografia e o tipo de solo a ser encontrado próximo e ao redor do local proposto podem ser obtidos das seguintes fontes:

1. Mapas de pesquisa geológica do país.
2. Mapas de pesquisa geológica do governo estadual.
3. Levantamento de solo dos Serviços de Conservação de Solo do Departamento de Agricultura do país.
4. Mapas de agronomia publicados pelos departamentos de agricultura de diversos estados.
5. As informações hidrológicas publicadas pelo Corpo de Engenheiros, incluindo registros de fluxo de vazão, informações sobre os altos níveis de inundação, registros de maré etc.
6. Os manuais de solo do departamento de rodovias publicados por diversos estados.

As informações coletadas dessas fontes podem ser extremamente úteis no planejamento do local de investigação. Em alguns casos, as economias substanciais podem ser feitas antecipando os problemas que podem ser encontrados posteriormente no programa de exploração.

Reconhecimento

O engenheiro deve sempre fazer uma inspeção visual do local para obter informações sobre:

1. A topografia geral do local, a possível existência de valas de drenagem, depósito abandonado de detritos e outros materiais presentes no local. Além disso, a evidência de escoamento de declives e rachaduras de contração profundas e largas em intervalos regularmente espaçados pode ser indicativo de solo expansivo.
2. A estratificação de solo com cortes profundos, como aqueles feitos para a construção de rodovias e ferrovias ao redor.
3. O tipo de vegetação no local, que pode indicar a natureza do solo.
4. Marcas d'água em prédios próximos e encontro de pontes.
5. Níveis do lençol freático, que podem ser determinados pela verificação dos poços ao redor.
6. Os tipos de construção ao redor e a existência de qualquer rachadura nas paredes ou outros problemas.

A natureza da estratificação e propriedades físicas do solo ao redor também podem ser obtidas a partir de qualquer levantamento de exploração de solo disponível nas estruturas existentes.

Investigação do local

A fase de investigação de solo do programa de exploração consiste em planejar, fazer sondagens e coletar amostras de solo nos intervalos desejados para observação subsequente e testes laboratoriais. A profundidade mínima exigida e aproximada da perfuração deve ser predeterminada. A profundidade pode ser modificada durante a operação de perfuração, dependendo do subsolo encontrado. Para determinar a profundidade mínima aproximada da perfuração, os engenheiros podem utilizar as regras estabelecidas pela American Society of Civil Engineers (1972):

1. Determine o acréscimo da tensão efetiva, $\Delta\sigma'$, sob a fundação com a profundidade conforme indicada na Figura 3.9. (As equações gerais para a estimativa de aumento na tensão são proporcionadas no Capítulo 6.)
2. Faça a estimativa da variação da tensão efetiva vertical, σ'_0, com profundidade.
3. Determine a profundidade, $D = D_1$, em que o aumento da tensão efetiva $\Delta\sigma'$ é igual a $\left(\frac{1}{10}\right)q$ (q = tensão líquida estimada na fundação).
4. Determine a profundidade, $D = D_2$, em que $\Delta\sigma'/\sigma'_0 = 0{,}05$.
5. Das duas profundidades, D_1 e D_2, escolha a menor, apenas determinada conforme a profundidade mínima aproximada da perfuração necessária, a menos que o leito da rocha seja encontrado.

Se as regras anteriores forem utilizadas, as profundidades das sondagens para um prédio com largura de 30 m (100 ft) será aproximadamente a seguinte, de acordo com Sowers e Sowers (1970):

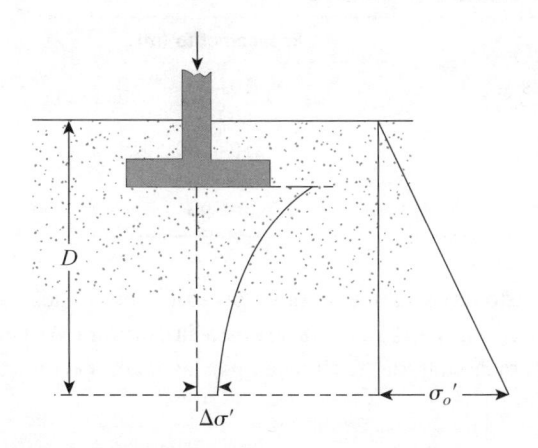

Figura 3.9 Determinação da profundidade mínima da perfuração

Nº de andares	Profundidade da perfuração
1	3,5 m
2	6 m
3	10 m
4	16 m
5	24 m

Para determinar a profundidade da perfuração para hospitais e prédios comerciais, Sowers e Sowers (1970) também utilizaram as seguintes regras.

- Para prédios leves de aço ou concreto,

$$\frac{D_b}{S^{0,7}} = a \tag{3.1}$$

onde:

D_b = profundidade da perfuração em metros;
S = quantidade de andares;
$a = 3$.

- Para edificações pesadas de aço ou de concreto,

$$\frac{D_b}{S^{0,7}} = b \tag{3.2}$$

onde:

$b = 6$ se D_b for em metros.

Quando as escavações profundas são antecipadas, a profundidade da sondagem deve ser pelo menos 1,5 vez o tamanho da escavação.

Às vezes, as condições do subsolo exigem que a carga de fundação seja transmitida para o leito da rocha. A profundidade mínima da perfuração de testemunho no leito da rocha é de aproximadamente 3 m. Se o leito da rocha for irregular ou intemperizado, pode ser que a perfuração de testemunho precise ser mais profunda.

Não existem regras estritas para o espaçamento entre sondagens. A Tabela 3.4 proporciona algumas diretrizes gerais. O espaçamento pode ser aumentado ou diminuído, dependendo da condição do subsolo. Se diversos estratos de solo forem mais ou menos uniformes e previsíveis, serão necessárias menos perfurações do que em estrato de solo não homogêneo.

Tabela 3.4 Espaçamento aproximado das perfurações

Tipo de projeto	Espaçamento (m)
Construção com diversos andares	10–30
Planta industrial de um andar	20–60
Rodovia	250–500
Subdivisão residencial	250–500
Barragens e diques	40–80

O engenheiro também deve considerar o último custo da estrutura ao tomar decisões com relação à extensão da exploração de campo. O custo de exploração geralmente fica entre 0,1% e 0,5% do custo da estrutura. As perfurações de solo podem ser feitas por diversos métodos, incluindo perfuração a trado, perfuração por lavagem, perfuração por percussão e perfuração rotativa.

3.13 Perfuração exploratória no campo

A *perfuração a trado* é o método mais simples para fazer perfurações exploratórias. A Figura 3.10 mostra dois tipos de trados manuais: o *trado cavadeira* e o *trado helicoidal*. Os trados manuais não podem ser utilizados para avançar furos a uma profundidade maior que 3 m a 5 m. No entanto, eles podem ser utilizados para o trabalho de exploração do solo em algumas estruturas de rodovias e pequenas estruturas. O *trado helicoidal portátil elétrico* (76 mm a 305 mm de diâmetro) está disponível para fazer perfurações mais profundas. As amostras de solo obtidas de tais perfurações são altamente amolgadas. Em alguns solos não coesivos ou com baixa coesão, as paredes das perfurações não ficarão sem suporte. Em tais circunstâncias, um tubo de metal é utilizado como camisa para evitar que o solo desmorone.

Quando a energia está disponível, a *estaca hélice contínua* será provavelmente o método mais comum utilizado para avançar uma perfuração. A potência de perfuração é exercida por sondas montadas em caminhões ou tratores. Os furos de até aproximadamente 60 m a 70 m podem ser facilmente feitos com esse método. As estacas hélices contínuas estão disponíveis nas seções de aproximadamente 1 m a 2 m com haste sólida ou oca. Algumas das estacas com haste sólida comumente utilizadas têm diâmetros externos de 66,68 mm, 82,55 mm, 101,6 mm e 114,3 mm. Já as estacas com haste oca comuns comercialmente disponíveis têm dimensões de 63,5 mm ID e 158,75 mm OD, 69,85 mm ID e 177,8 OD, 76,2 mm ID e 203,2 OD e 82,55 mm ID e 228,6 mm OD.

A ponta do trado está fixada ao cabeçote porta-fresa (Figura 3.11). Durante a operação de perfuração (Figura 3.12), hastes de trado podem ser adicionadas e a perfuração estendida em profundidade. As estacas hélices levam o solo fofo para a parte superficial do solo. O tubulão pode detectar as mudanças no tipo de solo observando as mudanças na velocidade e no som da perfuração. Quando os trados de hastes sólidas são usados, eles devem ser retirados em intervalos regulares para coletar as amostras de solo para realizar outras operações, como o ensaio de penetração-padrão. Os trados de haste oca têm uma vantagem distinta sobre os trados de haste sólida: eles não precisam ser removidos em intervalos frequentes para amostragem ou outros ensaios. Como mostrado esquematicamente na Figura 3.13, a parte externa do trado de haste oca atua como camisa.

O sistema de trado de haste oca inclui os seguintes componentes:

Componentes externos: (a) seção de trado oco, (b) tampa do trado oco e (c) tampa
Componentes internos: (a) conjunto-piloto, (b) haste central e (c) adaptador de haste para tampa

O cabeçote do trado contém dentes de carbeto substituíveis. Durante a perfuração, se as amostras de solo forem coletadas a determinada profundidade, o conjunto-piloto e a haste central serão removidos. A amostra de solo insere-se pela haste oca do trado.

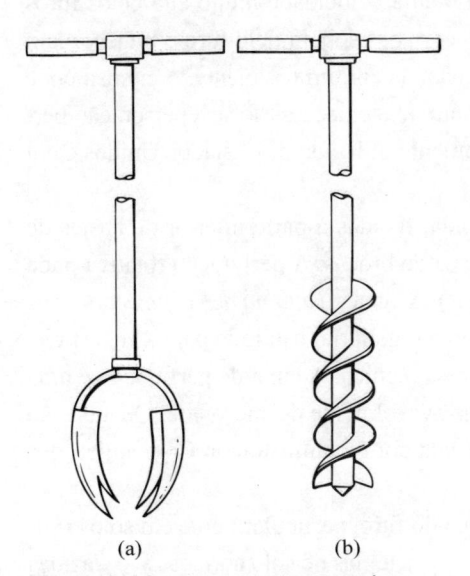

Figura 3.10 Ferramentas manuais: (a) trado cavadeira; (b) trado helicoidal

Figura 3.11 Cabeça de corte de metal duro nas estacas hélices (Cortesia de Braja M. Das, Henderson, Nevada)

Figura 3.12 Perfuração com estaca hélice contínua. (Danny R. Anderson, PE da Professional Service Industries, Inc, El Paso, Texas)

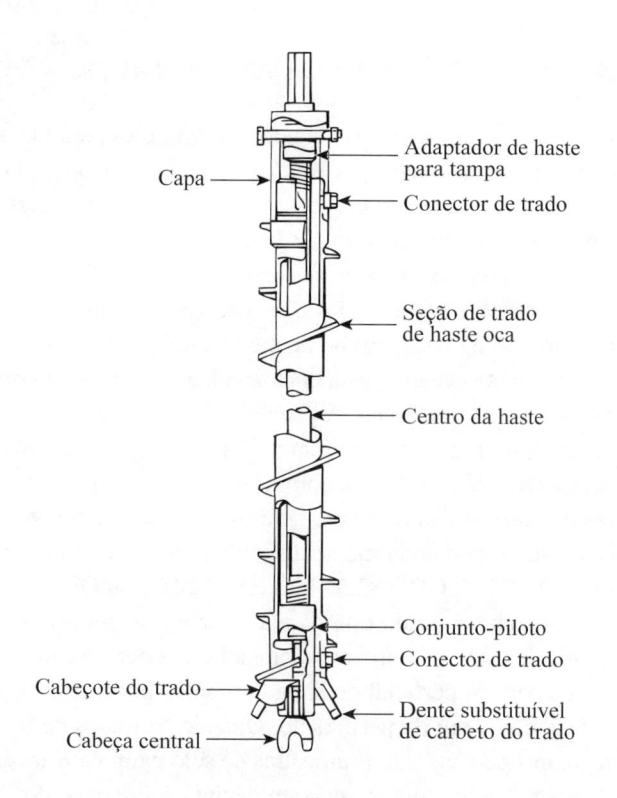

Figura 3.13 Componentes do trado de haste oca. (Segundo ASTM, 2001) (Com base em ASTM D4700-91: *Standard Guide for Soil Sampling from the Vadose Zone*.)

A *perfuração por lavagem* é outro método de avanço de furos. Nesse método, uma camisa de aproximadamente 2 m a 3 m de comprimento é cravada no solo. Em seguida, o solo dentro da camisa é removido pela broca de corte ou trépano afixada à haste de perfuração. A água é forçada pela haste de perfuração e sai a uma velocidade muito alta pelos furos na parte inferior da broca de corte (Figura 3.14). A água e as partículas de solo cortadas sobem pelo furo e transbordam pela parte superior da camisa pela conexão em T. A água de lavagem é então coletada em um recipiente. A camisa pode ser estendida com peças adicionais à medida que a perfuração progride; no entanto, não é necessário se a perfuração permanecer aberta e não desmoronar. Atualmente, a perfuração por lavagem é raramente utilizada nos Estados Unidos e em outros países desenvolvidos.

A *perfuração rotativa* é um procedimento no qual brocas em rotação rápida, fixadas à parte inferior de hastes de perfuração, cortam e trituram o solo, aprofundando o furo. Existem diversos tipos de brocas. A perfuração rotativa pode ser usada em areias, argilas e rochas (a menos que estejam severamente fissuradas). A água ou a *lama de perfuração* é forçada para baixo pelas hastes de perfuração até as brocas, e o fluxo de retorno força o material triturado para a superfície. Os furos com 50 mm a 203 mm de diâmetro podem ser facilmente feitos com essa técnica. A lama de perfuração é uma mistura de água e bentonita. Geralmente é utilizada quando o solo encontrado provavelmente desmoronará. Quando são necessárias amostras de solo, a haste de perfuração é aumentada e a broca é trocada por um amostrador. Com aplicações de perfuração ambiental, a perfuração rotativa com ar torna-se mais comum.

A *perfuração por percussão* é um método alternativo para avançar determinado furo, particularmente em solos rígidos e rochas. Uma broca pesada é levantada e abaixada para cortar o solo duro. As partículas de solo cortadas são trazidas pela circulação de água. A perfuração por percussão pode precisar de camisa.

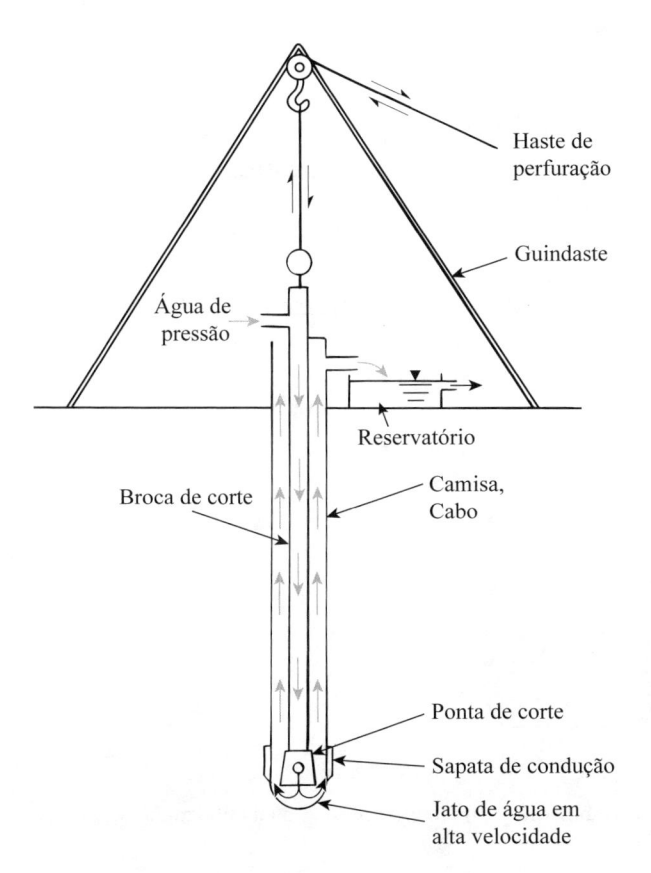

Figura 3.14 Perfuração por lavagem

3.14 Procedimentos para amostragem de solo

Os dois tipos de amostras de solo podem ser obtidos durante a exploração da subsuperfície: *amolgada* e *não amolgada*. Geralmente, as amostras amolgadas, mas representativas, podem ser utilizadas para os seguintes tipos de teste laboratorial:

1. Granulometria.
2. Determinação de limites de liquidez e de plasticidade.
3. Peso específico dos sólidos do solo.
4. Determinação da matéria orgânica.
5. Classificação de solo.

No entanto, a amostra de solo amolgado não pode ser utilizada para adensamento, condutividade hidráulica ou testes de resistência ao cisalhamento. As amostras de solo não amolgado devem ser obtidas para esses tipos de testes laboratoriais. As seções 3.15 a 3.18 descrevem alguns procedimentos para obtenção de amostras de solo durante a exploração de campo.

3.15 Amostragem bipartida

O amostrador bipartido pode ser utilizado no campo para obter as amostras de solo que geralmente são amolgadas, mas ainda são representativas. Uma seção do *amostrador-padrão bipartido* é exibida na Figura 3.15a. A ferramenta consiste de uma ponteira de ferro, um tubo de aço dividido longitudinalmente ao meio e o acoplamento na parte superior. O acoplamento conecta-se ao amostrador na haste de perfuração. O tubo-padrão bipartido tem diâmetros interno de 34,93 mm e externo de 50,8 mm; no entanto, os amostradores com diâmetros interno e externo de 63,5 mm até 76,2 mm, respectivamente, também estão disponíveis. Quando um furo é estendido para a profundidade predeterminada, as ferramentas de perfuração são removidas e o amostrador é abaixado para a parte inferior do furo. O amostrador é conduzido no solo pelos golpes de martelete até a parte superior da haste de perfuração. O peso-padrão do martelete é de 622,72 N e, para cada

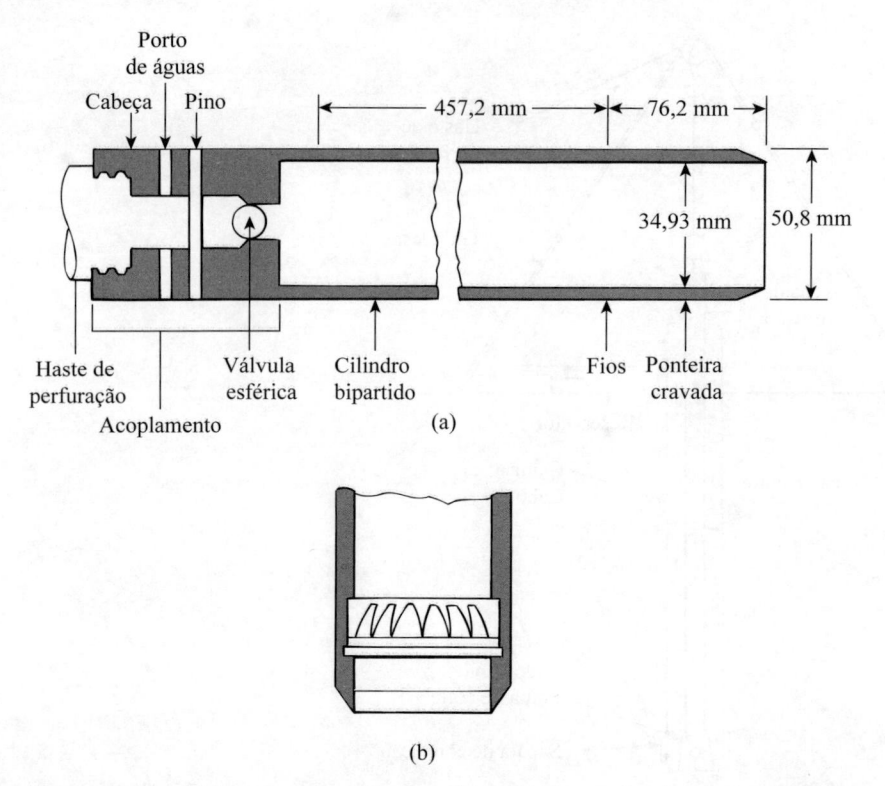

Figura 3.15 (a) Amostrador-padrão bipartido; (b) recuperador de testemunho mola

golpe, o martelete cai a uma distância de 0,762 m. A quantidade de golpes necessários para a penetração do amostrador em três intervalos de 152,4 mm é registrada. A quantidade de golpes necessários para os dois últimos intervalos é somada para informar o *índice de resistência à penetração*, *N*, naquela profundidade. Essa quantidade é geralmente referida como *valor N* (American Society for Testing and Materials, 2014, Designação D-1586-11). Então, o amostrador é retirado e a ponteira e o acoplamento são removidos. Finalmente, a amostra de solo recuperada do tubo é colocada em um recipiente de vidro e transportada para o laboratório. Esse ensaio de campo é chamado de teste de penetração-padrão (SPT). As figuras 3.16a e 3.16b exibem um amostrador bipartido desmontado e após a montagem.

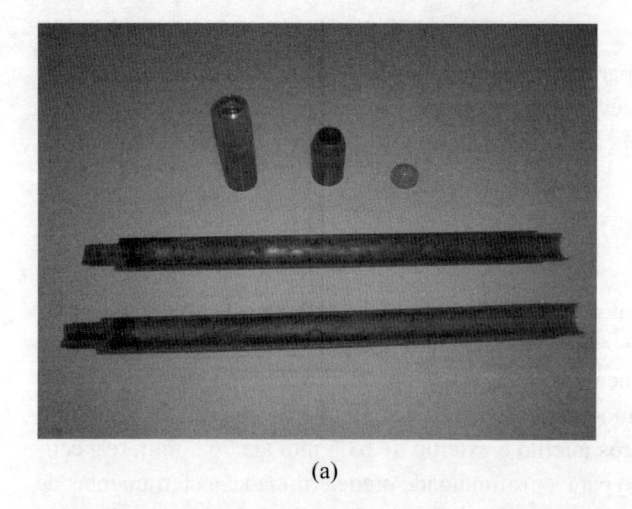

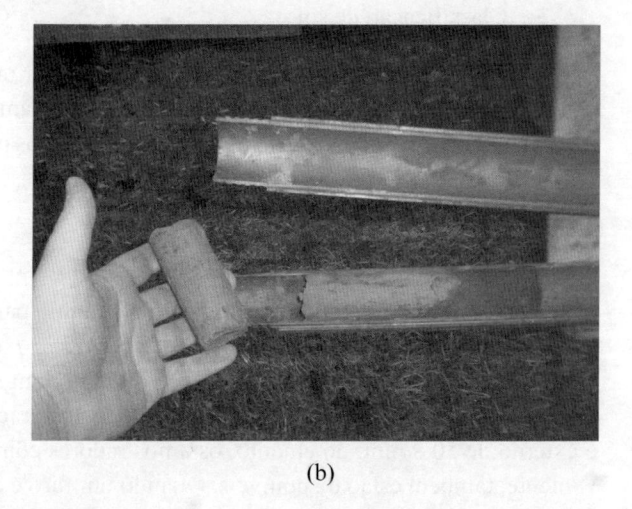

Figura 3.16 (a) Amostrador bipartido desmontado; (b) após a montagem (Cortesia de Professional Service Industries, Inc. (PSI), Waukesha, Wisconsin)

O grau de amolgamento para uma amostra de solo é geralmente expresso como:

$$A_R(\%) = \frac{D_o^2 - D_i^2}{D_i^2}(100) \tag{3.3}$$

onde:

A_R = proporção da área (proporção da área amolgada para a área total de solo);
D_o = diâmetro externo do tubo de amostragem;
D_i = diâmetro interno do tubo de amostragem.

Quando a proporção da área é de no máximo 10%, geralmente a amostra é considerada para ser amolgada. Para um amostrador bipartido-padrão,

$$A_R(\%) = \frac{(50,8)^2 - (34,93)^2}{(34,93)^2}(100) = 111,5\%$$

Portanto, essas amostras são altamente amolgadas. Geralmente, as amostras bipartidas são tiradas em intervalos de aproximadamente 1,5 m. Quando o material encontrado no campo é areia (areia particularmente fina abaixo do lençol freático), a recuperação da amostra pelo amostrador bipartido pode ser difícil. Nesse caso, um aparelho, como *recuperador de testemunho*, pode precisar ser colocado dentro do amostrador bipartido (Figura 3.15b).

Nessa conjuntura, é importante destacar que diversos fatores contribuem para a variação da quantidade de penetração-padrão N a determinada profundidade para perfis de solo semelhantes. Entre esses fatores incluem-se eficiência do martelo SPT, diâmetro do furo, método de amostragem e comprimento da haste (Skempton, 1986; Seed et al., 1985). A eficiência energética do martelo SPT pode ser expressa como:

$$E_r(\%) = \frac{\text{energia geral do martelo para amostragem}}{\text{energia de entrada}} \times 100 \tag{3.4}$$

$$\text{Energia teórica de entrada} = Wh \tag{3.5}$$

onde:

W = peso do martelo $\approx$ 0,623 kN;
h = altura da queda $\approx$ 0,76 mm.

Logo,

$$Wh = (0,623)(0,76) = 0,474 \text{ kN} \cdot \text{m}$$

No campo, a magnitude de E_r pode variar de 30% a 90%. Atualmente, a prática-padrão nos EUA é expressar o valor de N para uma relação de energia média de 60% ($\approx N_{60}$). Assim, corrigindo os procedimentos de campo e com base nas observações de campo, parece ser razoável padronizar o índice de resistência à penetração como função da energia motora de entrada e a dissipação ao redor do amostrador no solo, ou:

$$N_{60} = \frac{N\eta_H\eta_B\eta_S\eta_R}{60} \tag{3.6}$$

onde:

N_{60} = índice corrigido para condições de campo;
N = número de golpes medidos;
η_H = eficiência do martelete (%);
η_B = correção para o diâmetro de furo;
η_S = correção do amostrador;
η_R = correção para comprimento da haste.

Variações de η_H, η_B, η_S e η_R, com base nas recomendações de Seed et al. (1985) e Skempton (1986), estão resumidas na Tabela 3.5.

Tabela 3.5 Variações de η_H, η_B, η_S e η_R [Equação (3.6)]

1. Variação de η_H

País	Tipo do martelo	Liberação do martelo	η_H (%)
Japão	Vazado	Queda livre	78
	Vazado	Cabo e polia	67
Estados Unidos	Segurança	Cabo e polia	60
	Vazado	Cabo e polia	45
Argentina	Vazado	Cabo e polia	45
China	Vazado	Queda livre	60
	Vazado	Cabo e polia	50

2. Variação de η_B

Diâmetro	η_B
60–120	1
150	1,05
200	1,15

3. Variação de η_S

Variável	η_S
Amostrador-padrão	1,0
Com revestimento para areia e argila compactas	0,8
Com revestimento para areia fofa	0,9

4. Variação de η_R

Comprimento da haste (m)	η_R
>10	1,0
6–10	0,95
4–6	0,85
0–4	0,75

Correlações para N_{60} em solo coesivo

Além de forçar o engenheiro geotécnico a obter amostras de solo, os testes de penetração-padrão proporcionam diversas correlações úteis. Por exemplo, a consistência de solos argilosos pode ser estimada a partir do índice de resistência à penetração, N_{60}. Para alcançar isso, Szechy e Vargi (1978) calcularam o *índice de consistência* (IC) como:

$$IC = \frac{LL - \omega}{LL - LP} \tag{3.7}$$

onde:

ω = teor de umidade natural (%);
LL = limite de liquidez;
LP = limite de plasticidade.

A correlação aproximada entre IC, N_{60} e a resistência de compressão não confinada (q_u) é informada na Tabela 3.6.

Tabela 3.6 Correlação aproximada entre IC, N_{60} e q_u

Índice de resistência à penetração, N_{60}	Consistência	IC	Resistência de compressão não confinada, q_u (kN/m^2)
< 2	Muito mole	< 0,5	< 25
2–8	Mole a média	0,5–0,75	25–80
8–15	Rígida	0,75–1,0	80–150
15–30	Muito rígida	1,0–1,5	150–400
> 30	Rígida	> 1,5	> 400

Hara et al. (1971) também sugeriram a seguinte correlação entre a resistência ao cisalhamento não drenado de argila (c_u) e N_{60}.

$$\frac{c_u}{p_a} = 0,29 N_{60}^{0,72} \qquad (3.8)$$

onde p_a = pressão atmosférica (≈ 100 kN/m²).

A razão de sobreadensamento, OCR, de um depósito de argila natural também pode ser correlacionada com o índice de resistência à penetração. Com base na análise de regressão de 110 pontos de dados, Mayne e Kemper (1988) obtiveram a relação:

$$\text{OCR} = 0,193 \left(\frac{N_{60}}{\sigma'_o} \right)^{0,689} \qquad (3.9)$$

onde σ'_o = tensão vertical efetiva em MN/m².

É importante mostrar que qualquer correlação entre c_u, OCR e N_{60} é somente aproximada.

Utilizando os resultados de teste de campo de Mayne e Kemper (1988) e outros (112 pontos de dados), Kulhawy e Mayne (1990) sugeriram a correlação aproximada:

$$\text{OCR} = 0,58 \frac{N_{60} p_a}{\sigma'_o} \qquad (3.10)$$

Kulhawy e Mayne (1990) também proporcionaram uma correlação aproximada para a pressão de pré-adensamento (σ'_c) de argila como:

$$\sigma'_c = 0,47 N_{60} p_a \qquad (3.11)$$

Correlações para N_{60} em solo granular

Em solos granulares, o valor de N_{60} é afetado pela pressão geostática efetiva, σ'_o. Por essa razão, o valor de N_{60} obtido da exploração de campo sob as diferentes pressões geostáticas efetivas deve ser modificado para corresponder a um valor-padrão de σ'_o. Ou seja,

$$(N_1)_{60} = C_N N_{60} \qquad (3.12)$$

onde:
$(N_1)_{60}$ = valor de N_{60} corrigido para um valor-padrão de $\sigma'_a = p_a$ [≈ 100 kN/m²];
C_N = fator de correção;
N_{60} = valor de N obtido da exploração de campo [Equação (3.6)].

Anteriormente, uma quantidade de relações empíricas foi proposta para C_N. Algumas dessas relações são informadas posteriormente. As relações mais mencionadas são as de Liao e Whitman (1986) e Skempton (1986).

Nas seguintes relações para C_N, observe que σ'_a é a pressão geostática efetiva e p_a = pressão atmosférica (≈ 100 kN/m²).

Relação de Liao e Whitman (1986):

$$C_N = \left[\frac{1}{\left(\frac{\sigma'_o}{p_a} \right)} \right]^{0,5} \qquad (3.13)$$

Relação de Skempton (1986):

$$C_N = \frac{2}{1 + \left(\dfrac{\sigma'_o}{p_a}\right)} \quad \text{(para areia fina normalmente adensada)} \qquad (3.14)$$

$$C_N = \frac{3}{2 + \left(\dfrac{\sigma'_o}{p_a}\right)} \quad \text{(para areia grossa normalmente adensada)} \qquad (3.15)$$

$$C_N = \frac{1,7}{0,7 + \left(\dfrac{\sigma'_o}{p_a}\right)} \quad \text{(para areia sobreadensada)} \qquad (3.16)$$

Relação de Seed et al. (1975):

$$C_N = 1 - 1,25 \log\left(\frac{\sigma'_o}{p_a}\right) \qquad (3.17)$$

Relação de Peck et al. (1974):

$$C_N = 0,77 \log\left[\frac{20}{\left(\dfrac{\sigma'_o}{p_a}\right)}\right] \left(\text{para } \frac{\sigma'_o}{p_a} \geq 0,25\right) \qquad (3.18)$$

Bazaraa (1967):

$$C_N = \frac{4}{1 + 4\left(\dfrac{\sigma'_o}{p_a}\right)} \left(\text{para } \frac{\sigma'_o}{p_a} \leq 0,75\right) \qquad (3.19)$$

$$C_N = \frac{4}{3,25 + \left(\dfrac{\sigma'_o}{p_a}\right)} \left(\text{para } \frac{\sigma'_o}{p_a} > 0,75\right) \qquad (3.20)$$

A Tabela 3.7 mostra a comparação de C_N derivado utilizando diversas relações mencionadas anteriormente. Pode ser visto que a magnitude do fator de correção estimado pela utilização de qualquer uma das relações é aproximadamente a mesma, considerando as incertezas envolvidas para conduzir os ensaios de penetração-padrão. Portanto, é recomendado que a Equação (3.13) possa ser utilizada para todos os cálculos.

Tabela 3.7 Variação de C_N

$\dfrac{\sigma'_o}{p_a}$	C_N						
	Equação (3.13)	Equação (3.14)	Equação (3.15)	Equação (3.16)	Equação (3.17)	Equação (3.18)	equações (3.19) e (3.20)
0,25	2,00	1,60	1,33	1,78	1,75	1,47	2,00
0,50	1,41	1,33	1,20	1,17	1,38	1,23	1,33
0,75	1,15	1,14	1,09	1,17	1,15	1,10	1,00
1,00	1,00	1,00	1,00	1,00	1,00	1,00	0,94
1,50	0,82	0,80	0,86	0,77	0,78	0,87	0,84
2,00	0,71	0,67	0,75	0,63	0,62	0,77	0,76
3,00	0,58	0,50	0,60	0,46	0,40	0,63	0,65
4,00	0,50	0,40	0,60	0,36	0,25	0,54	0,55

Exemplo 3.1

Abaixo estão os resultados de um ensaio de penetração-padrão em areia. Determine os números de golpes-padrão corrigidos, $(N_1)_{60}$, com diversas profundidades. Note que o nível do lençol freático não foi observado em uma profundidade de até 10,5 m abaixo do nível da superfície. Adote o peso específico seco médio da areia de 17,3 kN/m³. Use a Equação (3.13).

Profundidade, z (m)	N_{60}
1,5	8
3,0	7
4,5	12
6,0	14
7,5	13

Solução
Da Equação (3.13)

$$C_N = \left[\frac{1}{\left(\dfrac{\sigma'_0}{p_a}\right)}\right]^{0,5}$$

$$p_a \approx 100 \text{ kN/m}^2$$

Assim, a tabela a seguir pode ser preparada.

Profundidade, z (m)	σ'_0(kN/m²)	C_N	N_{60}	$(N_1)_{60}$
1,5	25,95	1,96	8	≈ 16
3,0	51,90	1,39	7	≈ 10
4,5	77,85	1,13	12	≈ 14
6,0	103,80	0,98	14	≈ 14
7,5	129,75	0,87	13	≈ 11

■

Correlação entre N_{60} e a densidade relativa de solo granular

Kulhawy e Mayne (1990) modificaram uma relação empírica para a densidade relativa informada por Marcuson e Bieganousky (1977), que pode ser expressa como:

$$D_r(\%) = 12,2 + 0,75\left[222 N_{60} + 2311 - 711\text{OCR} - 779\left(\frac{\sigma'_o}{p_a}\right) - 50 C_u^2\right]^{0,5} \qquad (3.21)$$

onde:

D_r = densidade relativa;
σ'_o = pressão geostática efetiva;
C_u = coeficiente de uniformidade da areia;
$\text{OCR} = \dfrac{\text{pressão de pré-adensamento, } \sigma'_c}{\text{pressão geostática efetiva, } \sigma'_o}$;
p_a = pressão atmosférica.

Meyerhof (1957) desenvolveu uma correlação entre D_r e N_{60} como:

$$N_{60} = \left[17 + 24\left(\frac{\sigma'_0}{p_a}\right)\right]D_r^2$$

ou

$$D_r = \left\{\frac{N_{60}}{\left[17 + 24\left(\frac{\sigma'_o}{p_a}\right)\right]}\right\}^{0,5} \quad (3.22)$$

A Equação (3.22) fornece uma estimativa razoável somente para a areia fina, limpa e média.

Cubrinovski e Ishihara (1999) também propuseram uma correlação entre N_{60} e a densidade relativa de areia (D_r) que pode ser expressa como:

$$D_r(\%) = \left\{\frac{N_{60}\left(0,23 + \frac{0,06}{D_{50}}\right)^{1,7}}{9}\left(\frac{1}{\frac{\sigma'_o}{p_a}}\right)\right\}^{0,5}(100) \quad (3.23)$$

onde:

p_a = pressão atmosférica (≈ 100 kN/m²);
D_{50} = tamanho da peneira pela qual passa 50% do solo (mm).

Kulhawy e Mayne (1990) correlacionaram o índice de resistência à penetração corrigido e a densidade relativa de areia na forma:

$$D_r(\%) = \left\{\frac{(N_1)_{60}}{C_p C_A C_{OCR}}\right\}^{0,5}(100) \quad (3.24)$$

onde:

C_P = fator de correlações do tamanho do grão = $60 + 25 \log D_{50}$; \hfill (3.25)

C_A = fator de correlação para envelhecimento = $1,2 + 0,05\log\left(\frac{t}{100}\right)$; \hfill (3.26)

C_{OCR} = fator de correlação para sobreadensamento = $OCR^{0,18}$; \hfill (3.27)
D_{50} = diâmetro pelo qual 50% de solo passará (mm);
t = idade de solo a partir de deposição (anos);
OCR = razão de sobreadensamento.

Skempton (1986) sugeriu que, para areias com densidade relativa maior que 35%,

$$\frac{(N_1)_{60}}{D_r^2} \approx 60 \quad (3.28)$$

onde $(N_1)_{60}$ deve ser multiplicado por 0,92 para areia grossa e 1,08 para areia fina.

Correlação entre ângulo de atrito e índice de resistência à penetração

O ângulo de atrito de pico, ϕ', de solo granular também é correlacionado com N_{60} ou $(N_1)_{60}$ por diversos investigadores. Algumas dessas correlações são:

1. Peck, Hanson e Thornburn (1974) proporcionaram uma correlação entre N_{60} e ϕ' na forma gráfica, que pode ser aproximada como (Wolff, 1989):

$$\phi' \text{ (grau)} = 27{,}1 + 0{,}3 N_{60} - 0{,}00054 [N_{60}]^2 \qquad (3.29)$$

2. Schmertmann (1975) forneceu a correlação entre N_{60}, σ'_o e ϕ'. Matematicamente, a correlação pode ser aproximada como (Kulhawy e Mayne, 1990):

$$\phi' = \text{tg}^{-1} \left[\frac{N_{60}}{12{,}2 + 20{,}3 \left(\dfrac{\sigma'_o}{p_a} \right)} \right]^{0{,}34} \qquad (3.30)$$

onde:
N_{60} = índice de resistência à penetração de campo;
σ'_o = pressão geostática efetiva;
p_a = pressão atmosférica na mesma unidade que σ'_o;
ϕ' = ângulo de atrito do solo.

3. Hatanaka e Uchida (1996) proporcionaram uma correlação simples entre ϕ' e $(N_1)_{60}$ que pode ser expressa como:

$$\phi' = \sqrt{20(N_1)_{60}} + 20 \qquad (3.31)$$

As seguintes qualificações devem ser observadas quando os valores de resistência de penetração-padrão são utilizados nas correlações anteriores para estimar os parâmetros de solo:

1. As equações são aproximadas.
2. Em razão de o solo não ser homogêneo, os valores de N_{60} obtidos de determinada perfuração podem variar.
3. Também nos depósitos de solo que contêm rochas grandes e pedregulho, os números de golpes-padrão podem variar muito e ser incertos.

Embora aproximado, com a interpretação correta, o ensaio de penetração-padrão proporciona uma boa avaliação das propriedades do solo. As fontes primárias de erros nos ensaios de penetração-padrão são a limpeza inadequada da perfuração, medições negligentes do número de golpes, golpes de martelo excêntricos na haste de perfuração e a manutenção inadequada do cabeçote hidráulico no furo. A Figura 3.17 mostra os valores-limite aproximados para D_r, N_{60}, $(N_1)_{60}$, ϕ' e $\dfrac{(N_1)_{60}}{D_r^2}$.

Correlação entre módulo de elasticidade e índice de resistência à penetração

O módulo de elasticidade de solos granulares (E_s) é um parâmetro importante na estimativa do recalque elástico das fundações. Uma estimativa de primeira ordem para E_s era informada por Kulhawy e Mayne (1990) como:

$$\frac{E_s}{p_a} = \alpha N_{60} \qquad (3.32)$$

onde:

p_a = pressão atmosférica (mesma unidade que E_s).

$$\alpha = \begin{cases} 5 \text{ para areias com grãos finos} \\ 10 \text{ para areia limpa normalmente adensada} \\ 15 \text{ para areia sobreadensada limpa} \end{cases}$$

	*Muito fofo	Fofo	Densidade média	Denso	Muito compacto
#D_r (%) 0	15	35	65	85	100
*N_{60}	4	10	30	50	
##$(N_1)_{60}$	3	8	25	42	
**ϕ'(grau)	28	30	36	41	
##$(N_1)_{60}/D_r^2$		65	59	58	

*Terzaghi e Peck (1948); #Gibb e Holtz (1957); ##Skempton (1986); **Peck et al. (1974)

Figura 3.17 Valores-limite aproximados para D_r, N_{60}, $(N_1)_{60}$ e $\dfrac{(N_1)_{60}}{D_r^2}$ (Conforme Sivakugan e Das, 2010. Com permissão de J. Ross Publishing Co. Fort Lauderdale, FL)

Exemplo 3.2

Consulte o Exemplo 3.1. Usando a Equação (3.30), faça a estimativa média do ângulo de atrito de solo, ϕ'. De $z = 0$ para $z = 7,5$ m.

Solução
Da Equação (3.30)

$$\phi' = \text{tg}^{-1}\left[\frac{N_{60}}{12,2 + 20,3\left(\dfrac{\sigma_a'}{p_a}\right)}\right]^{0,34}$$

$$p_a = 100 \text{ kN/m}^2$$

Assim, a tabela a seguir pode ser preparada.

Profundidade, z (m)	σ_o' (kN/m²)	N_{60}	ϕ' (grau) [Equação (3.30)]
1,5	25,95	8	37,5
3,0	51,90	7	33,8
4,5	77,85	12	36,9
6,0	103,80	14	36,7
7,5	129,75	13	34,6

Média $\phi' \approx 36°$ ∎

3.16 Amostragem com raspador

Quando os depósitos de solo são areias misturadas com pedregulhos, pode não ser possível a obtenção de amostras com o amostrador bipartido com o recuperador de mola em razão de os pedregulhos evitarem o fechamento das molas. Em tais casos, um raspador pode ser utilizado para obter as amostras representativas amolgadas (Figura 3.18). O raspador tem uma ponteira de cravação e pode ser fixado à haste de perfuração. O amostrador é conduzido em direção ao solo e rotacionado, e as extrações laterais vão para o balde.

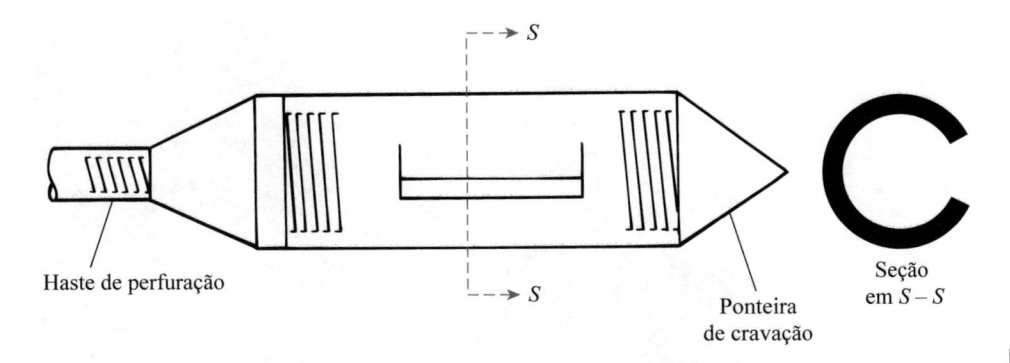

Figura 3.18 Raspador

3.17 Amostragem com tubo com parede fina

Às vezes, os tubos com parede fina são referidos como *tubos Shelby*. Eles são feitos de aço inoxidável e frequentemente utilizados para obter os solos argilosos não amolgados. A maioria dos amostradores de tubo com parede fina mais comum tem diâmetros externos de 50,8 mm e 76,2 mm. A extremidade inferior do tubo é afiada. Os tubos podem ser fixos na haste de perfuração (Figura 3.19). A haste de perfuração com o amostrador fixo é abaixada para a parte inferior do furo, e o amostrador é empurrado para o solo. A amostra de solo dentro do tubo é empurrada. As duas extremidades são seladas e o amostrador é enviado para laboratório. A Figura 3.20 mostra a sequência de amostragem com um tubo com parede fina no campo.

As amostras obtidas dessa maneira podem ser utilizadas para adensamento ou ensaio de cisalhamento. Um tubo com parede fina com 50,8 mm de diâmetro externo tem um diâmetro interno de 47,63 mm. A proporção da área é:

$$A_R(\%) = \frac{D_0^2 - D_i^2}{D_i^2}(100) = \frac{(50,8)^2 - (47,63)^2}{(47,63)^2}(100) = 13,75\%$$

Quanto maiores os diâmetros de amostra, maior será o custo para compra.

3.18 Amostragem com amostrador de pistão

Quando as amostras de solo não amolgado são muito moles ou com mais de 76,2 mm de diâmetro, elas tendem a ficar fora do amostrador. Os amostradores de pistão são particularmente úteis em tais condições. Existem diversos tipos de amostrador de pistão; no entanto, o amostrador proposto por Osterby (1952) é o mais útil (veja as figuras 3.21a e 3.21b). Ele é formado por um tubo de parede fina com um pistão. Primeiro, o pistão fecha a extremidade do tubo. O amostrador é inicialmente baixado até a parte inferior do furo (Figura 3.21a) e, em seguida, o tubo é empurrado hidraulicamente para dentro do solo depois do pistão. Depois disso, o empuxo é liberado por um furo na haste do pistão (Figura 3.21b). Para uma extensão maior, a presença do pistão impede a distorção da amostra, não permitindo que o solo seja comprimido rapidamente no tubo de amostragem nem admitindo solo em excesso. Consequentemente, as amostras obtidas dessa forma sofrem menos distorção que as obtidas com tubos Shelby.

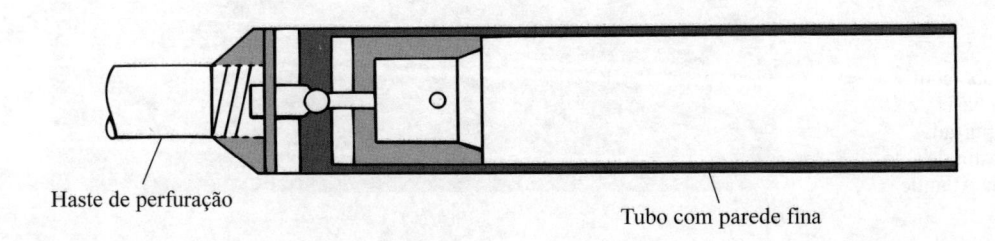

Figura 3.19 Tubo de parede fina

Figura 3.20 Amostragem com tubo com parede fina: (a) tubo sendo fixado à haste de perfuração; (b) amostra de tubo empurrada para o solo; (c) recuperação da amostra de solo (Cortesia de Khaled Sobhan, Florida Atlantic University, Boca Raton, Flórida)

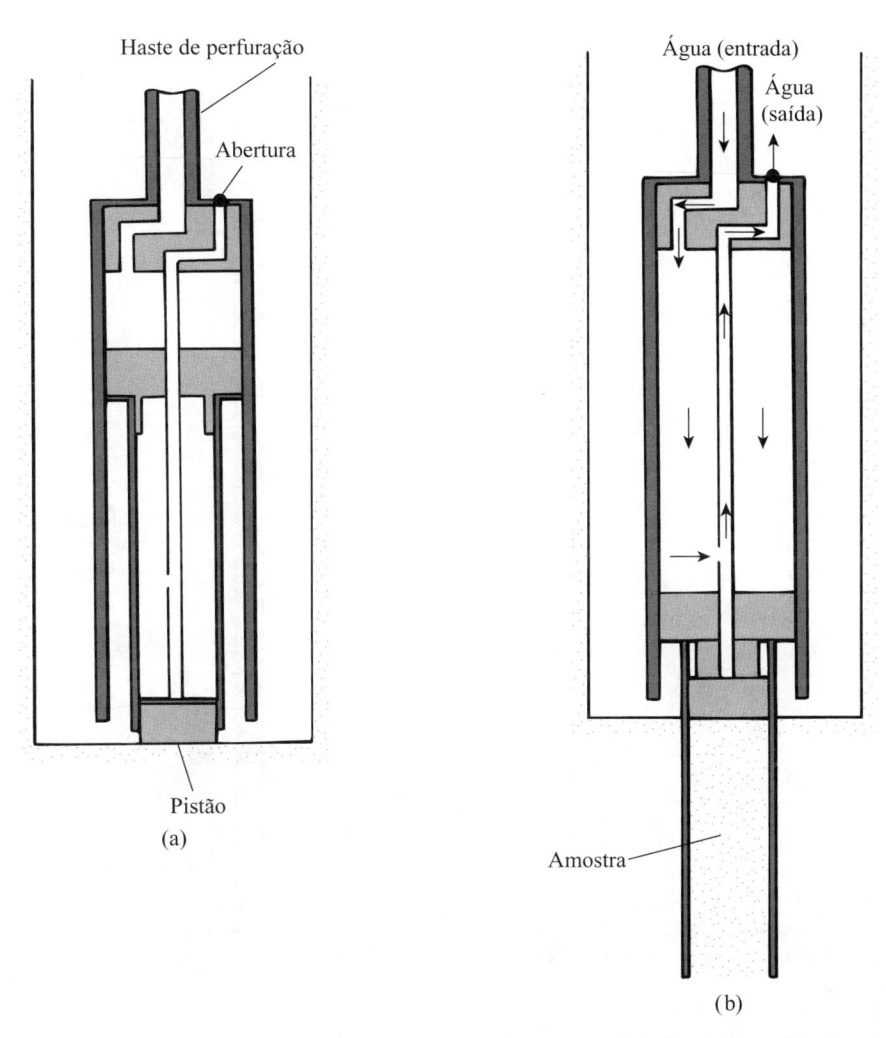

Figura 3.21 Amostrador de pistão: (a) amostrador na parte inferior do furo; (b) tubo sendo empurrado hidraulicamente no solo

3.19 Observação sobre o lençol freático

A presença de lençol freático próximo à fundação significa que afetará no recalque e na capacidade de carga da fundação, entre outras situações. O nível do lençol freático pode modificar sazonalmente. Em muitos casos, pode ser necessário o estabelecimento dos níveis mais altos e mais baixos possíveis de água durante o projeto.

Se a água for encontrada em um furo durante a exploração de campo, tal fato deve ser registrado. Em solos com alta condutividade hidráulica, o nível de água no furo se estabilizará aproximadamente 24 horas após a finalização da perfuração. A profundidade do lençol freático pode ser registrada através de um instrumento de medição (fio) ou uma fita seca.

Em camadas altamente impermeáveis, o nível do lençol freático em um furo pode ficar instável por diversas semanas. Em tais casos, se as medições precisas do lençol freático forem necessárias, um *piezômetro* pode ser utilizado. Um piezômetro basicamente consiste de uma pedra porosa ou um tubo perfurado com um piezômetro de plástico fixo. A Figura 3.22 mostra a colocação geral de um piezômetro no furo. Esse procedimento permitirá a verificação periódica até a estabilização do lençol freático.

3.20 Ensaio de palheta

O *ensaio de palheta* (ASTM D-2573) pode ser utilizado durante a operação de perfuração para determinar a resistência ao cisalhamento não drenada *in situ* (c_u) dos solos de argila – particularmente as argilas moles. O aparelho de palheta consiste

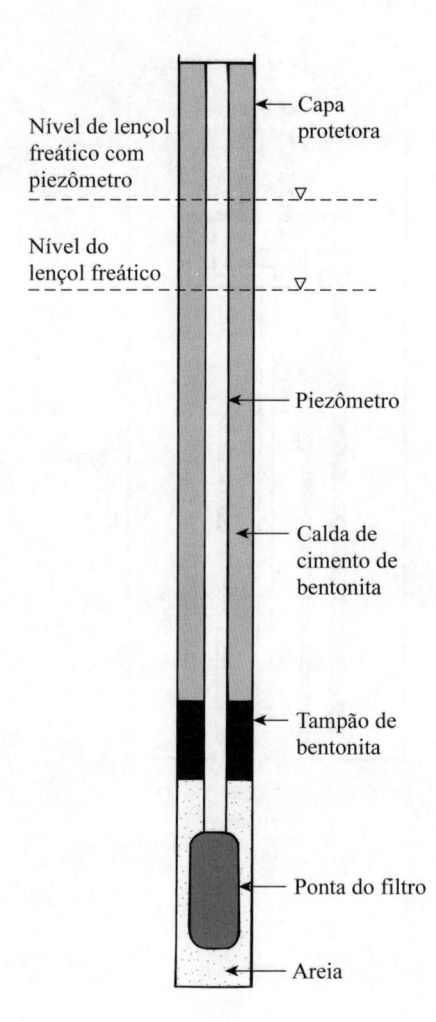

Figura 3.22 Piezômetro tipo Casagrande (Cortesia de N. Sivakugan, James Cook University, Austrália)

de quatro lâminas na extremidade de uma haste, conforme ilustrado na Figura 3.23. A altura, H, da palheta é duas vezes o tamanho do diâmetro, D. A palheta pode ser retangular ou afunilada (veja a Figura 3.23). As dimensões das palhetas utilizadas no campo são informadas na Tabela 3.8. As palhetas do aparelho são empurradas para o solo na parte inferior do furo sem amolgar o solo significativamente. O torque é aplicado na parte superior da haste para rotacionar as palhetas a uma velocidade de 0,1°/s. Essa rotação induzirá a rupturas no solo de formato cilíndrico ao redor das palhetas. O torque máximo, T, aplicado para causar a ruptura é medido. Observe que:

$$T = f(c_u, H \text{ e } D) \tag{3.33}$$

Tabela 3.8 Dimensões recomendadas da ASTM das palhetas de campo[a] (com base no *Annual Book of ASTM Standards*, Vol. 04.08.)

Tamanho da camisa	Diâmetro, d mm	Altura, h mm	Espessura da lâmina mm	Diâmetro da haste mm
AX	38,1	76,2	1,6	12,7
BX	50,8	101,6	1,6	12,7
NX	63,5	127,0	3,2	12,7
101,6 mm[b]	92,1	184,1	3,2	12,7

[a] A seleção do tamanho da palheta está diretamente relacionada à consistência do solo em ensaio, ou seja, quanto mais mole for o solo, maior deve ser o diâmetro da palheta.
[b] Diâmetro interno.

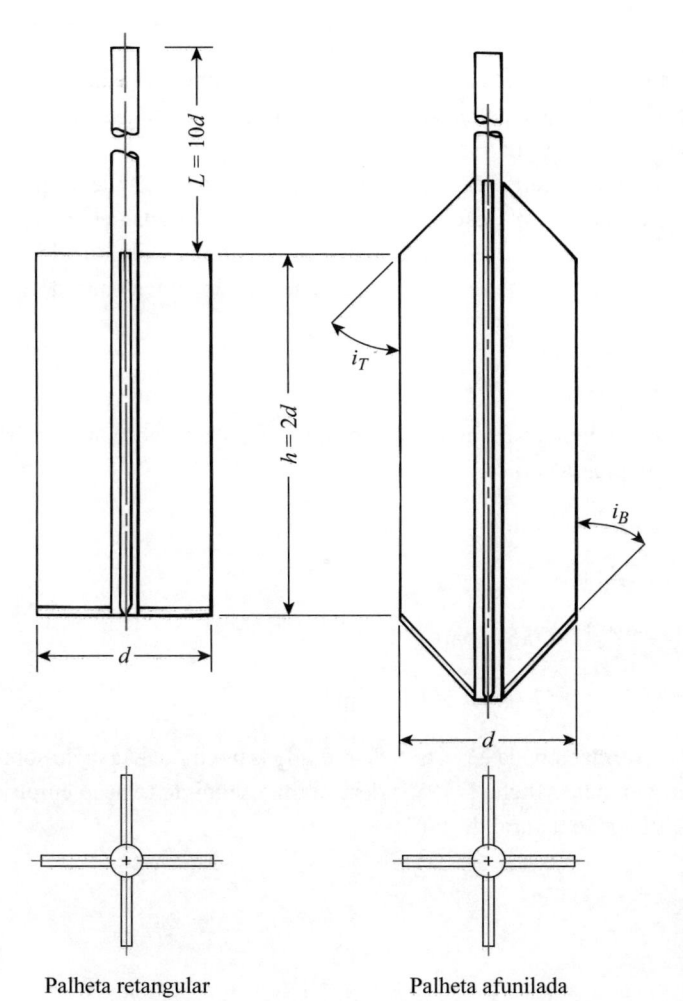

Figura 3.23 Geometria da palheta de campo (Conforme ASTM, 2014). (Com base no *Annual Book of ASTM Standards*, Vol. 04.08)

Palheta retangular   Palheta afunilada

ou

$$c_u = \frac{T}{K} \tag{3.34}$$

De acordo com ASTM (2014), para a palheta retangular,

$$K = \frac{\pi d^2}{2}\left(h + \frac{d}{3}\right) \tag{3.35}$$

Se $h/d = 2$,

$$K = \frac{7\pi d^3}{6} \tag{3.36}$$

Assim,

$$c_u = \frac{6T}{7\pi d^3} \tag{3.37}$$

Para palhetas afuniladas,

$$K = \frac{\pi d^2}{12}\left(\frac{d}{\cos i_T} + \frac{d}{\cos i_B} + 6h\right) \tag{3.38}$$

Os ângulos i_T e i_B são definidos na Figura 3.23.

Os ensaios de palheta de campo são moderadamente rápidos e econômicos e largamente utilizados nos programas de exploração de solo de campo. O ensaio proporciona bons resultados em argilas mole e meio dura, além de informar excelentes resultados na determinação das propriedades de argilas sensíveis.

As fontes de erro significativo no ensaio de palheta de campo são: a calibração fraca na medição de torque e palhetas danificadas. Outros erros podem ser introduzidos se a taxa de rotação da palheta não for apropriadamente controlada.

Para finalidade atual de projeto, se os valores de resistência de cisalhamento não drenada obtidos dos ensaios de palheta de campo $[c_{u(VST)}]$ forem muito altos, é recomendado que sejam corrigidos de acordo com a equação:

$$c_{u(corrigido)} = \lambda c_{u(VST)} \tag{3.39}$$

onde λ = fator de correção.

Diversas correlações foram proporcionadas previamente para o fator de correção λ. A correlação mais utilizada para λ é aquela dada por Bjerrum (1972), que pode ser expressa como:

$$\lambda = 1{,}7 - 0{,}54 \log [IP(\%)] \tag{3.40a}$$

Morris e Williams (1994) proporcionaram as seguintes correlações:

$$\lambda = 1{,}18 e^{-0{,}08(IP)} + 0{,}57 \text{ (para IP > 5)} \tag{3.40b}$$

$$\lambda = 7{,}01 e^{-0{,}08(LL)} + 0{,}57 \text{ (em que LL é em \%)} \tag{3.40c}$$

A resistência de palheta de campo pode estar correlacionada à pressão de pré-adensamento e à taxa de sobreadensamento da argila. Utilizando 343 pontos de dados, Mayne e Mitchell (1988) derivaram a seguinte relação empírica para a estimativa de pressão de pré-adensamento de um depósito natural de argila:

$$\sigma'_c = 7{,}04 [c_{u(campo)}]^{0{,}83} \tag{3.41}$$

onde:

σ'_c = pressão de pré-adensamento (kN/m²);
$c_{u(campo)}$ = resistência de palheta de campo (kN/m²).

A taxa de sobreadensamento, OCR, também pode ser correlacionada a $c_{u(campo)}$ de acordo com a equação:

$$OCR = \beta \frac{c_{u(campo)}}{\sigma'_o} \tag{3.42}$$

onde σ'_o = pressão geostática efetiva.

As magnitudes de β desenvolvidas por diversos investigadores são informadas a seguir.

- Mayne e Mitchell (1988):

$$\beta = 22[IP(\%)]^{-0{,}48} \tag{3.43}$$

- Hansbo (1957):

$$\beta = \frac{222}{\omega(\%)} \tag{3.44}$$

- Larsson (1980):

$$\beta = \frac{1}{0{,}08 + 0{,}0055(IP)} \tag{3.45}$$

Exemplo 3.3

Consulte a Figura 3.23. Os ensaios de palheta (palheta afunilada) foram conduzidos na camada de argila. As dimensões da palheta foram 63,5 mm (d) × 127 m (h) e $i_T = i_B = 45°$. Para um ensaio em determinada profundidade na argila, o torque necessário para causar a ruptura era de 20 N · m. Para a argila, o limite de liquidez era 50 e o limite de plasticidade era 18. Faça a estimativa da resistência não drenada da argila para uso no projeto utilizando cada equação:

a. Relação de Bjerrum λ (Equação 3.40a).
b. Relação Morris e Williams λ e IP (Equação 3.40b).
c. Relação Morris e Williams λ e LL (Equação 3.40c).
d. Faça a estimativa da pressão de pré-adensamento da argila, σ'_c.

Solução

Parte a

Dado: $h/d = 127/63,5 = 2$

Da Equação (3.38),

$$K = \frac{\pi d^2}{12}\left(\frac{d}{\cos i_T} + \frac{d}{\cos i_B} + 6h\right)$$

$$= \frac{\pi (0,0635)^2}{12}\left[\frac{0,0635}{\cos 45} + \frac{0,0635}{\cos 45} + 6(0,127)\right]$$

$$= (0,001056)(0,0898 + 0,0898 + 0,762)$$

$$= 0,000994$$

Da Equação (3.34),

$$c_{u(VST)} = \frac{T}{K} = \frac{20}{0,000994}$$

$$= 20,121 \text{ N/m}^2 \approx 20,12 \text{ kN/m}^2$$

Das equações (3.40a) e (3.39),

$$c_{u(\text{corrigido})} = [1,7 - 0,54 \log(\text{IP\%})]c_{u(VST)}$$

$$= [1,7 - 0,54 \log(50 - 18)](20,12)$$

$$= \mathbf{17,85 \text{ kN/m}^3}$$

Parte b

Das equações (3.40b) e (3.39),

$$c_{u(\text{corrigido})} = \left[1,18 e^{-0,08(\text{IP})} + 0,57\right]c_{u(VST)}$$

$$= \left[1,18 e^{-0,08(50-18)} + 0,57\right](20,12)$$

$$= \mathbf{13,3 \text{ kN/m}^3}$$

(continua)

Parte c
Das equações (3.40c) e (3.39),

$$c_{u(\text{corrigido})} = \left[7,01e^{-0,08(LL)} + 0,57\right]c_{u(\text{VST})}$$
$$= \left[7,01e^{-0,08(50)} + 0,57\right](20,12)$$
$$= 14,05 \text{ kN/m}^3$$

Parte d
Da Equação (3.41),

$$\sigma'_c = 7,04[c_{u(\text{VST})}]^{0,83} = 7,04(20,12)^{0,83} = 85 \text{ kN/m}^2 \quad\blacksquare$$

3.21 Ensaio de penetração de cone

O ensaio de penetração de cone (CPT), originalmente conhecido como ensaio de penetração de cone holandês, é um método de sondagem que pode ser utilizado para determinar os materiais no perfil de solo e estimar as propriedades de engenharia. O ensaio é também chamado de *ensaio de penetração estática* e nenhuma perfuração é necessária para tal realização. Na versão original, um cone de 60° com área de base de 10 cm² foi empurrado no chão em velocidade constante de aproximadamente 20 mm/s ($\approx$0,8 pol./s) e a resistência à penetração (chamada de resistência de ponto) foi medida.

Os penetrômetros de cone em uso mediam (a) a *resistência de ponta* (q_c) à penetração desenvolvida pelo cone, no qual é igual à força vertical aplicada ao cone, dividida pela área horizontalmente projetada, e (b) a *resistência lateral* (f_c), que é a resistência medida por uma luva localizada acima do cone cercada de solo local. A resistência lateral é igual à força vertical aplicada às luvas dividida pela área de superfície – na verdade, a soma de atrito e coesão.

Geralmente, dois tipos de penetrômetros são utilizados para medir q_c e f_c:

1. *Penetrômetro de cone de atrito mecânico* (Figura 3.24). A ponta desse penetrômetro é conectada a um conjunto interno de hastes. Primeiro, a ponta avança aproximadamente 40 mm, proporcionando resistência ao cone. Com empuxo adicional, a ponta envolveria a luva de atrito. À medida que a haste interna avança, a força da haste é igual à soma da força vertical no cone e na luva. A subtração da força no cone proporciona a resistência lateral.
2. *Penetrômetro de cone de atrito elétrico* (Figura 3.25). A ponta desse penetrômetro é fixada a uma série de hastes de aço. A ponta é empurrada em direção ao solo a uma taxa de 20 mm/s. Os fios dos transdutores passam pelo centro das hastes e medem continuamente o cone e as resistências laterais. A Figura 3.26 mostra a foto de um penetrômetro elétrico de cone de atrito.

A Figura 3.27 indica a sequência de ensaio de penetração de cone no campo. Uma sonda CPT montada em caminhões é indicada na Figura 3.27a. Uma haste hidráulica localizada dentro do caminhão empurra o cone para o chão. A Figura 3.27b mostra o penetrômetro do cone no caminhão sendo colocado no local apropriado. A Figura 3.27c mostra o progresso de CPT. A Figura 3.28 mostra os resultados do ensaio de penetrômetro no perfil de solo com a medição de atrito por um penetrômetro elétrico de cone de atrito.

Diversas correlações úteis na estimativa das propriedades de solo encontradas durante o programa de exploração são desenvolvidas para a resistência de ponta (q_c) e resistência lateral (F_r) obtidas dos ensaios de penetração de cone. A razão de atrito é definida como:

$$F_r = \frac{\text{resistência lateral}}{\text{resistência de ponta}} = \frac{f_c}{q_c} \quad (3.46)$$

Em um estudo mais recente em diversos solos na Grécia, Anagnostopoulos et al. (2003) expressaram F_r como:

$$F_r(\%) = 1,45 - 1,36 \log D_{50} \text{ (cone elétrico)} \quad (3.47)$$

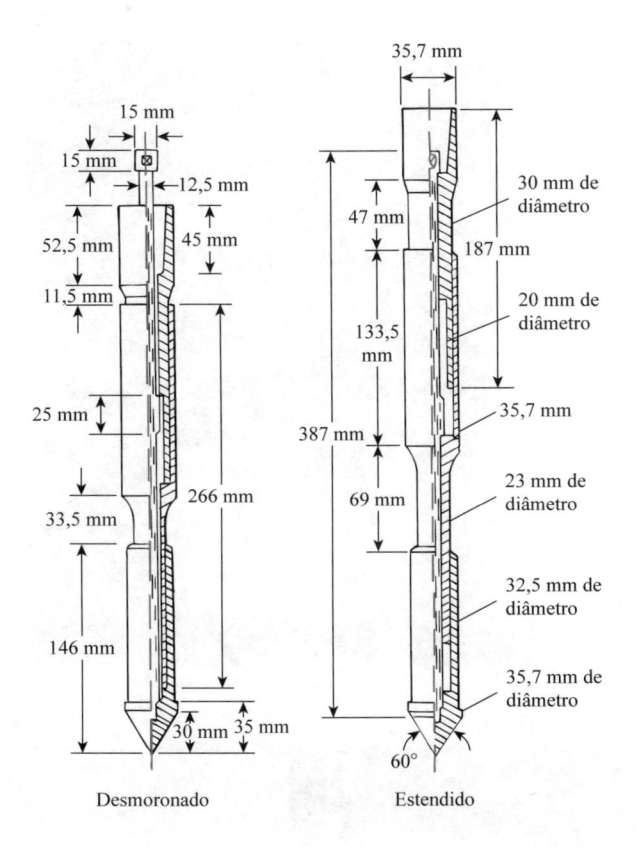

Figura 3.24 Penetrômetro de cone de atrito mecânico (De acordo com ASTM, 2001). (Com base em *Annual Book of ASTM Standards*, vol. 04.08)

Figura 3.25 Penetrômetro de cone de atrito elétrico (De acordo com ASTM, 2001). (Com base em *Annual Book of ASTM Standards*, vol. 04.08)

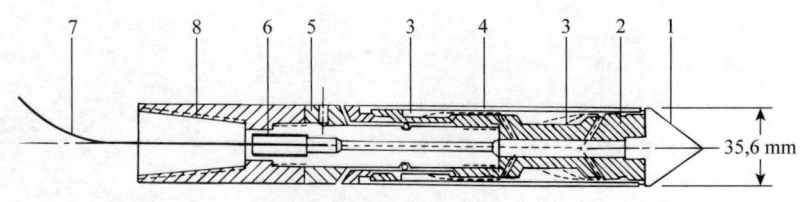

1 Ponto cônico (10 cm^2)
2 Célula de carga
3 Medidores de deformação
4 Luva de atrito (150 cm^2)
5 Anel de ajuste
6 Bucha à prova d'água
7 Cabo
8 Conexão com haste

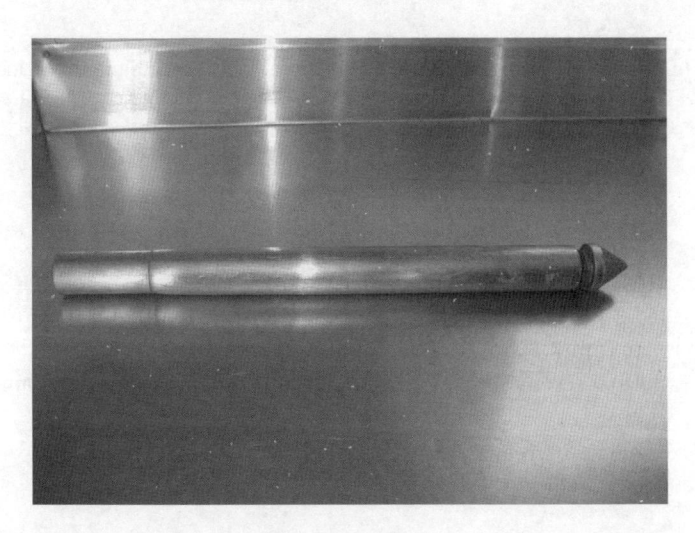

Figura 3.26 Fotografia de um penetrômetro de cone de atrito elétrico (Cortesia de Sanjeev Kumar, Southern Illinois University, Carbondale, Illinois)

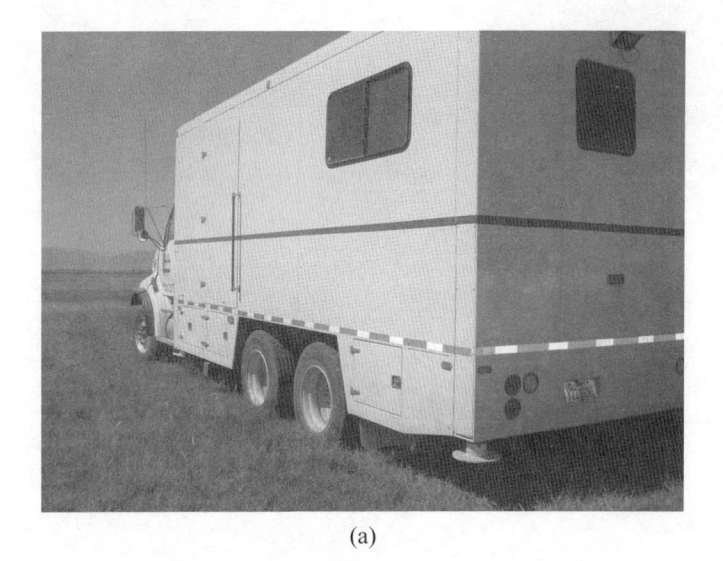

Figura 3.27 Ensaio de penetração de cone no campo: (a) sonda CPT montada; (b) penetrômetro de cone sendo ajustado no local apropriado; (c) ensaio em andamento (Cortesia de Sanjeev Kumar, Southern Illinois University, Carbondale, Illinois)

e

$$F_r(\%) = 0{,}7811 - 1{,}611 \log D_{50} \text{ (cone mecânico)} \quad (3.48)$$

onde D_{50} = tamanho pelo qual 50% das partículas passam (mm).

O D_{50} para solos com base nas equações (3.47) e (3.48) é desenvolvido variando de 0,001 mm para aproximadamente 10 mm.

Como no caso dos ensaios de penetração-padrão, diversas correlações são desenvolvidas entre q_c e outras propriedades de solo. Algumas dessas correlações são apresentadas a seguir.

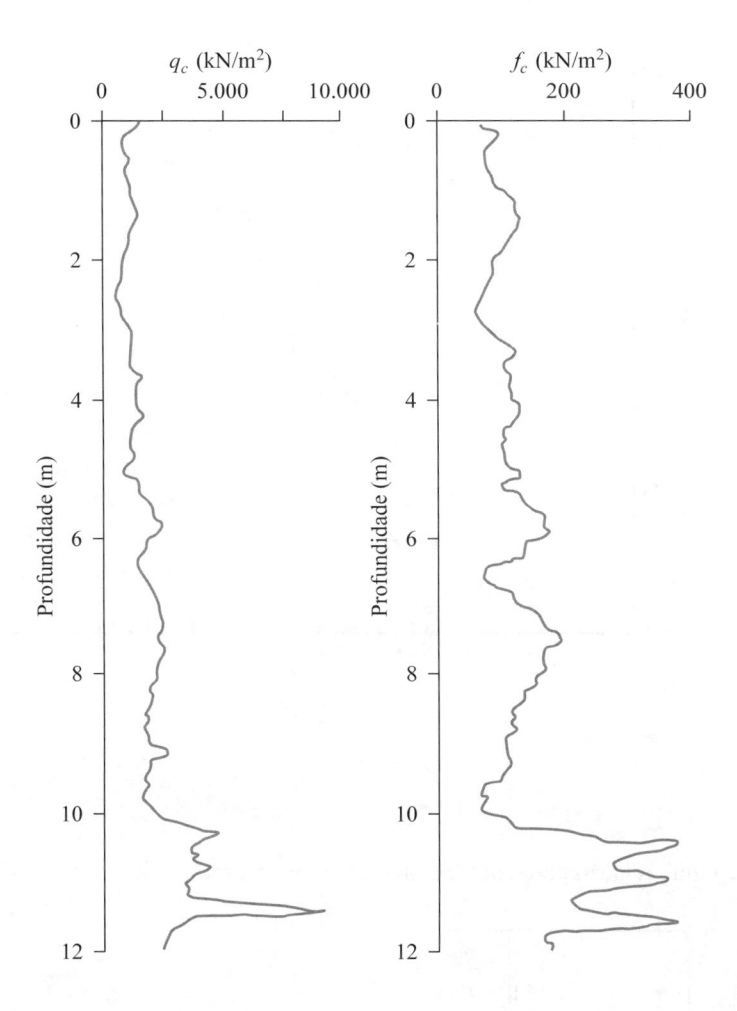

Figura 3.28 Ensaio de penetrômetro de cone com medição de atrito

Correlação entre a densidade relativa (D_r) e q_c para areia

Lancellotta (1983) e Jamiolkowski et al. (1985) mostraram que a densidade relativa de *areia normalmente adensada*, D_r, e q_c podem estar correlacionadas de acordo com a fórmula (Figura 3.29):

$$D_r(\%) = A + B \log_{10}\left(\frac{q_c}{\sqrt{\sigma'_0}}\right) \qquad (3.49)$$

A relação anterior pode ser reescrita como (Kulhawy e Mayne, 1990):

$$D_r(\%) = 68\left[\log\left(\frac{q_c}{\sqrt{p_a \cdot \sigma'_0}}\right) - 1\right] \qquad (3.50)$$

onde:

p_a = pressão atmosférica (≈ 100 kN/m²);
σ'_o = tensão efetiva vertical.

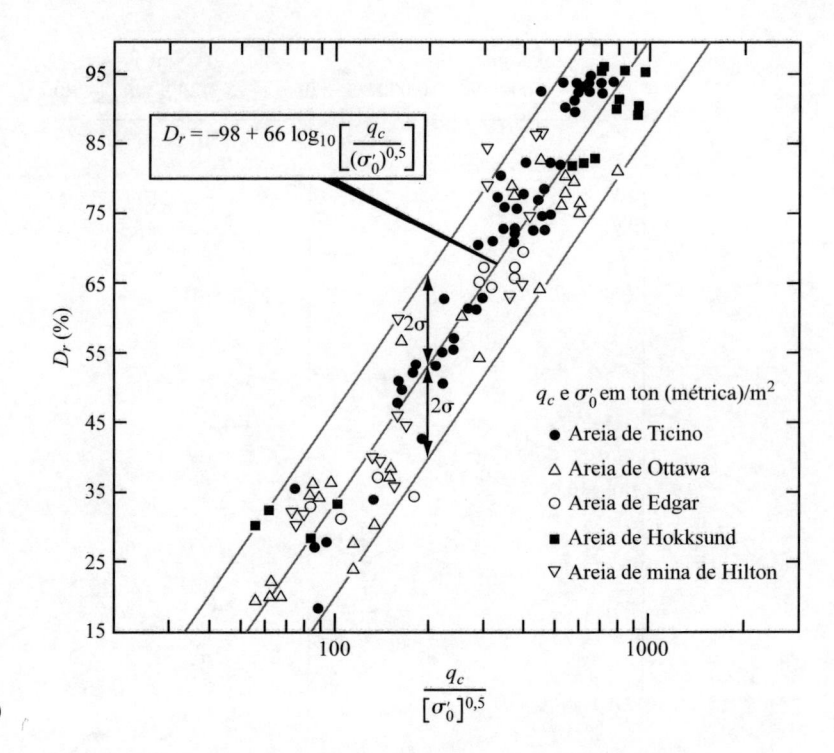

Figura 3.29 Relação entre D_r e q_c (Com base em Lancellotta, 1983, e Jamiolkowski et al., 1985)

$$D_r = -98 + 66 \log_{10}\left[\frac{q_c}{(\sigma_0')^{0,5}}\right]$$

q_c e σ_0' em ton (métrica)/m²
- ● Areia de Ticino
- △ Areia de Ottawa
- ○ Areia de Edgar
- ■ Areia de Hokksund
- ▽ Areia de mina de Hilton

Kulhawy e Mayne (1990) propuseram a seguinte relação para correlacionar D_r, q_c e a tensão efetiva vertical σ_o':

$$D_r = \sqrt{\left[\frac{1}{305 Q_c \text{OCR}^{1,8}}\right]\left[\frac{\frac{q_c}{p_a}}{\left(\frac{\sigma_o'}{p_a}\right)^{0,5}}\right]} \quad (3.51)$$

Nessa equação,

OCR = razão de sobreadensamento;
p_a = pressão atmosférica;
Q_c = fator de compressibilidade.
Os valores recomendados de Q_c são:

Areia altamente compressível = 0,91;
Areia moderadamente compressível = 1,0;
Areia com compressibilidade baixa = 1,09.

Correlação entre q_c e ângulo de atrito drenado (ϕ') para areia

Com base nos resultados experimentais, Robertson e Campanella (1983) sugeriram a variação de D_r, σ_o' e ϕ' para areia de quartzo normalmente adensada. Essa relação pode ser expressa como (Kulhawy e Mayne, 1990):

$$\phi' = \text{tg}^{-1}\left[0,1 + 0,38 \log\left(\frac{q_c}{\sigma_o'}\right)\right] \quad (3.52)$$

Com base nos ensaios de penetração de cone nos solos no lago de Veneza (Itália), Ricceri et al. (2002) propuseram uma relação semelhante para o solo com as classificações de ML e SP-SM como:

$$\phi' = \text{tg}^{-1}\left[0,38 + 0,27\log\left(\frac{q_c}{\sigma'_o}\right)\right] \qquad (3.53)$$

Em um estudo mais recente, Lee et al. (2004) desenvolveram uma correlação entre ϕ', q_c e a tensão efetiva horizontal (σ'_h) na forma:

$$\phi' = 15,575\left(\frac{q_c}{\sigma'_h}\right)^{0,1714} \qquad (3.54)$$

Correlação entre q_c e N_{60}

Para solos granulares, diversas correlações foram propostas para correlacionar q_c e N_{60} (N_{60} = resistência de penetração-padrão) em contraste com o tamanho do grão médio (D_{50} em mm). Essas correlações são da forma,

$$\frac{\left(\dfrac{q_c}{p_a}\right)}{N_{60}} = cD_{50}^a \qquad (3.55)$$

A Tabela 3.9 mostra os valores de c e a conforme desenvolvido por diversos estudos.

Tabela 3.9 Valores de c e a [Equação (3.55)]

Investigador		c	a
Burland e Burbidge (1985)	Limite superior	15,49	0,33
	Limite inferior	4,9	0,32
Robertson e Campanella (1983)	Limite superior	10	0,26
	Limite inferior	5,75	0,31
Kulhawy e Mayne (1990)		5,44	0,26
Anagnostopoulos et al. (2003)		7,64	0,26

Correlações de tipo de solo

Robertson e Campanella (1986) proporcionaram as correlações indicadas na Figura 3.30 entre q_c e a razão de atrito [Equação (3.46)] para identificar os diversos tipos de solo encontrados no campo.

Correlações para resistência ao cisalhamento não drenada (c_u), pressão de pré-adensamento (σ'_c) e razão de sobreadensamento (OCR) para argilas

A resistência ao cisalhamento não drenada, c_u, pode ser expressa como:

$$c_u = \frac{q_c - \sigma_o}{N_K} \qquad (3.56)$$

onde:

σ'_a = tensão vertical total;
N_k = fator de capacidade de carga.

O fator de capacidade de carga, N_K, varia de 11 a 19 para argilas normalmente adensadas e pode se aproximar de 25 para argila sobreadensada. De acordo com Mayne e Kemper (1988):

$$N_K = 15 \text{ (para cone elétrico)}$$

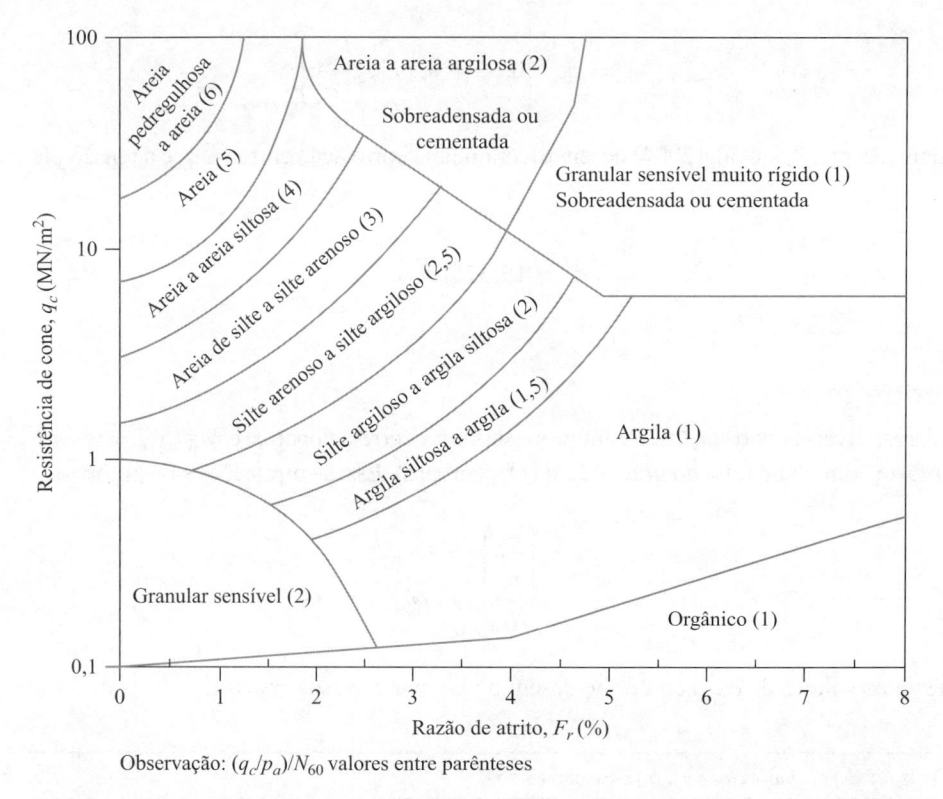

Figura 3.30 A correlação de Robertson e Campanella (1986) entre q_c, F_r e o tipo de solo (Com base em Robertson e Campanella, 1986).

e

$$N_k = 20 \text{ (para cone mecânico)}$$

Com base no ensaio na Grécia, Anagnostopoulos et al. (2003) determinaram:

$$N_k = 17,2 \text{ (para cone elétrico)}$$

e

$$N_k = 18,9 \text{ (para cone mecânico)}$$

Esses ensaios de campo também mostraram que

$$c_u = \frac{f_c}{1,26} \text{ (para cones mecânicos)} \tag{3.57}$$

e

$$c_u = f_c \text{ (para cones elétricos)} \tag{3.58}$$

Mayne e Kemper (1988) proporcionaram correlações para a pressão de pré-adensamento (σ'_c) e razão de sobreadensamento (OCR) como:

$$\sigma'_c = 0,243(q_c)^{0,96}$$
$$\uparrow \qquad \uparrow$$
$$\text{MN/m}^2 \quad \text{MN/m}^2 \tag{3.59}$$

e

$$\text{OCR} = 0{,}37\left(\frac{q_c - \sigma_o}{\sigma'_o}\right)^{1{,}01} \tag{3.60}$$

onde σ_o e σ'_o = tensão total e efetiva, respectivamente.

Exemplo 3.4

A uma profundidade de 12,5 m no *depósito de areia moderadamente compressível*, um ensaio de penetração de cone mostrou que $q_c = 20$ MN/m². Para uma determinada areia: $\gamma = 16$ kN/m³ e OCR = 2. Faça a estimativa da densidade relativa da areia. Use a Equação (3.51).

Solução

Tensão efetiva vertical $\sigma'_o = (12{,}5)(16) = 200$ kN/m².
Q_c (areia moderadamente compressível) ≈ 1.
Da Equação (3.51),

$$D_r = \sqrt{\frac{1}{305(\text{OCR})^{1{,}8}}\left[\frac{\left(\frac{q_c}{p_a}\right)}{\left(\frac{\sigma'_o}{p_a}\right)^{0{,}5}}\right]}$$

$$= \sqrt{\frac{1}{(305)(2)^{1{,}8}}\left[\frac{\left(\frac{20.000\ \text{kN/m}^2}{100\ \text{kN/m}^2}\right)}{\left(\frac{200\ \text{kN/m}^2}{100\ \text{kN/m}^2}\right)^{0{,}5}}\right]}$$

$$= \sqrt{(0{,}00094)(141{,}41)} = 0{,}365$$

Portanto,

$$D_r = \mathbf{36{,}5\%}$$

3.22 Ensaio pressiométrico (PMT)

O ensaio pressiométrico é um ensaio *in situ* conduzido no furo. Ele foi originalmente desenvolvido por Menard (1956) para medir a resistência e a deformidade do solo. Também foi adotado pela ASTM como Designação de Ensaio 4719. O PMT tipo Menard consiste essencialmente de uma sonda com três células. Nas partes superior e inferior são *células de proteção* e a parte central é a *célula de medição*, conforme exibido esquematicamente na Figura 3.31a. O ensaio é conduzido em um pré-furo com um diâmetro entre 1,03 e 1,2 vez o tamanho do diâmetro nominal da sonda. A sonda mais utilizada tem diâmetro de 58 mm com 420 mm de comprimento. As células de proteção podem ser expandidas por líquido ou gás. As células protetoras são expandidas para reduzir o efeito da condição final na medição da célula, que tem volume (V_o) de 535 cm³. A seguir são apresentadas as dimensões para o diâmetro da sonda e o diâmetro do furo, conforme recomendado pela ASTM:

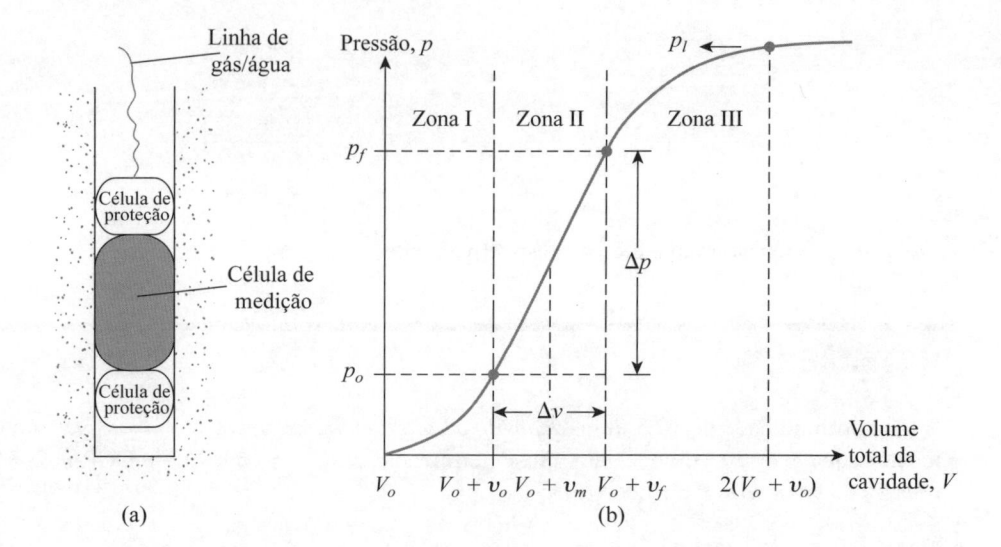

Figura 3.31 (a) Pressiômetro; (b) gráfico da pressão *vs.* volume total da cavidade

Diâmetro da sonda (mm)	Diâmetro da perfuração	
	Nominal (mm)	Máximo (mm)
44	45	53
58	60	70
74	76	89

Para conduzir um ensaio, o volume da célula de medição, V_o, é medido e a sonda é inserida no furo. A pressão é aplicada nos incrementos e o volume novo da célula é medido. O processo é continuado até que o solo rompa ou até que o limite de pressão do aparelho seja alcançado. O solo é considerado por romper quando o volume total da cavidade expandida (V) for aproximadamente duas vezes o volume da cavidade original. Após a finalização do ensaio, a sonda é desinflada e avançada para ensaio em outra profundidade.

Os resultados do ensaio pressiométrico são expressos em gráficos de pressão *vs.* volume, conforme indicado na Figura 3.31b. Nessa figura, a zona I representa a porção de recarga durante a qual o solo ao redor do furo é empurrado para trás no estado inicial (ou seja, o estado em que estava antes da perfuração). A pressão p_o representa a tensão total horizontal *in situ*. A zona II representa uma zona pseudoelástica, na qual o volume celular *versus* empuxo celular é praticamente linear. A pressão p_f representa a pressão de escoamento ou de resultado. A zona marcada III é a zona plástica. A pressão p_l representa a pressão-limite. A Figura 3.32 mostra algumas fotos para o ensaio pressiométrico no campo.

O módulo pressiométrico, E_p, do solo é determinado com o uso da teoria de expansão de um cilindro. Assim,

$$E_p = 2(1 + \mu_s)(V_o + v_m)\left(\frac{\Delta p}{\Delta v}\right) \tag{3.61}$$

onde:

$v_m = \dfrac{v_0 + v_f}{2}$

$\Delta p = p_f - p_o$

$\Delta v = v_f - v_o$

μ_s = coeficiente de Poisson (que pode ser presumido para ser 0,33)

Geralmente, a pressão-limite p_l é obtida pela extrapolação e não pela medição direta.

Figura 3.32 Ensaio pressiométrico no campo: (a) a sonda pressiométrica; (b) perfuração pelo método úmido rotativo; (c) controle pressiométrico com sonda no suporte; (d) inserção da sonda pressiométrica na perfuração (Cortesia de Jean-Louis Briaud, Texas A&M University, College Station, Texas)

Para superar a dificuldade de preparo do furo para um tamanho apropriado, os pressiômetros autoperfurantes (SBPMTs) foram desenvolvidos. Os detalhes com relação aos SBPMTs podem ser encontrados no trabalho de Baguelin et al. (1978).

As correlações entre diversos parâmetros de solo e os resultados obtidos dos ensaios pressiométricos são desenvolvidos por diversos investigadores. Kulhawy e Mayne (1990) propuseram que, para as argilas,

$$\sigma'_c = 0,45 p_l \quad (pl\text{-pressão limite}) \tag{3.62}$$

onde σ'_c = pressão de pré-adensamento.

Com base na teoria de expansão de cavidade, Baguelin et al. (1978) propuseram que:

$$c_u = \frac{(p_l - p_o)}{N_p} \qquad (3.63)$$

onde:

c_u = resistência ao cisalhamento não drenado da argila.

$$N_p = 1 + \ln\left(\frac{E_p}{3c_u}\right)$$

Valores típicos de N_p variam entre 5 e 12, com uma média de aproximadamente 8,5. Ohya et al. (1982) (veja também Kulhawy e Mayne, 1990) correlacionaram E_p com os números de golpes-padrão (N_{60}) para areia e argila conforme segue:

$$\text{Argila: } E_p(\text{kN/m}^2) = 1930\, N_{60}^{0,63} \qquad (3.64)$$

$$\text{Areia: } E_p(\text{kN/m}^2) = 908\, N_{60}^{0,66} \qquad (3.65)$$

3.23 Ensaio dilatométrico

A utilização do ensaio dilatométrico de placa plana (DMT) é relativamente recente (Marchetti, 1980; Schmertmann, 1986). Essencialmente, o equipamento consiste de uma placa plana que mede 220 mm (comprimento) × 95 mm (largura) × 14 mm (espessura). Uma membrana de aço fina, plana, circular e expansível, com diâmetro de 60 mm, está localizada no centro de um dos lados da placa (Figura 3.33a). A Figura 3.34 mostra dois dilatômetros de placa plana com outros instrumentos para condução de um ensaio no campo. A sonda dilatométrica é inserida no solo com o mesmo equipamento de penetração do cone (Figura 3.33b). As linhas de gás e elétrica estendem-se da caixa de controle de superfície, pela haste do penetrômetro, e para a lâmina. A uma profundidade necessária, o gás de nitrogênio de alta pressão é utilizado para inflar a membrana. São feitas duas leituras de pressão:

1. A pressão A necessária para "descolar" a membrana.
2. A pressão B na qual a membrana expande 1,1 mm (0,4 pol.) no solo ao redor.

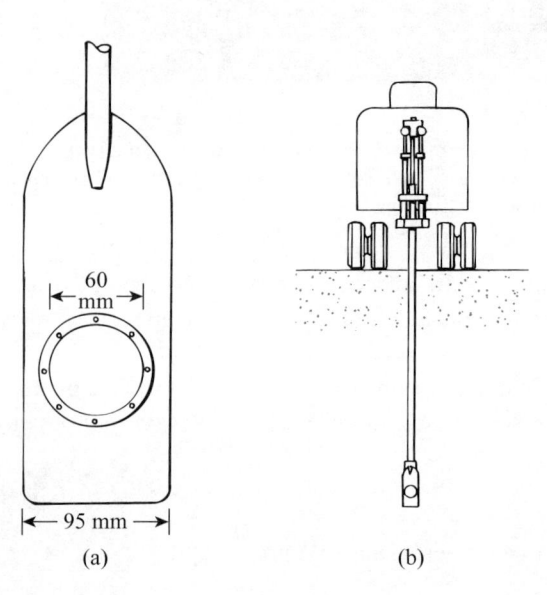

Figura 3.33 (a) Diagrama esquemático de um dilatômetro de placa plana; (b) sonda dilatométrica inserida no chão

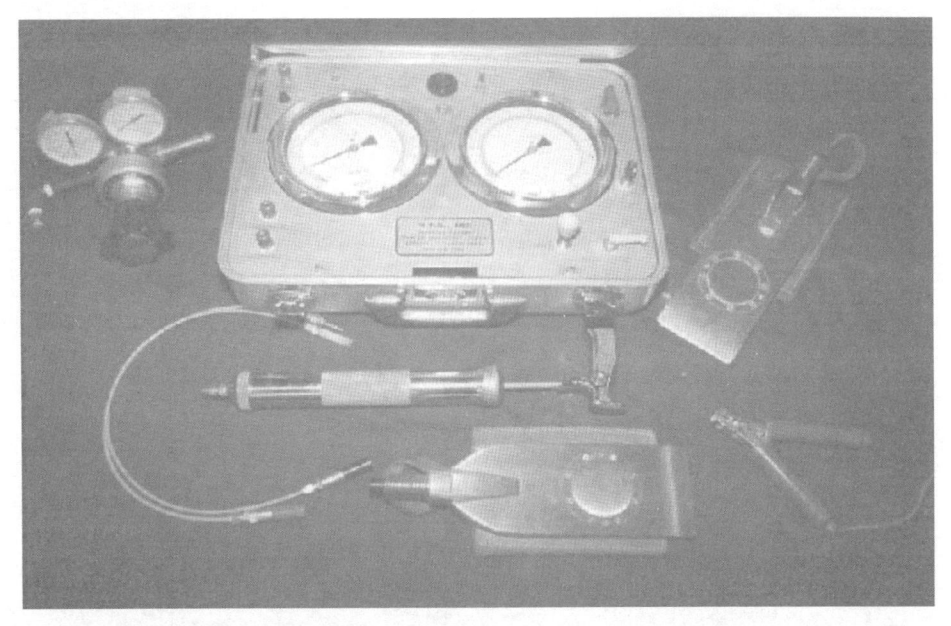

Figura 3.34 Dilatômetro e outros equipamentos (Cortesia de N. Sivakugan, James Cook University, Austrália)

As leituras A e B estão corretas conforme segue (Schmertmann, 1986):

$$\text{Tensão de contato, } p_o = 1{,}05(A + \Delta A - Z_m) - 0{,}05(B - \Delta B - Z_m) \tag{3.66}$$

$$\text{Tensão em expansão, } p_1 = B - Z_m - \Delta B \tag{3.67}$$

onde:

ΔA = pressão a vácuo necessária para manter a membrana em contato com o assento;
ΔB = pressão de ar necessária dentro da membrana para desviá-la externamente para uma expansão central de 1,1 mm;
Z_m = desvio de manômetro do zero quando aberto para a pressão atmosférica.

Normalmente, o ensaio é conduzido a uma profundidade de 200 mm a 300 mm. O resultado de determinado ensaio é utilizado para determinar três parâmetros:

1. Índice material, $I_D = \dfrac{p_1 - p_o}{p_o - u_o}$

2. Índice de tensão horizontal, $K_D = \dfrac{p_o - u_o}{\sigma'_o}$

3. Módulo dilatométrico, $E_D(\text{kN/m}^2) = 34{,}7(p_1 \text{ kN/m}^2 - p_o \text{ kN/m}^2)$

onde:

u_o = poropressão;
σ'_o = tensão efetiva vertical *in situ*.

A Figura 3.35 mostra os resultados de um ensaio dilatométrico conduzido na argila mole de Bancoc e relatados por Shibuya e Hanh (2001). Com base nos ensaios iniciais, Marchetti (1980) proporcionou as seguintes correlações:

$$K_o = \left(\dfrac{K_D}{1{,}5}\right)^{0{,}47} - 0{,}6 \tag{3.68}$$

$$\text{OCR} = (0{,}5 K_D)^{1{,}56} \tag{3.69}$$

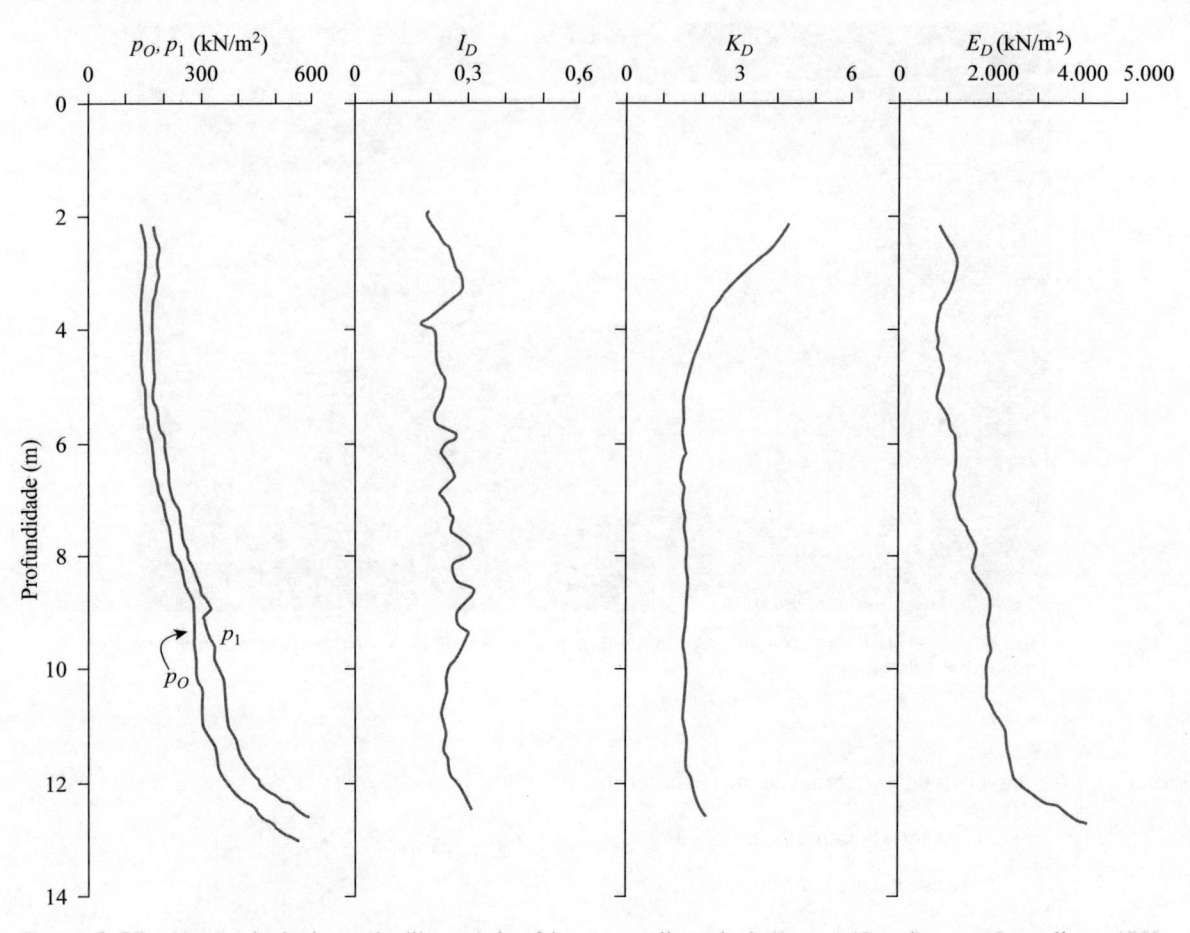

Figura 3.35 Um resultado de ensaio dilatométrico feito com argila mole de Bancoc (Com base em Lancellotta, 1983, e Jamiolskowski et al., 1985)

$$\frac{c_u}{\sigma'_o} = 0,22 \quad \text{(para argila normalmente adensada)} \tag{3.70}$$

$$\left(\frac{c_u}{\sigma'_o}\right)_{OC} = \left(\frac{c_u}{\sigma'_o}\right)_{NC} (0,5K_D)^{1,25} \tag{3.71}$$

$$E_s = (1 - \mu_s^2)E_D \tag{3.72}$$

onde:

K_o = coeficiente de empuxo de terra no repouso;
OCR = razão de sobreadensamento;
OC = solo sobreadensado;
NC = solo normalmente adensado;
E_s = módulo de elasticidade.

Outras correlações relevantes utilizando os resultados dos ensaios dilatométricos são:

- Para coesão sem drenagem na argila (Kamei e Iwasaki, 1995):

$$c_u = 0,35\sigma'_0(0,47K_D)^{1,14} \tag{3.73}$$

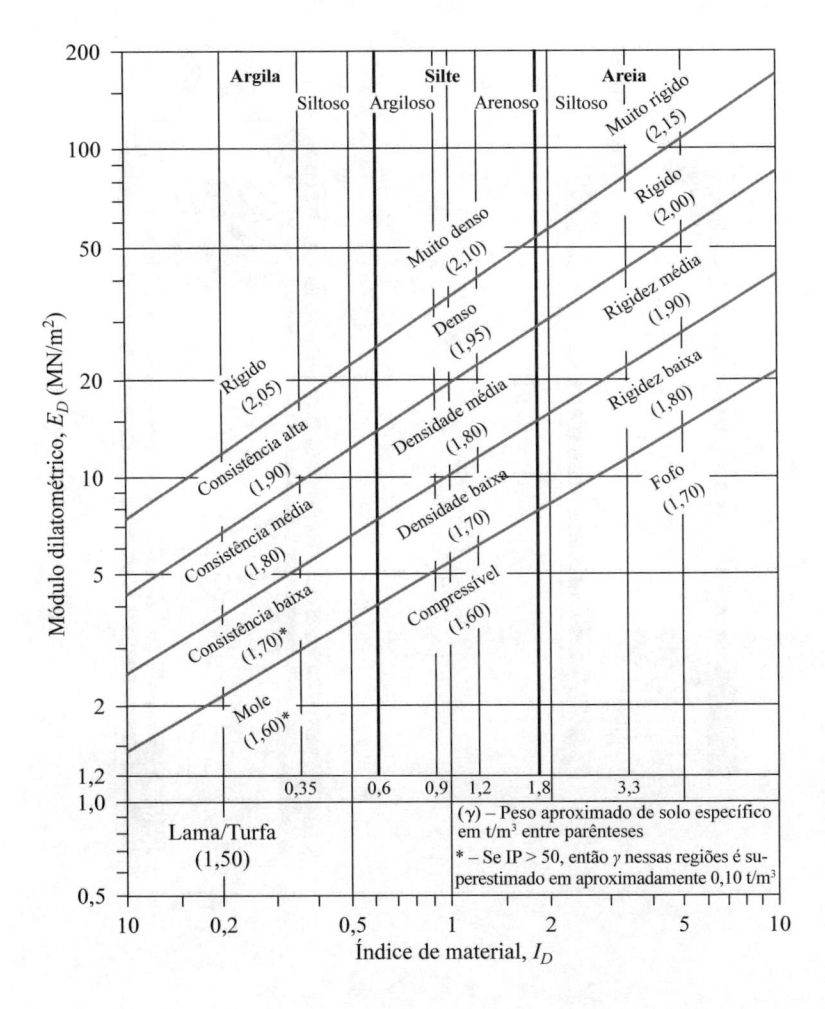

Figura 3.36 Gráfico para a determinação de descrição de solo e peso específico (Segundo Schmertmann, 1986).
(*Observação*: 1 t/m³ = 9,81 kN/m³)
(Com base em Schmertmann, J.H. (1986). Suggested method for performing that flat dilatometer test, *Geotechnical Testing Journal*, ASTM, Vol. 9, nº 2, pp. 93-101, Figura 2)

- Para ângulo de atrito de solo (solos ML e SP-SM) (Ricceri et al., 2002):

$$\phi' = 31 + \frac{K_D}{0,236 + 0,066 K_D} \qquad (3.74a)$$

$$\phi'_{ult} = 28 + 14,6 \log K_D - 2,1(\log K_D)^2 \qquad (3.74b)$$

Schmertmann (1986) também proporcionou uma correlação entre o índice de material (I_D) e o módulo dilatométrico (E_D) para determinar a natureza do solo e o peso específico (γ). Essa relação é mostrada na Figura 3.36.

3.24 Testemunhagem de rocha

Quando uma camada de rocha é encontrada durante a perfuração, a testemunhagem pode ser necessária. Para a testemunhagem das rochas, um *barrilete* é fixo à haste de perfuração. Uma *broca de testemunhagem* está fixa à parte inferior do barrilete (Figura 3.37). Os elementos de corte podem ser diamante, tungstênio, carbeto etc. A Tabela 3.10 resume os diversos tipos de barrilete e os tamanhos, assim como as hastes de perfuração compatíveis mais utilizadas para a exploração de fundações. A testemunhagem é avançada pela perfuração rotativa. A água é circulada pela haste de perfuração durante a testemunhagem, e as incisões são lavadas.

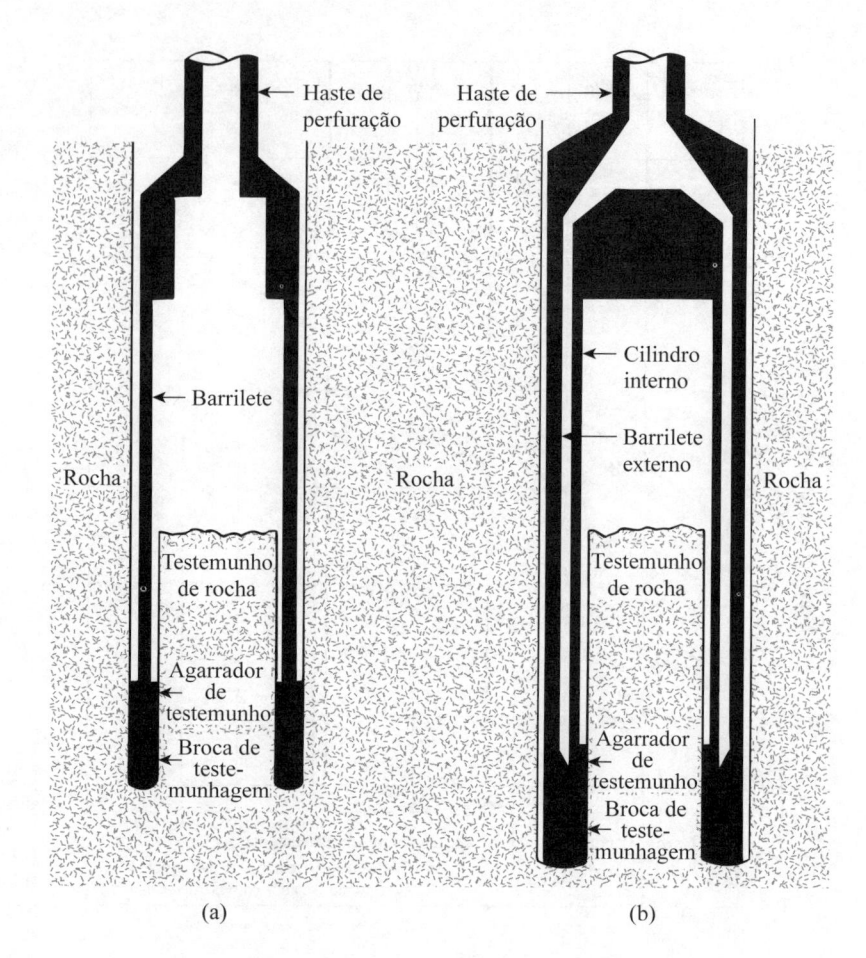

Figura 3.37 Testemunhagem de rocha: (a) barrilete de tubo simples; (b) barrilete de tubo duplo

Tabela 3.10 Tamanho-padrão e designação de camisa, barrilete e haste de perfuração compatível

Designação de camisa e barrilete	Diâmetro externo de broca do barrilete (mm)	Designação da haste de perfuração	Diâmetro externo da haste de perfuração (mm)	Diâmetro do furo (mm)	Diâmetro de amostra de testemunho (mm)
EX	36,51	E	33,34	38,1	22,23
AX	47,63	A	41,28	50,8	28,58
BX	58,74	B	47,63	63,5	41,28
NX	74,61	N	60,33	76,2	53,98

Dois tipos de barriletes estão disponíveis: o *barrilete de tubo simples* (Figura 3.37a) e o *barrilete de tubo duplo* (Figura 3.37b). Os testemunhos de rocha obtidos por meio dos barriletes de tubo simples podem ser distorcidos e fraturados por torção. Os testemunhos de rocha menores que BX tendem a fraturar durante o processo de testemunhagem. A Figura 3.38 mostra a fotografia de uma broca de testemunhagem de diamante. A Figura 3.39 mostra a extremidade e as vistas laterais de uma broca testemunhagem de diamante fixada a um barrilete de tubo duplo.

Quando as amostras de testemunhagem são recuperadas, a profundidade da recuperação deve ser apropriadamente registrada para avaliação adicional no laboratório. Com base no comprimento do testemunho de rocha obtido em cada operação, as seguintes quantidades podem ser calculadas para avaliação geral da qualidade da rocha encontrada:

$$\text{Índice de recuperação} = \frac{\text{Comprimento dos testemunhos recuperados}}{\text{Comprimento teórico da rocha testemunhada}} \qquad (3.75)$$

Figura 3.38 Broca de testemunhagem de diamante (Cortesia de Braja M. Das, Henderson, Nevada)

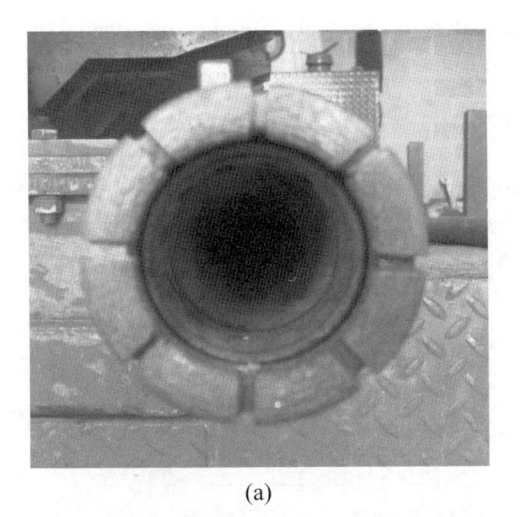

(a)   (b)

Figura 3.39 Broca de testemunhagem de diamante fixa no barrilete de tubo duplo: (a) vista da extremidade; (b) vista lateral (Cortesia de Professional Service Industries, Inc. (PSI), Waukesha, Wisconsin)

$$\text{Designação da qualidade da rocha (RQD)} = \frac{\Sigma \text{ comprimento de peças recuperadas igual ou maior que } 101,6 \text{ mm (4 pol.)}}{\text{Comprimento teórico da rocha testemunhada}} \quad (3.76)$$

Uma taxa de recuperação da unidade indica a presença de rocha intacta; para rochas altamente fraturadas, a taxa de recuperação é de no máximo 0,5. A Tabela 3.11 apresenta a relação geral (Deere, 1963) entre RQD e a qualidade da rocha *in situ*.

Tabela 3.11 Relação entre qualidade de rocha *in situ* e RQD

RQD	Qualidade da rocha
0–0,25	Muito ruim
0,25–0,5	Ruim
0,5–0,75	Regular
0,75–0,9	Boa
0,9–1	Excelente

3.25 Apresentação dos relatórios de perfuração

As informações detalhadas coletadas de cada furo são apresentadas no gráfico chamado *relatório de perfuração*. Com o avanço da perfuração, geralmente o furo deve registrar as seguintes informações no relatório-padrão:

1. Nome e endereço da empresa de perfuração.
2. Identificação do furo.
3. Descrição e número de trabalho.
4. Número, tipo e local de perfuração.
5. Data da perfuração.
6. A estratificação da subsuperfície, que pode ser obtida pela observação visual do solo interposto pelo trado, um amostrador bipartido, um amostrador de tubo Shelby de parede fina.
7. A elevação do lençol freático e a data observada, o uso de camisa e lama etc.
8. A resistência de penetração-padrão e a profundidade de SPT.
9. Número, tipo e profundidade da amostra de solo coletada.
10. Em caso de testemunhagem de rocha, o tipo de barrilete utilizado e, para cada operação, o comprimento atual da testemunhagem, o comprimento da recuperação da testemunhagem e RQD.

Essa informação nunca deve ser deixada na memória, pois fazer isso com frequência resultará em relatórios de perfuração equivocados.

Após a finalização dos ensaios laboratoriais necessários, o engenheiro geotécnico prepara um relatório finalizado que inclui as observações do relatório de campo do furo e os resultados de ensaio conduzidos no laboratório. A Figura 3.40 mostra um relatório típico de perfuração. Esses relatórios precisam estar anexados ao relatório final de exploração de solo enviado ao cliente. A figura também enumera as classificações dos solos no pilar à esquerda, junto com a descrição de cada solo (com base no Unified Soil Classification System).

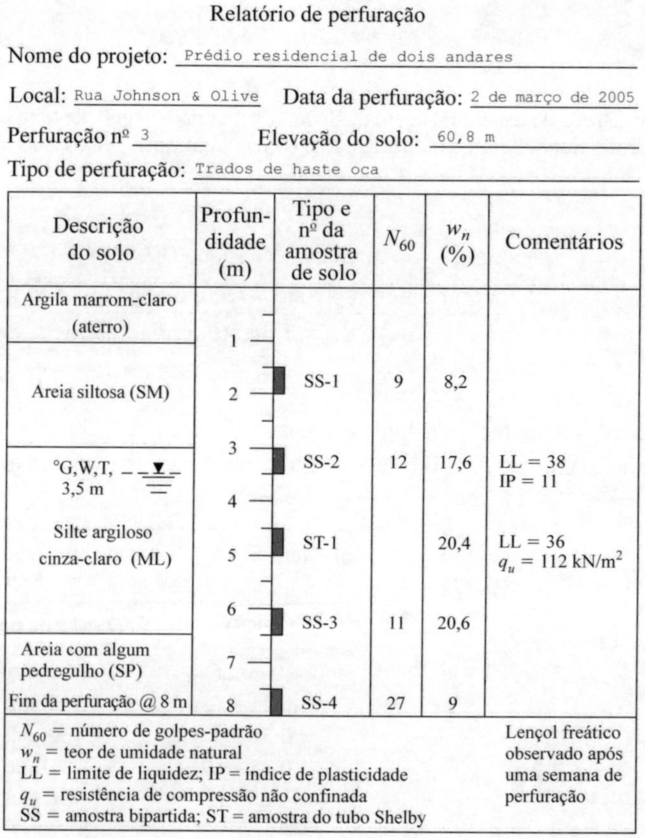

Relatório de perfuração

Nome do projeto: Prédio residencial de dois andares
Local: Rua Johnson & Olive   Data da perfuração: 2 de março de 2005
Perfuração nº 3   Elevação do solo: 60,8 m
Tipo de perfuração: Trados de haste oca

Descrição do solo	Profundidade (m)	Tipo e nº da amostra de solo	N_{60}	w_n (%)	Comentários
Argila marrom-claro (aterro)	1				
Areia siltosa (SM)	2	SS-1	9	8,2	
°G,W,T, 3,5 m	3	SS-2	12	17,6	LL = 38; IP = 11
Silte argiloso cinza-claro (ML)	4–5	ST-1		20,4	LL = 36; $q_u = 112$ kN/m²
	6	SS-3	11	20,6	
Areia com algum pedregulho (SP)	7				
Fim da perfuração @ 8 m	8	SS-4	27	9	

N_{60} = número de golpes-padrão
w_n = teor de umidade natural
LL = limite de liquidez; IP = índice de plasticidade
q_u = resistência de compressão não confinada
SS = amostra bipartida; ST = amostra do tubo Shelby

Lençol freático observado após uma semana de perfuração

Figura 3.40 Um relatório de perfuração típico

3.26 Exploração geofísica

Diversos tipos de técnicas de exploração geofísica permitem a avaliação rápida das características do subsolo. Esses métodos também permitem a cobertura rápida de grandes áreas e são menos caros que a exploração convencional por perfuração. No entanto, em muitos casos, a interpretação definitiva dos resultados é difícil. Por essa razão, tais técnicas devem ser utilizadas somente para trabalhos preliminares. Aqui discutiremos três tipos de técnica de exploração geofísica: a pesquisa de refração sísmica, a pesquisa sísmica cross-hole e a pesquisa de resistividade.

Pesquisa de refração sísmica

As *pesquisas de refração sísmica* são úteis na obtenção de informações preliminares sobre a espessura da camada de diversos solos e a profundidade para a rocha ou um solo rígido no local. As pesquisas de refração são conduzidas pelo impacto na superfície, como no ponto A na Figura 3.41a, e observando a primeira chegada do amolgamento (ondas de tensão) em diversos outros pontos (por exemplo, B, C, D, ...). O impacto pode ser criado por um golpe de martelete ou por uma pequena carga explosiva. A primeira chegada das ondas de amolgamento em diversos pontos pode ser registrada pelos geofones.

O impacto na superfície do solo cria dois tipos de *onda de tensão*: *ondas P* (ou *ondas planas*) e *ondas S* (ou *ondas de cisalhamento*). Ondas P deslocam-se mais rápido que as ondas S; portanto, a primeira chegada das ondas de amolgamento está relacionada às velocidades das ondas P em diversas camadas. A velocidade de ondas P no meio é:

$$v = \sqrt{\frac{E_s}{\left(\frac{\gamma}{g}\right)} \frac{(1-\mu_s)}{(1-2\mu_s)(1+\mu_s)}} \tag{3.77}$$

onde:

E_s = módulo de elasticidade do meio;
γ = peso específico do meio;
g = aceleração em razão da gravidade;
μ_s = coeficiente de Poisson.

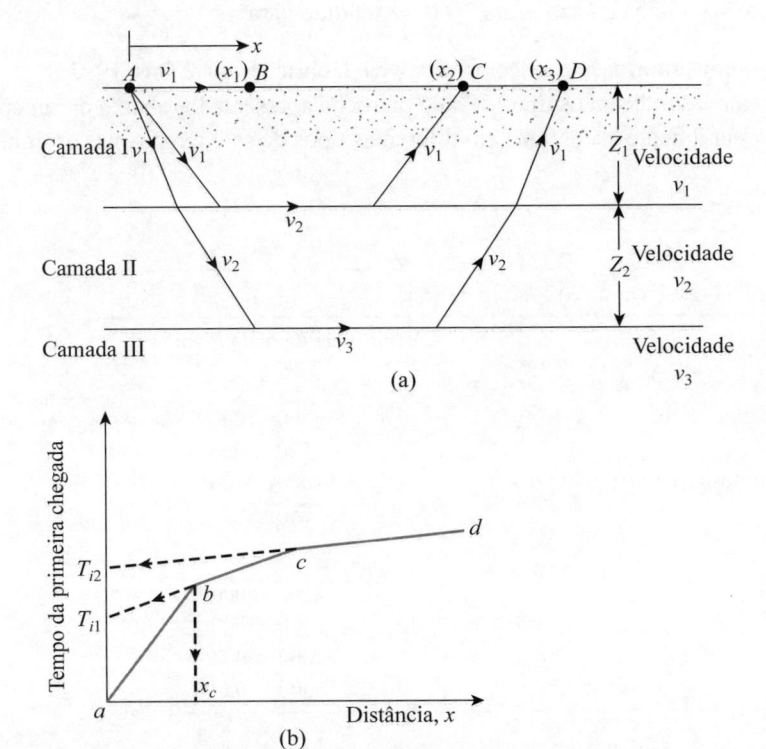

Figura 3.41 Pesquisa de refração sísmica.

Para determinar a velocidade v das ondas P em diversas camadas e a espessura delas, utilizamos o seguinte procedimento:

Etapa 1. Obtenha os tempos da primeira chegada, $t_1, t_2, t_3, \ldots$, em diversas distâncias $x_1, x_2, x_3, \ldots$ a partir do ponto de impacto.

Etapa 2. Desenhe um gráfico de tempo t vezes a distância x. O gráfico parecerá como o indicado na Figura 3.41b.

Etapa 3. Determine o escoamento das linhas $ab, bc, cd, \ldots$:

$$\text{Escoamento de } ab = \frac{1}{v_1}$$

$$\text{Escoamento de } bc = \frac{1}{v_2}$$

$$\text{Escoamento de } cd = \frac{1}{v_3}$$

Aqui, $v_1, v_2, v_3 \ldots$ são as velocidades das ondas P nas camadas I, II, III ... respectivamente (Figura 3.41a).

Etapa 4. Determine a espessura da camada superior:

$$Z_1 = \frac{1}{2}\sqrt{\frac{v_2 - v_1}{v_2 + v_1}} x_c \tag{3.78}$$

O valor de x_c pode ser obtido do gráfico, conforme indicado na Figura 3.41b.

Etapa 5. Determine a espessura da segunda camada:

$$Z_2 = \frac{1}{2}\left[T_{i2} - 2Z_1 \frac{\sqrt{v_3^2 - v_1^2}}{v_3 v_1}\right] \frac{v_3 v_2}{\sqrt{v_3^2 - v_2^2}} \tag{3.79}$$

Aqui, T_{i2} é o tempo de interceptação da linha cd na Figura 3.41b, estendido para trás.

(Para derivativas detalhadas dessas equações e outras informações relacionadas, veja Dobrin, 1960, e Das, 1992.)

As velocidades das ondas P em diversas camadas indicam os tipos de solo ou rocha apresentados abaixo da superfície do solo. A variação de velocidade da onda P geralmente encontrada em diferentes tipos de solo e rocha nas profundidades rasas é dada na Tabela 3.12.

Tabela 3.12 Variação da velocidade da onda P em diversos solos e rochas

Tipo de solo ou rocha	Velocidade da onda P em m/s
Solo	
Areia, silte seco e flor da terra de grãos finos	200–1000
Aluvião	500–2000
Argilas compactas, pedregulho argiloso e areia argilosa densa	1000–2500
Loess	250–750
Rocha	
Ardósia e folhelho	2500–5000
Arenito	1500–5000
Granito	4000–6000
Calcário seguro	5000–10.000

Na análise dos resultados da pesquisa de refração, duas limitações precisam estar em mente:

1. As equações básicas para a pesquisa – ou seja, as equações (3.78) e (3.79) – têm como base a suposição de que a velocidade da onda P $v_1 < v_2 < v_3 < \ldots$
2. Quando um solo está saturado abaixo do lençol freático, a velocidade da onda P pode ser falsa. As ondas P podem se deslocar a uma velocidade de aproximadamente 1500 m/s pela água. Para solos secos e fofos, a velocidade pode ser bem abaixo de 1500 m/s. No entanto, em uma condição saturada, as ondas se deslocarão na água presente nos espaços vazios com a velocidade de aproximadamente 1500 m/s. Se a presença do lençol freático não for detectada, a velocidade da onda P pode ser equivocamente interpretada para indicar um material mais forte (por exemplo, arenito) que o material presente *in situ*. No geral, as interpretações geofísicas devem sempre ser verificadas pelos resultados obtidos pelas perfurações.

Exemplo 3.5

Os resultados de uma pesquisa de refração no local são mostrados na tabela a seguir:

Distância de geofone da fonte de amolgamento (m)	Tempo da primeira chegada (s × 10^3)
2,5	11,2
5	23,3
7,5	33,5
10	42,4
15	50,9
20	57,2
25	64,4
30	68,6
35	71,1
40	72,1
50	75,5

Determine as velocidades da onda P e a espessura do material encontrado.

Solução

Velocidade

Na Figura 3.42, os tempos da primeira chegada da onda P são colocados em gráfico em contraste com a distância do geofone da fonte de amolgamento. O gráfico tem três segmentos em linha reta. Agora, a velocidade da parte superior das três camadas pode ser calculada como:

$$\text{Escoamento de segmento } 0a = \frac{1}{v_1} = \frac{\text{tempo}}{\text{distância}} = \frac{23 \times 10^{-3}}{5,25}$$

ou

$$v_1 = \frac{5,25 \times 10^3}{23} = \mathbf{228\ m/s\,(camada\ central)}$$

$$\text{Escoamento de segmento } ab = \frac{1}{v_2} = \frac{13,5 \times 10^{-3}}{11}$$

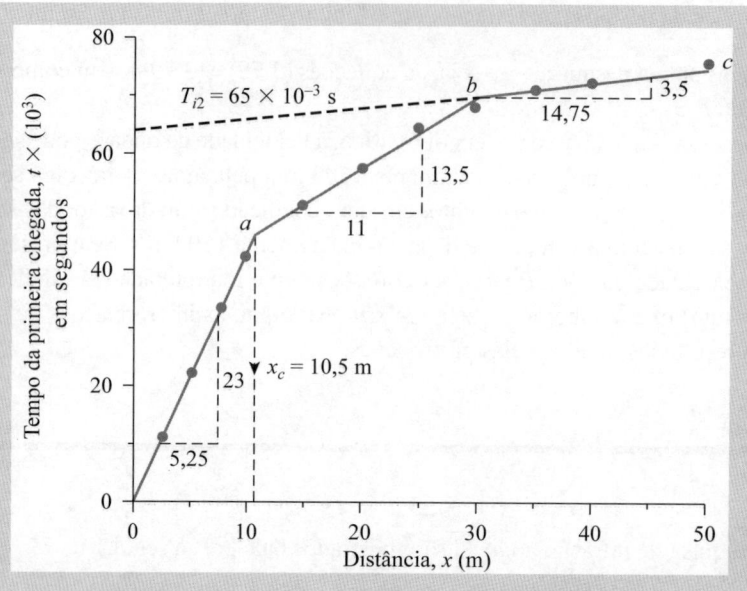

Figura 3.42 Gráfico do tempo da primeira chegada da onda P versus a distância do geofone da fonte de amolgamento

ou

$$v_2 = \frac{11 \times 10^3}{13,5} = \textbf{814,8 m/s (camada central)}$$

$$\textbf{Escoamento de segmento } bc = \frac{1}{v_3} = \frac{3,5 \times 10^{-3}}{14,75}$$

ou

$$v_3 = \textbf{4214 m/s (terceira camada)}$$

A comparação entre as velocidades obtidas aqui e as informadas na Tabela 3.12 indica que a terceira camada é uma *camada rochosa*.

Espessura das camadas

A partir da Figura 3.42, $x_c = 10,5$ m, então:

$$Z_1 = \frac{1}{2}\sqrt{\frac{v_2 - v_1}{v_2 + v_1}}x_c$$

Assim,

$$Z_1 = \frac{1}{2}\sqrt{\frac{814,8 - 228}{814,8 + 228}} \times 10,5 = \textbf{3,94 m}$$

Novamente, a partir da Equação (3.79),

$$Z_2 = \frac{1}{2}\left[T_{i2} - \frac{2Z_1\sqrt{v_3^2 - v_1^2}}{(v_3 v_1)}\right]\frac{(v_3)(v_2)}{\sqrt{v_3^2 - v_2^2}}$$

O valor de T_{i2} (da Figura 3.42) é 65×10^{-3} s. Portanto,

$$Z_2 = \frac{1}{2}\left[65 \times 10^{-3} - \frac{2(3,94)\sqrt{(4214)^2 - (228)^2}}{(4214)(228)}\right]\frac{(4214)(814,8)}{\sqrt{(4214)^2 - (814,8)^2}}$$

$$= \frac{1}{2}(0,065 - 0,0345)830,47 = \mathbf{12,66\ m}$$

Assim, a camada rochosa está a uma profundidade de $Z_1 + Z_2 = 3,94 + 12,66 = \mathbf{16{,}60\ m\ da\ superfície\ do\ solo}$. ∎

Pesquisa sísmica cross-hole

A velocidade das ondas de cisalhamento criadas como resultado de um impacto para determinada camada de solo pode ser eficientemente determinada pela *pesquisa sísmica cross-hole* (Stokoe e Woods, 1972). O princípio dessa técnica é ilustrado na Figura 3.43, que mostra dois furos feitos no solo a uma distância de L. Um impulso vertical é criado na parte inferior de um dos furos pela haste de impulso. As ondas de cisalhamento geradas são registradas por um transdutor verticalmente sensível. A velocidade das ondas de cisalhamento pode ser calculada como:

$$v_s = \frac{L}{t} \tag{3.80}$$

onde t = tempo de deslocamento das ondas.

O módulo de cisalhamento G_s do solo a uma profundidade da qual o teste é feito pode ser determinado a partir da relação:

$$v_s = \sqrt{\frac{G_s}{(\gamma/g)}}$$

ou

$$G_s = \frac{v_s^2 \gamma}{g} \tag{3.81}$$

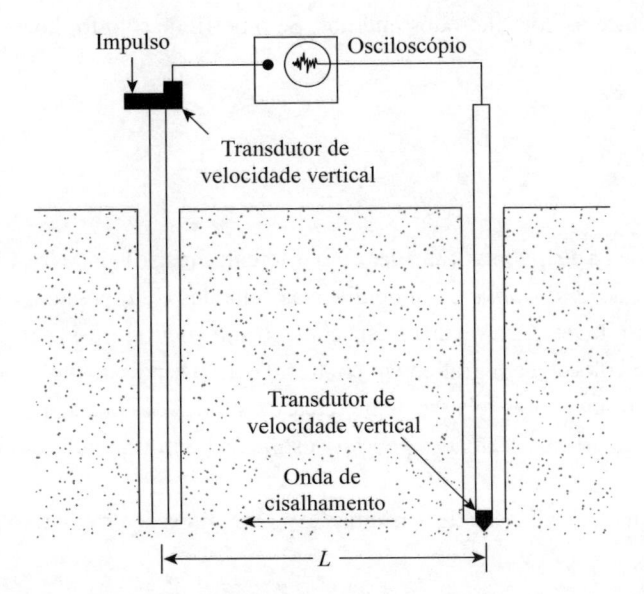

Figura 3.43 Método cross-hole de pesquisa sísmica

onde:

v_s = velocidade das ondas de cisalhamento;
γ = peso específico do solo;
g = aceleração em razão da gravidade.

O módulo de cisalhamento é útil no projeto das fundações para suportar a vibração da máquina e similares.

Pesquisa de resistividade

Outro método geofísico de exploração de subsolo é a *pesquisa de resistividade elétrica*. A resistividade elétrica de qualquer material condutor com comprimento L e uma área de seção transversal A pode ser definida como:

$$\rho = \frac{RA}{L} \tag{3.82}$$

onde R = resistência elétrica.

A unidade de resistividade é *ohm-centímetro* ou *ohm-metro*. A resistividade de diversos solos depende principalmente do teor de umidade e também da concentração dos íons dissolvidos. As argilas saturadas têm resistividade muito baixa; já os solos secos e rochas têm resistividade maior. A variação de resistividade geralmente encontrada em diversos solos e rochas é informada na Tabela 3.13.

Tabela 3.13 Valores representativos de resistividade

Material	Resistividade (ohm · m)
Areia	500–1500
Argilas, silte saturado	0–100
Areia argilosa	200–500
Pedregulho	1500–4000
Rocha intemperizada	1500–2500
Rocha saudável	> 5000

O procedimento mais comum para medição da resistividade elétrica de um perfil de solo faz o uso de quatro eletrodos conduzidos para o solo e espaçados igualmente ao longo de uma linha reta. O procedimento é geralmente conhecido como *método de Wenner* (Figura 3.44a). Os dois eletrodos externos são utilizados para enviar corrente elétrica I (geralmente uma corrente cc com eletrodos potenciais não polarizáveis) no solo. Geralmente, a corrente está na faixa de 50 a 100 milliampères. A queda de tensão, V, é medida entre os dois eletrodos internos. Se o perfil de solo for homogêneo, a resistividade elétrica é:

$$\rho = \frac{2\pi dV}{I} \tag{3.83}$$

Na maioria dos casos, o perfil de solo pode consistir de diversas camadas com diferentes resistividades, e a Equação (3.83) informará a *resistividade aparente*. Para obter a *resistividade atual* de diversas camadas e a espessura, é possível utilizar um método empírico que envolve a condução de teste em diversos espaçamentos de eletrodos (ou seja, d é modificado). A soma das resistividades aparentes, $\Sigma\rho$, é colocada em gráfico em contraste com o espaçamento d, conforme indicado na Figura 3.44b. Assim, o gráfico obtido tem segmentos relativamente retos, os taludes dos quais proporcionam a resistividade de camadas individuais. A espessura de diversas camadas pode ser estimada conforme indicado na Figura 3.44b.

A pesquisa de resistividade é particularmente útil na localização de depósitos de pedregulhos dentro do solo de grãos finos.

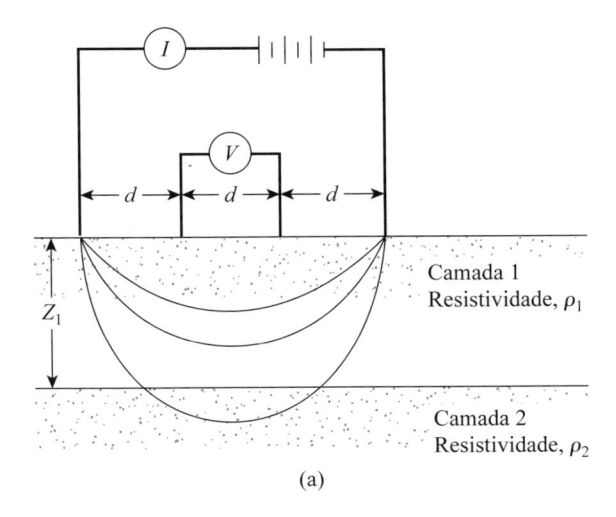

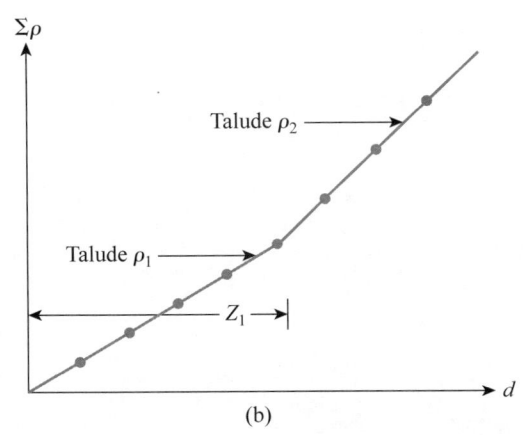

Figura 3.44 Pesquisa de resistividade elétrica: (a) método de Wenner; (b) método empírico para determinação de resistividade e espessura de cada camada

3.27 Relatório de exploração de subsolo

Ao final de todo o programa de exploração do solo, as amostras de solo e de rocha coletadas em campo são submetidas à observação visual e a ensaios laboratoriais apropriados. (Os ensaios básicos de solo foram descritos no Capítulo 2.) Após a compilação de todas as informações necessárias, um relatório de exploração de solo é preparado para uso por um escritório de projeto e para referência durante o trabalho futuro de construção. Embora os detalhes e as informações sequenciais em tais relatórios possam variar em algum grau, dependendo da estrutura em consideração e da pessoa que está compilando o relatório, cada um deve incluir os seguintes itens:

1. Descrição do escopo de investigação.
2. Descrição da estrutura proposta para a qual a exploração foi realizada.
3. Descrição do local, incluindo as estruturas ao redor, condições de drenagem, natureza da vegetação local e o seu arredor e outras características únicas do local.
4. Descrição do ambiente geológico do local.
5. Detalhes da exploração de campo – ou seja, a quantidade de perfurações e a profundidade, tipos de perfurações envolvidas etc.
6. Descrição geral das condições de subsolo, conforme determinado pelas amostras de solo e dos ensaios laboratoriais relatados, resistência de penetração-padrão e resistência de penetração de cone etc.
7. Descrição das condições do lençol freático.

8. As recomendações com relação à fundação, incluindo o tipo de fundação recomendado, a pressão de suporte permitida e qualquer procedimento de construção especial que pode ser necessária; os procedimentos de projeto de fundação alternativa devem também ser discutidos nessa parte do relatório.
9. As conclusões e as limitações das investigações.

As seguintes apresentações gráficas devem ser anexadas ao relatório:

1. Um mapa de localização.
2. Uma vista plana do local de sondagem com relação às estruturas propostas e as que estão ao redor.
3. Relatório de perfuração.
4. Resultados dos ensaios em laboratório.
5. Outras apresentações gráficas especiais.

Os relatórios de exploração devem ser bem planejados e documentados, pois ajudam na resposta às questões e na solução de problemas de fundação que podem aparecer posteriormente durante o projeto e a construção.

Parte II
Análise de fundações

Capítulo 4: Fundações rasas: capacidade de carga final
Capítulo 5: Aumento da tensão vertical no solo
Capítulo 6: Recalque das fundações rasas
Capítulo 7: Fundações em radier
Capítulo 8: Fundações por estacas
Capítulo 9: Fundações com tubulões

4 Fundações rasas: capacidade de carga final

4.1 Introdução

Para obter desempenho satisfatório, as fundações rasas devem ter duas características principais:

1. Elas devem ser seguras contra as rupturas em geral no solo que as suporta.
2. Elas não podem sofrer deslocamento ou recalque excessivo. (O termo *excessivo* é relativo, pois o grau de recalque permitido para uma estrutura depende de diversas considerações.)

A carga por área específica da fundação em que ocorre a ruptura por cisalhamento do solo é chamada *capacidade de suporte final*, que é o assunto deste capítulo. Neste capítulo, discutiremos o seguinte:

- Conceitos fundamentais no desenvolvimento da relação teórica para a capacidade de suporte final de fundações rasas submetidas à carga vertical cêntrica.
- Efeito da localização do lençol freático e compressibilidade do solo sobre a capacidade de suporte final.
- Capacidade de carga de fundações superficiais submetidas à carga excêntrica e à carga excentricamente inclinada.

4.2 Conceito geral

Considere uma fundação em sapata contínua com uma largura de B repousando sobre a superfície de uma areia densa ou de um solo coesivo rígido, como mostrado na Figura 4.1a. Agora, se uma carga foi gradualmente aplicada à fundação, o recalque aumentará. A variação da carga por área específica na fundação (q) com o recalque da fundação é também mostrada na Figura 4.1a. Em determinado ponto – quando a carga por área específica for igual a q_u –, a ruptura súbita no solo que suporta a fundação ocorrerá, e a ruptura na superfície do solo se estenderá para a superfície do terreno. Essa carga por área específica, q_u, normalmente é conhecida como *capacidade de suporte final da fundação*. Quando essa ruptura súbita no solo ocorre, ela é chamada de *ruptura geral por cisalhamento*.

Se a fundação em questão repousa em areia ou solo argiloso de compactação média (Figura 4.1b), um aumento da carga na fundação também será acompanhado por um aumento no recalque. Entretanto, nesse caso, a superfície da ruptura no solo gradualmente se estenderá para fora da fundação, como mostrado pelas linhas sólidas da Figura 4.1b. Quando a carga por área específica na fundação é igual a $q_{u(1)}$, o movimento da fundação será acompanhado por solavancos repentinos. Então, um movimento considerável da fundação é necessário para a ruptura da superfície do solo estender-se à superfície do terreno (como mostrado pelas linhas tracejadas na figura). A carga por área específica em que isso ocorre é a *carga de suporte final*, q_u. Além desse ponto, um aumento na carga será acompanhado por um grande aumento no recalque da fundação. A carga por área específica da fundação, $q_{u(1)}$, é chamada de *primeira carga de ruptura* (Vesic, 1963). Observe que um valor de pico de q não é realizado nesse tipo de ruptura, o que é chamado de *ruptura local por cisalhamento* no solo.

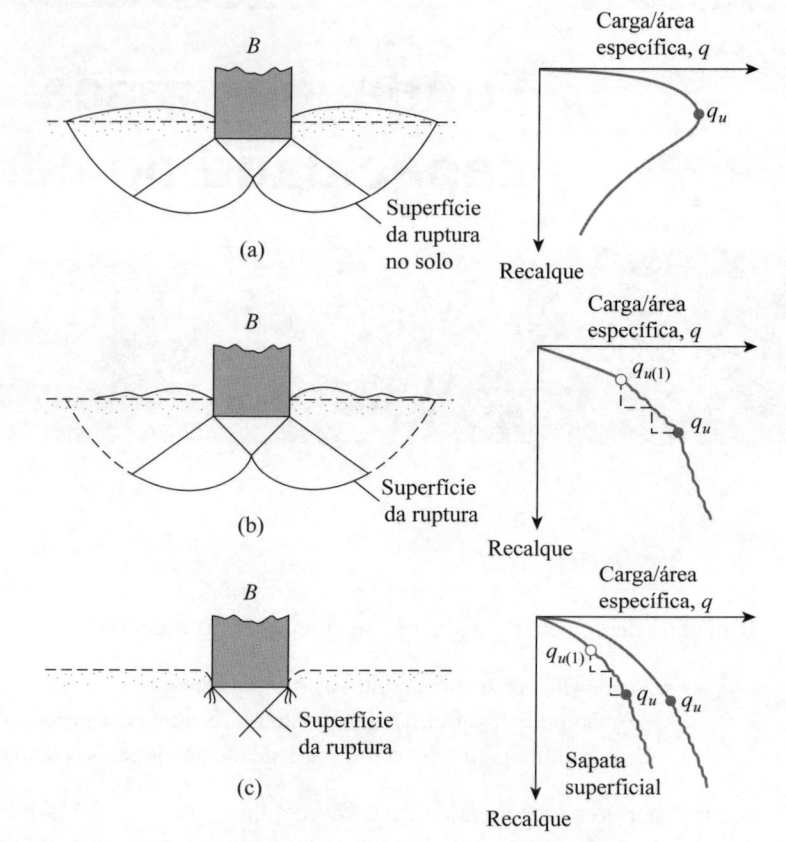

Figura 4.1 Natureza da ruptura da capacidade de suporte no solo: (a) ruptura geral por cisalhamento; (b) ruptura local por cisalhamento; (c) ruptura por cisalhamento por punção. (Redesenhado de acordo com Vesic, 1973) (Com base em Vesic, A. S., 1973). Analysis of ultimate loads of shallow Foundations, *Journal of Soil Mechanics and Foundations Division*, American Society of Civil Engineers, Vol. 99, nº SM1, p. 45-73)

Se a fundação for suportada por um solo muito fofo, o gráfico carga-recalque será como o mostrado na Figura 4.1c. Nesse caso, a ruptura da superfície no solo não se estenderá para a superfície do terreno. Além da carga de ruptura final, q_u, o gráfico carga-recalque será íngreme e praticamente linear. Esse tipo de ruptura no solo é chamado de *ruptura por cisalhamento por punção*.

Vesic (1963) realizou diversos testes laboratoriais de suporte de carga em placas circulares e retangulares suportadas por areia em várias densidades relativas de compactação, D_r. As variações de $q_{u(1)}/\frac{1}{2}\gamma B$ e $q_u/\frac{1}{2}\gamma B$ obtidas com esses testes, onde B é o diâmetro de uma placa circular ou a largura de uma placa retangular e γ é o peso específico seco de areia, são apresentadas na Figura 4.2. É importante observar nessa figura que, para $D_r \geq$ cerca de 70%, o tipo de ruptura geral por cisalhamento ocorre no solo.

Com base nos resultados experimentais, Vesic (1973) propôs um relacionamento para o modo de ruptura da capacidade de suporte das fundações que repousam em areia. A Figura 4.3 mostra essa relação que envolve a notação:

D_r = densidade relativa da areia

D_f = profundidade da fundação medida a partir da superfície do terreno

$$B^* = \frac{2BL}{B + L} \tag{4.1}$$

onde:

B = largura da fundação;
L = comprimento da fundação.
(*Observação*: L é sempre maior que B.)

Para fundações quadradas, $B = L$; para as fundações circulares, $B = L$ = diâmetro, portanto:

$$B^* = B \tag{4.2}$$

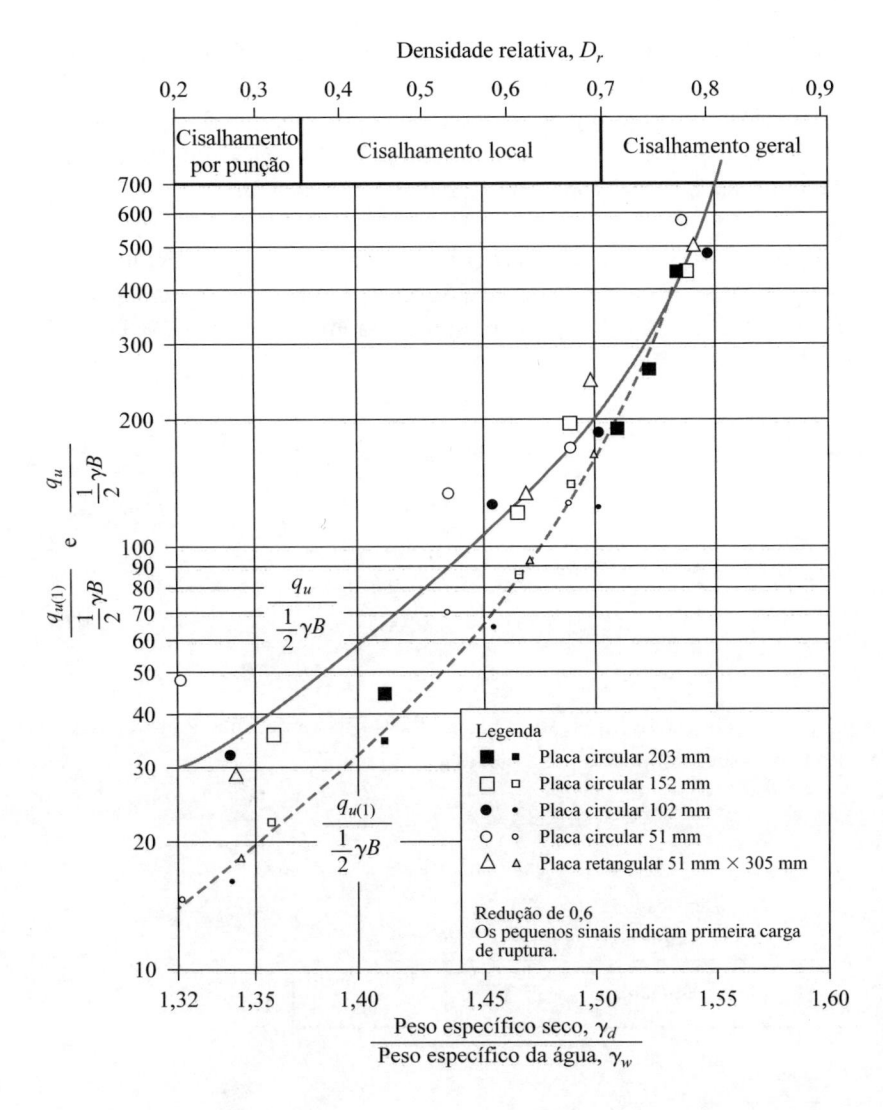

Figura 4.2 Variação de $q_{u(1)}/0,5\gamma B$ e $q_u/0,5\gamma B$ para placas circulares e retangulares na superfície de areia (Adaptado de Vesic, 1963). (Com base em Vesic, A. B. Bearing capacity of deep foundations in sand. Em *Highway Research Record 39*, Highway Research Board, National Research Council, Washington, D.C., 1963, Figura 28, p. 137)

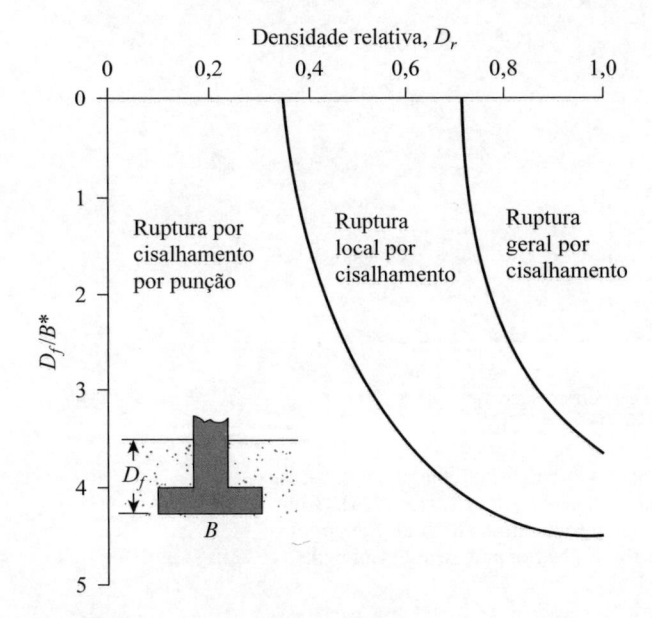

Figura 4.3 Modos de ruptura da fundação em areia (Com base em Vesic, 1973). Analysis of ultimate loads of shallow foundations, *Journal of Soil Mechanics and Foundations Division*, American Society of Civil Engineers, Vol. 99, nº SM1, p. 45-73)

A Figura 4.4 mostra o recalque S_u das placas circulares e retangulares na superfície de uma areia na *última carga*, como descrito na Figura 4.2. A figura indica uma variação geral de S_u/B com a densidade relativa da compactação da areia. Assim, em geral, podemos dizer que, para as fundações a uma profundidade rasa (isto é, pequena D_f/B^*), a carga final pode ocorrer a um recalque da fundação de 4% a 10% de B. Essa condição surge em conjunto com a ruptura geral por cisalhamento no solo; no entanto, no caso de ruptura local ou por cisalhamento por punção, a carga final pode ocorrer em recalques de 15% a 25% da largura da fundação (B).

DeBeer (1967) forneceu resultados experimentais de laboratório S_u/B (B = diâmetro da placa circular) para $D_f/B = 0$ como uma função de γB e densidade relativa D_r. Esses resultados, expressos de forma não dimensional como gráficos de S_u/B versus $\gamma B/p_a$ (p_a = pressão atmosférica $\approx$ 100 kN/m²), são mostrados na Figura 4.5. Patra, Behera, Sivakugan e Das (2013) aproximaram os gráficos assim:

$$\left(\frac{S_u}{B}\right)_{(D_f/B=0)} (\%) = 30e^{(-0,9D_r)} + 1,67\ln\left(\frac{\gamma B}{p_a}\right) - 1 \quad \left(\text{para } \frac{\gamma B}{p_a} \leq 0,025\right) \quad (4.3a)$$

e

$$\left(\frac{S_u}{B}\right)_{(D_f/B=0)} (\%) = 30e^{(-0,9D_r)} - 7,16 \quad \left(\text{para } \frac{\gamma B}{p_a} \leq 0,025\right) \quad (4.3b)$$

onde D_r é expressa como uma fração. Para fins de comparação, a Equação (4.3a) também está representada graficamente na Figura 4.5. Para $D_f/B > 0$, a grandeza S_u/B na areia será um pouco mais elevada.

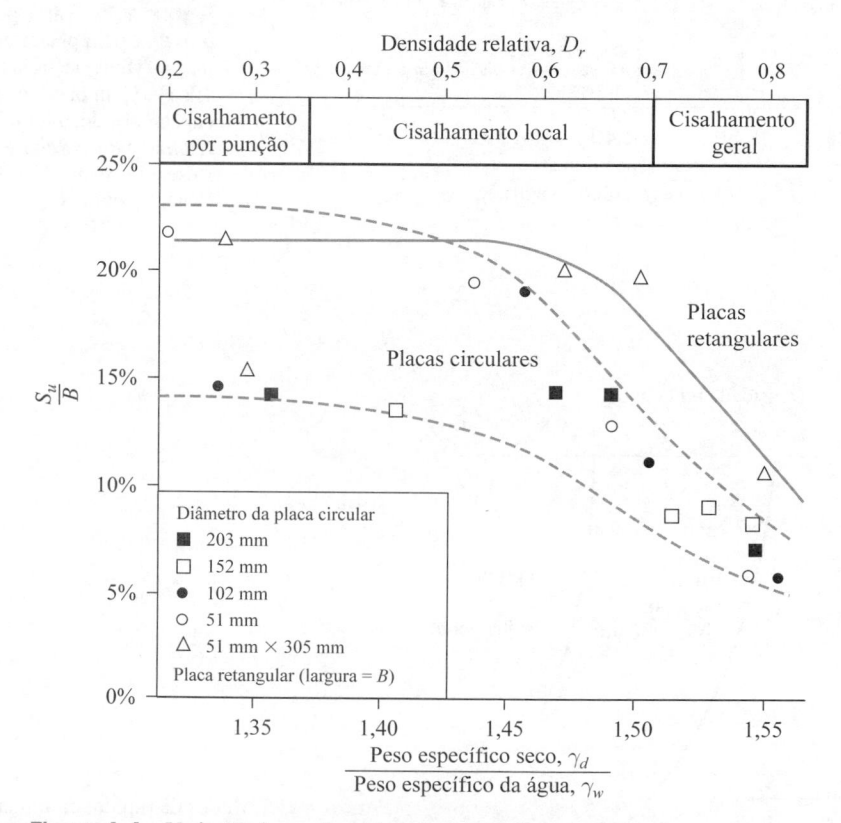

Figura 4.4 Variação do recalque das placas circulares e retangulares em carga máxima ($D_f/B = 0$) em areia (Redesenhado de acordo com Vesic, 1963). (Com base em Vesic, A. B. Bearing capacity of deep foundations in sand. Em *Highway Research Record 39*, Highway Research Board, National Research Council, Washington, D.C., 1963, Figura 29, p. 138)

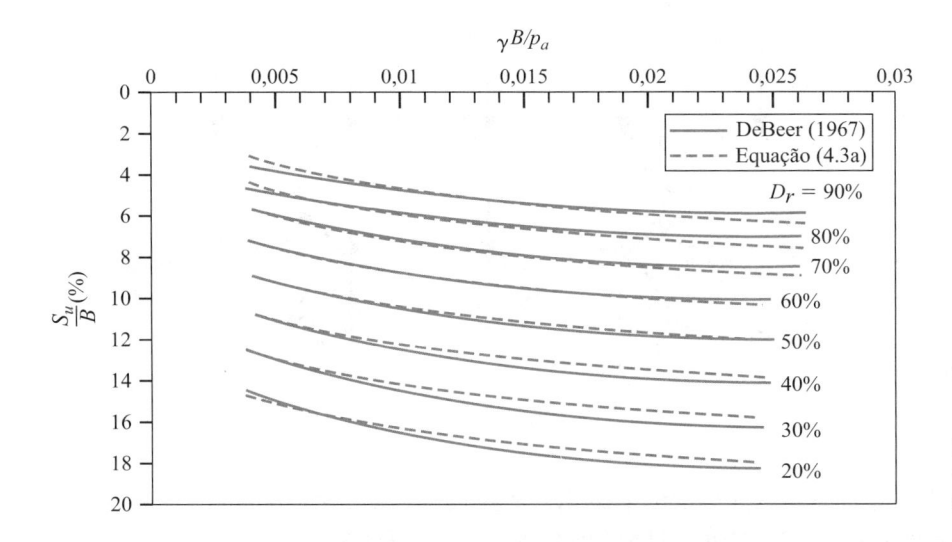

Figura 4.5 Variação de S_u/B com $\gamma B/p_a$ e D_r para placas circulares na areia (*Observação*: $Df/B = 0$)

4.3 Teoria da capacidade de suporte de Terzaghi

Terzaghi (1943) foi o primeiro a apresentar uma teoria abrangente para a avaliação da capacidade de suporte último de fundações rasas. De acordo com essa teoria, uma fundação é *rasa* se a profundidade, D_f (Figura 4.6), for menor que ou igual à largura. Outros investigadores, no entanto, sugeriram que as fundações com D_f igual a 3 a 4 vezes a largura podem ser definidas como *fundações rasas*.

Terzaghi sugeriu que para uma *fundação contínua*, ou em *sapata contínua* (isto é, cuja relação largura-comprimento se aproxima de zero), a superfície de ruptura no solo em suporte pode ser assumida como semelhante ao mostrado na Figura 4.6. (Observe que este é o caso da ruptura geral por cisalhamento, como definido na Figura 4.1a.) O efeito do solo acima da parte inferior da base também pode ser considerado como sendo substituído por uma sobrecarga equivalente, $q = \gamma D_f$ (onde γ é o peso específico de solo). A zona de ruptura sob a fundação pode ser separada em três partes (veja a Figura 4.6):

1. A *zona triangular ACD* imediatamente sob a fundação.
2. As *zonas de cisalhamento radial ADF* e *CDE*, com as curvas *DE* e *DF* sendo arcos de uma espiral logarítmica.
3. Duas *zonas passivas de Rankine AFH* e *CEG*.

Supõe-se que os ângulos *CAD* e *ACD* sejam iguais ao ângulo de atrito do solo ϕ'. Observe que com a substituição do solo acima do fundo da fundação por uma sobrecarga equivalente q, a resistência ao cisalhamento do solo ao longo das superfícies de ruptura *GI* e *HJ* foi negligenciada.

A capacidade de suporte último, q_u, da fundação agora pode ser obtida considerando o equilíbrio da cunha triangular *ACD* mostrada na Figura 4.6. Isso é mostrado em uma escala maior na Figura 4.7. Se a carga por área específica, q_u, é aplicada à fundação e ocorre ruptura geral por cisalhamento, a força passiva, P_p, atuará em cada uma das faces da cunha do solo, *ACD*. Isso é fácil de conceber se imaginarmos que *AD* e *CD* são duas paredes que estão empurrando as cunhas

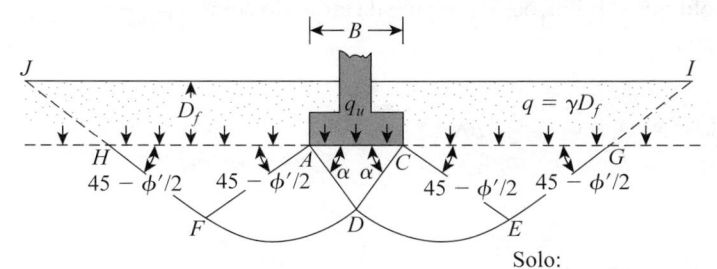

Solo:
Peso específico = γ;
Coesão = c';
Ângulo de atrito = ϕ'.

Figura 4.6 Ruptura da capacidade de suporte no solo sob uma fundação contínua (em sapata contínua) rígida áspera

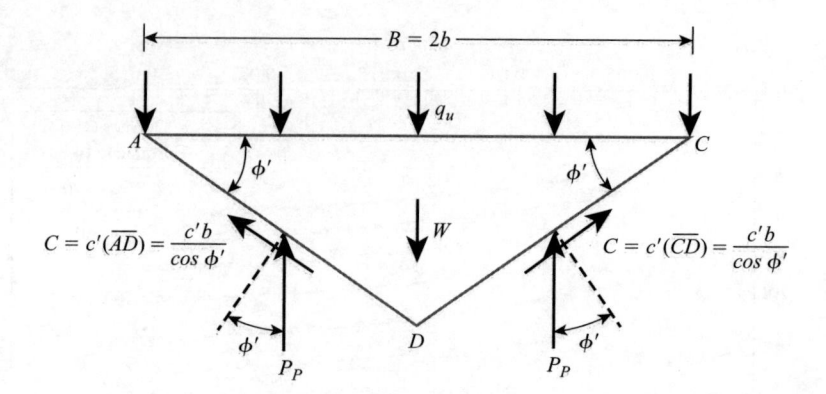

Figura 4.7 Derivação da Equação (4.8)

do solo *ADFH* e *CDEG*, respectivamente, para provocar a ruptura passiva. P_p deve ser inclinada com um ângulo δ' (que é o ângulo de atrito no muro) ao desenho perpendicular para as faces da cunha (isto é, *AD* e *CD*). Nesse caso, δ' deve ser igual ao ângulo de atrito do solo, ϕ'. Como *AD* e *CD* são inclinados em um ângulo ϕ' em relação à horizontal, a direção de P_p deve ser vertical.

Considerando uma unidade de comprimento da fundação, temos para o equilíbrio:

$$(q_u)(2b)(1) = -W + 2C \operatorname{sen} \phi' + 2P_p \tag{4.4}$$

onde:

$b = B/2$;
W = peso da cunha do solo $ACD = \gamma b^2 \operatorname{tg} \phi'$;
C = força de coesão que atua ao longo de cada face, *AD* e *CD*, que é igual à coesão específica multiplicada pelo comprimento de cada face $= c'b/(\cos \phi')$.

Assim,

$$2bq_u = 2P_p + 2bc' \operatorname{tg} \phi' - \gamma b^2 \operatorname{tg} \phi' \tag{4.5}$$

ou

$$q_u = \frac{P_p}{b} + c' \operatorname{tg} \phi' - \frac{\gamma b}{2} \operatorname{tg} \phi' \tag{4.6}$$

A pressão passiva na Equação (4.6) é a soma da contribuição do peso do solo γ, coesão c' e sobrecarga q. A Figura 4.8 apresenta a distribuição da pressão passiva de cada um desses componentes na face de cunha *CD*. Assim, podemos escrever:

$$P_p = \frac{1}{2} \gamma (b \operatorname{tg} \phi')^2 K_\gamma + c'(b \operatorname{tg} \phi') K_c + q(b \operatorname{tg} \phi') K_q \tag{4.7}$$

onde K_γ, K_c e K_q são coeficientes de empuxo do solo que são funções do ângulo de atrito do solo, ϕ'.

Combinando as equações (4.6) e (4.7), obtemos:

$$q_u = c'N_c + qN_q + \frac{1}{2}\gamma B N_\gamma \tag{4.8}$$

onde:

$$N_c = \operatorname{tg} \phi' (K_c + 1) \tag{4.9}$$

$$N_q = K_q \operatorname{tg} \phi' \tag{4.10}$$

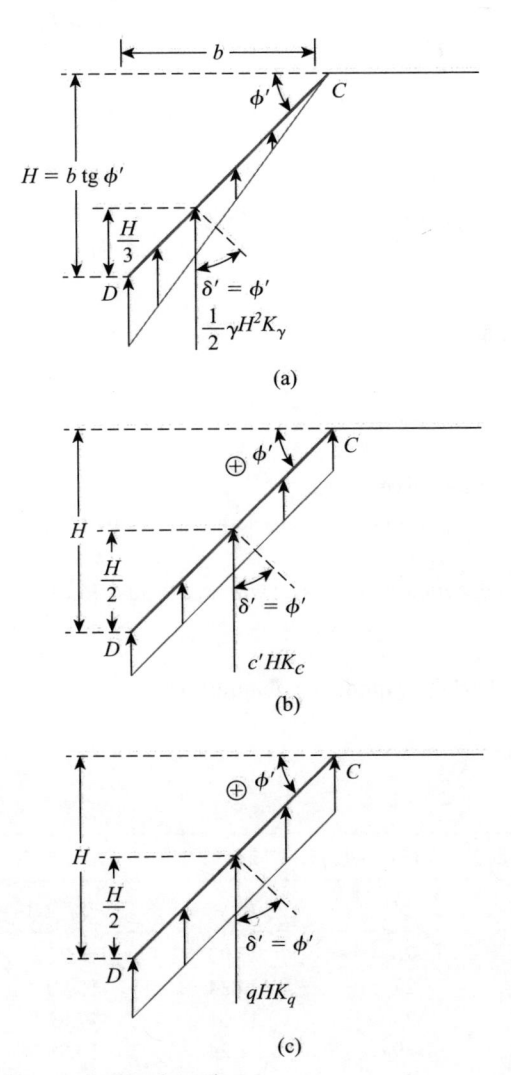

Figura 4.8 Distribuição da força passiva na face da cunha *CD* mostrada na Figura 4.7:
(a) contribuição do peso do solo γ;
(b) contribuição da coesão c';
(c) contribuição da sobrecarga q

Observação: $H = b \, \text{tg} \, \phi'$
$$P_P = \frac{1}{2}\gamma H^2 K_\gamma + c'HK_c + qHK_q$$

e

$$N_\gamma = \frac{1}{2} \, \text{tg} \, \phi'(K_\gamma \text{tg} \, \phi' - 1) \tag{4.11}$$

onde N_c, N_q e N_γ = fatores da capacidade de carga.

Os fatores da capacidade de carga N_c, N_q e N_γ são, respectivamente, as contribuições de coesão, sobrecarga e peso específico do solo para a capacidade de carga limite. É extremamente tedioso avaliar K_c, K_q e K_γ. Por isso, Terzaghi usou um método aproximado para determinar a capacidade de carga limite, q_u. Os princípios dessa aproximação são dados aqui.

1. Se $\gamma = 0$ (solo sem peso) e $c = 0$, então:

$$q_u = q_q = qN_q \tag{4.12}$$

onde:

$$N_q = \frac{e^{2(3\pi/4 - \phi'/2)\text{tg}\phi'}}{2\cos^2\left(45 + \dfrac{\phi'}{2}\right)} \tag{4.13}$$

2. Se $\gamma = 0$ (isto é, solo sem peso) e $q = 0$, então:

$$q_u = q_c = c'N_c \tag{4.14}$$

onde:

$$N_c = \cot\phi' \left[\frac{e^{2(3\pi/4 - \phi'/2)\tan\phi'}}{2\cos^2\left(\frac{\pi}{4} + \frac{\phi'}{2}\right)} - 1 \right] = \cot\phi'(N_q - 1) \tag{4.15}$$

3. Se $c' = 0$ e a sobrecarga $q = 0$ (isto é, $D_f = 0$), então:

$$q_u = q_\gamma = \frac{1}{2}\gamma B N_\gamma \tag{4.16}$$

A grandeza N_γ para diversos valores de ϕ' é determinada por tentativa e erro.

As variações dos fatores da capacidade de carga definidas pelas equações (4.13), (4.15) e (4.16) são dadas na Tabela 4.1.

Para estimar a capacidade de suporte limite de *fundações quadradas* e *circulares*, a Equação (4.8) pode ser respectivamente modificada para:

$$q_u = 1{,}3c'N_c + qN_q + 0{,}4\gamma B N_\gamma \quad \text{(fundação quadrada)} \tag{4.17}$$

e

Tabela 4.1 Fatores da capacidade de carga de Terzaghi – equações (4.15), (4.13) e (4.11)[a]

ϕ'	N_c	N_q	N_γ^a	ϕ'	N_c	N_q	N_γ^a
0	5,70	1,00	0,00	26	27,09	14,21	9,84
1	6,00	1,10	0,01	27	29,24	15,90	11,60
2	6,30	1,22	0,04	28	31,61	17,81	13,70
3	6,62	1,35	0,06	29	34,24	19,98	16,18
4	6,97	1,49	0,10	30	37,16	22,46	19,13
5	7,34	1,64	0,14	31	40,41	25,28	22,65
6	7,73	1,81	0,20	32	44,04	28,52	26,87
7	8,15	2,00	0,27	33	48,09	32,23	31,94
8	8,60	2,21	0,35	34	52,64	36,50	38,04
9	9,09	2,44	0,44	35	57,75	41,44	45,41
10	9,61	2,69	0,56	36	63,53	47,16	54,36
11	10,16	2,98	0,69	37	70,01	53,80	65,27
12	10,76	3,29	0,85	38	77,50	61,55	78,61
13	11,41	3,63	1,04	39	85,97	70,61	95,03
14	12,11	4,02	1,26	40	95,66	81,27	115,31
15	12,86	4,45	1,52	41	106,81	93,85	140,51
16	13,68	4,92	1,82	42	119,67	108,75	171,99
17	14,60	5,45	2,18	43	134,58	126,50	211,56
18	15,12	6,04	2,59	44	151,95	147,74	261,60
19	16,56	6,70	3,07	45	172,28	173,28	325,34
20	17,69	7,44	3,64	46	196,22	204,19	407,11
21	18,92	8,26	4,31	47	224,55	241,80	512,84
22	20,27	9,19	5,09	48	258,28	287,85	650,67
23	21,75	10,23	6,00	49	298,71	344,63	831,99
24	23,36	11,40	7,08	50	347,50	415,14	1072,80
25	25,13	12,72	8,34				

[a] De Kumbhojkar (1993).

$$q_u = 1,3c'N_c + qN_q + 0,3\gamma BN_\gamma \quad \text{(fundação circular)} \tag{4.18}$$

Na Equação (4.17), B é igual à dimensão de cada lado da fundação; na Equação (4.18), B é igual ao diâmetro da fundação.

Posteriormente, as equações de Terzaghi da capacidade de suporte foram modificadas para levar em consideração os efeitos da forma da fundação (B/L), a profundidade do engastamento (D_f) e a inclinação da carga. Isso é dado na Seção 4.6. Muitos engenheiros de projeto, no entanto, ainda usam a equação de Terzaghi, que fornece resultados razoáveis considerando a incerteza das condições do solo em diversos locais.

4.4 Fator de segurança

Calcular a *capacidade de suporte admissível* total de fundações rasas requer a aplicação de um fator de segurança (FS) à capacidade de suporte último total, ou

$$q_{\text{total}} = \frac{q_u}{\text{FS}} \tag{4.19}$$

Entretanto, na prática, alguns engenheiros preferem usar um fator de segurança, de modo que:

$$\text{acréscimo da tensão no solo} = \frac{\text{capacidade de suporte limite}}{\text{FS}} \tag{4.20}$$

A capacidade de suporte limite líquida é definida como a tensão limite por unidade de área, a fundação que pode ser suportada pelo solo, em excesso à pressão de terra existente no nível da fundação. Se a diferença entre o peso específico de concreto utilizado na fundação e o peso específico do solo circundante for suposta como insignificante, então

$$q_{\text{líquido}(u)} = q_u - q \tag{4.21}$$

onde:

$q_{\text{líquido}(u)}$ = capacidade de suporte limite.
$q = \gamma D_f$.

Portanto,

$$q_{\text{total (líquido)}} = \frac{q_u - q}{\text{FS}} \tag{4.22}$$

O fator de segurança, conforme definido pela Equação (4.22), deve ser pelo menos 3 em todos os casos.

Exemplo 4.1

Uma fundação quadrada tem 2 m × 2 m em planta. O solo que suporta a fundação tem um ângulo de atrito de $\phi' = 25°$ e coesão $c' = 20$ kN/m². O peso específico do solo, γ, é 16,5 kN/m³. Determine a carga total admissível na fundação com um fator de segurança (FS) de 3. Suponha que a profundidade da fundação (D_f) é 1,5 m e que a ruptura geral por cisalhamento geral ocorre no solo.

Solução
Com base na Equação (4.17):

$$q_u = 1,3c'N_c + qN_q + 0,4\gamma BN_\gamma$$

Com base na Tabela 4.1, para $\phi' = 25°$,

$$N_c = 25{,}13$$

$$N_q = 12{,}72$$

$$N_\gamma = 8{,}34$$

Assim,

$$q_u = (1{,}3)(20)(25{,}13) + (1{,}5 \times 16{,}5)(12{,}72) + (0{,}4)(16{,}5)(2)(8{,}34)$$

$$= 653{,}38 + 314{,}82 + 110{,}09 = 1078{,}29 \text{ kN/m}^2$$

Portanto, a carga admissível por área específica da fundação é:

$$q_{\text{total}} = \frac{q_u}{\text{FS}} = \frac{1078{,}29}{3} \approx 359{,}5 \text{ kN/m}$$

Assim, a carga bruta admissível total é:

$$Q = (359{,}5) B^2 = (359{,}5)(2 \times 2) = \mathbf{1438 \text{ kN}}$$

Exemplo 4.2

Consulte o Exemplo 4.1. Suponha que os parâmetros da resistência ao cisalhamento do solo sejam os mesmos. Uma fundação quadrada medindo $B \times B$ será submetida a uma carga total admissível de 1000 kN com FS = 3 e D_f = 1 m. Determine o tamanho B da fundação.

Solução

Carga total admissível Q = 1000 kN com FS = 3. Assim, a carga total final $Q_u = (Q)(SF) = (1000)(3) = 3000$ kN. Portanto,

$$q_u = \frac{Q_u}{B^2} = \frac{3000}{B^2} \tag{a}$$

Com base na Equação (4.17),

$$q_u = 1{,}3 c' N_c + q N_q + 0{,}4 \gamma B N_\gamma$$

Para $\phi' = 25°$, $N_c = 25{,}13$, $N_q = 12{,}72$ e $N_\gamma = 8{,}34$.
Da mesma forma,

$$q = \gamma D_f = (16{,}5)(1) = 16{,}5 \text{ kN/m}^2$$

Agora,

$$q_u = (1{,}3)(20)(25{,}13) + (16{,}5)(12{,}72) + (0{,}4)(16{,}5)(B)(8{,}34)$$

$$= 863{,}26 + 55{,}04 B \tag{b}$$

Combinando as equações (a) e (b),

$$\frac{3000}{B^2} = 863{,}26 + 55{,}04 B \tag{c}$$

Por tentativa e erro, temos:

$$B = 1{,}77 \text{ m} \approx \mathbf{1{,}8 \text{ m}}$$

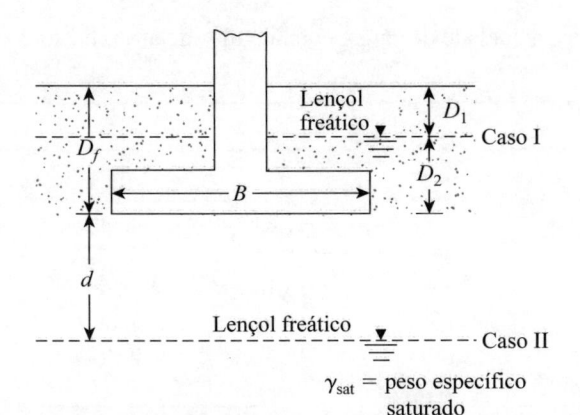

4.5 Modificação das equações da capacidade de suporte para o lençol freático

As equações (4.8) e (4.17) a (4.18) dão a capacidade de suporte final, com base no pressuposto de que o lençol freático situa-se bem abaixo da fundação. No entanto, se o lençol freático está próximo da fundação, algumas modificações das equações da capacidade de suporte serão necessárias. (Veja a Figura 4.9.)

Caso I. Se o lençol freático estiver localizado de modo que $0 \leq D_1 \leq D_f$, o fator q nas equações da capacidade de suporte assume a forma:

$$q = \text{sobrecarga efetiva} = D_1\gamma + D_2(\gamma_{sat} - \gamma_\omega) \tag{4.23}$$

onde:

γ_{sat} = peso específico saturado do solo;
γ_ω = peso específico da água.
Além disso, o valor de γ no último termo das equações deve ser substituído por $\gamma' = \gamma_{sat} - \gamma_\omega$.

Caso II. Para um lençol freático localizado de modo que $0 \leq d \leq B$,

$$q = \gamma D_f \tag{4.24}$$

Nesse caso, o fator γ no último termo das equações da capacidade de suporte deve ser substituído pelo fator:

$$\bar{\gamma} = \gamma' + \frac{d}{B}(\gamma - \gamma') \tag{4.25}$$

As modificações anteriores são fundamentadas no pressuposto de que não existe uma força de percolação no solo.

Caso III. Quando o lençol freático está localizado de modo que $d \geq B$, a água não terá qualquer efeito sobre a capacidade de carga final.

4.6 Equação da capacidade de suporte geral

As equações da capacidade de suporte geral (4.8), (4.17) e (4.18) são apenas para as fundações contínuas, quadradas e circulares; elas não abordam o caso de fundações retangulares ($0 < B/L < 1$). Além disso, as equações não levam em conta a resistência ao cisalhamento ao longo da superfície da ruptura no solo acima do fundo da fundação (a porção da superfície de ruptura marcada como *GI* e *HJ* na Figura 4.6). Além disso, a carga na fundação pode ser inclinada. Para considerar todas essas particularidades, Meyerhof (1963) sugeriu a seguinte fórmula da equação da capacidade de suporte geral:

Figura 4.9 Modificação das equações da capacidade de suporte para o lençol freático

$$q_u = c'N_c F_{cs} F_{cd} F_{ci} + qN_q F_{qs} F_{qd} F_{qi} + \frac{1}{2}\gamma BN_\gamma F_{\gamma s} F_{\gamma d} F_{\gamma i}$$ (4.26)

Nessa equação:

c' = coesão;
q = tensão efetiva no nível da parte inferior da fundação;
γ = peso específico do solo;
B = largura da fundação (= diâmetro para uma fundação circular);
$F_{cs}, F_{qs}, F_{\gamma s}$ = fatores de forma;
$F_{cd}, F_{qd}, F_{\gamma d}$ = fatores de profundidade;
$F_{ci}, F_{qi}, F_{\gamma i}$ = fatores de inclinação da carga;
N_c, N_q, N_γ = fatores de capacidade de suporte.

As equações para determinar os diversos fatores dados na Equação (4.26) são descritas resumidamente nas seções a seguir. Observe que a equação original para a capacidade de suporte final é derivada apenas para o caso de tensão plana (isto é, para as fundações contínuas). Os fatores de forma, profundidade e inclinação da carga são fatores empíricos com base em dados experimentais.

É importante reconhecer que no caso de *carregamento inclinado em uma fundação*, a Equação (4.26) fornece o componente vertical.

Fatores de capacidade de carga

A natureza básica da superfície de ruptura no solo sugerida por Terzaghi agora parece ter sido corroborada por estudos laboratoriais e de campo da capacidade de suporte (Vesic, 1973). No entanto, o ângulo α mostrado na Figura 4.6 está mais perto de 45 + $\phi'/2$ do que de ϕ'. Se essa mudança for aceita, os valores de N_c, N_q e N_γ para determinado ângulo de atrito do solo também mudarão os dados da Tabela 4.1. Com $\alpha = 45 + \phi'/2$, pode-se notar que:

$$N_q = \text{tg}^2\left(45 + \frac{\phi'}{2}\right)e^{\pi \text{tg}\phi'}$$ (4.27)

e

$$N_c = (N_q - 1)\cot\phi'$$ (4.28)

A Equação (4.28) para N_c foi originalmente derivada de Prandtl (1921), e a Equação (4.27) para N_q foi apresentada por Reissner (1924). Caquot e Kerisel (1953) e Vesic (1973) deram origem à relação para N_γ como:

$$N_\gamma = 2(N_q + 1)\text{tg}\phi'$$ (4.29)

A Tabela 4.2 mostra a variação dos fatores anteriores da capacidade de carga, com ângulos de atrito do solo.

Tabela 4.2 Fatores de capacidade de carga

ϕ'	N_c	N_q	N_γ	ϕ'	N_c	N_q	N_γ
0	5,14	1,00	0,00	16	11,63	4,34	3,06
1	5,38	1,09	0,07	17	12,34	4,77	3,53
2	5,63	1,20	0,15	18	13,10	5,26	4,07
3	5,90	1,31	0,24	19	13,93	5,80	4,68
4	6,19	1,43	0,34	20	14,83	6,40	5,39

(continua)

Tabela 4.2 Fatores de capacidade de carga *(continuação)*

ϕ'	N_c	N_q	N_γ	ϕ'	N_c	N_q	N_γ
5	6,49	1,57	0,45	21	15,82	7,07	6,20
6	6,81	1,72	0,57	22	16,88	7,82	7,13
7	7,16	1,88	0,71	23	18,05	8,66	8,20
8	7,53	2,06	0,86	24	19,32	9,60	9,44
9	7,92	2,25	1,03	25	20,72	10,66	10,88
10	8,35	2,47	1,22	26	22,25	11,85	12,54
11	8,80	2,71	1,44	27	23,94	13,20	14,47
12	9,28	2,97	1,69	28	25,80	14,72	16,72
13	9,81	3,26	1,97	29	27,86	16,44	19,34
14	10,37	3,59	2,29	30	30,14	18,40	22,40
15	10,98	3,94	2,65	31	32,67	20,63	25,99
32	35,49	23,18	30,22	42	93,71	85,38	155,55
33	38,64	26,09	35,19	43	105,11	99,02	186,54
34	42,16	29,44	41,06	44	118,37	115,31	224,64
35	46,12	33,30	48,03	45	133,88	134,88	271,76
36	50,59	37,75	56,31	46	152,10	158,51	330,35
37	55,63	42,92	66,19	47	173,64	187,21	403,67
38	61,35	48,93	78,03	48	199,26	222,31	496,01
39	67,87	55,96	92,25	49	229,93	265,51	613,16
40	75,31	64,20	109,41	50	266,89	319,07	762,89
41	83,86	73,90	130,22				

Fatores de forma, profundidade e inclinação

Os fatores de forma, profundidade e inclinação comumente utilizados são apresentados na Tabela 4.3.

Tabela 4.3 Fatores de forma, profundidade e inclinação [DeBeer (1970); Hansen (1970); Meyerhof (1963); Meyerhof e Hanna (1981)]

Fator	Relação	Referência
Forma	$F_{cs} = 1 + \left(\dfrac{B}{L}\right)\left(\dfrac{N_q}{N_c}\right)$ $F_{qs} = 1 + \left(\dfrac{B}{L}\right)\mathrm{tg}\,\phi'$ $F_{\gamma s} = 1 - 0,4\left(\dfrac{B}{L}\right)$	DeBeer (1970)
Profundidade	$\dfrac{D_f}{B} \leq 1$ Para $\phi = 0$: $F_{cd} = 1 + 0,4\left(\dfrac{D_f}{B}\right)$ $F_{qd} = 1$ $F_{\gamma d} = 1$	Hansen (1970)

(continua)

Tabela 4.3 Fatores de forma, profundidade e inclinação [DeBeer (1970); Hansen (1970); Meyerhof (1963); Meyerhof e Hanna (1981)] *(continuação)*

Fator	Relação	Referência
	Para $\phi > 0$: $F_{cd} = F_{qd} - \dfrac{1 - F_{qd}}{N_c \, \text{tg}\, \phi'}$ $F_{qd} = 1 + 2\,\text{tg}\,\phi'(1 - \text{sen}\,\phi')^2 \left(\dfrac{D_f}{B}\right)$ $F_{\gamma d} = 1$ $\dfrac{D_f}{B} > 1$ Para $\phi = 0$: $F_{cd} = 1 + 0{,}4\,\text{tg}^{-1}\underbrace{\left(\dfrac{D_f}{B}\right)}_{\text{radianos}}$ $F_{qd} = 1$ $F_{\gamma d} = 1$ Para $\phi' > 0$: $F_{cd} = F_{qd} - \dfrac{1 - F_{qd}}{N_c \, \text{tg}\, \phi'}$ $F_{qd} = 1 + 2\,\text{tg}\,\phi'(1 - \text{sen}\,\phi')^2 \, \text{tg}^{-1}\underbrace{\left(\dfrac{D_f}{B}\right)}_{\text{radianos}}$ $F_{\gamma d} = 1$	
Inclinação	$F_{ci} = F_{qi} = \left(1 - \dfrac{\beta°}{90°}\right)^2$ $F_{\gamma i} = \left(1 - \dfrac{\beta°}{\phi'}\right)^2$ $\beta =$ inclinação da carga sobre a fundação em relação à vertical.	Meyerhof (1963); Hanna e Meyerhof (1981)

Exemplo 4.3

Resolva o problema do Exemplo 4.1 utilizando a Equação (4.26).

Solução

Com base na Equação (4.26),

$$q_u = c'N_c F_{cs} F_{cd} F_{ci} + qN_q F_{qs} F_{qd} F_{qt} + \frac{1}{2}\gamma B N_\gamma F_{\gamma s} F_{\gamma d} F_{\gamma t}$$

Uma vez que a carga é vertical, $F_{ci} = F_{qi} = F_{\gamma i} = 1$. Com base na Tabela 4.2 para $\phi' = 25°$, $N_c = 20{,}72$, $N_q = 10{,}66$ e $N_\gamma = 10{,}88$.

Usando a Tabela 4.3,

$$F_{cs} = 1 + \left(\frac{B}{L}\right)\left(\frac{N_q}{N_c}\right) = 1 + \left(\frac{2}{2}\right)\left(\frac{10,66}{20,72}\right) = 1,514$$

$$F_{qs} = 1 + \left(\frac{B}{L}\right) \text{tg}\, \phi' = 1 + \left(\frac{2}{2}\right) \text{tg}\, 25 = 1,466$$

$$F_{\gamma s} = 1 - 0,4\left(\frac{B}{L}\right) = 1 - 0,4\left(\frac{2}{2}\right) = 0,6$$

$$F_{qd} = 1 + 2\,\text{tg}\,\phi'(1 - \text{sen}\,\phi')^2\left(\frac{D_f}{B}\right)$$

$$= 1 + (2)(\text{tg}\,25)(1 - \text{sen}\,25)^2\left(\frac{1,5}{2}\right) = 1,233$$

$$F_{cd} = F_{qd} - \frac{1 - F_{qd}}{N_c \text{tg}\,\phi'} = 1,233 - \left[\frac{1 - 1,233}{(20,72)(\text{tg}\,25)}\right] = 1,257$$

$$F_{\gamma d} = 1$$

Logo,

$$q_u = (20)(20,72)(1,514)(1,257)(1)$$
$$+ (1,5 \times 16,5)(10,66)(1,466)(1,233)(1)$$
$$+ \frac{1}{2}(16,5)(2)(10,88)(0,6)(1)(1)$$
$$= 788,6 + 476,9 + 107,7 = 1373,2\,\text{kN/m}^2$$

$$q_{\text{total}} = \frac{q_u}{\text{FS}} = \frac{1373,2}{3} = 457,7\,\text{kN/m}^2$$

$$Q = (457,7)(2 \times 2) = \mathbf{1830,8\,kN}$$

∎

Exemplo 4.4

Uma fundação quadrada ($B \times B$) deve ser construída como mostrado na Figura 4.10. Suponha que $\gamma = 16,5$ kN/m³, $\gamma_{\text{sat}} = 18,55$ kN/m³, $\phi' = 34°$, $D_f = 1,22$ m e $D_1 = 0,61$ m. A carga total admissível, Q_{total}, com FS = 3 é 667,2 kN. Determine o tamanho da fundação. Use a Equação (4.26).

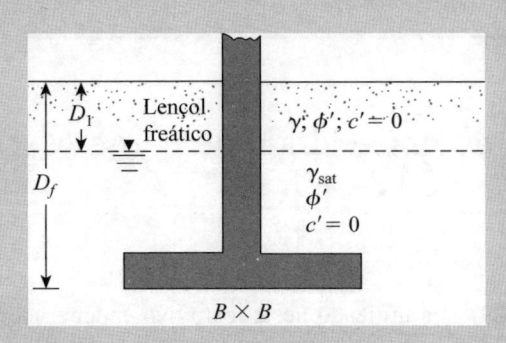

Figura 4.10 Uma fundação quadrada

Solução

Temos:

$$q_{total} = \frac{Q_{total}}{B^2} = \frac{667,2}{B^2} \text{ kN/m}^2 \quad (a)$$

Com base na Equação (4.26) (com $c' = 0$), para o carregamento vertical, obtemos

$$q_{total} = \frac{q_u}{FS} = \frac{1}{3}\left(qN_qF_{qs}F_{qd} + \frac{1}{2}\gamma'BN_\gamma F_{\gamma s}F_{\gamma d}\right)$$

Para $\phi' = 34°$, com base na Tabela 4.2, $N_q = 29,44$ e $N_\gamma = 41,06$. Logo,

$$F_{qs} = 1 + \frac{B}{L}\text{tg } \phi' = 1 + \text{tg } 34 = 1,67$$

$$F_{\gamma s} = 1 - 0,4\left(\frac{B}{L}\right) = 1 - 0,4 = 0,6$$

$$F_{qd} = 1 + 2\text{ tg }\phi'(1 - \text{sen }\phi')^2\frac{D_f}{B} = 1 + 2\text{tg } 34\,(1-\text{sen } 34)^2\frac{4}{B} = 1 + \frac{1,05}{B}$$

$$F_{\gamma d} = 1$$

e

$$q = (2)(16,5) + 2(18,55 - 9,81) = 15,4 \text{ kN/m}^2$$

Portanto,

$$q_{total} = \frac{1}{3}\left[(15,4)(29,44)(1,67)\left(1 + \frac{1,05}{B}\right)\right.$$
$$\left. + \left(\frac{1}{2}\right)(18,5 - 9,81)(B)(41,06)(0,6)(1)\right] \quad (b)$$

$$= 252,38 + \frac{265}{B} + 35,89B$$

Combinando as equações (a) e (b), temos:

$$\frac{667,2}{B^2} = 252,38 + \frac{265}{B} + 35,89B$$

Por tentativa e erro, descobrimos que $B \approx \mathbf{1,3}$ **m**. ∎

4.7 Outras soluções para os fatores de capacidade de carga N_γ, forma e profundidade

Fator de capacidade de carga, N_γ

O fator de capacidade de carga, N_γ, dado na Equação (4.29) será utilizado neste texto. No entanto, há diversas outras soluções que podem ser encontradas na literatura. Algumas dessas soluções são dadas na Tabela 4.4.

Tabela 4.4 Relações N_γ

Pesquisador	Relação
Meyerhof (1963)	$N_\gamma = (N_q - 1)\,\text{tg}\,1{,}4\phi'$
Hansen (1970)	$N_\gamma = 1{,}5(N_q - 1)\,\text{tg}\,\phi'$
Biarez (1961)	$N_\gamma = 1{,}8(N_q - 1)\,\text{tg}\,\phi'$
Booker (1969)	$N_\gamma = 0{,}1045 e^{9{,}6\phi'}$ (ϕ' está em radianos)
Michalowski (1997)	$N_\gamma = e^{(0{,}66 + 5{,}1\,\text{tg}\,\phi')}\,\text{tg}\,\phi'$
Hjiaj et al. (2005)	$N_\gamma = e^{(1/6)(\pi + 3\pi^2\,\text{tg}\,\phi')} \times (\text{tg}\,\phi')^{2\pi/5}$
Martin (2005)	$N_\gamma = (N_q - 1)\,\text{tg}\,1{,}32\phi'$

Observação: N_q é dado pela Equação (4.27).

As variações de N_γ com ângulo de atrito do solo ϕ' para essas relações são dadas na Tabela 4.5.

Tabela 4.5 Comparação dos valores de N_γ fornecidos por vários pesquisadores

Ângulo de atrito do solo, ϕ' (grau)	Meyerhof (1963)	Hansen (1970)	Biarez (1961)	Booker (1969)	Michalowski (1997)	Hjiaj et al. (2005)	Martin (2005)
0	0,00	0	0,00	0,10	0,00	0,00	0,00
1	0,00	0,00	0,00	0,12	0,04	0,01	0,00
2	0,01	0,01	0,01	0,15	0,08	0,03	0,01
3	0,02	0,02	0,03	0,17	0,13	0,05	0,02
4	0,04	0,05	0,05	0,20	0,19	0,08	0,04
5	0,07	0,07	0,09	0,24	0,26	0,12	0,07
6	0,11	0,11	0,14	0,29	0,35	0,17	0,10
7	0,15	0,16	0,19	0,34	0,44	0,22	0,14
8	0,21	0,22	0,27	0,40	0,56	0,29	0,20
9	0,28	0,30	0,36	0,47	0,69	0,36	0,26
10	0,37	0,39	0,47	0,56	0,84	0,46	0,35
11	0,47	0,50	0,60	0,66	1,01	0,56	0,44
12	0,60	0,63	0,76	0,78	1,22	0,69	0,56
13	0,75	0,79	0,94	0,92	1,45	0,84	0,70
14	0,92	0,97	1,16	1,09	1,72	1,01	0,87
15	1,13	1,18	1,42	1,29	2,04	1,21	1,06
16	1,38	1,44	1,72	1,53	2,40	1,45	1,29
17	1,67	1,73	2,08	1,81	2,82	1,72	1,56
18	2,01	2,08	2,49	2,14	3,30	2,05	1,88
19	2,41	2,48	2,98	2,52	3,86	2,42	2,25
20	2,88	2,95	3,54	2,99	4,51	2,86	2,69
21	3,43	3,50	4,20	3,53	5,27	3,38	3,20
22	4,07	4,14	4,97	4,17	6,14	3,98	3,80
23	4,84	4,89	5,87	4,94	7,17	4,69	4,50
24	5,73	5,76	6,91	5,84	8,36	5,51	5,32
25	6,78	6,77	8,13	6,90	9,75	6,48	6,29
26	8,02	7,96	9,55	8,16	11,37	7,63	7,43
27	9,49	9,35	11,22	9,65	13,28	8,97	8,77
28	11,22	10,97	13,16	11,41	15,52	10,57	10,35
29	13,27	12,87	15,45	13,50	18,15	12,45	12,22
30	15,71	15,11	18,13	15,96	21,27	14,68	14,44
31	18,62	17,74	21,29	18,87	24,95	17,34	17,07
32	22,09	20,85	25,02	22,31	29,33	20,51	20,20

(continua)

Tabela 4.5 Comparação dos valores de N_γ fornecidos por vários pesquisadores *(continuação)*

Ângulo de atrito do solo, ϕ' (graus)	Meyerhof (1963)	Hansen (1970)	Biarez (1961)	Booker (1969)	Michalowski (1997)	Hjiaj et al. (2005)	Martin (2005)
33	26,25	24,52	29,42	26,39	34,55	24,30	23,94
34	31,25	28,86	34,64	31,20	40,79	28,86	28,41
35	37,28	34,03	40,84	36,90	48,28	34,34	33,79
36	44,58	40,19	48,23	43,63	57,31	40,98	40,28
37	53,47	47,55	57,06	51,59	68,22	49,03	48,13
38	64,32	56,38	67,65	61,00	81,49	58,85	57,67
39	77,64	67,01	80,41	72,14	97,69	70,87	69,32
40	94,09	79,85	95,82	85,30	117,57	85,67	83,60
41	114,49	95,44	114,53	100,87	142,09	103,97	101,21
42	139,96	114,44	137,33	119,28	172,51	126,75	123,04
43	171,97	137,71	165,25	141,04	210,49	155,25	150,26
44	212,47	166,34	199,61	166,78	258,21	191,13	184,40
45	264,13	201,78	242,13	197,21	318,57	236,63	227,53

Fatores de forma e profundidade

Os fatores de forma e profundidade dados na Tabela 4.3, recomendados, respectivamente, por DeBeer (1970) e Hansen (1970), serão utilizados neste livro para a resolução de problemas. Muitos engenheiros geotécnicos utilizam atualmente os fatores de forma e profundidade propostos por Meyerhof (1963). Estes são apresentados na Tabela 4.6. Mais recentemente, Zhu e Michalowski (2005) avaliaram os fatores de forma com base no modelo elastoplástico do solo e na análise dos elementos finitos. São eles:

$$F_{cs} = 1 + (1,8\,\text{tg}^2\phi' + 0,1)\left(\frac{B}{L}\right)^{0,5} \tag{4.30}$$

Tabela 4.6 Fatores de forma e profundidade de Meyerhof

Fator	Relação
Forma	
Para $\phi = 0$, F_{cs}	$1 + 0,2\,(B/L)$
$F_{qs} = F_{\gamma s}$	1
Para $\phi' \geq 10°$, F_{cs}	$1 + 0,2\,(B/L)\,\text{tg}^2(45 + \phi'/2)$
$F_{qs} = F_{\gamma s}$	$1 + 0,1\,(B/L)\,\text{tg}^2(45 + \phi'/2)$
Profundidade	
Para $\phi = 0$, F_{cd}	$1 + 0,2\,(D_f/B)$
$F_{qd} = F_{\gamma d}$	1
Para $\phi' \geq 10°$, F_{cd}	$1 + 0,2\,(D_f/B)\,\text{tg}(45 + \phi'/2)$
$F_{qd} = F_{\gamma d}$	$1 + 0,1\,(D_f/B)\,\text{tg}(45 + \phi'/2)$

$$F_{qs} = 1 + 1,9\,\text{tg}^2\phi'\left(\frac{B}{L}\right)^{0,5} \tag{4.31}$$

$$F_{\gamma s} = 1 + (0,6\,\text{tg}^2\phi' - 0,25)\left(\frac{B}{L}\right) \quad (\text{para }\phi' \leq 30°) \tag{4.32}$$

e

$$F_{\gamma s} = 1 + (1{,}3\,\text{tg}^2\phi' - 0{,}5)\left(\frac{L}{B}\right)^{1{,}5} e^{-(L/Bd)} \quad \text{(para } \phi' > 30^o\text{)} \tag{4.33}$$

As equações (4.30) a (4.33) foram derivadas com base no fundo teórico sólido e podem ser usadas para o cálculo da capacidade de suporte.

4.8 Estudos de caso sobre a capacidade de suporte limite

Nesta seção, consideraremos duas observações de campo relacionadas à capacidade de suporte limite de fundações em argila mole. As cargas de ruptura nas fundações em campo serão comparadas àquelas estimadas na teoria apresentada na Seção 4.6.

Ruptura da base de um silo de concreto

Um excelente caso de ruptura da capacidade de carga de um silo de concreto de 6 m foi relatado por Bozozuk (1972). A torre do silo de concreto tinha 21 m de altura e foi construída sobre argila mole em uma fundação em anel. A Figura 4.11 apresenta a variação da resistência ao cisalhamento não drenado (c_u) obtida com os ensaios de cisalhamento de palhetas em campo. O lençol freático foi localizado a 0,6 m abaixo da superfície do terreno.

Em 30 de setembro de 1970, logo após ter sido preenchida até a capacidade pela primeira vez com silagem de milho, a torre do silo de concreto repentinamente virou em razão da ruptura da capacidade de suporte. A Figura 4.12 mostra o perfil aproximado da superfície da ruptura no solo. A superfície de ruptura estendeu-se a 7 m abaixo da superfície do terreno. Bozozuk (1972) forneceu os seguintes parâmetros médios para o solo na zona de ruptura e da fundação:

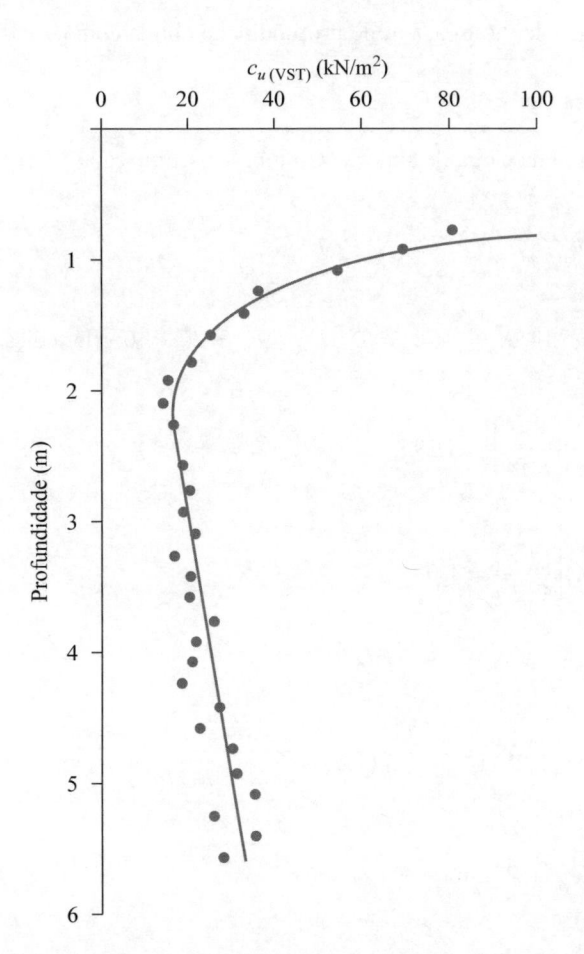

Figura 4.11 Variação de c_u com profundidade obtida com o ensaio de cisalhamento de palheta

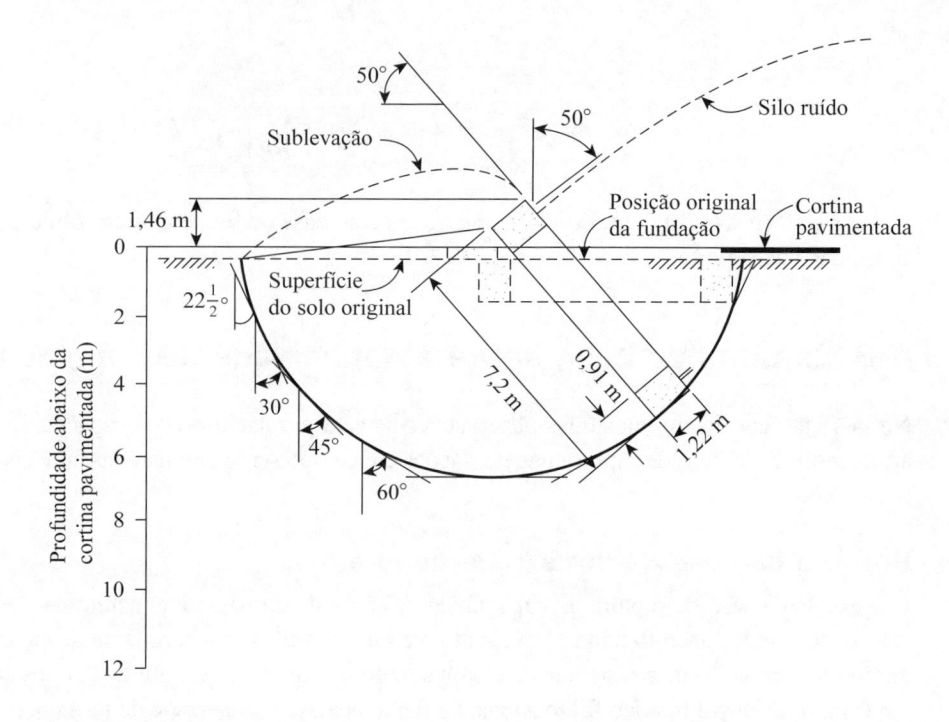

Figura 4.12 Perfil aproximado da ruptura do silo (Com base em Bozozuk, 1972)

- Carga por unidade de área na fundação onde a ruptura ocorreu ≈ 160 kN/m²;
- Índice de plasticidade média da argila (IP) ≈ 36;
- Resistência ao cisalhamento médio não drenado (c_u) de 0,6 m a 7 m de profundidade obtida com os ensaios de cisalhamento de palhetas em campo ≈ 27,1 kN/m²;
- Com base na Figura 4.12, $B \approx 7{,}2$ m e $D_f \approx 1{,}52$ m.

Agora podemos calcular o fator de segurança contra a ruptura da carga de suporte. Com base na Equação (4.26):

$$q_u = c'N_c F_{cs} F_{cd} F_{ci} + qN_c F_{qs} F_{qd} F_{qi} + \frac{1}{2}\gamma B N_\gamma F_{\gamma s} F_{\gamma d} F_{\gamma i}$$

Para condição e carregamento vertical $\phi = 0$, $c' = c_u$, $N_c = 5{,}14$, $N_q = 1$, $N_\gamma = 0$ e $F_{ci} = F_{qi} = F_{\gamma i} = 0$. Além disso, com base na Tabela 4.3,

$$F_{cs} = 1 + \left(\frac{7{,}2}{7{,}2}\right)\left(\frac{1}{5{,}14}\right) = 1{,}195$$

$$F_{qs} = 1$$

$$F_{cd} = 1 + (0{,}4)\left(\frac{1{,}52}{7{,}2}\right) = 1{,}08$$

$$F_{qd} = 1$$

Assim,

$$q_u = (c_u)(5{,}14)(1{,}195)(1{,}08)(1) + (\gamma)(1{,}52)$$

Supondo $\gamma \approx 18$ kN/m³,

$$q_u = 6{,}63 c_u + 27{,}36 \tag{4.34}$$

De acordo com as equações (3.39) e (3.40a),

$$c_{u(\text{corrigido})} = \lambda\, c_{u(\text{VST})}$$
$$\lambda = 1{,}7 - 0{,}54 \log [\text{IP}(\%)]$$

Para esse caso, o IP $\approx$ 36 e $c_{u(\text{VST})} = 27{,}1$ kN/m². Portanto,

$$c_{u(\text{corrigido})} = \{1{,}7 - 0{,}54 \log [\text{IP}(\%)]\}\, c_{u(\text{VST})}$$
$$= (1{,}7 - 0{,}54 \log 36)(27{,}1) \approx 23{,}3 \text{ kN/m}^2$$

Substituindo esse valor de c_u na Equação (4.34):

$$q_u = (6{,}63)(23{,}3) + 27{,}36 = 181{,}8 \text{ kN/m}^2$$

O fator de segurança contra ruptura da capacidade de suporte:

$$\text{FS} = \frac{q_u}{\text{carga aplicada por unidade de área}} = \frac{181{,}8}{160} = 1{,}14$$

Esse fator de segurança é muito baixo e é aproximadamente igual a um, para o qual a ruptura ocorreu.

Testes de carga em pequenas fundações em argila macia de Bancoc

Brand et al. (1972) relataram os resultados do teste de carga para cinco fundações quadradas em argila macia de Bancoc em Rangsit, Tailândia. As fundações tinham 0,6 m × 0,6 m; 0,675 m × 0,675 m; 0,75 m × 0,75 m; 0,9 m × 0,9 m; e 1,05 m × 1,05 m. A profundidade das fundações (D_f) tinha 1,5 m em todos os casos.

A Figura 4.13 mostra os resultados do ensaio de cisalhamento de palheta para a argila. Com base na variação de $c_{u(\text{VST})}$ com profundidade, pode-se aproximar que $c_{u(\text{VST})}$ tenha cerca de 35 kN/m² para as profundidades entre zero a 1,5 m medidas a partir da superfície do terreno, e $c_{u(\text{VST})}$ seja aproximadamente igual a 24 kN/m² para profundidades variando de 1,5 m a 8 m. As outras propriedades da argila são:

- Limite de liquidez = 80;
- Limite de plasticidade = 40;
- Sensibilidade $\approx$ 5.

A Figura 4.14 mostra os gráficos do recalque da carga obtido nos ensaios da capacidade de carga em todas as cinco fundações. As cargas finais, Q_u, obtidas em cada um dos ensaios são mostradas na Figura 4.14 e dadas na Tabela 4.7. A carga final é definida como o ponto em que o gráfico da carga-recalque se torna praticamente linear.

Tabela 4.7 Comparação da capacidade de carga limite – teoria *versus* resultados do ensaio em campo

B (m) (1)	D_f (m) (2)	F_{cd}[‡] (3)	$q_{u(\text{teoria})}$[‡‡] (kN/m²) (4)	$Q_{u(\text{campo})}$ (kN) (5)	$q_{u(\text{campo})}$[‡‡‡] (kN/m²) (6)	$\dfrac{q_{u(\text{campo})} - q_{u(\text{teoria})}}{q_{u(\text{campo})}}$ (%) (7)
0,600	1,5	1,476	158,3	60	166,6	4,98
0,675	1,5	1,459	156,8	71	155,8	−0,64
0,750	1,5	1,443	155,4	90	160,6	2,87
0,900	1,5	1,412	152,6	124	153,0	0,27
1,050	1,5	1,384	150,16	140	127,0	−18,24

[‡] Equação (4.35); [‡‡] Equação (4.37); [‡‡‡] $Q_{u(\text{campo})}/B^2 = q_{u(\text{campo})}$

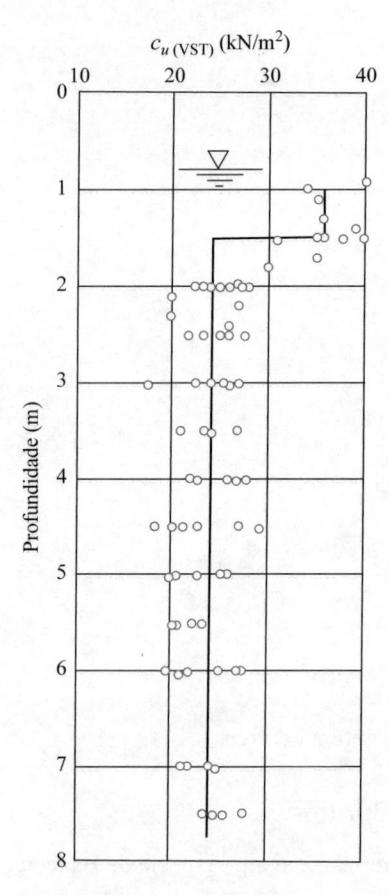

Figura 4.13 Variação de $c_{u(VST)}$ com profundidade da argila macia de Bancoc

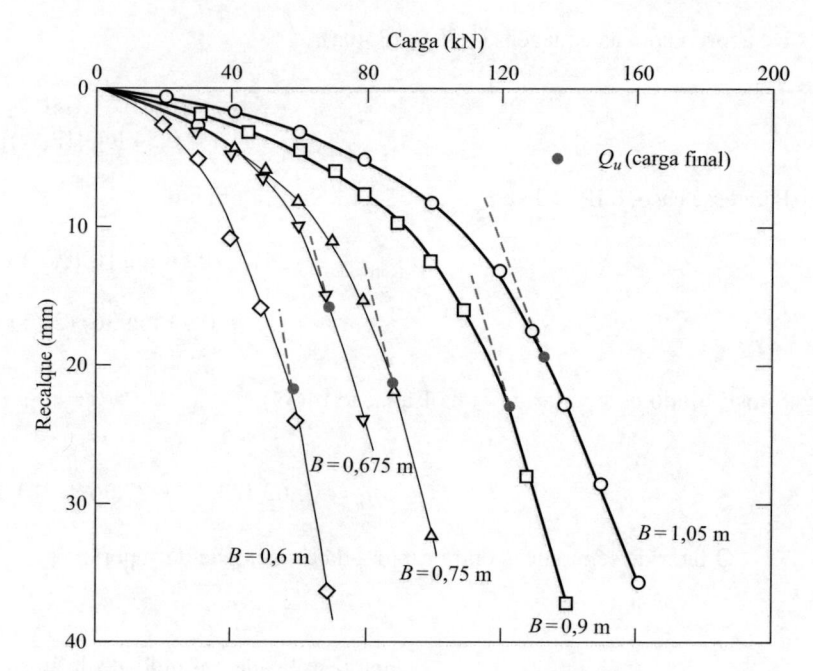

Figura 4.14 Gráficos carga-recalque obtidos com os ensaios de capacidade de suporte

Com base na Equação (4.26),

$$q_u = c'N_c F_{cs} F_{cd} F_{ci} + qN_c F_{qs} F_{qd} F_{qi} + \frac{1}{2}\gamma B N_\gamma F_{\gamma s} F_{\gamma d} F_{\gamma i}$$

Para condição não drenada e para o carregamento vertical (isto é, $\emptyset = 0$) das tabelas 4.2 e 4.3,

- $F_{ci} = F_{qi} = F_{\gamma i} = 1$
- $c' = c_u, N_c = 5{,}14, N_q = 1$ e $N_\gamma = 0$
- $F_{cs} = 1 + \left(\dfrac{B}{L}\right)\left(\dfrac{N_q}{N_c}\right) = 1 + (1)\left(\dfrac{1}{5{,}14}\right) = 1{,}195$
- $F_{qs} = 1$
- $F_{qd} = 1$
- $F_{cd} = 1 + 0{,}4\,\mathrm{tg}^{-1}\left(\dfrac{D_f}{B}\right) = 1 + 0{,}4\,\mathrm{tg}^{-1}\left(\dfrac{1{,}5}{B}\right)$ (4.35)

(*Observação*: $D_f/B > 1$ em todos os casos)

Assim,

$$q_u = (5{,}14)(c_u)(1{,}195)F_{cd} + q \qquad (4.36)$$

Os valores de $c_{u(\text{VST})}$ precisam ser corrigidos para utilização na Equação (4.36). Com base na Equação (3.39),

$$c_u = \lambda c_{u(\text{VST})}$$

Com base na Equação (3.40b),

$$\lambda = 1{,}18e^{-0{,}08(\text{IP})} + 0{,}57 = 1{,}18e^{-0{,}08(80-40)} + 0{,}57 = 0{,}62$$

Com base na Equação (3.40c),

$$\lambda = 7{,}01e^{-0{,}08(\text{LL})} + 0{,}57 = 7{,}01e^{-0{,}08(80)} + 0{,}57 = 0{,}58$$

Portanto, o valor médio de $\lambda \approx 0{,}6$. Logo,

$$c_u = \lambda c_{u(\text{VST})} = (0{,}6)(24) = 14{,}4 \text{ kN/m}^2$$

Suponhamos que $\gamma = 18{,}5$ kN/m². Portanto,

$$q = \gamma D_f = (18{,}5)(1{,}5) = 27{,}75 \text{ kN/m}^2$$

Substituindo $c_u = 14{,}4$ kN/m² e $q = 27{,}75$ kN/m² na Equação (4.36), obtemos:

$$q_u(\text{kN/m}^2) = 88{,}4 F_{cd} + 27{,}75 \tag{4.37}$$

Os valores de q_u calculados utilizando a Equação (4.37) são dados no pilar 4 da Tabela 4.7. Além disso, o q_u determinado com base nos ensaios em campo é apresentado no pilar 6. Os valores teóricos e em campo q_u comparam-se muito bem. As lições importantes aprendidas com esse estudo são:

1. A capacidade de suporte final é uma função de c_u. Se a Equação (3.40a) tivesse sido usada para corrigir a resistência ao cisalhamento não drenado, os valores teóricos de q_u teriam variado entre 200 kN/m² e 210 kN/m². Esses valores são cerca de 25% a 55% maiores que os obtidos em campo e estão contra a segurança.
2. É importante reconhecer que as correlações empíricas, como aquelas dadas nas equações (3.40a), (3.40b) e (3.40c) são, por vezes, específicas do local. Assim, o julgamento adequado da engenharia e qualquer registro de estudos anteriores seriam úteis na avaliação da capacidade de suporte.

4.9 Efeito da compressibilidade do solo

Na Seção 4.2, discutimos o modo de ruptura da capacidade de suporte, assim como a ruptura geral por cisalhamento, a ruptura local por cisalhamento e a ruptura por cisalhamento por punção. A mudança do modo da ruptura ocorre em função da compressibilidade do solo, para explicar o que Vesic (1973) propôs sobre a seguinte modificação da Equação (4.26):

$$q_u = c' N_c F_{cs} F_{cd} F_{cc} + q N_q F_{qs} F_{qd} F_{qc} + \tfrac{1}{2}\gamma B N_\gamma F_{\gamma s} F_{\gamma d} F_{\gamma c} \tag{4.38}$$

Nessa equação, F_{cc}, F_{qc} e $F_{\gamma c}$ são fatores de compressibilidade do solo.

Os fatores de compressibilidade do solo foram derivados por Vesic (1973) por analogia para a expansão das cavidades. De acordo com essa teoria, a fim de calcular F_{cc}, F_{qc} e $F_{\gamma c}$, as seguintes etapas devem ser seguidas:

Etapa 1. Calcule o *índice de rigidez*, I_r, do solo a uma profundidade de aproximadamente $B/2$, abaixo da parte inferior da fundação, ou:

$$I_r = \frac{G_s}{c' + q' \text{tg}\,\phi'} \tag{4.39}$$

onde:

G_s = módulo de cisalhamento do solo:
q' = pressão efetiva de soterramento a uma profundidade de $D_f + B/2$.

Etapa 2. O índice de rigidez crítica, $I_{r(cr)}$, pode ser expresso como:

$$I_{r(cr)} = \frac{1}{2}\left\{\exp\left[\left(3{,}30 - 0{,}45\frac{B}{L}\right)\cot\left(45 - \frac{\phi'}{2}\right)\right]\right\}$$ (4.40)

As variações de $I_{r(cr)}$ com B/L são dadas na Tabela 4.8.

Etapa 3. Se $I_r \geq I_{r(cr)}$, então:

$$F_{cc} = F_{qc} = F_{\gamma c} = 1$$

No entanto, se $I_r < I_{r(cr)}$, então:

$$F_{\gamma c} = F_{qc} = \exp\left\{\left(-4{,}4 + 0{,}6\frac{B}{L}\right)\operatorname{tg}\phi' + \left[\frac{(3{,}07\operatorname{sen}\phi')(\log 2I_r)}{1+\operatorname{sen}\phi'}\right]\right\}$$ (4.41)

A Figura 4.15 mostra a variação de $F_{\gamma c} = F_{qc}$ [veja a Equação (4.41)] com ϕ' e I_r. Para $\phi = 0$,

$$F_{cc} = 0{,}32 + 0{,}12\frac{B}{L} + 0{,}60\log I_r$$ (4.42)

Para $\phi' > 0$,

$$F_{cc} = F_{qc} - \frac{1-F_{qc}}{N_q\operatorname{tg}\phi'}$$ (4.43)

Tabela 4.8 Variação de $I_{r(cr)}$ com ϕ' e B/L

ϕ' (grau)	$I_{r(cr)}$					
	B/L = 0	B/L = 0,2	B/L = 0,4	B/L = 0,6	B/L = 0,8	B/L = 1,0
0	13,56	12,39	11,32	10,35	9,46	8,64
5	18,30	16,59	15,04	13,63	12,36	11,20
10	25,53	22,93	20,60	18,50	16,62	14,93
15	36,85	32,77	29,14	25,92	23,05	20,49
20	55,66	48,95	43,04	37,85	33,29	29,27
25	88,93	77,21	67,04	58,20	50,53	43,88
30	151,78	129,88	111,13	95,09	81,36	69,62
35	283,20	238,24	200,41	168,59	141,82	119,31
40	593,09	488,97	403,13	332,35	274,01	225,90
45	1440,94	1159,56	933,19	750,90	604,26	486,26

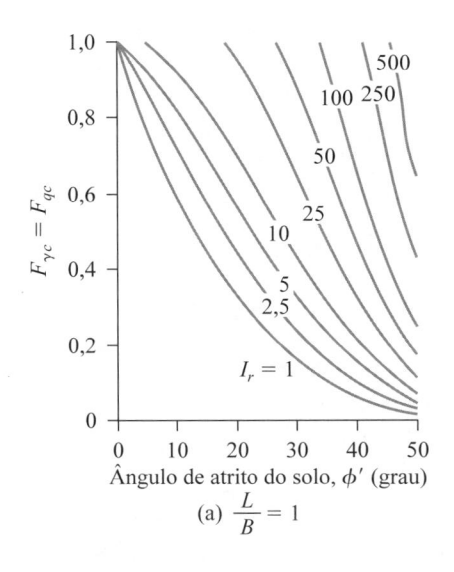

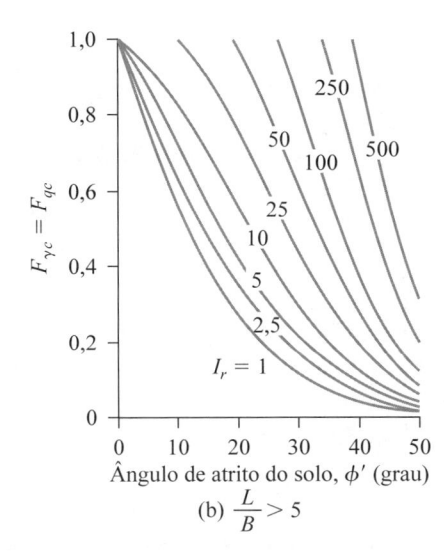

Figura 4.15 Variação de $F_{\gamma c} = F_{qc}$ com I_r e ϕ'

(a) $\dfrac{L}{B} = 1$

(b) $\dfrac{L}{B} > 5$

Exemplo 4.5

Para uma fundação rasa, $B = 0,6$ m, $L = 1,2$ m e $D_f = 0,6$ m. As características do solo conhecidas são:

Solo:

$\phi' = 25°$;
$c' = 48$ kN/m²;
$\gamma = 18$ kN/m³;
Módulo de elasticidade, $E_s = 620$ kN/m²;
Coeficiente de Poisson, $\mu_s = 0,3$.

Calcule a capacidade de suporte limite.

Solução

Com base na Equação (4.39),

$$I_r = \frac{G_s}{c' + q' \operatorname{tg} \phi'}$$

Contudo,

$$G_s = \frac{E_s}{2(1 + \mu_s)}$$

Portanto,

$$I_r = \frac{E_s}{2(1 + \mu_s)[c' + q' \operatorname{tg} \phi']}$$

Agora,

$$q' = \gamma\left(D_f + \frac{B}{2}\right) = 18\left(0,6 + \frac{0,6}{2}\right) = 16,2 \text{ kN/m}^2$$

(continua)

Assim,

$$I_r = \frac{620}{2(1+0,3)[48+16,2 \text{ tg } 25]} = 4,29$$

Com base na Equação (4.40),

$$I_{r(cr)} = \frac{1}{2}\left\{\exp\left[\left(3,3 - 0,45\frac{B}{L}\right)\cot\left(45 - \frac{\phi'}{2}\right)\right]\right\}$$

$$= \frac{1}{2}\left\{\exp\left[\left(3,3 - 0,45\frac{0,6}{1,2}\right)\cot\left(45 - \frac{25}{2}\right)\right]\right\} = 62,41$$

Uma vez que $I_{r(cr)} > I_r$, usamos as equações (4.41) e (4.43) para obter:

$$F_{\gamma c} = F_{qc} 5 \exp\left\{\left(-4,4 + 0,6\frac{B}{L}\right)\text{tg } \phi' + \left[\frac{(3,07 \text{ sen } \phi')\log(2I_r)}{1 + \text{sen } \phi'}\right]\right\}$$

$$= \exp\left\{\left(-4,4 + 0,6\frac{0,6}{1,2}\right)\text{tg } 25\right.$$

$$\left. + \left[\frac{(3,07 \text{ sen } 25)\log(2 \times 4,29)}{1 + \text{sen } 25}\right]\right\} = 0,347$$

e

$$F_{cc} = F_{qc} - \frac{1 - F_{qc}}{N_c \text{tg } \phi'}$$

Para $\phi' = 25°$, $N_c = 20{,}72$ (veja a Tabela 4.2); portanto,

$$F_{cc} = 0,347 - \frac{1 - 0,347}{20,72 \text{ tg } 25} = 0,279$$

Agora, com base na Equação (4.38),

$$q_u = c'N_c F_{cs} F_{cd} F_{cc} + qN_q F_{qs} F_{qd} F_{qc} + \tfrac{1}{2}\gamma B N_\gamma F_{\gamma s} F_{\gamma d} F_{\gamma c}$$

Com base na Tabela 4.2, para $\phi' = 25°$, $N_c = 20{,}72$, $N_q = 10{,}66$ e $N_\gamma = 10{,}88$. Assim,

$$F_{cs} = 1 + \left(\frac{N_q}{N_c}\right)\left(\frac{B}{L}\right) = 1 + \left(\frac{10,66}{20,72}\right)\left(\frac{0,6}{1,2}\right) = 1,257$$

$$F_{qs} = 1 + \frac{B}{L}\text{ tg } \phi' = 1 + \frac{0,6}{1,2}\text{ tg } 25 = 1{,}233$$

$$F_{\gamma s} = 1 - 0,4\left(\frac{B}{L}\right) = 1 - 0,4\frac{0,6}{1,2} = 0,8$$

$$F_{qd} = 1 + 2 \, \text{tg} \, \phi'(1 - \text{sen} \, \phi')^2 \left(\frac{D_f}{B}\right)$$

$$= 1 + 2 \, \text{tg} \, 25 \, (1 - \text{sen} \, 25)^2 \left(\frac{0,6}{0,6}\right) = 1,311$$

$$F_{cd} = F_{qd} - \frac{1 - F_{qd}}{N_c \, \text{tg} \, \phi'} = 1,311 - \frac{1 - 1,311}{20,72 \, \text{tg} \, 25}$$

$$= 1,343$$

e

$$F_{\gamma d} = 1$$

Assim,

$$q_u = (48)\,(20,72)\,(1,257)\,(1,343)\,(0,279) + (0,6 \times 18)\,(10,66)\,(1,233)\,(1,311)$$

$$(0,347) + (\tfrac{1}{2})\,(18)\,(0,6)\,(10,88)\,(0,8)\,(1)\,(0,347) = \mathbf{549{,}32 \; kN/m^2} \qquad \blacksquare$$

5 Aumento da tensão vertical no solo

5.1 Introdução

Foi mencionado no Capítulo 4 que, em muitos casos, o recalque admissível de uma fundação rasa pode controlar a capacidade de suporte admissível. O recalque admissível em si pode ser controlado por normas de construção locais. Assim, a capacidade de suporte admissível será a menor das duas condições seguintes:

$$q_{total} = \begin{cases} \dfrac{q_u}{FS} \\ ou \\ q_{recalque\ admissível} \end{cases}$$

Para o cálculo do recalque da fundação, é necessário estimar o aumento da tensão vertical na massa do solo em função da carga líquida aplicada na fundação. Por isso, neste capítulo, discutiremos os princípios gerais para a estimativa do aumento de tensão vertical em várias profundidades do solo em função da aplicação (na superfície do terreno) de:

- Uma carga pontual;
- Área circular carregada;
- Carga em linha vertical;
- Carga em sapata contínua;
- Área retangular carregada;
- Tipo de carregamento do aterro.

Diversos procedimentos para estimar o recalque da fundação serão discutidos no Capítulo 6.

5.2 Tensão em função de carga concentrada

Em 1885, Boussinesq desenvolveu as relações matemáticas para determinar as tensões normais e de cisalhamento em qualquer ponto dentro de meios *homogêneos*, *elásticos* e *isotrópicos* em função de uma *carga pontual concentrada* localizada na superfície, como é mostrado na Figura 5.1. De acordo com sua análise, o *aumento da tensão vertical* no ponto A causado por uma carga pontual de grandeza P é dado por:

$$\Delta\sigma = \frac{3P}{2\pi z^2 \left[1 + \left(\dfrac{r}{z}\right)^2\right]^{5/2}} \tag{5.1}$$

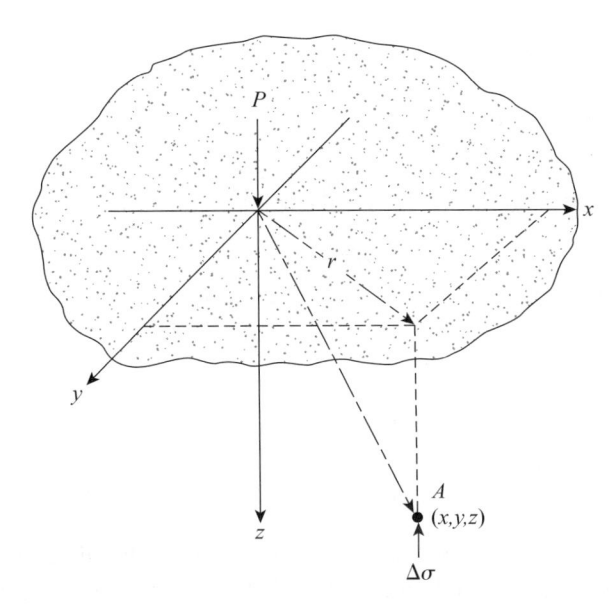

Figura 5.1 Tensão vertical em um ponto A causada por uma carga pontual na superfície

onde:

$$r = \sqrt{x^2 + y^2}$$

x, y, z = coordenadas do ponto A.

Observe que a Equação (5.1) não é uma função do coeficiente Equação de Poisson do solo.

5.3 Tensão em função de área circular carregada

A equação de Boussinesq (5.1) também pode ser usada para determinar a tensão vertical abaixo do centro de uma área flexível circular carregada, como mostrado na Figura 5.2. Seja o raio da área carregada $B/2$, e seja q_o a carga uniformemente distribuída por unidade de área. Para determinar o aumento de tensão em um ponto A, localizado a uma profundidade z abaixo do centro da área circular, considere uma área elementar no círculo. A carga nessa área elementar pode ser considerada como uma carga pontual e expressa como $q_o r \, d\theta \, dr$. O aumento na tensão em A causado por essa carga pode ser determinado a partir da Equação (5.1) como

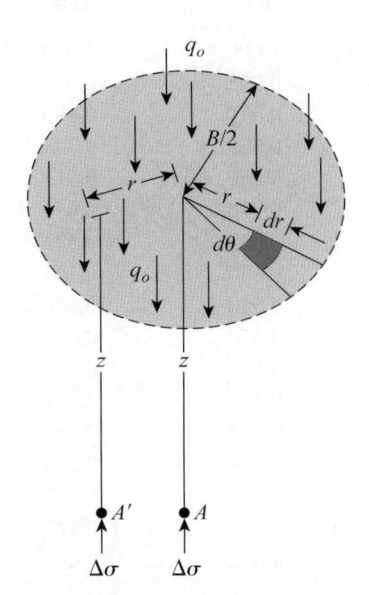

Figura 5.2 Aumento da pressão sob uma área flexível circular uniformemente carregada

$$d\sigma = \frac{3(q_o r\, d\theta\, dr)}{2\pi z^2 \left[1 + \left(\dfrac{r}{z}\right)^2\right]^{5/2}} \tag{5.2}$$

O aumento total da tensão causado por toda a área carregada pode ser obtido mediante a integração da Equação (5.2), ou:

$$\Delta\sigma = \int d\sigma = \int_{\theta=0}^{\theta=2\pi} \int_{r=0}^{r=B/2} \frac{3(q_o r\, d\theta\, dr)}{2\pi z^2 \left[1 + \left(\dfrac{r}{z}\right)^2\right]^{5/2}}$$

$$= q_o \left\{1 - \frac{1}{\left[1 + \left(\dfrac{B}{2z}\right)^2\right]^{3/2}}\right\} \tag{5.3}$$

Integrações semelhantes podem ser realizadas para obter o aumento da tensão vertical em A', localizado a uma distância r a partir do centro da área carregada a uma profundidade z (Ahlvin e Ulery, 1962). A Tabela 5.1 dá a variação de $\Delta\sigma/q_o$ com $r/(B/2)$ e $z/(B/2)$ [para $0 \leq r/(B/2) \leq 1$]. Observe que a variação de $\Delta\sigma/q_o$ com profundidade a $r/(B/2) = 0$ pode ser obtida com a Equação (5.3).

5.4 Tensão em função de uma carga linear

A Figura 5.3 mostra uma carga linear flexível vertical de comprimento infinito que possui uma intensidade q/comprimento específico na superfície de uma massa de solo semi-infinita. O aumento da tensão vertical, $\Delta\sigma$, dentro da massa de solo pode ser determinado utilizando-se os princípios da teoria da elasticidade, ou:

$$\Delta\sigma = \frac{2qz^3}{\pi(x^2 + z^2)^2} \tag{5.4}$$

Tabela 5.1 Variação de $\Delta\sigma/q_o$ para uma área flexível circular uniformemente carregada

z/(B/2)	r/(B/2)					
	0	0,2	0,4	0,6	0,8	1,0
0	1,000	1,000	1,000	1,000	1,000	1,000
0,1	0,999	0,999	0,998	0,996	0,976	0,484
0,2	0,992	0,991	0,987	0,970	0,890	0,468
0,3	0,976	0,973	0,963	0,922	0,793	0,451
0,4	0,949	0,943	0,920	0,860	0,712	0,435
0,5	0,911	0,902	0,869	0,796	0,646	0,417
0,6	0,864	0,852	0,814	0,732	0,591	0,400
0,7	0,811	0,798	0,756	0,674	0,545	0,367
0,8	0,756	0,743	0,699	0,619	0,504	0,366
0,9	0,701	0,688	0,644	0,570	0,467	0,348
1,0	0,646	0,633	0,591	0,525	0,434	0,332
1,2	0,546	0,535	0,501	0,447	0,377	0,300
1,5	0,424	0,416	0,392	0,355	0,308	0,256
2,0	0,286	0,286	0,268	0,248	0,224	0,196
2,5	0,200	0,197	0,191	0,180	0,167	0,151
3,0	0,146	0,145	0,141	0,135	0,127	0,118
4,0	0,087	0,086	0,085	0,082	0,080	0,075

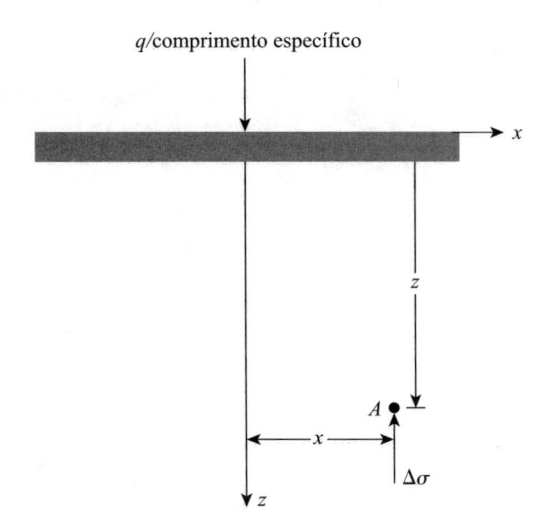

Figura 5.3 Carga linear sobre a superfície de uma massa de solo semi-infinita

Essa equação pode ser reescrita como:

$$\Delta\sigma = \frac{2q}{\pi z[(x/z)^2 + 1]^2}$$

$$\frac{\Delta\sigma}{(q/z)} = \frac{2}{\pi[(x/z)^2 + 1]^2} \tag{5.5}$$

Observe que a Equação (5.5) se encontra em uma forma não dimensional. Usando essa equação, é possível calcular a variação de $\Delta\sigma/(q/z)$ com x/z. Isso é dado na Tabela 5.2. O valor de $\Delta\sigma$ calculado com a Equação (5.5) é a tensão adicional no solo causada pela carga linear. O valor de $\Delta\sigma$ não inclui a pressão de sobrecarga do solo acima do ponto A.

5.5 Tensão abaixo de sapata contínua em carga vertical (largura finita e comprimento infinito)

A equação fundamental para o aumento da tensão vertical a um ponto em uma massa de solo, como resultado de uma carga linear (Seção 5.4), pode ser utilizada para determinar a tensão vertical em um ponto causada por uma carga flexível em sapata contínua de largura B. (Veja a Figura 5.4.) Seja a carga por unidade de área da sapata contínua mostrada na Figura 5.4 igual a q_o. Se considerarmos uma sapata contínua elementar de largura dr, a carga por comprimento específico dessa sapata contínua é igual a $q_o\, dr$. A sapata contínua elementar pode ser tratada como uma carga linear. A Equação (5.4)

Tabela 5.2 Variação de $\Delta\sigma/(q/z)$ com x/z [Equação (5.5)]

x/z	Δσ/(q/z)	x/z	Δσ/(q/z)
0	0,637	1,3	0,088
0,1	0,624	1,4	0,073
0,2	0,589	1,5	0,060
0,3	0,536	1,6	0,050
0,4	0,473	1,7	0,042
0,5	0,407	1,8	0,035
0,6	0,344	1,9	0,030
0,7	0,287	2,0	0,025
0,8	0,237	2,2	0,019
0,9	0,194	2,4	0,014
1,0	0,159	2,6	0,011
1,1	0,130	2,8	0,008
1,2	0,107	3,0	0,006

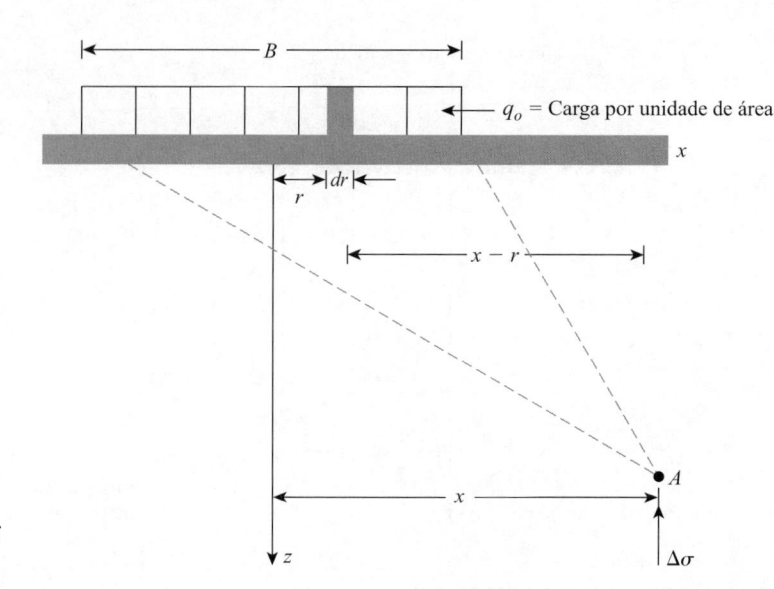

Figura 5.4 Tensão vertical causada por uma carga flexível de sapata contínua

dá o aumento da tensão vertical $d\sigma$ no ponto A dentro da massa do solo causado por essa carga de sapata contínua elementar. Para calcular o aumento de tensão vertical, precisamos substituir $q_o\,dr$ por q e $(x-r)$ por x. Portanto,

$$d\sigma = \frac{2(q_o dr)z^3}{\pi[(x-r)^2 + z^2]^2} \tag{5.6}$$

O aumento total na tensão vertical ($\Delta\sigma$) no ponto A causado por toda a carga da sapata contínua de largura B pode ser determinado por integração da Equação (5.6) com limites de r de $-B/2$ a $+B/2$, ou:

$$\Delta\sigma = \int d\sigma = \int_{-B/2}^{+B/2} \left(\frac{2q}{\pi}\right)\left\{\frac{z^3}{[(x-r)^2 + z^2]^2}\right\} dr$$

$$= \frac{q_o}{\pi}\left\{\operatorname{tg}^{-1}\left[\frac{z}{x-(B/2)}\right] - \operatorname{tg}^{-1}\left[\frac{z}{x+(B/2)}\right]\right. \tag{5.7}$$

$$\left. - \frac{Bz\left[x^2 - z^2 - (B^2/4)\right]}{[x^2 + z^2 - (B^2/4)]^2 + B^2 z^2}\right\}$$

Com relação à Equação (5.7), deve-se ter em mente o seguinte:

1. $\operatorname{tg}^{-1}\left[\dfrac{z}{x-\left(\dfrac{B}{2}\right)}\right]$ e $\operatorname{tg}^{-1}\left[\dfrac{z}{x+\left(\dfrac{B}{2}\right)}\right]$ estão em radianos.

2. A grandeza $\Delta\sigma$ tem o mesmo valor de x/z ($\pm$).

3. A Equação (5.7) é válida como mostrado na Figura 5.4; ou seja, para o ponto A, $x \geq B/2$.

    No entanto, para $x = 0$ a $x < B/2$, a grandeza de $\operatorname{tg}^{-1}\left[\dfrac{z}{x-\left(\dfrac{B}{2}\right)}\right]$ torna-se negativa. Para esse caso, a substituição deve ser feita por $\pi + \operatorname{tg}^{-1}\left[\dfrac{z}{x-\left(\dfrac{B}{2}\right)}\right]$.

Exemplo 5.1

Consulte a Figura 5.4. Dados: $B = 4$ m e $q_o = 100$ kN/m². Para o ponto A, $z = 1$ m e $x = 1$ m. Determine a tensão vertical $\Delta\sigma$ em A. Use a Equação (5.7).

Solução

Uma vez que $x = 1$ m $< B/2 = 2$ m,

$$\Delta\sigma = \frac{q_o}{\pi}\left\{\text{tg}^{-1}\left[\frac{z}{x-\left(\frac{B}{2}\right)}\right] + \pi - \text{tg}^{-1}\left[\frac{z}{x+\left(\frac{B}{2}\right)}\right]\right.$$

$$\left. - \frac{Bz\left[x^2 - z^2 - \left(\frac{B^2}{4}\right)\right]}{\left[x^2 + z^2 - \left(\frac{B^2}{4}\right)\right]^2 + B^2 z^2}\right\}$$

$$\text{tg}^{-1}\left[\frac{z}{x-\left(\frac{B}{2}\right)}\right] = \text{tg}^{-1}\left(\frac{1}{1-2}\right) = -45° = -0{,}785 \text{ rad}$$

$$\text{tg}^{-1}\left[\frac{z}{x+\left(\frac{B}{2}\right)}\right] = \text{tg}^{-1}\left(\frac{1}{1+2}\right) = 18{,}43° = 0{,}322 \text{ rad}$$

$$\frac{Bz\left[x^2 - z^2 - \left(\frac{B^2}{4}\right)\right]}{\left[x^2 + z^2 - \left(\frac{B^2}{4}\right)\right]^2 + B^2 z^2} = \frac{(4)(1)\left[(1)^2 - (1)^2 - \left(\frac{16}{4}\right)\right]}{\left[(1)^2 + (1)^2 - \left(\frac{16}{4}\right)\right]^2 + (16)(1)} = -0{,}8$$

Logo,

$$\frac{\Delta\sigma}{q_o} = \frac{1}{\pi}[-0{,}785 + \pi - 0{,}322 - (-0{,}8)] = 0{,}902$$

5.6 Tensão abaixo de área retangular

A técnica de integração da equação de Boussinesq também permite que a tensão vertical em qualquer ponto A abaixo do ângulo de uma área flexível carregada retangular seja avaliada. (Veja a Figura 5.5.) Para fazer isso, considere uma área elementar $dA = dx\,dy$ na área flexível carregada. Se a carga por unidade de área é q_o, a carga total na área elementar é:

$$dP = q_o\,dx\,dy \qquad (5.8)$$

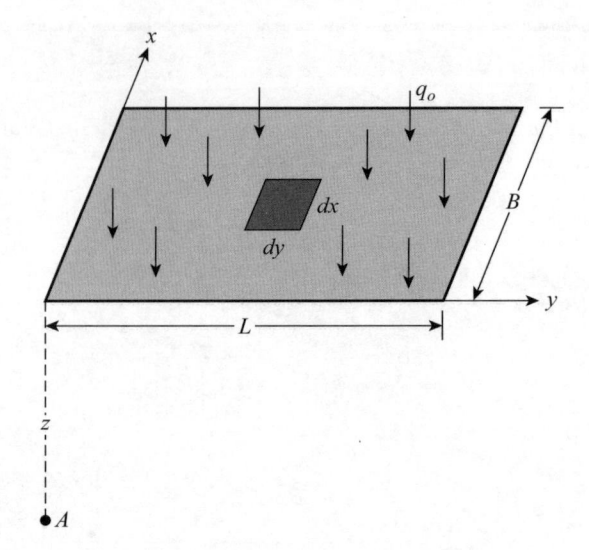

Figura 5.5 Determinação da tensão vertical abaixo do ângulo de uma área flexível carregada retangular

Essa carga elementar, *dP*, pode ser tratada como uma carga pontual. O aumento da tensão vertical no ponto *A* causado por *dP* pode ser avaliado utilizando a Equação (5.1). Observe, no entanto, a necessidade de substituir $dP = q_o\, dx\, dy$ por *P* e $x^2 + y^2$ por r^2 nessa equação. Assim,

$$\text{O aumento na tensão em } A \text{ causado por } dP = \frac{3q_o(dx\,dy)z^3}{2\pi(x^2 + y^2 + z^2)^{5/2}}$$

Agora o aumento da tensão total $\Delta\sigma$ causado por toda a área carregada no ponto *A* pode ser obtido mediante a integração da equação anterior:

$$\Delta\sigma = \int_{y=0}^{L}\int_{x=0}^{B}\frac{3q_o(dx\,dy)z^3}{2\pi(x^2 + y^2 + z^2)^{5/2}} = q_o I \tag{5.9}$$

Aqui

$$I = \text{fator de influência} = \frac{1}{4\pi}\left(\frac{2mn\sqrt{m^2 + n^2 + 1}}{m^2 + n^2 + m^2 n^2 + 1}\cdot\frac{m^2 + n^2 + 2}{m^2 + n^2 + 1}\right.$$
$$\left. + \text{tg}^{-1}\frac{2mn\sqrt{m^2 + n^2 + 1}}{m^2 + n^2 + 1 - m^2 n^2}\right) \tag{5.10}$$

onde:

$$m = \frac{B}{z} \tag{5.11}$$

e

$$n = \frac{L}{z} \tag{5.12}$$

O termo arco tangente na Equação (5.10) deve ser um ângulo positivo em radianos. Quando $m^2 + n^2 + 1 < m^2 n^2$, ele torna-se um ângulo negativo. Então, um termo π deve ser adicionado a esse ângulo. As variações dos valores de influência com *m* e *n* são apresentadas na Tabela 5.3.

Tabela 5.3 A variação do valor de influência *I* [Equação (5.10)][a]

m	n										
	0,1	0,2	0,3	0,4	0,5	0,6	0,7	0,8	0,9	1,0	1,2	1,4
0,1	0,00470	0,00917	0,01323	0,01678	0,01978	0,02223	0,02420	0,02576	0,02698	0,02794	0,02926	0,03007
0,2	0,00917	0,01790	0,02585	0,03280	0,03866	0,04348	0,04735	0,05042	0,05283	0,05471	0,05733	0,05894
0,3	0,01323	0,02585	0,03735	0,04742	0,05593	0,06294	0,06858	0,07308	0,07661	0,07938	0,08323	0,08561
0,4	0,01678	0,03280	0,04742	0,06024	0,07111	0,08009	0,08734	0,09314	0,09770	0,10129	0,10631	0,10941
0,5	0,01978	0,03866	0,05593	0,07111	0,08403	0,09473	0,10340	0,11035	0,11584	0,12018	0,12626	0,13003
0,6	0,02223	0,04348	0,06294	0,08009	0,09473	0,10688	0,11679	0,12474	0,13105	0,13605	0,14309	0,14749
0,7	0,02420	0,04735	0,06858	0,08734	0,10340	0,11679	0,12772	0,13653	0,14356	0,14914	0,15703	0,16199
0,8	0,02576	0,05042	0,07308	0,09314	0,11035	0,12474	0,13653	0,14607	0,15371	0,15978	0,16843	0,17389
0,9	0,02698	0,05283	0,07661	0,09770	0,11584	0,13105	0,14356	0,15371	0,16185	0,16835	0,17766	0,18357
1,0	0,02794	0,05471	0,07938	0,10129	0,12018	0,13605	0,14914	0,15978	0,16835	0,17522	0,18508	0,19139
1,2	0,02926	0,05733	0,08323	0,10631	0,12626	0,14309	0,15703	0,16843	0,17766	0,18508	0,19584	0,20278
1,4	0,03007	0,05894	0,08561	0,10941	0,13003	0,14749	0,16199	0,17389	0,18357	0,19139	0,20278	0,21020
1,6	0,03058	0,05994	0,08709	0,11135	0,13241	0,15028	0,16515	0,17739	0,18737	0,19546	0,20731	0,21510
1,8	0,03090	0,06058	0,08804	0,11260	0,13395	0,15207	0,16720	0,17967	0,18986	0,19814	0,21032	0,21836
2,0	0,03111	0,06100	0,08867	0,11342	0,13496	0,15326	0,16856	0,18119	0,19152	0,19994	0,21235	0,22058
2,5	0,03138	0,06155	0,08948	0,11450	0,13628	0,15483	0,17036	0,18321	0,19375	0,20236	0,21512	0,22364
3,0	0,03150	0,06178	0,08982	0,11495	0,13684	0,15550	0,17113	0,18407	0,19470	0,20341	0,21633	0,22499
4,0	0,03158	0,06194	0,09007	0,11527	0,13724	0,15598	0,17168	0,18469	0,19540	0,20417	0,21722	0,22600
5,0	0,03160	0,06199	0,09014	0,11537	0,13737	0,15612	0,17185	0,18488	0,19561	0,20440	0,21749	0,22632
6,0	0,03161	0,06201	0,09017	0,11541	0,13741	0,15617	0,17191	0,18496	0,19569	0,20449	0,21760	0,22644
8,0	0,03162	0,06202	0,09018	0,11543	0,13744	0,15621	0,17195	0,18500	0,19574	0,20455	0,21767	0,22652
10,0	0,03162	0,06202	0,09019	0,11544	0,13745	0,15622	0,17196	0,18502	0,19576	0,20457	0,21769	0,22654
∞	0,03162	0,06202	0,09019	0,11544	0,13745	0,15623	0,17197	0,18502	0,19577	0,20458	0,21770	0,22656

[a] Com base em Saika, 2012.

(continua)

Tabela 5.3 A variação do valor de influência I [Equação (5.10)][a] *(continuação)*

m	\multicolumn{11}{c}{n}
	1,6	1,8	2,0	2,5	3,0	4,0	5,0	6,0	8,0	10,0	∞
0,1	0,03058	0,03090	0,03111	0,03138	0,03150	0,03158	0,03160	0,03161	0,03162	0,03162	0,03162
0,2	0,05994	0,06058	0,06100	0,06155	0,06178	0,06194	0,06199	0,06201	0,06202	0,06202	0,06202
0,3	0,08709	0,08804	0,08867	0,08948	0,08982	0,09007	0,09014	0,09017	0,09018	0,09019	0,09019
0,4	0,11135	0,11260	0,11342	0,11450	0,11495	0,11527	0,11537	0,11541	0,11543	0,11544	0,11544
0,5	0,13241	0,13395	0,13496	0,13628	0,13684	0,13724	0,13737	0,13741	0,13744	0,13745	0,13745
0,6	0,15028	0,15207	0,15326	0,15483	0,15550	0,15598	0,15612	0,15617	0,15621	0,15622	0,15623
0,7	0,16515	0,16720	0,16856	0,17036	0,17113	0,17168	0,17185	0,17191	0,17195	0,17196	0,17197
0,8	0,17739	0,17967	0,18119	0,18321	0,18407	0,18469	0,18488	0,18496	0,18500	0,18502	0,18502
0,9	0,18737	0,18986	0,19152	0,19375	0,19470	0,19540	0,19561	0,19569	0,19574	0,19576	0,19577
1,0	0,19546	0,19814	0,19994	0,20236	0,20341	0,20417	0,20440	0,20449	0,20455	0,20457	0,20458
1,2	0,20731	0,21032	0,21235	0,21512	0,21633	0,21722	0,21749	0,21760	0,21767	0,21769	0,21770
1,4	0,21510	0,21836	0,22058	0,22364	0,22499	0,22600	0,22632	0,22644	0,22652	0,22654	0,22656
1,6	0,22025	0,22372	0,22610	0,22940	0,23088	0,23200	0,23236	0,23249	0,23258	0,23261	0,23263
1,8	0,22372	0,22736	0,22986	0,23334	0,23495	0,23617	0,23656	0,23671	0,23681	0,23684	0,23686
2,0	0,22610	0,22986	0,23247	0,23614	0,23782	0,23912	0,23954	0,23970	0,23981	0,23985	0,23987
2,5	0,22940	0,23334	0,23614	0,24010	0,24196	0,24344	0,24392	0,24412	0,24425	0,24429	0,24432
3,0	0,23088	0,23495	0,23782	0,24196	0,24394	0,24554	0,24608	0,24630	0,24646	0,24650	0,24654
4,0	0,23200	0,23617	0,23912	0,24344	0,24554	0,24729	0,24791	0,24817	0,24836	0,24842	0,24846
5,0	0,23236	0,23656	0,23954	0,24392	0,24608	0,24791	0,24857	0,24885	0,24907	0,24914	0,24919
6,0	0,23249	0,23671	0,23970	0,24412	0,24630	0,24817	0,24885	0,24916	0,24939	0,24946	0,24952
8,0	0,23258	0,23681	0,23981	0,24425	0,24646	0,24836	0,24907	0,24939	0,24964	0,24973	0,24980
10,0	0,23261	0,23684	0,23985	0,24429	0,24650	0,24842	0,24914	0,24946	0,24973	0,24981	0,24989
∞	0,23263	0,23686	0,23987	0,24432	0,24654	0,24846	0,24919	0,24952	0,24980	0,24989	0,25000

[a] Com base em Saika, 2012

O aumento da tensão em qualquer ponto abaixo de uma área carregada retangular também pode ser encontrado usando a Equação (5.9) em conjunto com a Figura 5.6. Para determinar a tensão a uma profundidade z abaixo do ponto O, divida a área carregada em quatro retângulos, com O sendo o ângulo comum para cada um. Em seguida, use a Equação (5.9) para calcular o aumento na tensão a uma profundidade z abaixo de O causado por cada área retangular. Agora o aumento da tensão total causado por toda a área carregada pode ser expresso como:

$$\Delta\sigma = q_o (I_1 + I_2 + I_3 + I_4) \qquad (5.13)$$

onde I_1, I_2, I_3 e $I_4 =$ os valores de influência dos retângulos 1, 2, 3 e 4, respectivamente.

Na maioria dos casos, a tensão vertical abaixo do centro de uma área retangular é importante. Isso pode ser determinado pela relação:

$$\Delta\sigma = q_o I_c \qquad (5.14)$$

onde:

$$I_c = \frac{2}{\pi}\left[\frac{m_1 n_1}{\sqrt{1 + m_1^2 + n_1^2}}\frac{1 + m_1^2 + 2n_1^2}{(1 + n_1^2)(m_1^2 + n_1^2)}\right.$$

$$\left. + \operatorname{sen}^{-1}\frac{m_1}{\sqrt{m_1^2 + n_1^2}\sqrt{1 + n_1^2}}\right] \qquad (5.15)$$

$$m_1 = \frac{L}{B} \qquad (5.16)$$

$$n_1 = \frac{z}{\left(\dfrac{B}{2}\right)} \qquad (5.17)$$

A variação de I_c com m_1 e n_1 é dada na Tabela 5.4.

Tabela 5.4 Variação de I_c com m_1 e n_1

n_1	m_1									
	1	2	3	4	5	6	7	8	9	10
0,20	0,994	0,997	0,997	0,997	0,997	0,997	0,997	0,997	0,997	0,997
0,40	0,960	0,976	0,977	0,977	0,977	0,977	0,977	0,977	0,977	0,977
0,60	0,892	0,932	0,936	0,936	0,937	0,937	0,937	0,937	0,937	0,937
0,80	0,800	0,870	0,878	0,880	0,881	0,881	0,881	0,881	0,881	0,881
1,00	0,701	0,800	0,814	0,817	0,818	0,818	0,818	0,818	0,818	0,818
1,20	0,606	0,727	0,748	0,753	0,754	0,755	0,755	0,755	0,755	0,755
1,40	0,522	0,658	0,685	0,692	0,694	0,695	0,695	0,696	0,696	0,696
1,60	0,449	0,593	0,627	0,636	0,639	0,640	0,641	0,641	0,641	0,642
1,80	0,388	0,534	0,573	0,585	0,590	0,591	0,592	0,592	0,593	0,593
2,00	0,336	0,481	0,525	0,540	0,545	0,547	0,548	0,549	0,549	0,549
3,00	0,179	0,293	0,348	0,373	0,384	0,389	0,392	0,393	0,394	0,395
4,00	0,108	0,190	0,241	0,269	0,285	0,293	0,298	0,301	0,302	0,303
5,00	0,072	0,131	0,174	0,202	0,219	0,229	0,236	0,240	0,242	0,244
6,00	0,051	0,095	0,130	0,155	0,172	0,184	0,192	0,197	0,200	0,202
7,00	0,038	0,072	0,100	0,122	0,139	0,150	0,158	0,164	0,168	0,171
8,00	0,029	0,056	0,079	0,098	0,113	0,125	0,133	0,139	0,144	0,147
9,00	0,023	0,045	0,064	0,081	0,094	0,105	0,113	0,119	0,124	0,128
10,00	0,019	0,037	0,053	0,067	0,079	0,089	0,097	0,103	0,108	0,112

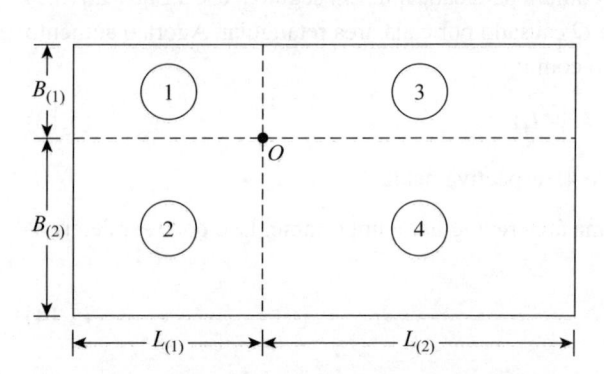

Figura 5.6 Tensão abaixo de qualquer ponto de uma área flexível carregada retangular

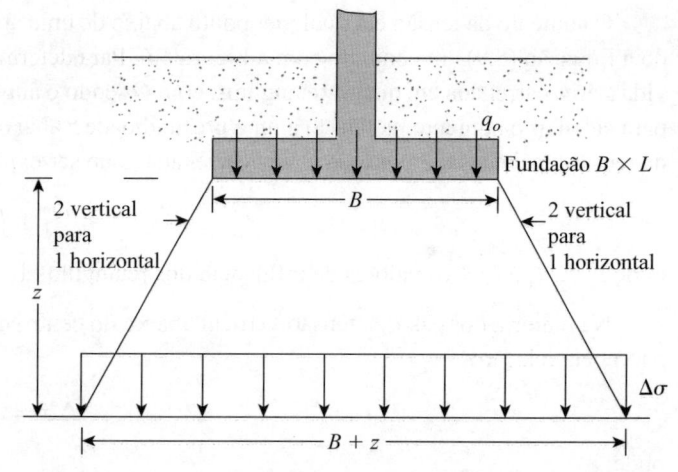

Figura 5.7 Método 2:1 para encontrar o aumento da tensão sob uma fundação

Os engenheiros de fundações frequentemente utilizam um método aproximado para determinar o aumento da tensão com profundidade causada pela construção de uma fundação. O método é chamado de *método 2:1*. (Veja a Figura 5.7.) De acordo com esse método, o aumento da tensão na profundidade z é:

$$\Delta\sigma = \frac{q_o \times B \times L}{(B+z)(L+z)} \qquad (5.18)$$

Observe que a Equação (5.18) é fundamentada no pressuposto de que a tensão da base se estende ao longo de linhas com *inclinação vertical-horizontal de 2:1*.

Exemplo 5.2

A área retangular flexível mede 2,5 m × 5 m no plano. Ela suporta uma carga de 150 kN/m².

Determine o aumento de tensão vertical em função da carga a uma profundidade de 6,25 m abaixo do centro da área retangular.

Solução

Consulte a Figura 5.6. Para esse caso,

$$B_1 = B_2 = \frac{2,5}{2} = 1,25 \text{ m}$$

$$L_1 = L_2 = \frac{5}{2} = 2,5 \text{ m}$$

Com base nas equações (5.11) e (5.12),

$$m = \frac{B_1}{z} = \frac{B_2}{z} = \frac{1,25}{6,25} = 0,2$$

$$n = \frac{L_1}{z} = \frac{L_2}{z} = \frac{2,5}{6,25} = 0,4$$

Com base na Tabela 5.3, para $m = 0,2$ e $n = 0,4$, o valor de $I = 0,0328$. Assim,

$$\Delta\sigma = q_o(4I) = (150)(4)(0,0328) = \mathbf{19{,}68 \text{ kN/m}^2}$$

> **Solução Alternativa**
> Com base na Equação (5.14),
>
> $$\Delta\sigma = q_o I_c$$
> $$m_1 = \frac{L}{B} = \frac{5}{2,5} = 2$$
> $$n_1 = \frac{z}{\left(\dfrac{B}{2}\right)} = \frac{6,25}{\left(\dfrac{2,5}{2}\right)} = 5$$
>
> Com base na Tabela 5.4, para $m_1 = 2$ e $n_1 = 5$, o valor de $I_c = 0,131$. Assim,
>
> $$\Delta\sigma = (150)(0,131) = \mathbf{19,65\ kN/m^2}$$ ∎

5.7 Isóbaros de tensão

Usando a Equação (5.7), é possível determinar a variação de $\Delta\sigma/q_o$ em diversos pontos abaixo da carga de sapata contínua de largura B. Os resultados podem ser utilizados para representar graficamente isóbaros da tensão (isto é, contornos $\Delta\sigma/q_o$), como mostrado na Figura 5.8. De modo semelhante, a Equação (5.9) pode ser usada para determinar a variação de $\Delta\sigma/q_o$ abaixo de uma área quadrada carregada medindo $B \times B$, e os isóbaros de tensão podem ser representados como mostrado na Figura 5.9. Esses isóbaros da tensão são, por vezes, úteis no projeto de fundações rasas.

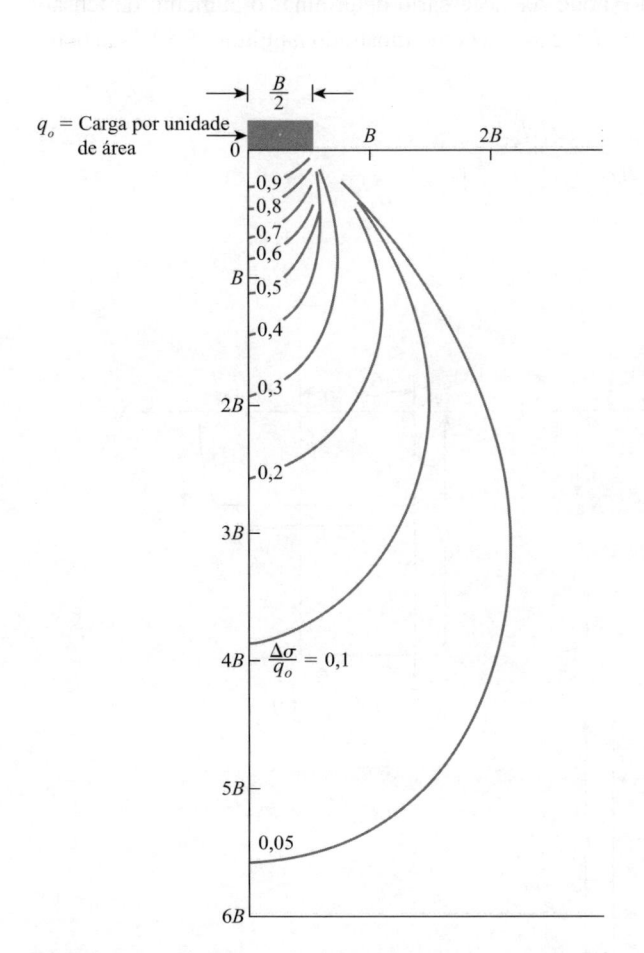

Figura 5.8 Contornos de $\Delta\sigma/q_o$ abaixo de uma carga de sapata contínua

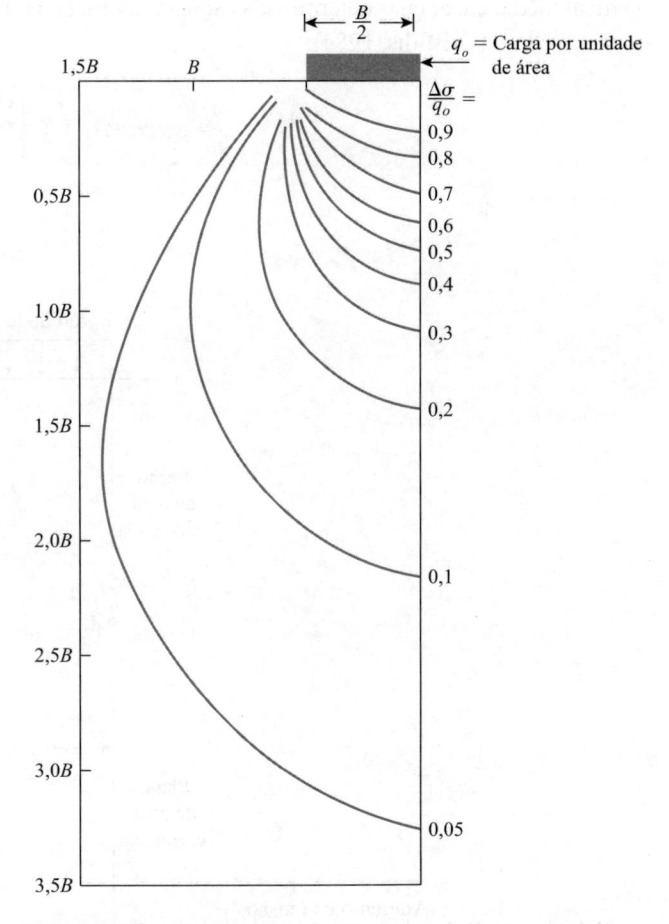

Figura 5.9 Contornos de $\Delta\sigma/q_o$ abaixo da linha central de uma área quadrada carregada ($B \times B$)

5.8 Aumento da tensão vertical média causado por área retangular carregada

Na Seção 5.6, o aumento da tensão vertical abaixo da aresta de uma área retangular uniformemente carregada foi dado como:

$$\Delta\sigma = q_o I$$

Em muitos casos, é preciso encontrar o aumento da tensão média, $\Delta\sigma_{méd}$, abaixo da aresta de uma área retangular uniformemente carregada com limites de $z = 0$ e $z = H$, como mostrado na Figura 5.10. Isso pode ser avaliado como:

$$\Delta\sigma_{méd} = \frac{1}{H}\int_0^H (q_o I)\,dz = q_o I_a \tag{5.19}$$

onde:

$$I_a = f(m_2, n_2) \tag{5.20}$$

$$m_2 = \frac{B}{H} \tag{5.21}$$

e

$$n_2 = \frac{L}{H} \tag{5.22}$$

A variação de I_a com m_2 e n_2 é mostrada na Figura 5.11, como proposto por Griffiths (1984).

Ao estimar o recalque por adensamento sob uma fundação, pode ser necessário determinar o aumento de tensão vertical média em apenas determinada camada – ou seja, entre $z = H_1$ e $z = H_2$, como mostrado na Figura 5.12. Isso pode ser feito como (Griffiths, 1984):

$$\Delta\sigma_{méd(H_2/H_1)} = q_o\left[\frac{H_2 I_{a(H_2)} - H_1 I_{a(H_1)}}{H_2 - H_1}\right] \tag{5.23}$$

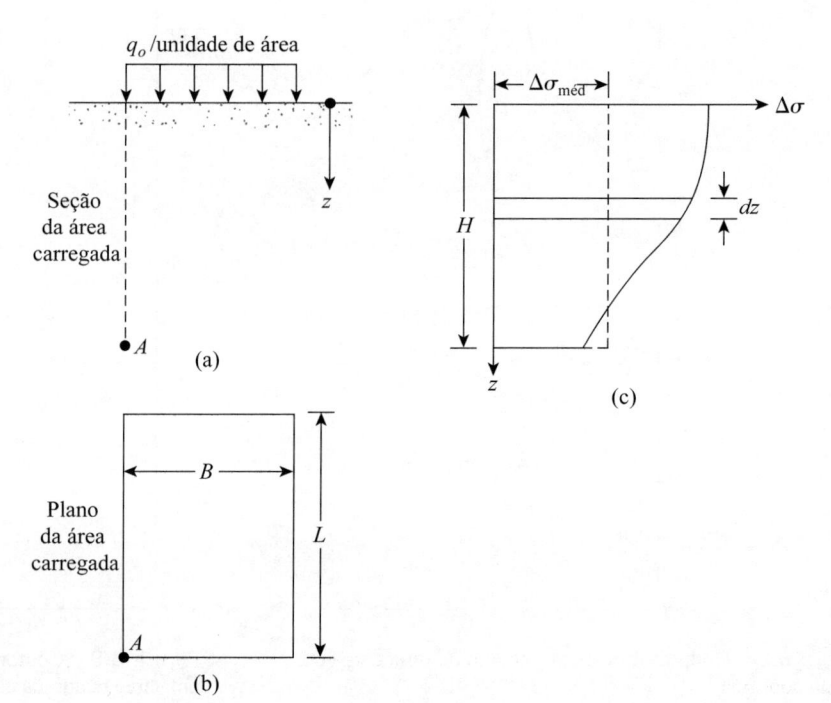

Figura 5.10 Aumento da tensão vertical média em função de uma área flexível retangular carregada

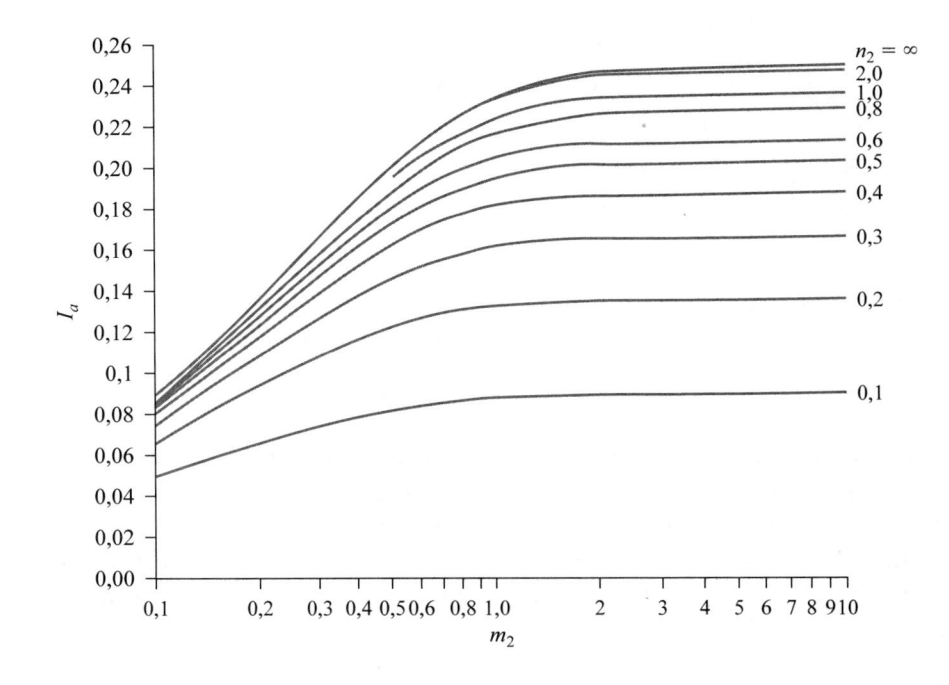

Figura 5.11 Fator de influência Griffiths I_a

onde:

$\Delta\sigma_{méd(H_2/H_1)}$ = aumento da tensão média imediatamente abaixo da aresta de uma área retangular uniformemente carregada entre as profundidades $z = H_1$ e $z = H_2$

$$I_{a(H_2)} = I_a \text{ para } z = 0 \text{ para } z = H_2 = f\left(m_2 = \frac{B}{H_2}, n_2 = \frac{L}{H_2}\right) \quad (5.24)$$

$$I_{a(H_1)} = I_a \text{ para } z = 0 \text{ para } z - H_1 = f\left(m_2 = \frac{B}{H_1}, n_2 = \frac{L}{H_1}\right) \quad (5.25)$$

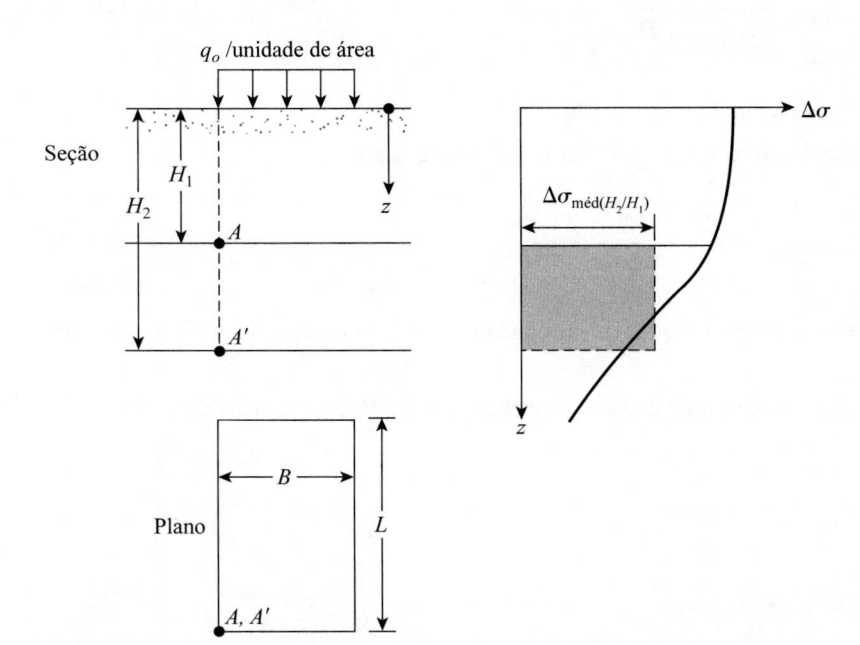

Figura 5.12 Aumento da tensão média entre $z = H_1$ e $z = H_2$ abaixo da aresta de uma área retangular uniformemente carregada

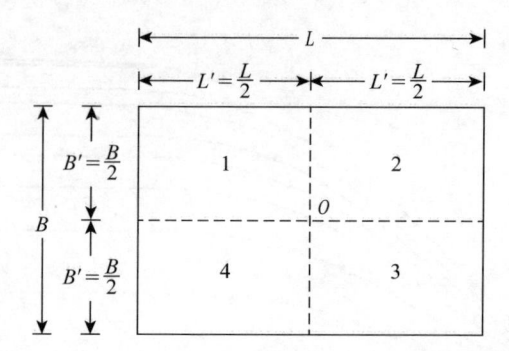

Figura 5.13 Cálculo do aumento da tensão média abaixo de uma área retangular flexível carregada

Na maioria dos casos práticos, no entanto, precisaremos determinar o aumento da tensão média entre $z = H_1$ e $z = H_2$ abaixo do centro de uma área carregada. O procedimento para se fazer isso pode ser explicado com consulta à Figura 5.13, que mostra o plano de uma área de carga medindo $L \times B$. A área carregada pode ser dividida em quatro áreas retangulares medindo $B' \times L'$ (Observação: $B' = B/2$ e $L' = L/2$), e o ponto O é a aresta comum para cada um dos quatro retângulos. Então, o aumento da tensão média abaixo de O entre $z = H_1$ para H_2 em função de cada área carregada pode ser dado pela Equação (5.23), onde:

$$I_{a(H_2)} = f\left(m_2 = \frac{B'}{H_2}; n_2 = \frac{L'}{H_2}\right) \tag{5.26}$$

e

$$I_{a(H_1)} = f\left(m_2 = \frac{B'}{H_1}; n_2 = \frac{L'}{H_1}\right) \tag{5.27}$$

Agora, o aumento da tensão média total em função das quatro áreas carregadas (cada uma medindo $L' \times B'$) entre $z = H_1$ a H_2 pode ser dado como:

Equação (5.26)   Equação (5.27)
↓   ↓

$$\Delta\sigma_{\text{méd}(H_2/H_1)} = 4q_o\left[\frac{H_2 I_{a(H_2)} - H_1 I_{a(H_1)}}{H_2 - H_1}\right] \tag{5.28}$$

Esse procedimento para determinar $\Delta\sigma_{\text{méd}(H_2/H_1)}$ é mostrado no Exemplo 5.3.

Outro procedimento aproximado para determinar $\Delta\sigma_{\text{méd}(H_2/H_1)}$ é a utilização da relação:

$$\Delta\sigma_{\text{méd}(H_2/H_1)} = \frac{\Delta\sigma_t + 4\Delta\sigma_m + \Delta\sigma_b}{6} \tag{5.29}$$

onde $\Delta\sigma_t, \Delta\sigma_m, \Delta\sigma_b$ = aumento da tensão abaixo do centro da área carregada ($L \times B$), respectivamente, nas profundidades $z = H_1$, $H_1 + H_2/2$ e $H_1 + H_2$.

As grandezas de $\Delta\sigma_t, \Delta\sigma_m$ e $\Delta\sigma_b$ podem ser obtidas utilizando as equações (5.14) a (5.17) (veja a Tabela 5.5).

Exemplo 5.3

Consulte a Figura 5.14. Determine o aumento da tensão *média* abaixo do centro da área carregada entre $z = 3$ m a $z = 5$ m (isto é, entre os pontos A e A').

Solução

Consulte a Figura 5.14. A área carregada pode ser dividida em quatro áreas retangulares, cada uma medindo $1,5$ m $\times 1,5$ m ($L' \times B'$). Usando a Equação (5.28), o aumento da tensão média (entre as profundidades necessárias) abaixo do centro de toda a área carregada pode ser dado como:

$$\Delta\sigma_{\text{méd}(H_2/H_1)} = 4q_o \left[\frac{H_2 I_{a(H_2)} - H_1 I_{a(H_1)}}{H_2 - H_1} \right] = (4)(100) \left[\frac{(5)I_{a(H_2)} - (3)I_{a(H_1)}}{5 - 3} \right]$$

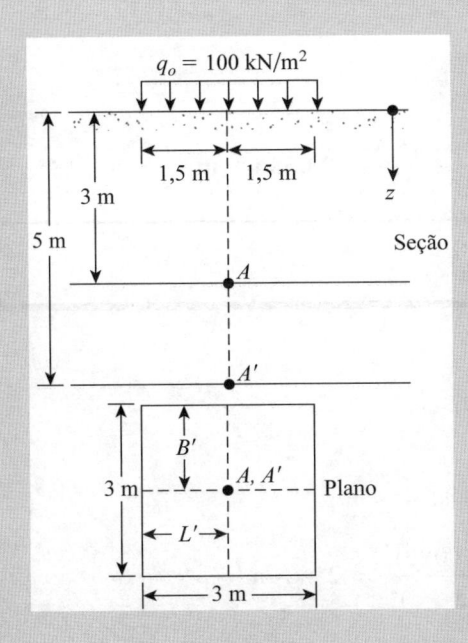

Figura 5.14 Determinação do aumento médio na tensão abaixo de uma área retangular

Para $I_{a(H_2)}$ [Equação (5.26)],

$$m_2 = \frac{B'}{H_2} = \frac{1,5}{5} = 0,3$$

$$n_2 = \frac{L'}{H_2} = \frac{1,5}{5} = 0,3$$

Consultando a Figura 5.11, para $m_2 = 0,3$ e $n_2 = 0,3$, $I_{a(H_2)} = 0,126$. Para $I_{a(H_1)}$ [Equação (5.27)],

$$m_2 = \frac{B'}{H_1} = \frac{1,5}{3} = 0,5$$

$$n_2 = \frac{L'}{H_1} = \frac{1,5}{3} = 0,5$$

Consultando a Figura 5.11, $I_{a(H_1)} = 0,175$, então

$$\Delta\sigma_{\text{méd}(H_2/H_1)} = (4)(100) \left[\frac{(5)(0,126) - (3)(0,175)}{5 - 3} \right] = \mathbf{21 \text{ kN/m}^2}$$

Exemplo 5.4

Resolva o Exemplo 5.3, utilizando as equações (5.14) a (5.17) e (5.29) e a Tabela 5.4.

Solução

Agora, a tabela seguinte pode ser preparada.

z (m)	L (m)	B (m)	m_1	n_1	I_c^*	$q_o I_c^{**}$ (kN/m²)
3	3	3	1	2	0,336	33,6
4	3	3	1	2,67	0,231	23,1
5	3	3	1	3,33	0,155	15,5

*Tabela 5.4
**$q_o = 100$ kN/m²

Com base na Equação (5.29),

$$\Delta\sigma_{\text{méd}(H_2/H_1)} = \frac{33,6 + 4(23,1) + 15,5}{6} = 23,58 \text{ kN/m}^2$$

Exemplo 5.5

Resolva o Exemplo 5.3, utilizando as equações (5.18) e (5.29).

Solução

Com base na Equação (5.18) para uma área quadrada carregada,

$$\sigma_t = \frac{q_o B^2}{(B+z)^2} = \frac{(100)(3)^2}{(3+3)^2} = 25 \text{ kN/m}^2$$

$$\sigma_m = \frac{(100)(3)^2}{(3+4)^2} = 18,37 \text{ kN/m}^2$$

$$\sigma_b = \frac{(100)(3)^2}{(3+5)^2} = 14,06 \text{ kN/m}^2$$

$$\Delta\sigma_{\text{méd}(H_2/H_1)} = \frac{25 + 4(18,37) + 14,06}{6} = \mathbf{18,76 \text{ kN/m}^2}$$

5.9 Aumento da tensão vertical média abaixo do centro de área circular carregada

O aumento da tensão vertical média abaixo do centro de uma área flexível circular carregada de diâmetro B entre $z = H_1$ e $z = H_2$ (veja inserção na Figura 5.15) pode ser estimado usando a Equação (5.29). Os valores de σ_t, σ_m e σ_b podem ser obtidos usando a Equação (5.3).

Saika (2012) também forneceu uma solução matemática para obter $\Delta\sigma_{\text{méd}(H_2/H_1)}$ abaixo do centro de uma área flexível circular carregada (intensidade $= q_o$). Isso é mostrado em uma fórmula não dimensional na Figura 5.15.

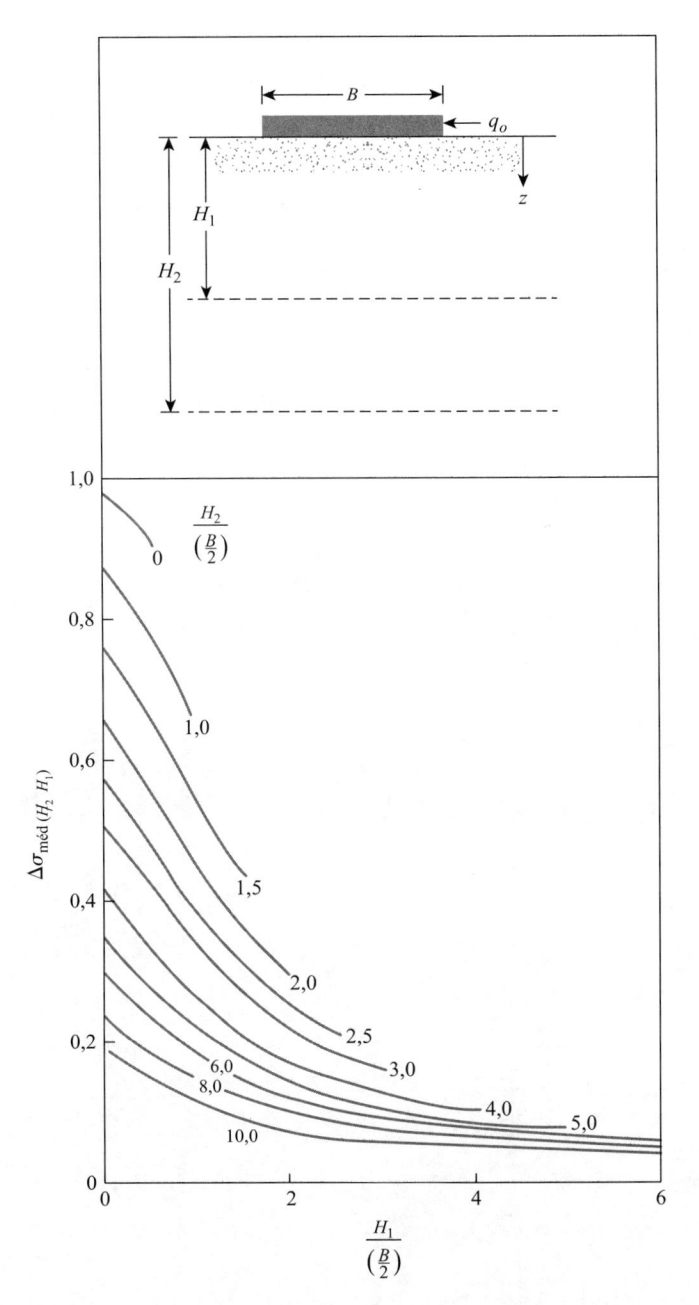

Figura 5.15 Aumento da tensão média abaixo do centro de uma área flexível circular carregada entre $z = H_1$ para $z = H_2$ (Com base em Saika, 2012)

Exemplo 5.6

A Figura 5.16 apresenta uma área flexível circular carregada com $B = 2$ m e $q_o = 150$ kN/m². Estime o aumento da tensão média ($\Delta\sigma_{méd}$) da camada de argila abaixo do centro da área carregada. Use as equações (5.3) e (5.29).

Solução

Com base na Equação (5.3),

$$\Delta\sigma = q_o \left\{ 1 - \frac{1}{\left[1 + \left(\frac{B}{2z}\right)^2\right]^{3/2}} \right\}$$

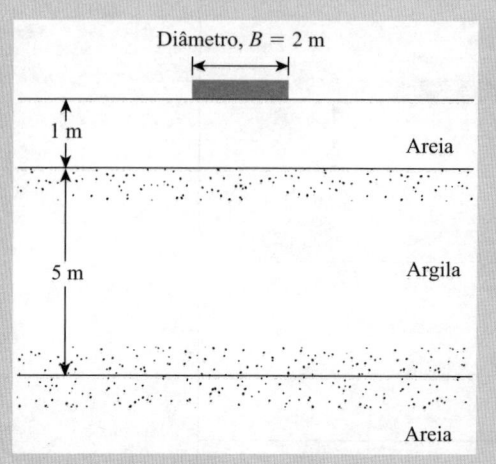

Figura 5.16

Assim (em $z = H_1 = 1$ m),

$$\Delta\sigma_t = 150\left\{1 - \frac{1}{\left[1 + \left(\frac{2}{2\times 1}\right)^2\right]^{3/2}}\right\} = 96,97 \text{ kN/m}^2$$

Em $z = 3,5$ m,

$$\Delta\sigma_m = 150\left\{1 - \frac{1}{\left[1 + \left(\frac{2}{2\times 3,5}\right)^2\right]^{3/2}}\right\} = 16,66 \text{ kN/m}^2$$

Em $z = 6$ m,

$$\Delta\sigma_b = 150\left\{1 - \frac{1}{\left[1 + \left(\frac{2}{2\times 6}\right)^2\right]^{3/2}}\right\} = 6,04 \text{ kN/m}^2$$

Com base na Equação (5.29),

$$\Delta\sigma_{méd} = \frac{\Delta\sigma_t + 4\Delta\sigma_m + \Delta\sigma_b}{6} = \frac{96,97 + (4)(16,66) + 6,04}{6} = \mathbf{28,28 \text{ kN/m}^2}$$

Exemplo 5.7

Resolva o Exemplo 5.6 usando a Figura 5.15.

Solução

$$\frac{H_1}{\left(\frac{B}{2}\right)} = \frac{1}{\left(\frac{2}{2}\right)} = 1$$

$$\frac{H_2}{\left(\frac{B}{2}\right)} = \frac{6}{\left(\frac{2}{2}\right)} = 6$$

Com base na Figura 5.15, para $H_1/(B/2) = 1$ e $H_2/(B/2) = 6$, o valor de $\Delta\sigma_{méd}/q_o \approx 0{,}175$. Logo,

$$\Delta\sigma_{méd} = (150)(0{,}175) = \mathbf{26{,}25\ kN/m^2}\quad\blacksquare$$

5.10 Solução de Westergaard para tensão vertical em função de carga pontual

A solução de Boussinesq para distribuição de tensão em função de uma carga pontual foi apresentada na Seção 5.2. A distribuição de tensão em função de diversos tipos de cargas discutidos nas seções anteriores é fundamentada na integração da solução de Boussinesq.

Westergaard (1938) propôs uma solução para a determinação da tensão vertical em função de uma carga pontual P em um meio sólido elástico em que existem camadas alternadas com reforços rígidos finos (Figura 5.17a). Esse tipo de suposição pode ser uma idealização de uma camada de argila com costuras finas de areia. Para essa suposição, o aumento da tensão vertical em um ponto A (Figura 5.17b) pode ser dado como:

$$\Delta\sigma = \frac{P\eta}{2\pi z^2}\left[\frac{1}{\eta^2 + (r/z)^2}\right]^{3/2} \tag{5.30}$$

onde:

$$\eta = \sqrt{\frac{1 - 2\mu_s}{2 - 2\mu_s}}\ ; \tag{5.31}$$

μ_s = coeficiente de Poisson do sólido entre os reforços rígidos;

$r = \sqrt{x^2 + y^2}$.

A Equação (5.30) pode ser reescrita como:

$$\Delta\sigma = \left(\frac{P}{z^2}\right)I_1 \tag{5.32}$$

onde:

$$I_1 = \frac{1}{2\pi\eta^2}\left[\left(\frac{r}{\eta z}\right)^2 + 1\right]^{-3/2} \tag{5.33}$$

A Tabela 5.5 dá a variação de I_1 com μ_s.

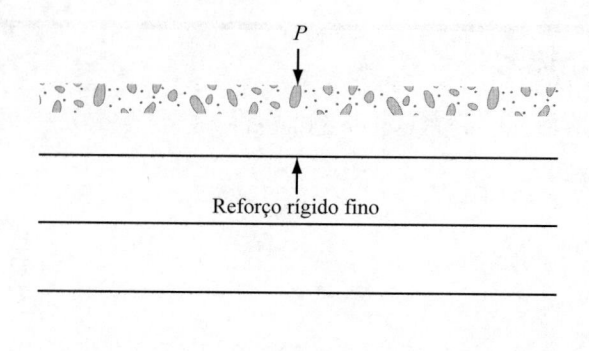

μ_s = Coeficiente de Poisson do solo entre as camadas rígidas

(a)

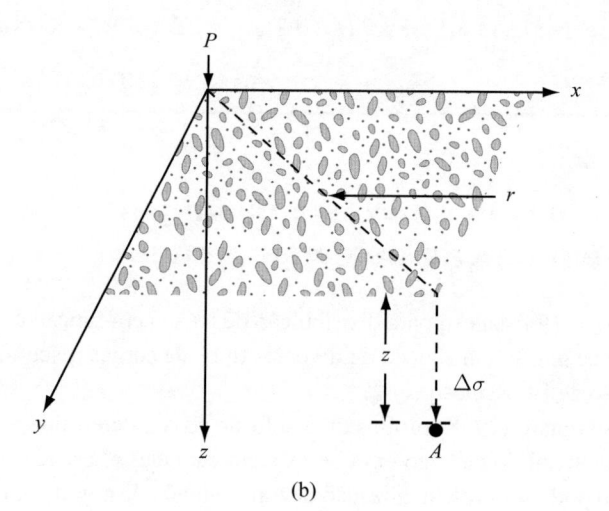

Figura 5.17 Solução de Westergaard para a tensão vertical em função de uma carga pontual

(b)

Tabela 5.5 Variação de I_1 [Equação (5.33)]

r/z	$\mu_s = 0$	$\mu_s = 0,2$	$\mu_s = 0,4$
0	0,3183	0,4244	0,9550
0,1	0,3090	0,4080	0,8750
0,2	0,2836	0,3646	0,6916
0,3	0,2483	0,3074	0,4997
0,4	0,2099	0,2491	0,3480
0,5	0,1733	0,1973	0,2416
0,6	0,1411	0,1547	0,1700
0,7	0,1143	0,1212	0,1221
0,8	0,0925	0,0953	0,0897
0,9	0,0751	0,0756	0,0673
1,0	0,0613	0,0605	0,0516
1,5	0,0247	0,0229	0,0173
2,0	0,0118	0,0107	0,0076
2,5	0,0064	0,0057	0,0040
3,0	0,0038	0,0034	0,0023
4,0	0,0017	0,0015	0,0010
5,0	0,0009	0,0008	0,0005

5.11 Distribuição da tensão para o material de Westergaard

Tensão em função de área circular carregada

Consultando a Figura 5.2, se a área circular estiver localizada sobre um material tipo Westergaard, o aumento da tensão vertical, $\Delta\sigma$, em um ponto localizado a uma profundidade z imediatamente abaixo do centro da área pode ser dado como:

$$\Delta\sigma = q_o \left\{ 1 - \frac{\eta}{\left[\eta^2 + \left(\frac{B}{2z}\right)^2 \right]^{1/2}} \right\} \qquad (5.34)$$

O termo η foi definido na Equação (5.31). As variações de $\Delta\sigma/q_o$ com $B/2z$ e $\mu_s = 0$ são apresentadas na Tabela 5.6.

Tensão em função de área retangular flexível uniformemente carregada

Consulte a Figura 5.5. Se a área retangular flexível estiver localizada sobre um material do tipo Westergaard, o aumento da tensão no ponto A pode ser dado como:

$$\Delta\sigma = \frac{q_o}{2\pi}\left[\cot^{-1} \sqrt{\eta^2\left(\frac{1}{m^2} + \frac{1}{n^2}\right) + \eta^4\left(\frac{1}{m^2 n^2}\right)} \right] \qquad (5.35a)$$

onde:

$$m = \frac{B}{z}$$

$$n = \frac{L}{z}$$

Tabela 5.6 Variação de $\Delta\sigma/q_o$ com $B/2z$ e $\mu_s = 0$ [Equação (5.34)]

B/2z	$\Delta\sigma/q_o$
0,00	0,0
0,25	0,0572
0,33	0,0938
0,50	0,1835
0,75	0,3140
1,00	0,4227
1,25	0,5076
1,50	0,5736
1,75	0,6254
2,00	0,6667
2,25	0,7002
2,50	0,7278
2,75	0,7510
3,00	0,7706
4,00	0,8259
5,00	0,8600
6,00	0,8830
7,00	0,8995
8,00	0,9120
9,00	0,9217
10,00	0,9295

Tabela 5.7 Variação de I_ω com m e n ($\mu_s = 0$)

m	\multicolumn{9}{c}{n}								
	0,1	0,2	0,4	0,5	0,6	1,0	2,0	5,0	10,0
0,1	0,0031	0,0061	0,0110	0,0129	0,0144	0,0182	0,0211	0,0211	0,0223
0,2	0,0061	0,0118	0,0214	0,0251	0,0282	0,0357	0,0413	0,0434	0,0438
0,4	0,0110	0,0214	0,0390	0,0459	0,0516	0,0658	0,0768	0,0811	0,0847
0,5	0,0129	0,0251	0,0459	0,0541	0,0610	0,0781	0,0916	0,0969	0,0977
0,6	0,0144	0,0282	0,0516	0,0610	0,0687	0,0886	0,1044	0,1107	0,1117
1,0	0,0183	0,0357	0,0658	0,0781	0,0886	0,1161	0,1398	0,1491	0,1515
2,0	0,0211	0,0413	0,0768	0,0916	0,1044	0,1398	0,1743	0,1916	0,1948
5,0	0,0221	0,0435	0,0811	0,0969	0,1107	0,1499	0,1916	0,2184	0,2250
10,0	0,0223	0,0438	0,0817	0,0977	0,1117	0,1515	0,1948	0,2250	0,2341

ou

$$\frac{\Delta\sigma}{q_o} = \frac{1}{2\pi}\left[\cot^{-1}\sqrt{\eta^2\left(\frac{1}{m^2}+\frac{1}{n^2}\right)+\eta^4\left(\frac{1}{m^2 n^2}\right)}\right] = I_\omega \qquad (5.35b)$$

A Tabela 5.7 dá a variação de I_ω com m e n (para $\mu_s = 0$). A Figura 5.18 também fornece um gráfico de I_ω (para $\mu_s = 0$) para diversos valores de m e n.

Exemplo 5.8

Resolva o Exemplo 5.2 utilizando a Equação (5.35). Suponha $\mu_s = 0$.

Solução

Com base no Exemplo 5.2:

$$m = 0,2$$
$$n = 0,4$$
$$\Delta\sigma = q_o(4I_\omega)$$

Com base na Tabela 5.7, para $m = 0,2$ e $n = 0,4$, o valor de $I_\omega \approx 0,0214$. Portanto,

$$\Delta\sigma = (150)(4 \times 0,0214) = \mathbf{12{,}84\ kN/m^2} \qquad \blacksquare$$

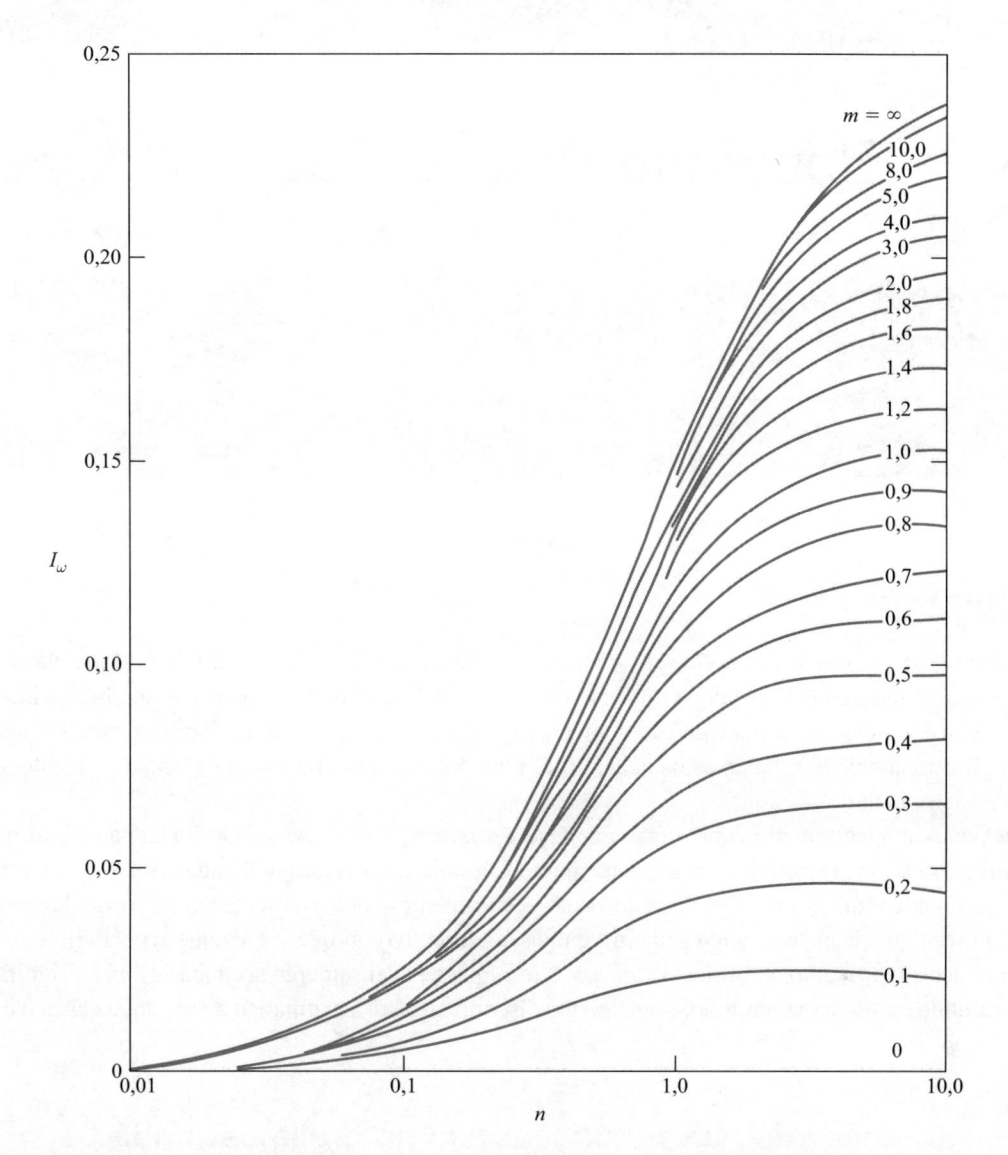

Figura 5.18 Variação de I_ω ($\mu_s = 0$) [Equação (5.35b)] para diversos valores de m e n

6 Recalque das fundações rasas

6.1 Introdução

O recalque de uma fundação rasa pode ser dividido em duas categorias principais: (a) recalque elástico ou imediato e (b) recalque de adensamento. O recalque imediato ou elástico de uma fundação acontece durante ou imediatamente após a construção da estrutura. O recalque de adensamento ocorre com o tempo. A água capilar é expelida dos espaços vazios de solos argilosos saturados submersos na água. O recalque total de uma fundação é a soma do recalque elástico mais o recalque de adensamento.

O recalque de adensamento contempla duas fases: *primário* e *secundário*. Os fundamentos do recalque de adensamento primário foram explicados detalhadamente no Capítulo 2. O recalque de adensamento secundário ocorre após a finalização do adensamento primário causado pelo deslizamento e pela reorientação de partículas de solo sob a carga constante. O recalque de adensamento primário é mais significativo do que o recalque secundário em solos argilosos e siltosos orgânicos. No entanto, em solos orgânicos, o recalque de adensamento secundário é mais significativo.

Este capítulo apresenta várias teorias atualmente disponíveis para a estimativa de recalque elástico e de adensamento de fundações rasas.

6.2 Recalque elástico da fundação rasa na argila saturada ($\mu_s = 0{,}5$)

Janbu et al. (1956) propuseram uma equação para avaliar o recalque médio de fundações flexíveis em solos argilosos saturados (coeficiente de Poisson, $\mu_s = 0{,}5$). Fazendo referência à Figura 6.1, essa relação pode ser expressa como:

$$S_e = A_1 A_2 \frac{q_o B}{E_s} \tag{6.1}$$

onde:
$A_1 = f(H/B, L/B)$;
$A_2 = f(D_f/B)$;
L = comprimento da fundação;
B = largura da fundação;
D_f = profundidade da fundação;
H = profundidade da parte inferior da fundação para uma camada rígida;
q_o = carga por unidade de área da fundação.

Christian e Carrier (1978) modificaram os valores de A_1 e A_2 para alguns parâmetros, que são apresentados na Figura 6.1.
O módulo de elasticidade (E_s) para argilas saturadas pode, em geral, ser definido como:

$$E_s = \beta c_u \tag{6.2}$$

onde c_u = resistência ao cisalhamento não drenado.

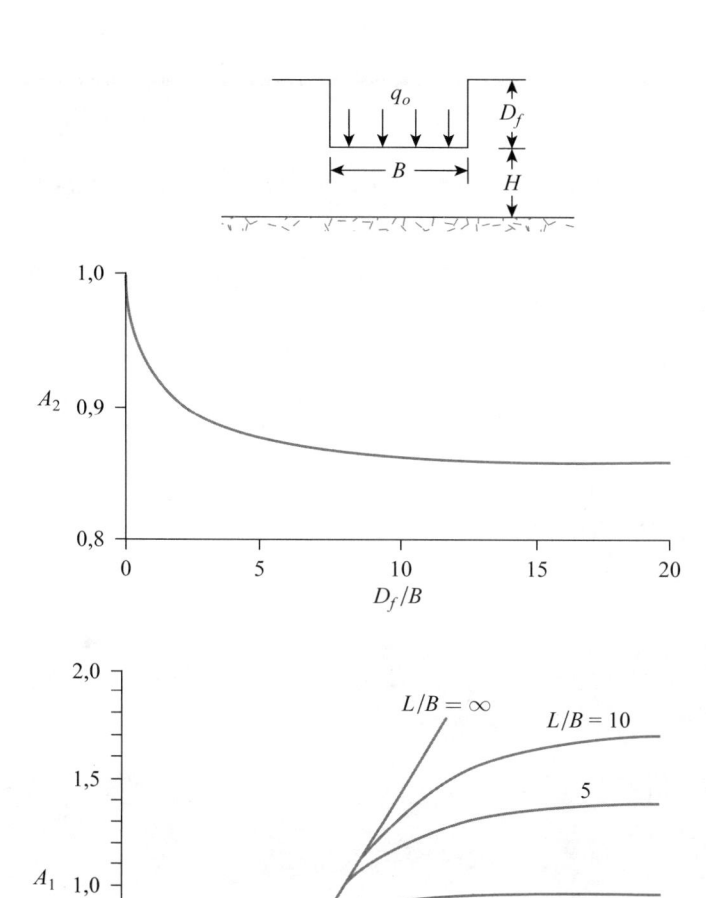

Figura 6.1 Valores de A_1 e A_2 para cálculo de recalque elástico – Equação (6.1) (Segundo Christian e Carrier, 1978). (Com base em Christian, J.T. e Carrier, W. D. (1978). Janbu, Bjerrum and Kjaernsli's chart reinterpreted, *Canadian Geotechnical Journal*, v. 15, p. 123–128.)

O parâmetro β é principalmente uma função do índice de plasticidade e da razão de sobreadensamento (OCR). A Tabela 6.1 proporciona uma variação geral para β com base no que foi proposto por Duncan e Buchignani (1976). Em todo caso, a avaliação apropriada deve ser feita na seleção da magnitude de β.

Tabela 6.1 Variação de β para argila saturada [Equação (6.2)][a]

Índice de plasticidade	β				
	OCR = 1	OCR = 2	OCR = 3	OCR = 4	OCR = 5
< 30	1500–600	1380–500	1200–580	950–380	730–300
30 a 50	600–300	550–270	580–220	380–180	300–150
> 50	300–150	270–120	220–100	180–90	150–75

[a] Com base em Duncan e Buchignani (1976).

Exemplo 6.1

Considere uma fundação rasa 2 m × 1 m no plano em uma camada de argila saturada. Uma camada de rocha rígida está localizada 8 metros abaixo da parte inferior da fundação. Dado que:

Fundação: $D_f = 1$ m, $q_o = 120$ kN/m²
Argila: $c_u = 150$ kN/m², OCR = 2 e índice de plasticidade, IP = 35

Faça a estimativa do recalque elástico da fundação.

Solução
Com base na Equação (6.1),

$$S_e = A_1 A_2 \frac{q_o B}{E_s}$$

Dado que:

$$\frac{L}{B} = \frac{2}{1} = 2$$

$$\frac{D_f}{B} = \frac{1}{1} = 1$$

$$\frac{H}{B} = \frac{8}{1} = 8$$

$$E_s = \beta c_u$$

Para OCR = 2 e IP = 35, o valor de $\beta \approx 480$ (Tabela 6.1). Logo,

$$E_s = (480)(150) = 72.000 \text{ kN/m}^2$$

Além disso, com base na Figura 6.1, $A_1 = 0,9$ e $A_2 = 0,92$. Logo,

$$S_e = A_1 A_2 \frac{q_o B}{E_s} = (0,9)(0,92)\frac{(120)(1)}{72.000} = 0,00138 \text{ m} = \mathbf{1,38 \text{ mm}}$$ ■

Recalque elástico em solo granular

6.3 Recalque com base na teoria da elasticidade

O recalque elástico de uma fundação rasa pode ser estimado utilizando a teoria da elasticidade. Da lei de Hooke, conforme aplicado para a Figura 6.2, obteremos:

$$S_e = \int_0^H \varepsilon_z dz = \frac{1}{E_s}\int_0^H (\Delta\sigma_z - \mu_s \Delta\sigma_x - \mu_s \Delta\sigma_y)\,dz \tag{6.3}$$

onde:

S_e = recalque elástico;
E_s = módulo de elasticidade do solo;
H = espessura da camada do solo;

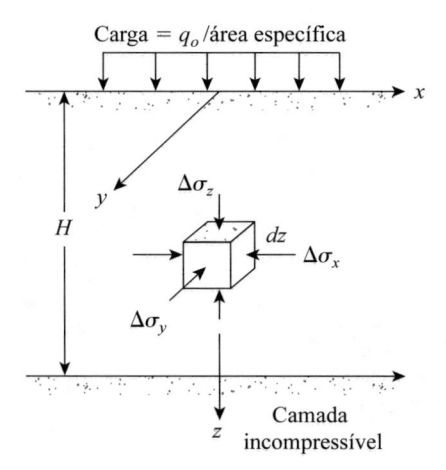

Figura 6.2 Recalque elástico de fundação rasa

μ_s = coeficiente de Poisson do solo;
$\Delta\sigma_x, \Delta\sigma_y, \Delta\sigma_z$ = aumento de tensão em razão da carga líquida aplicada na fundação nas direções x, y e z, respectivamente.

Teoricamente, se a fundação é perfeitamente flexível (veja a Figura 6.3 e Bowles, 1987), o recalque pode ser expresso como:

$$S_e = q_o(\alpha B')\frac{1-\mu_s^2}{E_s}I_s I_f \tag{6.4}$$

onde:

q_o = pressão líquida aplicada na fundação;
μ_s = coeficiente de Poisson do solo;
E_s = módulo de elasticidade de solo médio sob a fundação, medido a partir de $z = 0$ para aproximadamente $z = 5B$;
B' = $B/2$ para o centro da fundação;
    = B para o canto da fundação;
I_s = fator de forma (Steinbrenner, 1934).

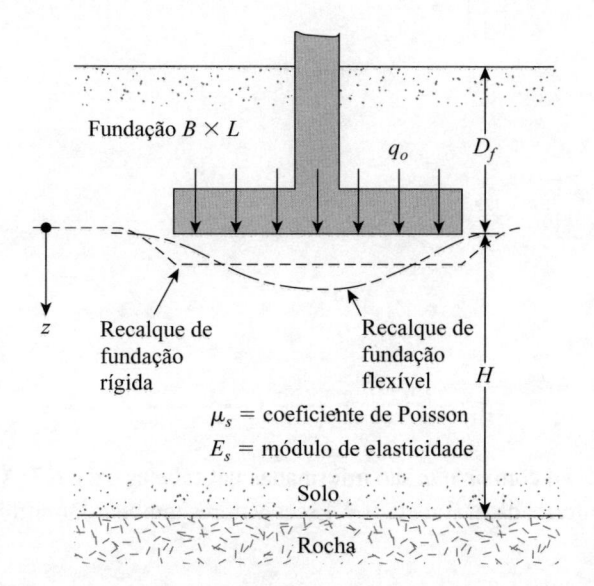

Figura 6.3 Recalque elástico de fundações flexível e rígida

$$= F_1 + \frac{1-2\mu_s}{1-\mu_s} F_2 \tag{6.5}$$

$$F_1 = \frac{1}{\pi}(A_0 + A_1) \tag{6.6}$$

$$F_2 = \frac{n'}{2\pi} \text{tg}^{-1} A_2 \tag{6.7}$$

$$A_0 = m' \ln \frac{\left(1 + \sqrt{m'^2 + 1}\right)\sqrt{m'^2 + n'^2}}{m\left(1 + \sqrt{m'^2 + n'^2 + 1}\right)} \tag{6.8}$$

$$A_1 = \ln \frac{\left(m' + \sqrt{m'^2 + 1}\right)\sqrt{1 + n'^2}}{m' + \sqrt{m'^2 + n'^2 + 1}} \tag{6.9}$$

$$A_2 = \frac{m'}{n' + \sqrt{m'^2 + n'^2 + 1}} \tag{6.10}$$

$$I_f = \text{fator de profundidade (Fox, 1948)} = f\left(\frac{D_f}{B}, \mu_s \text{ e } \frac{L}{B}\right) \tag{6.11}$$

α = fator que depende do local da fundação onde o recalque está sendo calculado.

Para calcular o recalque no *centro* da fundação, utilizamos:

$$\alpha = 4$$
$$m' = \frac{L}{B}$$

e

$$n' = \frac{H}{\left(\frac{B}{2}\right)}$$

Para calcular o recalque no *canto* da fundação,

$$\alpha = 1$$
$$m' = \frac{L}{B}$$

e

$$n' = \frac{H}{B}$$

As variações de F_1 e F_2 [veja Equações (6.6) e (6.7)] com m' e n' são informadas nas tabelas 6.2 e 6.3. Além disso, a variação de I_f com D_f/B (para μ_s = 0,3, 0,4 e 0,5) é informada na Tabela 6.4. Esses valores também são informados com mais detalhes por Bowles (1987).

Tabela 6.2 Variação de F_1 com m' e n'

n'	m'									
	1,0	1,2	1,4	1,6	1,8	2,0	2,5	3,0	3,5	4,0
0,25	0,014	0,013	0,012	0,011	0,011	0,011	0,010	0,010	0,010	0,010
0,50	0,049	0,046	0,044	0,042	0,041	0,040	0,038	0,038	0,037	0,037
0,75	0,095	0,090	0,087	0,084	0,082	0,080	0,077	0,076	0,074	0,074
1,00	0,142	0,138	0,134	0,130	0,127	0,125	0,121	0,118	0,116	0,115
1,25	0,186	0,183	0,179	0,176	0,173	0,170	0,165	0,161	0,158	0,157
1,50	0,224	0,224	0,222	0,219	0,216	0,213	0,207	0,203	0,199	0,197
1,75	0,257	0,259	0,259	0,258	0,255	0,253	0,247	0,242	0,238	0,235
2,00	0,285	0,290	0,292	0,292	0,291	0,289	0,284	0,279	0,275	0,271
2,25	0,309	0,317	0,321	0,323	0,323	0,322	0,317	0,313	0,308	0,305
2,50	0,330	0,341	0,347	0,350	0,351	0,351	0,348	0,344	0,340	0,336
2,75	0,348	0,361	0,369	0,374	0,377	0,378	0,377	0,373	0,369	0,365
3,00	0,363	0,379	0,389	0,396	0,400	0,402	0,402	0,400	0,396	0,392
3,25	0,376	0,394	0,406	0,415	0,420	0,423	0,426	0,424	0,421	0,418
3,50	0,388	0,408	0,422	0,431	0,438	0,442	0,447	0,447	0,444	0,441
3,75	0,399	0,420	0,436	0,447	0,454	0,460	0,467	0,458	0,466	0,464
4,00	0,408	0,431	0,448	0,460	0,469	0,476	0,484	0,487	0,486	0,484
4,25	0,417	0,440	0,458	0,472	0,481	0,484	0,495	0,514	0,515	0,515
4,50	0,424	0,450	0,469	0,484	0,495	0,503	0,516	0,521	0,522	0,522
4,75	0,431	0,458	0,478	0,494	0,506	0,515	0,530	0,536	0,539	0,539
5,00	0,437	0,465	0,487	0,503	0,516	0,526	0,543	0,551	0,554	0,554
5,25	0,443	0,472	0,494	0,512	0,526	0,537	0,555	0,564	0,568	0,569
5,50	0,448	0,478	0,501	0,520	0,534	0,546	0,566	0,576	0,581	0,584
5,75	0,453	0,483	0,508	0,527	0,542	0,555	0,576	0,588	0,594	0,597
6,00	0,457	0,489	0,514	0,534	0,550	0,563	0,585	0,598	0,606	0,609
6,25	0,461	0,493	0,519	0,540	0,557	0,570	0,594	0,609	0,617	0,621
6,50	0,465	0,498	0,524	0,546	0,563	0,577	0,603	0,618	0,627	0,632
6,75	0,468	0,502	0,529	0,551	0,569	0,584	0,610	0,627	0,637	0,643
7,00	0,471	0,506	0,533	0,556	0,575	0,590	0,618	0,635	0,646	0,653
7,25	0,474	0,509	0,538	0,561	0,580	0,596	0,625	0,643	0,655	0,662
7,50	0,477	0,513	0,541	0,565	0,585	0,601	0,631	0,650	0,663	0,671
7,75	0,480	0,516	0,545	0,569	0,589	0,606	0,637	0,658	0,671	0,680
8,00	0,482	0,519	0,549	0,573	0,594	0,611	0,643	0,664	0,678	0,688
8,25	0,485	0,522	0,552	0,577	0,598	0,615	0,648	0,670	0,685	0,695
8,50	0,487	0,524	0,555	0,580	0,601	0,619	0,653	0,676	0,692	0,703
8,75	0,489	0,527	0,558	0,583	0,605	0,623	0,658	0,682	0,698	0,710
9,00	0,491	0,529	0,560	0,587	0,609	0,627	0,663	0,687	0,705	0,716
9,25	0,493	0,531	0,563	0,589	0,612	0,631	0,667	0,693	0,710	0,723
9,50	0,495	0,533	0,565	0,592	0,615	0,634	0,671	0,697	0,716	0,719
9,75	0,496	0,536	0,568	0,595	0,618	0,638	0,675	0,702	0,721	0,735
10,00	0,498	0,537	0,570	0,597	0,621	0,641	0,679	0,707	0,726	0,740
20,00	0,529	0,575	0,614	0,647	0.677	0,702	0,756	0,797	0,830	0,858
50,00	0,548	0,598	0,640	0,678	0,711	0,740	0,803	0,853	0,895	0,931
100,00	0,555	0,605	0,649	0,688	0,722	0,753	0,819	0,872	0,918	0,956

(continua)

Tabela 6.2 Variação de F_1 com m' e n' (continuação)

	m'									
n'	4,5	5,0	6,0	7,0	8,0	9,0	10,0	25,0	50,0	100,0
0,25	0,010	0,010	0,010	0,010	0,010	0,010	0,010	0,010	0,010	0,010
0,50	0,036	0,036	0,036	0,036	0,036	0,036	0,036	0,036	0,036	0,036
0,75	0,073	0,073	0,072	0,072	0,072	0,072	0,071	0,071	0,071	0,071
1,00	0,114	0,113	0,112	0,112	0,112	0,111	0,111	0,110	0,110	0,110
1,25	0,155	0,154	0,153	0,152	0,152	0,151	0,151	0,150	0,150	0,150
1,50	0,195	0,194	0,192	0,191	0,190	0,190	0,189	0,188	0,188	0,188
1,75	0,233	0,232	0,229	0,228	0,227	0,226	0,225	0,223	0,223	0,223
2,00	0,269	0,267	0,264	0,262	0,261	0,260	0,259	0,257	0,256	0,256
2,25	0,302	0,300	0,296	0,294	0,293	0,291	0,291	0,287	0,287	0,287
2,50	0,333	0,331	0,327	0,324	0,322	0,321	0,320	0,316	0,315	0,315
2,75	0,362	0,359	0,355	0,352	0,350	0,348	0,347	0,343	0,342	0,342
3,00	0,389	0,386	0,382	0,378	0,376	0,374	0,373	0,368	0,367	0,367
3,25	0,415	0,412	0,407	0,403	0,401	0,399	0,397	0,391	0,390	0,390
3,50	0,438	0,435	0,430	0,427	0,424	0,421	0,420	0,413	0,412	0,411
3,75	0,461	0,458	0,453	0,449	0,446	0,443	0,441	0,433	0,432	0,432
4,00	0,482	0,479	0,474	0,470	0,466	0,464	0,462	0,453	0,451	0,451
4,25	0,516	0,496	0,484	0,473	0,471	0,471	0,470	0,468	0,462	0,460
4,50	0,520	0,517	0,513	0,508	0,505	0,502	0,499	0,489	0,487	0,487
4,75	0,537	0,535	0,530	0,526	0,523	0,519	0,517	0,506	0,504	0,503
5,00	0,554	0,552	0,548	0,543	0,540	0,536	0,534	0,522	0,519	0,519
5,25	0,569	0,568	0,564	0,560	0,556	0,553	0,550	0,537	0,534	0,534
5,50	0,584	0,583	0,579	0,575	0,571	0,568	0,585	0,551	0,549	0,548
5,75	0,597	0,597	0,594	0,590	0,586	0,583	0,580	0,565	0,583	0,562
6,00	0,611	0,610	0,608	0,604	0,601	0,598	0,595	0,579	0,576	0,575
6,25	0,623	0,623	0,621	0,618	0,615	0,611	0,608	0,592	0,589	0,588
6,50	0,635	0,635	0,634	0,631	0,628	0,625	0,622	0,605	0,601	0,600
6,75	0,646	0,647	0,646	0,644	0,641	0,637	0,634	0,617	0,613	0,612
7,00	0,656	0,658	0,658	0,656	0,653	0,650	0,647	0,628	0,624	0,623
7,25	0,666	0,669	0,669	0,668	0,665	0,662	0,659	0,640	0,635	0,634
7,50	0,676	0,679	0,680	0,679	0,676	0,673	0,670	0,651	0,646	0,645
7,75	0,685	0,688	0,690	0,689	0,687	0,684	0,681	0,661	0,656	0,655
8,00	0,694	0,697	0,700	0,700	0,698	0,695	0,692	0,672	0,666	0,665
8,25	0,702	0,706	0,710	0,710	0,708	0,705	0,703	0,682	0,676	0,675
8,50	0,710	0,714	0,719	0,719	0,718	0,715	0,713	0,692	0,686	0,684
8,75	0,717	0,722	0,727	0,728	0,727	0,725	0,723	0,701	0,695	0,693
9,00	0,725	0,730	0,736	0,737	0,736	0,735	0,732	0,710	0,704	0,702
9,25	0,731	0,737	0,744	0,746	0,745	0,744	0,742	0,719	0,713	0,711
9,50	0,738	0,744	0,752	0,754	0,754	0,753	0,751	0,728	0,721	0,719
9,75	0,744	0,751	0,759	0,762	0,762	0,761	0,759	0,737	0,729	0,727
10,00	0,750	0,758	0,766	0,770	0,770	0,770	0,768	0,745	0,738	0,735
20,00	0,878	0,896	0,925	0,945	0,959	0,969	0,977	0,982	0,965	0,957
50,00	0,962	0,989	1,034	1,070	1,100	1,125	1,146	1,265	1,279	1,261
100,00	0,990	1,020	1,072	1,114	1,150	1,182	1,209	1,408	1,489	1,499

Tabela 6.3 Variação de F_2 com m' e n'

n'	\multicolumn{10}{c}{m'}
	1,0	1,2	1,4	1,6	1,8	2,0	2,5	3,0	3,5	4,0
0,25	0,049	0,050	0,051	0,051	0,051	0,052	0,052	0,052	0,052	0,052
0,50	0,074	0,077	0,080	0,081	0,083	0,084	0,086	0,086	0,0878	0,087
0,75	0,083	0,089	0,093	0,097	0,099	0,101	0,104	0,106	0,107	0,108
1,00	0,083	0,091	0,098	0,102	0,106	0,109	0,114	0,117	0,119	0,120
1,25	0,080	0,089	0,096	0,102	0,107	0,111	0,118	0,122	0,125	0,127
1,50	0,075	0,084	0,093	0,099	0,105	0,110	0,118	0,124	0,128	0,130
1,75	0,069	0,079	0,088	0,095	0,101	0,107	0,117	0,123	0,128	0,131
2,00	0,064	0,074	0,083	0,090	0,097	0,102	0,114	0,121	0,127	0,131
2,25	0,059	0,069	0,077	0,085	0,092	0,098	0,110	0,119	0,125	0,130
2,50	0,055	0,064	0,073	0,080	0,087	0,093	0,106	0,115	0,122	0,127
2,75	0,051	0,060	0,068	0,076	0,082	0,089	0,102	0,111	0,119	0,125
3,00	0,048	0,056	0,064	0,071	0,078	0,084	0,097	0,108	0,116	0,122
3,25	0,045	0,053	0,060	0,067	0,074	0,080	0,093	0,104	0,112	0,119
3,50	0,042	0,050	0,057	0,064	0,070	0,076	0,089	0,100	0,109	0,116
3,75	0,040	0,047	0,054	0,060	0,067	0,073	0,086	0,096	0,105	0,113
4,00	0,037	0,044	0,051	0,057	0,063	0,069	0,082	0,093	0,102	0,110
4,25	0,036	0,042	0,049	0,055	0,061	0,066	0,079	0,090	0,099	0,107
4,50	0,034	0,040	0,046	0,052	0,058	0,063	0,076	0,086	0,096	0,104
4,75	0,032	0,038	0,044	0,050	0,055	0,061	0,073	0,083	0,093	0,101
5,00	0,031	0,036	0,042	0,048	0,053	0,058	0,070	0,080	0,090	0,098
5,25	0,029	0,035	0,040	0,046	0,051	0,056	0,067	0,078	0,087	0,095
5,50	0,028	0,033	0,039	0,044	0,049	0,054	0,065	0,075	0,084	0,092
5,75	0,027	0,032	0,037	0,042	0,047	0,052	0,063	0,073	0,082	0,090
6,00	0,026	0,031	0,036	0,040	0,045	0,050	0,060	0,070	0,079	0,087
6,25	0,025	0,030	0,034	0,039	0,044	0,048	0,058	0,068	0,077	0,085
6,50	0,024	0,029	0,033	0,038	0,042	0,046	0,056	0,066	0,075	0,083
6,75	0,023	0,028	0,032	0,036	0,041	0,045	0,055	0,064	0,073	0,080
7,00	0,022	0,027	0,031	0,035	0,039	0,043	0,053	0,062	0,071	0,078
7,25	0,022	0,026	0,030	0,034	0,038	0,042	0,051	0,060	0,069	0,076
7,50	0,021	0,025	0,029	0,033	0,037	0,041	0,050	0,059	0,067	0,074
7,75	0,020	0,024	0,028	0,032	0,036	0,039	0,048	0,057	0,065	0,072
8,00	0,020	0,023	0,027	0,031	0,035	0,038	0,047	0,055	0,063	0,071
8,25	0,019	0,023	0,026	0,030	0,034	0,037	0,046	0,054	0,062	0,069
8,50	0,018	0,022	0,026	0,029	0,033	0,036	0,045	0,053	0,060	0,067
8,75	0,018	0,021	0,025	0,028	0,032	0,035	0,043	0,051	0,059	0,066
9,00	0,017	0,021	0,024	0,028	0,031	0,034	0,042	0,050	0,057	0,064
9,25	0,017	0,020	0,024	0,027	0,030	0,033	0,041	0,049	0,056	0,063
9,50	0,017	0,020	0,023	0,026	0,029	0,033	0,040	0,048	0,055	0,061
9,75	0,016	0,019	0,023	0,026	0,029	0,032	0,039	0,047	0,054	0,060
10,00	0,016	0,019	0,022	0,025	0,028	0,031	0,038	0,046	0,052	0,059
20,00	0,008	0,010	0,011	0,013	0,014	0,016	0,020	0,024	0,027	0,031
50,00	0,003	0,004	0,004	0,005	0,006	0,006	0,008	0,010	0,011	0,013
100,00	0,002	0,002	0,002	0,003	0,003	0,003	0,004	0,005	0,006	0,006

(continua)

Tabela 6.3 Variação de F_2 com m' e n' *(continuação)*

n'	m'									
	4,5	5,0	6,0	7,0	8,0	9,0	10,0	25,0	50,0	100,0
0,25	0,053	0,053	0,053	0,053	0,053	0,053	0,053	0,053	0,053	0,053
0,50	0,087	0,087	0,088	0,088	0,088	0,088	0,088	0,088	0,088	0,088
0,75	0,109	0,109	0,109	0,110	0,110	0,110	0,110	0,111	0,111	0,111
1,00	0,121	0,122	0,123	0,123	0,124	0,124	0,124	0,125	0,125	0,125
1,25	0,128	0,130	0,131	0,132	0,132	0,133	0,133	0,134	0,134	0,134
1,50	0,132	0,134	0,136	0,137	0,138	0,138	0,139	0,140	0,140	0,140
1,75	0,134	0,136	0,138	0,140	0,141	0,142	0,142	0,144	0,144	0,145
2,00	0,134	0,136	0,139	0,141	0,143	0,144	0,145	0,147	0,147	0,148
2,25	0,133	0,136	0,140	0,142	0,144	0,145	0,146	0,149	0,150	0,150
2,50	0,132	0,135	0,139	0,142	0,144	0,146	0,147	0,151	0,151	0,151
2,75	0,130	0,133	0,138	0,142	0,144	0,146	0,147	0,152	0,152	0,153
3,00	0,127	0,131	0,137	0,141	0,144	0,145	0,147	0,152	0,153	0,154
3,25	0,125	0,129	0,135	0,140	0,143	0,145	0,147	0,153	0,154	0,154
3,50	0,122	0,126	0,133	0,138	0,142	0,144	0,146	0,153	0,155	0,155
3,75	0,119	0,124	0,131	0,137	0,141	0,143	0,145	0,154	0,155	0,155
4,00	0,116	0,121	0,129	0,135	0,139	0,142	0,145	0,154	0,155	0,156
4,25	0,113	0,119	0,127	0,133	0,138	0,141	0,144	0,154	0,156	0,156
4,50	0,110	0,116	0,125	0,131	0,136	0,140	0,143	0,154	0,156	0,156
4,75	0,107	0,113	0,123	0,130	0,135	0,139	0,142	0,154	0,156	0,157
5,00	0,105	0,111	0,120	0,128	0,133	0,137	0,140	0,154	0,156	0,157
5,25	0,102	0,108	0,118	0,126	0,131	0,136	0,139	0,154	0,156	0,157
5,50	0,099	0,106	0,116	0,124	0,130	0,134	0,138	0,154	0,156	0,157
5,75	0,097	0,103	0,113	0,122	0,128	0,133	0,136	0,154	0,157	0,157
6,00	0,094	0,101	0,111	0,120	0,126	0,131	0,135	0,153	0,157	0,157
6,25	0,092	0,098	0,109	0,118	0,124	0,129	0,134	0,153	0,157	0,158
6,50	0,090	0,096	0,107	0,116	0,122	0,128	0,132	0,153	0,157	0,158
6,75	0,087	0,094	0,105	0,114	0,121	0,126	0,131	0,153	0,157	0,158
7,00	0,085	0,092	0,103	0,112	0,119	0,125	0,129	0,152	0,157	0,158
7,25	0,083	0,090	0,101	0,110	0,117	0,123	0,128	0,152	0,157	0,158
7,50	0,081	0,088	0,099	0,108	0,115	0,121	0,126	0,152	0,156	0,158
7,75	0,079	0,086	0,097	0,106	0,114	0,120	0,125	0,151	0,156	0,158
8,00	0,077	0,084	0,095	0,104	0,112	0,118	0,124	0,151	0,156	0,158
8,25	0,076	0,082	0,093	0,102	0,110	0,117	0,122	0,150	0,156	0,158
8,50	0,074	0,080	0,091	0,101	0,108	0,115	0,121	0,150	0,156	0,158
8,75	0,072	0,078	0,089	0,099	0,107	0,114	0,119	0,150	0,156	0,158
9,00	0,071	0,077	0,088	0,097	0,105	0,112	0,118	0,149	0,156	0,158
9,25	0,069	0,075	0,086	0,096	0,104	0,110	0,116	0,149	0,156	0,158
9,50	0,068	0,074	0,085	0,094	0,102	0,109	0,115	0,148	0,156	0,158
9,75	0,066	0,072	0,083	0,092	0,100	0,107	0,113	0,148	0,156	0,158
10,00	0,065	0,071	0,082	0,091	0,099	0,106	0,112	0,147	0,156	0,158
20,00	0,035	0,039	0,046	0,053	0,059	0,065	0,071	0,124	0,148	0,156
50,00	0,014	0,016	0,019	0,022	0,025	0,028	0,031	0,071	0,113	0,142
100,00	0,007	0,008	0,010	0,011	0,013	0,014	0,016	0,039	0,071	0,113

Tabela 6.4 Variação de I_f com D_f/B, B/L e μ_s

μ_s	D_f/B	B/L		
		2,0	0,5	1,0
0,3	0,2	0,95	0,93	0,90
	0,4	0,90	0,86	0,81
	0,6	0,85	0,80	0,74
	1,0	0,78	0,71	0,65
0,4	0,2	0,97	0,96	0,93
	0,4	0,93	0,89	0,85
	0,6	0,89	0,84	0,78
	1,0	0,82	0,75	0,69
0,5	0,2	0,99	0,98	0,96
	0,4	0,95	0,93	0,89
	0,6	0,92	0,87	0,82
	1,0	0,85	0,79	0,72

O recalque elástico de uma *fundação rígida* pode ser estimado como:

$$S_{e(\text{rígido})} \approx 0,93 S_{e(\text{flexível, central})} \quad (6.12)$$

Em razão da natureza não homogênea dos depósitos de solo, a magnitude de E_s pode variar com a profundidade. Por esse motivo, Bowles (1987) recomendou o uso de um peso médio de E_s na Equação (6.4) ou:

$$E_s = \frac{\Sigma E_{s(i)} \Delta z}{\overline{z}} \quad (6.13)$$

onde:
$E_{s(i)}$ = módulo de elasticidade de solo dentro de uma profundidade Δz;
$\overline{z} = H$ ou $5B$, o que tiver o melhor valor.

Exemplo 6.2

Uma fundação rasa e rígida de 1 m × 2 m é exibida na Figura 6.4. Calcule o recalque elástico no centro da fundação.

Solução

Informa-se que $B = 1$ m e $L = 2$ m. Observe que $\overline{z} = 5$ m $= 5B$. Com base na Equação (6.13):

$$E_s = \frac{\Sigma E_{s(i)} \Delta z}{\overline{z}}$$

$$= \frac{(10.000)(2) + (8.000)(1) + (12.000)(2)}{5} = 10.400 \text{ kN/m}^2$$

Para o *centro da fundação,*

$$\alpha = 4$$

$$m' = \frac{L}{B} = \frac{2}{1} = 2$$

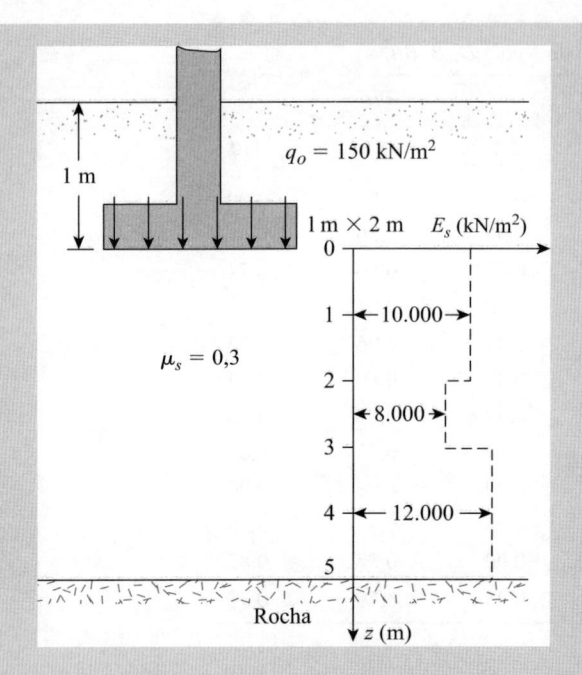

Figura 6.4 Recalque elástico abaixo do centro da fundação.

e

$$n' = \frac{H}{\left(\frac{B}{2}\right)} = \frac{5}{\left(\frac{1}{2}\right)} = 10$$

Das tabelas 6.2 e 6.3, $F_1 = 0{,}641$ e $F_2 = 0{,}031$. Com base na Equação (6.5),

$$I_s = F_1 + \frac{2 - \mu_s}{1 - \mu_s} F_2$$

$$= 0{,}641 + \frac{2 - 0{,}3}{1 - 0{,}3}(0{,}031) = 0{,}716$$

Novamente, $D_f/B = 1/1 = 1$, $B/L = 0{,}5$ e $\mu_s = 0{,}3$. Com base na Tabela 6.4, $I_f = 0{,}71$.
Logo,

$$S_{e(\text{flexível})} = q_0(\alpha B')\frac{1 - \mu_s^2}{E_s} I_s I_f$$

$$= (150)\left(4 \times \frac{1}{2}\right)\left(\frac{1 - 0{,}3^2}{10{.}400}\right)(0{,}716)(0{,}71) = 0{,}0133 \text{ m} = 13{,}3 \text{ mm}$$

Uma vez que a fundação é rígida, com base na Equação (6.12), obteremos:

$$S_{e(\text{rígido})} = (0{,}93)(13{,}3) = \mathbf{12{,}4 \text{ mm}} \qquad \blacksquare$$

6.4 Equação aprimorada para recalque elástico

Em 1999, Mayne e Poulos apresentaram uma fórmula aprimorada para o cálculo de recalque elástico de fundações. A fórmula leva em conta a rigidez da fundação, a profundidade do aterro da fundação, o aumento nos módulos de elasticidade do solo com a profundidade e o local de camadas rígidas em profundidade limitada. Para utilizar a equação de Mayne e Poulos, é necessário determinar o diâmetro equivalente B_e de uma fundação retangular ou:

$$B_e = \sqrt{\frac{4BL}{\pi}} \tag{6.14}$$

onde:

B = largura da fundação;
L = comprimento da fundação.

Para fundações circulares,

$$B_e = B \tag{6.15}$$

onde B = diâmetro da fundação.

A Figura 6.5 mostra uma fundação com um diâmetro equivalente B_e localizada a uma profundidade D_f abaixo da superfície do solo. A espessura da fundação deve ser t, e o módulo de elasticidade do material da fundação, E_f. Uma camada rígida está localizada a uma profundidade H abaixo da parte inferior da fundação. O módulo de elasticidade da camada de solo compressível pode ser informado como:

$$E_s = E_o + kz \tag{6.16}$$

Com os parâmetros anteriores definidos, o recalque elástico abaixo do centro da fundação é:

$$S_e = \frac{q_o B_e I_G I_F I_E}{E_o}\left(1 - \mu_s^2\right) \tag{6.17}$$

onde:

I_G = fator de influência para a variação de E_s com profundidade
$= f\left(\beta = \frac{E_o}{kB_e}, \frac{H}{B_e}\right)$
I_F = fator de correção da rigidez da fundação;
I_E = fator de correção do aterro da fundação.

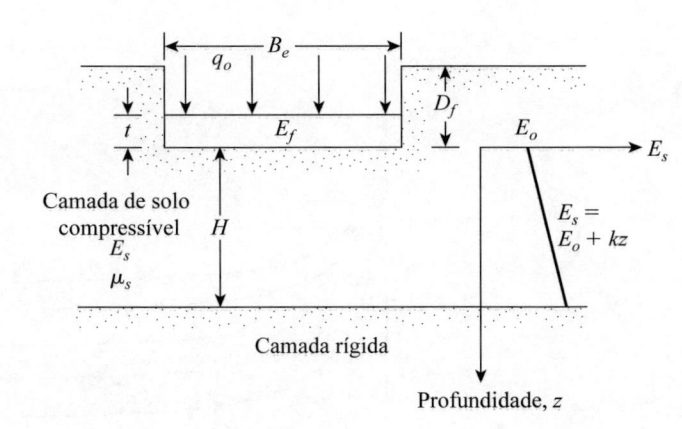

Figura 6.5 Equação aprimorada para cálculo de recalque elástico: parâmetros gerais.

A Figura 6.6 mostra a variação de I_G com $\beta = E_o/kB_e$ e H/B_e. O fator de correção da rigidez da fundação pode ser expresso como:

$$I_F = \frac{\pi}{4} + \frac{1}{4{,}6 + 10\left(\dfrac{E_f}{E_o + \dfrac{B_e}{2}k}\right)\left(\dfrac{2t}{B_e}\right)^3} \tag{6.18}$$

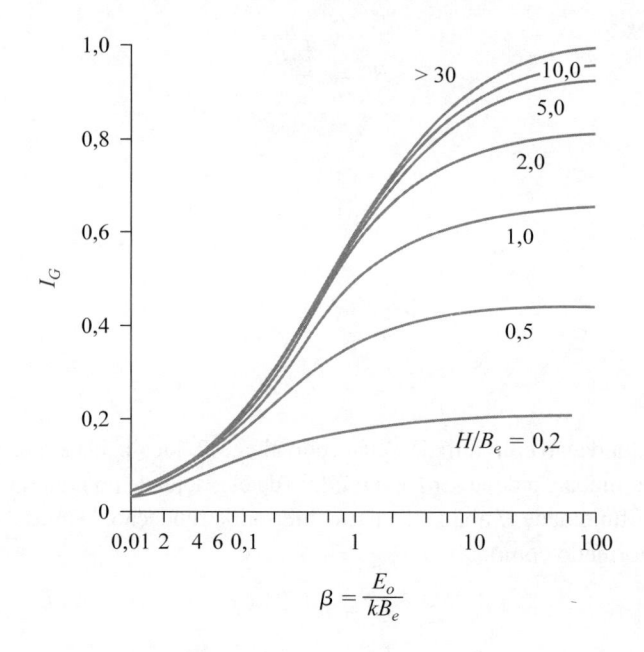

Figura 6.6 Variação de I_G com β.

De modo semelhante, o fator de correção de aterro é:

$$I_E = 1 - \frac{1}{3,5\,\exp(1,22\mu_s - 0,4)\left(\dfrac{B_e}{D_f} + 1,6\right)} \tag{6.19}$$

As figuras 6.7 e 6.8 mostram a variação de I_F e I_E com termos expressos nas Equações (6.18) e (6.19).

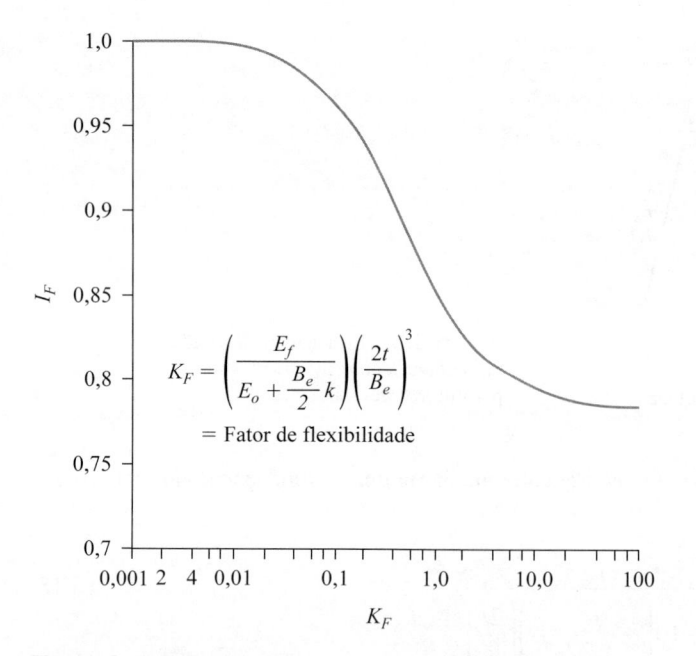

Figura 6.7 Variação do fator de correção de rigidez I_F com fator de flexibilidade K_F [Equação (6.18)].

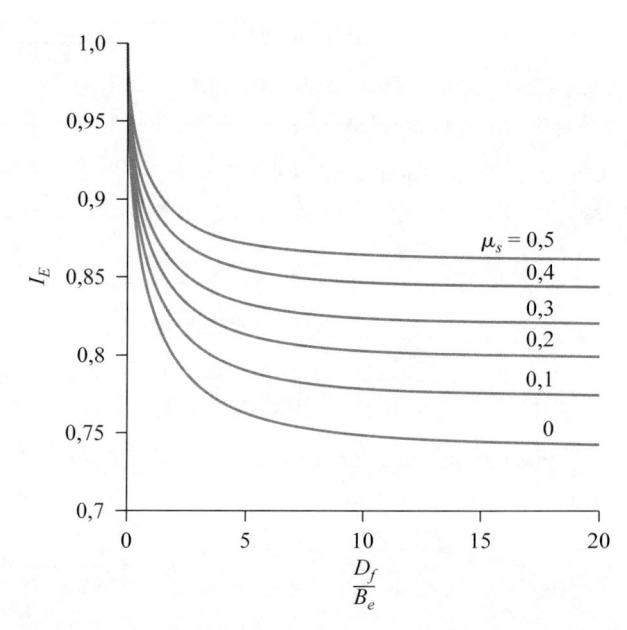

Figura 6.8 Variação do fator de correção de aterro I_E com D_f/B_e [Equação (6.19)].

Exemplo 6.3

Para uma fundação rasa suportada pela areia siltosa, conforme indicado na Figura 6.5:

Comprimento = L = 3 m;
Largura = B = 1,5 m;
Profundidade da fundação = D_f = 1,5 m;
Espessura da fundação = t = 0,3 m;
Carga por unidade de área = q_o = 240 kN/m²;
$E_f = 16 \times 10^6$ kN/m².

O solo de areia siltosa apresenta as seguintes propriedades:

H = 3,7 m;
μ_s = 0,3;
E_o = 9700 kN/m²;
k = 575 kN/m²/m.

Faça a estimativa do recalque elástico da fundação.

Solução
Com base na Equação (6.14), o diâmetro equivalente é:

$$B_e = \sqrt{\frac{4BL}{\pi}} = \sqrt{\frac{(4)(1,5)(3)}{\pi}} = 2,39 \text{ m}$$

então

$$\beta = \frac{E_o}{kB_e} = \frac{9700}{(575)(2,39)} = 7,06$$

e

$$\frac{H}{B_e} = \frac{3,7}{2,39} = 1,55$$

Com base na Figura 6.6, para $\beta = 7,06$ e $H/B_e = 1.55$, o valor de $I_G \approx 0,7$. Com base na Equação (6.18),

$$I_F = \frac{\pi}{4} + \frac{1}{4,6 + 10\left(\dfrac{E_f}{E_o + \dfrac{B_e}{2}k}\right)\left(\dfrac{2t}{B_e}\right)^3}$$

$$= \frac{\pi}{4} + \frac{1}{4,6 + 10\left[\dfrac{16 \times 10^6}{9700 + \left(\dfrac{2,39}{2}\right)(575)}\right]\left[\dfrac{(2)(0,3)}{2,39}\right]^3} = 0,789$$

Com base na Equação (6.19),

$$I_E = 1 - \frac{1}{3,5 \exp(1,22\mu_s - 0,4)\left(\dfrac{B_e}{D_f} + 1,6\right)}$$

$$= 1 - \cfrac{1}{3,5 \exp[(1,22)(0,3) - 0,4]\left(\cfrac{2,39}{1,5} + 1,6\right)} = 0,907$$

Com base na Equação (6.17),

$$S_e = \frac{q_o B_e I_G I_F I_E}{E_o}(1 - \mu_s^2)$$

então, com $q_o = 240$ kN/m², temos:

$$S_e = \frac{(240)(2,39)(0,7)(0,789)(0,907)}{9700}(1 - 0,3^2) \approx 0,02696 \text{ m} \approx \mathbf{27\, mm}$$ ∎

6.5 Recalque de solo arenoso: uso de fatores de influência de deformação

Solução de Schmertmann et al. (1978)

O recalque dos solos granulares também pode ser avaliado pelo uso de um *fator de influência de deformação* proposto por Schmertmann et al. (1978). De acordo com esse método (Figura 6.9), o recalque é:

$$S_e = C_1 C_2 (\overline{q} - q) \sum_0^{z_2} \frac{I_z}{E_s} \Delta z \qquad (6.20)$$

onde:

I_z = fator de influência de deformação;
C_1 = um fator de correção para a profundidade do aterro da fundação = $1 - 0,5\,[q/(\overline{q} - q)]$;
C_2 = um fator de correção para considerar o escoamento no solo;
$C_2 = 1 + 0,2 \log$ (tempo em anos/0,1);
$\overline{q}$ = tensão no nível da fundação;
$q = \gamma D_f$ = tensão efetiva na base da fundação;
E_s = módulo de elasticidade do solo.

A variação recomendada do fator de influência de deformação I_z para fundações quadradas ($L/B = 1$) ou circulares e para fundações com $L/B \geq 10$ é indicada na Figura 6.9. Os diagramas I_z para $1 < L/B < 10$ podem ser interpolados.

Observe que o valor máximo de I_z [ou seja, $I_{z(m)}$] ocorre em $z = z_1$ e, então, reduz para zero em $z = z_2$. O valor máximo de I_z pode ser calculado como:

$$I_{z(m)} = 0,5 + 0,1 \sqrt{\frac{\overline{q} - q}{q'_{z(1)}}} \qquad (6.21)$$

onde:

$q'_{z(1)}$ = tensão efetiva a uma profundidade de z_1 antes da construção da fundação.

As seguintes relações são sugeridas por Salgado (2008) para interpolação de I_z a $z = 0$, z_1/B e z_2/B para fundações retangulares.

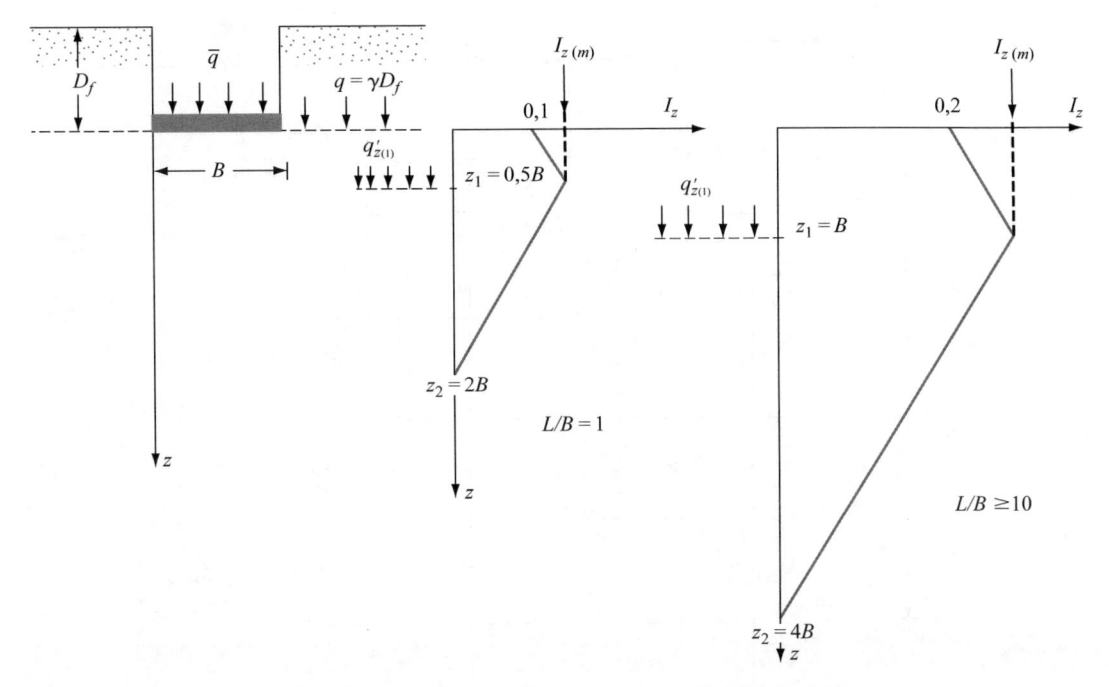

Figura 6.9 Variação do fator de influência de deformação com profundidade e L/B.

- I_z em $z = 0$

$$I_z = 0{,}1 + 0{,}0111\left(\frac{L}{B} - 1\right) \leq 0{,}2 \qquad (6.22)$$

- Variação de z_1/B para $I_{z(m)}$

$$\frac{z_1}{B} = 0{,}5 + 0{,}0555\left(\frac{L}{B} - 1\right) \leq 1 \qquad (6.23)$$

- Variação de z_2/B

$$\frac{z_2}{B} = 2 + 0{,}222\left(\frac{L}{B} - 1\right) \leq 4 \qquad (6.24)$$

Schmertmann et al. (1978) sugeriram que:

$$E_s = 2{,}5 q_c \text{ (para fundação quadrada)} \qquad (6.25)$$

e

$$E_s = 3.5 q_c \text{ (para } L/B \geq 10\text{)} \qquad (6.26)$$

onde q_c = resistência à penetração do cone.

Parece ser razoável escrever (Terzaghi et al., 1996):

$$E_{s(\text{retângulo})} = \left(1 + 0{,}4 \log\frac{L}{B}\right) E_{s(\text{quadrado})} \qquad (6.27)$$

O procedimento para o cálculo de recalque elástico utilizando a Equação (6.20) é ilustrado a seguir (Figura 6.10).

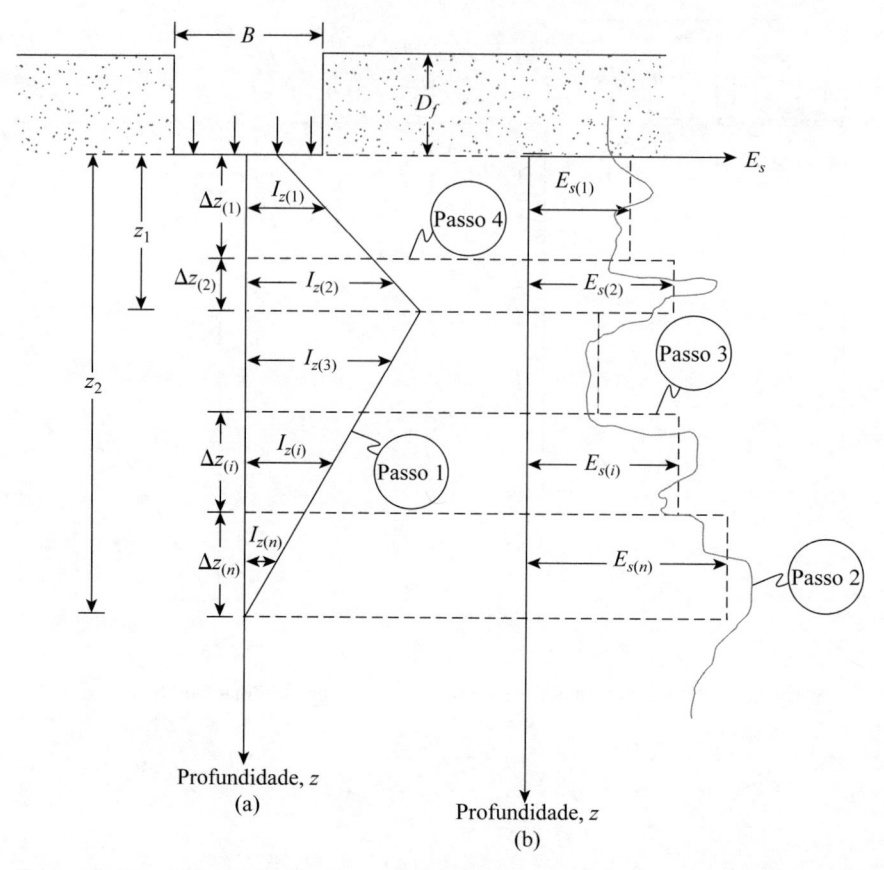

Figura 6.10 Procedimento para o cálculo de S_e utilizando o fator de influência de deformação.

Passo 1. Monte o gráfico da fundação e da variação de I_z com profundidade para escala (Figura 6.10a).

Passo 2. Utilizando a correlação da resistência de penetração-padrão (N_{60}) ou resistência à penetração de cone (q_c), monte o gráfico da variação real de E_s com profundidade (Figura 6.10b).

Passo 3. Aproxime a variação real de E_s na quantidade de camadas de solo com uma constante E_s, como $E_{s(1)}$, $E_{s(2)}$, ..., $E_{s(i)}$, ..., $E_{s(n)}$ (Figura 6.10b).

Passo 4. Divida a camada do solo de $z = 0$ a $z = z_2$ na quantidade de camadas desenhando as linhas horizontais. A quantidade de camadas dependerá do intervalo na continuidade nos diagramas I_z e E_s.

Passo 5. Prepare uma tabela (como a Tabela 6.5) para obter $\sum \dfrac{I_z}{E_s} \Delta z$.

Passo 6. Calcule C_1 e C_2.

Passo 7. Calcule S_e com base na Equação (6.20).

Tabela 6.5 Cálculo de $\sum \dfrac{I_z}{E_s} \Delta z$

Camada nº	Δz	E_s	I_z no centro da camada	$\dfrac{I_z}{E_s}\Delta z$
1	$\Delta z_{(1)}$	$E_{s(1)}$	$I_{z(1)}$	$\dfrac{I_{z(1)}}{E_{s(1)}}\Delta z_1$
2	$\Delta z_{(2)}$	$E_{s(2)}$	$I_{z(2)}$	
⋮	⋮	⋮	⋮	
i	$\Delta z_{(i)}$	$E_{s(i)}$	$I_{z(i)}$	$\dfrac{I_{z(i)}}{E_{s(i)}}\Delta z_i$
⋮	⋮	⋮	⋮	⋮
n	$\Delta z_{(n)}$	$E_{s(n)}$	$I_{z(n)}$	$\dfrac{I_{z(n)}}{E_{s(n)}}\Delta z_n$
				$\sum \dfrac{I_z}{E_s}\Delta z$

Exemplo 6.4

Considere uma fundação retangular de 2 m × 4 m em uma superfície plana a uma profundidade de 1,2 m no depósito de areia, conforme indicado na Figura 6.11a. Dado que: $\gamma = 17{,}5$ kN/m³; $\overline{q} = 145$ kN/m² e a seguinte variação aproximada de q_c com z:

z (m)	q_c (kN/m²)
0–0,5	2250
0,5–2,5	3430
2,5–6,0	2950

Faça a estimativa do recalque elástico da fundação utilizando o método do fator de influência de deformação.

Solução

Com base na Equação (6.23),

$$\frac{z_1}{B} = 0{,}5 + 0{,}0555\left(\frac{L}{B} - 1\right) = 0{,}5 + 0{,}0555\left(\frac{4}{2} - 1\right) \approx 0{,}56$$

$$z_1 = (0{,}56)(2) = 1{,}12 \text{ m}$$

Com base na Equação (6.24),

$$\frac{z_2}{B} = 2 + 0{,}222\left(\frac{L}{B} - 1\right) = 2 + 0{,}222(2 - 1) = 2{,}22$$

$$z_2 = (2{,}22)(2) = 4{,}44 \text{ m}$$

Com base na Equação (6.22), a $z = 0$,

$$I_z = 0,1 + 0,0111\left(\frac{L}{B} - 1\right) = 0,1 + 0,0111\left(\frac{4}{2} - 1\right) \approx 0,11$$

Com base na Equação (6.21),

$$I_{z(m)} = 0,5 + 0,1\sqrt{\frac{\overline{q} - q}{q'_{z(1)}}} = 0,5 + 0,1\left[\frac{145 - (1,2 \times 17,5)}{(1,2 + 1,12)(17,5)}\right]^{0,5} = 0,675$$

O gráfico de I_z versus z é indicado na Figura 6.11c. Novamente, com base na Equação (6.27)

$$E_{s(\text{retângulo})} = \left(1 + 0,4\log\frac{L}{B}\right)E_{s(\text{quadrado})} = \left[1 + 0,4\log\left(\frac{4}{2}\right)\right](2,5 \times q_c) = 2,8q_c$$

Portanto, a variação aproximada de E_s com z é conforme segue:

z (m)	q_c (kN/m²)	E_s (kN/m²)
0–0,5	2250	6300
0,5–2,5	3430	9604
2,5–6,0	2950	8260

O gráfico de E_s versus z é indicado na Figura 6.11b.

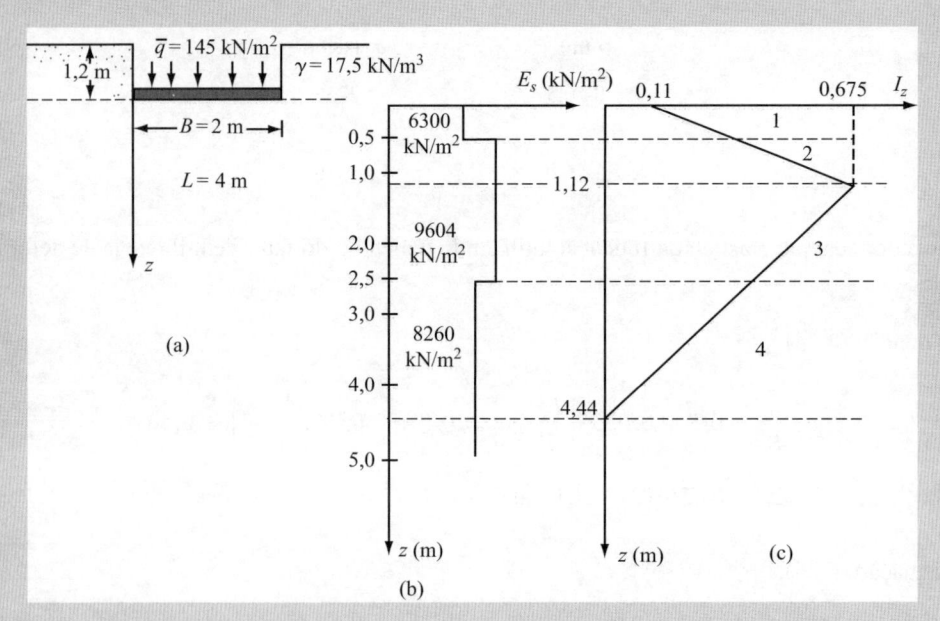

Figura 6.11

A camada de solo é dividida em quatro camadas conforme indicado nas figuras 6.11b e 6.11c. Agora, a seguinte tabela pode ser preparada.

Nº camada	Δz (m)	E_s (kN/m²)	I_z no centro da camada	$\dfrac{I_z}{E_s}\Delta z$ (m³/kN)
1	0,50	6300	0,236	$1,87 \times 10^{-5}$
2	0,62	9604	0,519	$3,35 \times 10^{-5}$
3	1,38	9604	0,535	$7,68 \times 10^{-5}$
4	1,94	8260	0,197	$4,62 \times 10^{-5}$
				$\Sigma 17,52 \times 10^{-5}$

$$S_e = C_1 C_2 (\bar{q} - q) \sum \frac{I_z}{E_s} \Delta z$$

$$C_1 = 1 - 0,5\left(\frac{q}{\bar{q}-q}\right) = 1 - 0,5\left(\frac{21}{145-21}\right) = 0,915$$

Presuma o tempo para escoamento em 10 anos. Então,

$$C_2 = 1 + 0,2 \log\left(\frac{10}{0,1}\right) = 1,4$$

Logo,

$$S_e = (0,915)(1,4)(145-21)(17,52 \times 10^{-5}) = 2783 \times 10^{-5} \text{ m} = \mathbf{27,83 \text{ mm}}$$ ■

Solução de Terzaghi et al. (1996)

Terzaghi, Peck e Mesri (1996) propuseram uma forma levemente diferente do diagrama do fator de influência de deformação, conforme indicado na Figura 6.12. De acordo com Terzaghi et al. (1996),

Em $z = 0$, $I_z = 0,2$ (para todos os valores L/B);
Em $z = z_1 = 0,5B$, $I_z = 0,6$ (para todos os valores L/B);
Em $z = z_2 = 2B$, $I_z = 0$ (para $L/B = 1$);
Em $z = z_2 = 4B$, $I_z = 0$ (para $L/B \geq 10$).

Para L/B entre 1 e 10 (ou > 10),

$$\frac{z_2}{B} = 2\left[1 + \log\left(\frac{L}{B}\right)\right] \tag{6.28}$$

O recalque elástico pode ser proporcionado como:

$$S_e = C_d(\bar{q}-q)\sum_0^{z_2}\frac{I_z}{E_s}\Delta z + 0,02\underbrace{\left[\frac{0,1}{\dfrac{\sum(q_c \Delta z)}{z_2}}\right]z_2 \log\left(\frac{t \text{ dias}}{1 \text{ dia}}\right)}_{\text{Recalque pós-construção}} \tag{6.29}$$

Na Equação (6.29), q_c está em MN/m².

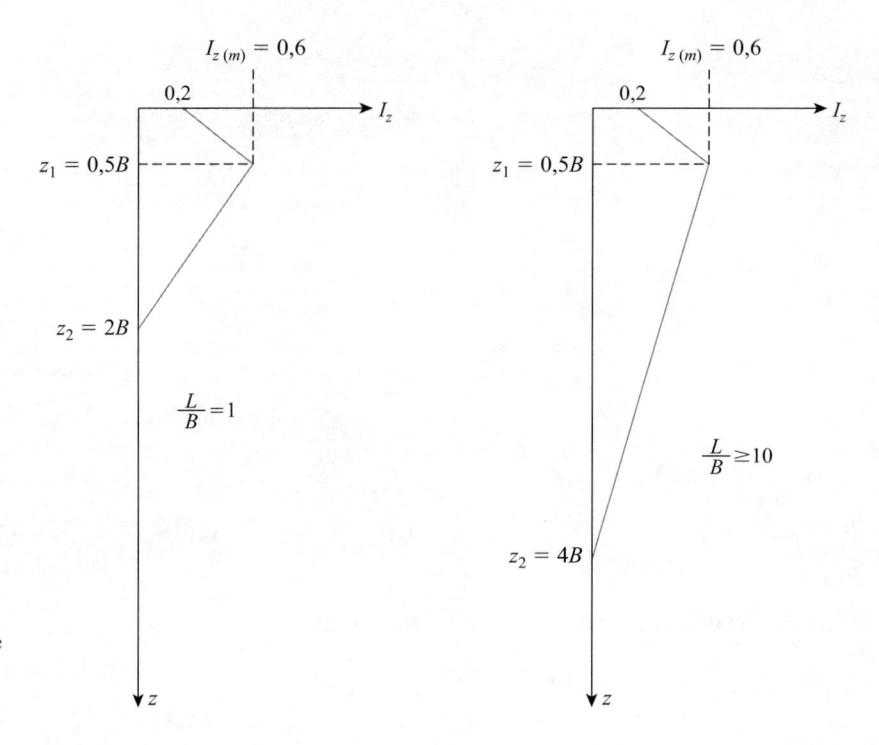

Figura 6.12 Diagrama do fator de influência de deformação proposto por Terzaghi, Peck e Mesri (1996).

As relações para E_s são:

$$E_s = 3{,}5q_c \quad \text{(para fundações quadradas e circulares)} \tag{6.30}$$

e

$$E_{s(\text{retângulo})} = \left[1 + 0{,}4\left(\frac{L}{B}\right)\right] E_{s(\text{quadrado})} \quad (\text{para } L/B \geq 10) \tag{6.31}$$

Na Equação (6.28), C_d é o fator de profundidade. A Tabela 6.6 proporciona os valores interpolados de C_d para valores de D_f/B.

Tabela 6.6 Variação de C_d com D_f/B*

D_f/B	C_d
0,1	1
0,2	0,96
0,3	0,92
0,5	0,86
0,7	0,82
1,0	0,77
2,0	0,68
3,0	0,65

* Com base nos dados de Terzaghi et al. (1996).

Exemplo 6.5

Resolva o Exemplo 6.4 utilizando o método de Terzaghi et al. (1996).

Solução

Dado que: $L/B = 4/2 = 2$

A Figura 6.13a mostra o gráfico de I_z com a profundidade abaixo da fundação. Observe que:

$$\frac{z_2}{B} = 2\left[1 + \log\left(\frac{L}{B}\right)\right] = 2[1 + \log(2)] = 2,6$$

ou

$$z_2 = (2,6)(B) = (2,6)(2) = 5,2 \text{ m}.$$

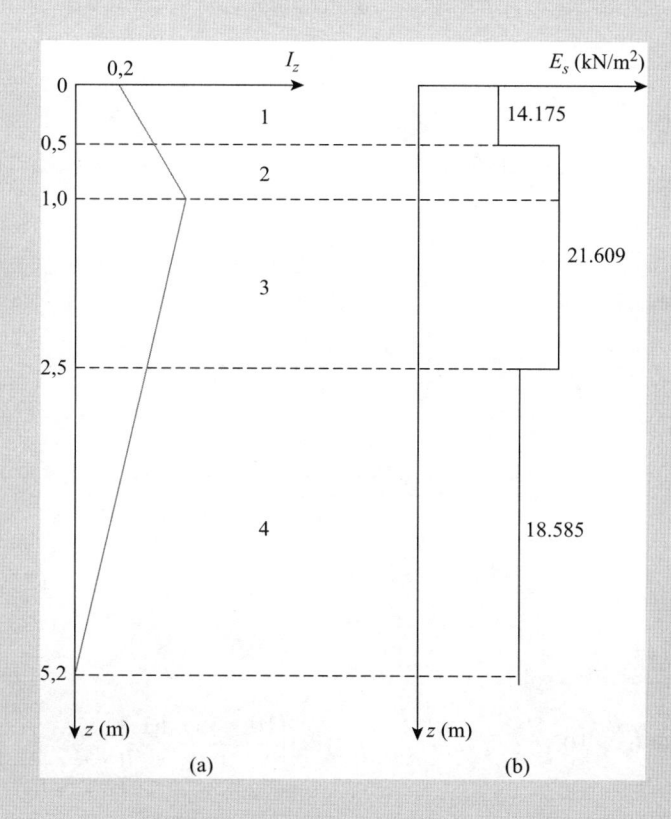

Figura 6.13

Além disso, com base nas Equações (6.30) e (6.31),

$$E_s = \left[1 + 0,4\left(\frac{L}{B}\right)\right](3,5 q_c) = \left[1 + 0,4\left(\frac{4}{2}\right)\right](3,5 q_c) = 6,3 q_c$$

A seguinte tabela pode ser preparada mostrando a variação de E_s com profundidade indicada na Figura 6.13b.

z (m)	q_c (kN/m²)	E_s (kN/m²)
0–0,5	2250	14.175
0,5–2,5	3430	21.609
2,5–6	2950	18.585

Mais uma vez, $D_f/B = 1{,}2/2 = 0{,}6$. Com base na Tabela 6.6, $C_d \approx 0{,}85$.

A tabela seguinte é para calcular $\sum_0^{z_2} \dfrac{I_z}{E_s} \Delta z$.

Nº camada	Δz (m)	E_s (kN/m²)	I_z no centro da camada	$\dfrac{I_z}{E_s} \Delta z$ (m²/kN)
1	0,5	14.175	0,3	$1{,}058 \times 10^{-5}$
2	0,5	21.609	0,5	$1{,}157 \times 10^{-5}$
3	1,5	21.609	0,493	$3{,}422 \times 10^{-5}$
4	2,7	18.585	0,193	$2{,}804 \times 10^{-5}$

$\Sigma\ 8{,}441 \times 10^{-5}$ m²/kN

Assim,

$$C_d(\overline{q} - q)\sum_0^{z_2} \dfrac{I_z}{E_s} \Delta z = (0{,}85)(145 - 21)(8{,}441 \times 10^{-5}) = 889{,}68 \times 10^{-5}\,\text{m}$$

O escoamento pós–construção é:

$$0{,}02\left[\dfrac{0{,}1}{\dfrac{\sum(q_c \Delta z)}{z_2}}\right] z_2 \log\left(\dfrac{t\ \text{dias}}{1\ \text{dia}}\right)$$

$$\dfrac{\sum(q_c \Delta z)}{z_2} = \dfrac{(2250 \times 0{,}5) + (3430 \times 2) + (2950 \times 2{,}7)}{5{,}2}$$

$$= 3067{,}3\ \text{kN/m}^2 \approx 3{,}07\ \text{MN/m}^2$$

Portanto, o recalque elástico é:

$$S_e = 889{,}68 \times 10^{-5} + 0{,}02\left[\dfrac{0{,}1}{3{,}07}\right](5{,}2)\log\left(\dfrac{10 \times 365\ \text{dias}}{1\ \text{dia}}\right)$$

$$= 2096{,}68 \times 10^{-5}\,\text{m}$$

$$\approx 20{,}97\,\text{mm}$$

Observação: A magnitude de S_e é de aproximadamente 75% da encontrada no Exemplo 6.4. No Exemplo 6.4, o recalque elástico era de 19,88 mm e o recalque em razão do escoamento era de 7,95 mm. No entanto, no Exemplo 6.5, o recalque elástico é de 8,89 mm e o recalque em razão do escoamento é de 12,07 mm. Assim, a magnitude do recalque de escoamento é de aproximadamente pelo menos 50% no Exemplo 6.5. No entanto, a magnitude do recalque elástico no Exemplo 6.4 é aproximadamente duas vezes, se comparada à do Exemplo 6.5. Isso acontece por causa da suposição da relação $E_s - q_c$. ∎

6.6 Recalque da fundação na areia com base no índice de resistência à penetração

Método de Meyerhof

Meyerhof (1956) propôs uma correlação para *a tensão máxima de suporte* para fundações com o índice de resistência à penetração, N_{60}. A pressão líquida é definida como:

$$q_{líquida} = \bar{q} - \gamma D_f$$

onde $\bar{q}$ = tensão no nível da fundação.

De acordo com a teoria de Meyerhof, para 25 mm de recalque máximo estimado,

$$q_{líquida}(kN/m^2) = \frac{N_{60}}{0,08} \quad (\text{para } B \leq 1,22 \text{ m}) \tag{6.32}$$

e

$$q_{líquida}(kN/m^2) = \frac{N_{60}}{0,125}\left(\frac{B+0,3}{B}\right)^2 \quad (\text{para } B > 1,22 \text{ m}) \tag{6.33}$$

Desde o momento em que Meyerhof propôs as correlações originais, os pesquisadores observam que os resultados são bastante conservadores. Posteriormente, Meyerhof (1965) sugeriu que a tensão máxima de suporte permitida deve ser aumentada em aproximadamente 50%. Bowles (1977) propôs que a forma modificada das equações de carga seja expressa como:

$$q_{líquida}(kN/m^2) = \frac{N_{60}}{2,5} F_d \left(\frac{S_e}{25}\right) \quad (\text{para } B \leq 1,22 \text{ m}) \tag{6.34}$$

e

$$q_{líquida}(kN/m^2) = \frac{N_{60}}{0,08}\left(\frac{B+0,3}{B}\right)^2 F_d \left(\frac{S_e}{25}\right) \quad (\text{para } B > 1,22 \text{ m}) \tag{6.35}$$

onde:

F_d = fator de profundidade = $1 + 0,33(D_f/B)$;
B = largura de fundação, em metros;
S_e = recalque, em mm.

Logo,

$$S_e(mm) = \frac{1,25 \, q_{líquida}(kN/m^2)}{N_{60} F_d} \quad (\text{para } B \leq 1,22 \text{ m}) \tag{6.36}$$

e

$$S_e(mm) = \frac{2 \, q_{líquida}(kN/m^2)}{N_{60} F_d}\left(\frac{B}{B+0,3}\right)^2 \quad (\text{para } B > 1,22 \text{ m}) \tag{6.37}$$

O N_{60} referido nas equações anteriores é o índice de resistência à penetração entre a parte inferior da fundação e $2B$ abaixo da parte inferior.

Método de Burland e Burbidge

Burland e Burbidge (1985) propuseram um método para cálculo do recalque elástico de solo arenoso utilizando o índice de resistência à penetração, N_{60} (veja o Capítulo 3). O método pode ser resumido da seguinte forma:

1. **Variação do índice de resistência à penetração com profundidade**

   Obtenha os índices de resistência à penetração (N_{60}) com profundidade no local da fundação. Os seguintes ajustes de N_{60} podem ser necessários, dependendo das condições de campo:

   Para pedregulho e pedregulho arenoso,

   $$N_{60(a)} \approx 1{,}25\, N_{60} \tag{6.38}$$

   Para areia fina ou siltosa abaixo do lençol freático e $N_{60} > 15$,

   $$N_{60(a)} \approx 15 + 0{,}5(N_{60} - 15) \tag{6.39}$$

   onde $N_{60(a)}$ = valor N_{60} ajustado.

2. **Determinação de profundidade de influência de tensão (z')**

   Na determinação da profundidade da influência de tensão, podem surgir os três seguintes casos:

   Caso I. Se N_{60} [ou $N_{60(a)}$] for aproximadamente constante com a profundidade, calcule z' com base em:

   $$\frac{z'}{B_R} = 1{,}4 \left(\frac{B}{B_R}\right)^{0{,}75} \tag{6.40}$$

   onde:

   B_R = profundidade de referência = 0,3 m (se B estiver em m);
   B = profundidade da fundação atual.

   Caso II. Se N_{60} [ou $N_{60(a)}$] estiver aumentando com a profundidade, utilize a Equação (6.40) para calcular z'.

   Caso III. Se N_{60} [ou $N_{60(a)}$] estiver diminuindo com a profundidade, $z' = 2B$ ou para a parte inferior da camada de solo mole medido da parte inferior da fundação (qual for o menor).

3. **Cálculo do recalque elástico S_e**

   O recalque elástico da fundação, S_e, pode ser calculado com base em:

   $$\frac{S_e}{B_R} = \alpha_1 \alpha_2 \alpha_3 \left[\frac{1{,}25\left(\frac{L}{B}\right)}{0{,}25 + \left(\frac{L}{B}\right)}\right]^2 \left(\frac{B}{B_R}\right)^{0{,}7} \left(\frac{q'}{p_a}\right) \tag{6.41}$$

   onde:

   α_1 = uma constante;
   α_2 = índice de compressibilidade;
   α_3 = correção para a profundidade de influência;
   p_a = pressão atmosférica = 100 kN/m^2;
   L = comprimento da fundação.

   A Tabela 6.7 resume os valores de q', α_1, α_2 e α_3 para serem utilizados na Equação (6.41) para diversos tipos de solos. Observe que, nessa tabela, $\overline{N}_{60}$ ou $\overline{N}_{60(a)}$ = valor médio de N_{60} ou $N_{60(a)}$ na profundidade da influência de tensão.

Tabela 6.7 Resumo de q', α_1, α_2 e α_3

Tipo de solo	q'	α_1	α_2	α_3
Areia normalmente adensada	$q_{\text{líquida}}$	0,14	$\dfrac{1,71}{\left[\overline{N}_{60} \text{ ou } \overline{N}_{60(a)}\right]^{1,4}}$	$\alpha_3 = \dfrac{H}{z'}\left(2 - \dfrac{H}{z'}\right)$ (se $H \leq z'$)
Areia sobreadensada ($q_{\text{líquida}} \leq \sigma'_c$)	$q_{\text{líquida}}$	0,047	$\dfrac{0,57}{\left[\overline{N}_{60} \text{ ou } \overline{N}_{60(a)}\right]^{1,4}}$	ou $\alpha_3 = 1$ (se $H > z'$)
onde: $\sigma'_c =$ pressão de pré-adensamento				onde $H =$ profundidade da camada compressível
Areia sobreadensada ($q_{\text{líquida}} > \sigma'_c$)	$q_{\text{líquida}} - 0,67\sigma'_c$	0,14	$\dfrac{0,57}{\left[\overline{N}_{60} \text{ ou } \overline{N}_{60(a)}\right]^{1,4}}$	

Exemplo 6.6

Uma fundação rasa que mede 1,75 m × 1,75 m é para ser construída sobre uma camada de areia. Dado que $D_f = 1$ m; N_{60} está geralmente aumentando com a profundidade; $\overline{N}_{60}$ na profundidade de influência de tensão $= 10$, $q_{\text{líquida}} = 120$ kN/m². A areia é normalmente adensada. Faça a estimativa do recalque elástico da fundação. Utilize o método de Burland e Burbidge.

Solução

Com base na Equação (6.40),

$$\frac{z'}{B_R} = 1,4\left(\frac{B}{B_R}\right)^{0,75}$$

Profundidade da influência de tensão,

$$z' = 1,4\left(\frac{B}{B_R}\right)^{0,75} B_R = (1,4)(0,3)\left(\frac{1,75}{0,3}\right)^{0,75} \approx 1,58 \text{ m}$$

Com base na Equação (6.41),

$$\frac{S_e}{B_R} = \alpha_1 \alpha_2 \alpha_3 \left[\frac{1,25\left(\dfrac{L}{B}\right)}{0,25 + \left(\dfrac{L}{B}\right)}\right]^2 \left(\frac{B}{B_R}\right)^{0,7}\left(\frac{q'}{p_a}\right)$$

Para areia normalmente adensada (Tabela 6.6),

$$\alpha_1 = 0,14$$
$$\alpha_2 = \frac{1,71}{(\overline{N}_{60})^{1,4}} = \frac{1,71}{(10)^{1,4}} = 0,068$$
$$\alpha_3 = 1$$
$$q' = q_{\text{líquida}} = 120 \text{ kN/m}^2$$

Então,

$$\frac{S_e}{0,3} = (0,14)(0,068)(1) \left[\frac{(1,25)\left(\frac{1,75}{1,75}\right)}{0,25 + \left(\frac{1,75}{1,75}\right)} \right]^2 \left(\frac{1,75}{0,3}\right)^{0,7} \left(\frac{120}{100}\right)$$

$$S_e \approx 0,0118 = \mathbf{11,8\,mm}$$

Exemplo 6.7

Resolva o Exemplo 6.6 utilizando o método de Meyerhof.

Solução

Com base na Equação (6.37),

$$S_e = \frac{2\,q_{\text{líquida}}}{(N_{60})(F_d)} \left(\frac{B}{B+0,3}\right)^2$$

$$F_d = 1 + 0,33(D_f/B) = 1 + 0,33(1/1,75) = 1,19$$

$$S_e = \frac{(2)(120)}{(10)(1,19)} \left(\frac{1,75}{7,75+0,3}\right)^2 = \mathbf{14,7\,mm}$$

7 Fundações em radier

7.1 Introdução

Em condições normais, sapatas quadradas e retangulares, como as descritas no Capítulo 4, são econômicas por apoiarem pilares e muros. No entanto, sob certas circunstâncias, pode ser desejável construir uma sapata que suporte uma linha de dois ou mais pilares. Essas sapatas são chamadas de *sapatas combinadas ou associadas*. Quando mais de uma linha de pilares é suportada por uma laje de concreto, isso é chamado de *fundação em radier*. No geral, as sapatas combinadas podem ser classificadas nas seguintes categorias:

a. Sapata combinada retangular;
b. Sapata combinada trapezoidal;
c. Sapata alavancada.

As fundações em radier geralmente são usadas com solo que possui baixa capacidade de suporte. Uma breve visão geral dos princípios das sapatas combinadas é dada na Seção 7.2, seguida de uma discussão mais detalhada sobre as fundações em radier.

7.2 Sapatas combinadas

Sapata combinada retangular

Em vários casos, a carga a ser transportada por um pilar e a capacidade de suporte do solo são tais que o projeto da sapata corrida padrão exigirá extensão da fundação do pilar para além da linha da propriedade. Nesse caso, dois ou mais pilares podem ser suportados sobre uma única fundação retangular, como mostrado na Figura 7.1. Se a pressão do solo líquida admissível for conhecida, o tamanho da fundação ($B \times L$) pode ser determinado da seguinte maneira:

a. Determine a área da fundação:

$$A = \frac{Q_1 + Q_2}{q_{\text{líquida(total)}}} \tag{7.1}$$

onde:

Q_1, Q_2 = cargas do pilar;
$q_{\text{líquida(total)}}$ = capacidade de suporte líquida admissível do solo.

b. Determine a localização do resultante das cargas do pilar. Com base na Figura 7.1,

$$X = \frac{Q_2 L_3}{Q_1 + Q_2} \tag{7.2}$$

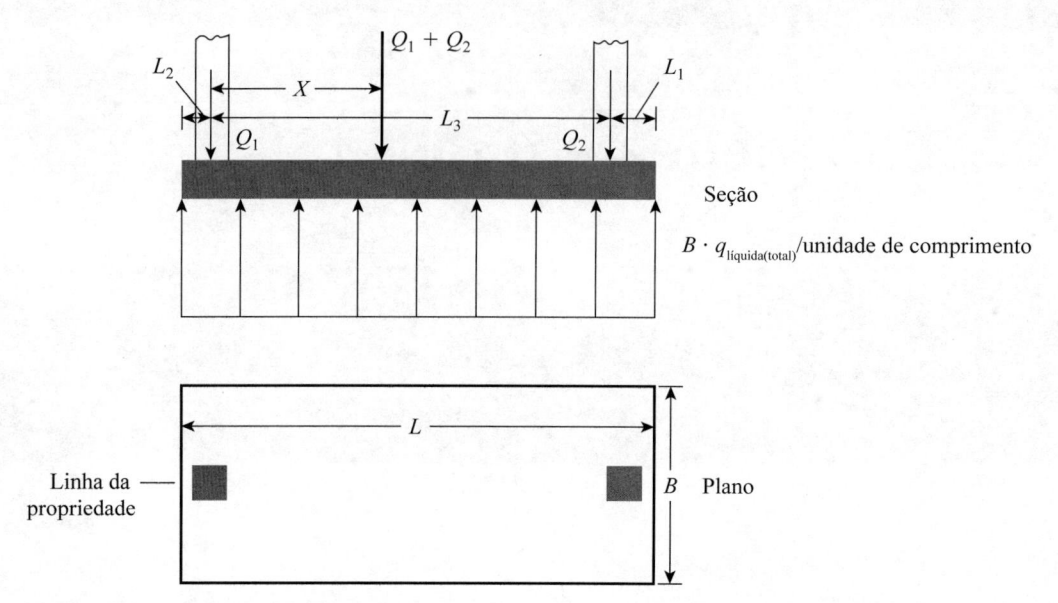

Figura 7.1 Sapata combinada retangular

c. Para uma distribuição uniforme da pressão do solo sob a fundação, a resultante das cargas do pilar deve passar pelo centroide da fundação. Assim,

$$L = 2(L_2 + X) \tag{7.3}$$

onde L = comprimento da fundação.

d. Uma vez que o comprimento L é determinado, o valor de L_1 pode ser obtido da seguinte forma:

$$L_1 = L - L_2 - L_3 \tag{7.4}$$

Observe que a grandeza L_2 será conhecida e depende da localização da linha da propriedade.

e. Então, a largura da fundação é:

$$B = \frac{A}{L} \tag{7.5}$$

Sapata combinada trapezoidal

A sapata combinada trapezoidal (veja a Figura 7.2) às vezes é usada como uma fundação corrida isolada de pilares que transportam cargas grandes onde o espaço é limitado. O tamanho da fundação que distribuirá a pressão uniformemente no solo pode ser obtido da seguinte maneira:

a. Se a pressão do solo líquida admissível for conhecida, determine a área da fundação:

$$A = \frac{Q_1 + Q_2}{q_{\text{líquida(total)}}} \tag{7.6}$$

Com base na Figura 7.2,

$$A = \frac{B_1 + B_2}{2} L \tag{7.7}$$

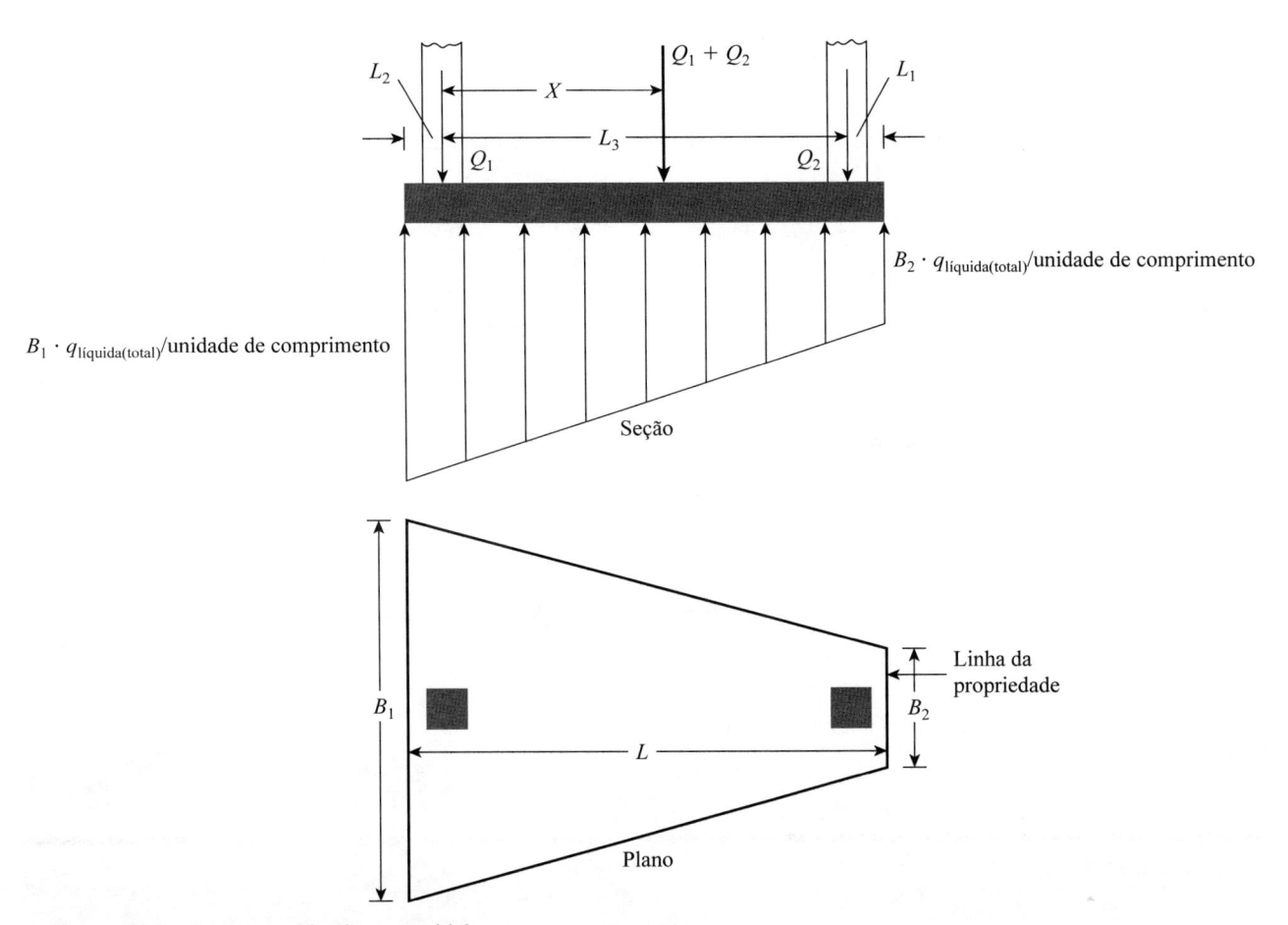

Figura 7.2 Sapata combinada trapezoidal

b. Determine a localização do resultante para as cargas do pilar:

$$X = \frac{Q_2 L_3}{Q_1 + Q_2} \tag{7.8}$$

c. Com base na propriedade de um trapézio,

$$X + L_2 = \left(\frac{B_1 + 2B_2}{B_1 + B_2}\right)\frac{L}{3} \tag{7.9}$$

Com valores conhecidos de A, L, X e L_2, resolva as equações (7.7) e (7.9) para obter B_1 e B_2. Observe que, para um trapézio,

$$\frac{L}{3} < X + L_2 < \frac{L}{2}$$

Sapata alavancada

A construção da sapata alavancada ou cantiléver utiliza uma *viga alavanca* para conectar uma fundação em pilares excentricamente carregados a uma fundação com pilares interiores (veja a Figura 7.3). As sapatas cantiléver podem ser utilizadas em lugar das sapatas combinadas trapezoidais ou retangulares quando a capacidade de suporte admissível do solo for alta e as distâncias entre os pilares forem grandes.

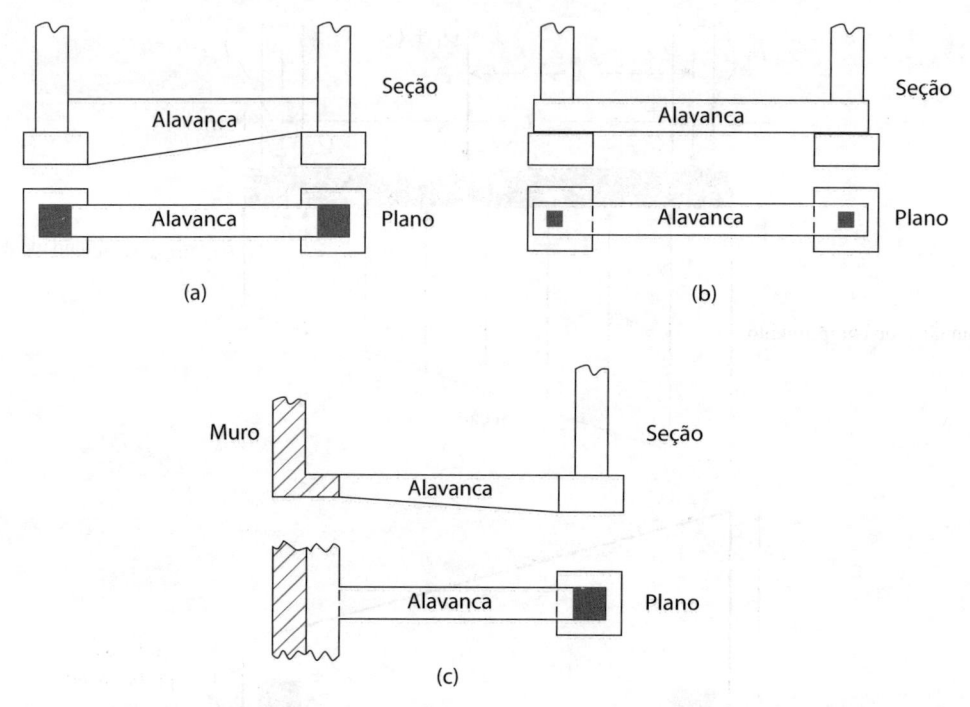

Figura 7.3 Sapata cantiléver – uso da viga alavanca

Exemplo 7.1

Consulte a Figura 7.1. Dados:

$Q_1 = 400$ kN;
$Q_2 = 500$ kN;
$q_{líquida(total)} = 140$ kN/m²;
$L_3 = 3,5$ m.

Com base na localização da linha da propriedade, é necessário que L_2 tenha 1,5 m. Determine o tamanho ($B \times L$) da sapata combinada retangular.

Solução

A área da fundação exigida é:

$$A = \frac{Q_1 + Q_2}{q_{líquida(total)}} = \frac{400 + 500}{140} = 6,43 \text{ m}^2$$

A localização do resultante [Equação (7.2)] é:

$$X = \frac{Q_2 L_3}{Q_1 + Q_2} = \frac{(500)(3,5)}{400 + 500} \approx 1,95 \text{ m}$$

Para a distribuição uniforme da pressão do solo sob a fundação, com base na Equação (7.3), temos:

$$L = 2(L_2 + X) = 2(1,5 + 1,95) = \mathbf{6,9 \text{ m}}$$

Novamente, com base na Equação (7.4),
$$L_1 = L - L_2 - L_3 = 6,9 - 1,5 - 3,5 = 1,9 \text{ m}$$

Assim,
$$B = \frac{A}{L} = \frac{6,43}{6,9} = \mathbf{0,93 \text{ m}}$$

■

Exemplo 7.2

Consulte a Figura 7.2. Dados:

$Q_1 = 1000$ kN;
$Q_2 = 400$ kN;
$L_3 = 3$ m;
$q_{\text{líquida(total)}} = 120$ kN/m².

Com base no espaço disponível para construção, é necessário que $L_2 = 1,2$ m e $L_1 = 1$ m. Determine B_1 e B_2.

Solução

A área da sapata combinada trapezoidal necessária é [Equação (7.6)]:

$$A = \frac{Q_1 + Q_2}{q_{\text{líquida(total)}}} = \frac{1000 + 400}{120} = 11,67 \text{ m}^2$$

$$L = L_1 + L_2 + L_3 = 1 + 1,2 + 3 = 5,2 \text{ m}$$

Com base na Equação (7.7),

$$A = \frac{B_1 + B_2}{2} L$$

$$11,67 = \left(\frac{B_1 + B_2}{2}\right)(5,2)$$

ou

$$B_1 + B_2 = 4,49 \text{ m} \qquad \text{(a)}$$

Com base na Equação (7.8),

$$X = \frac{Q_2 L_3}{Q_1 + Q_2} = \frac{(400)(3)}{1000 + 400} = 0,857 \text{ m}$$

Novamente, com base na Equação (7.9),

$$X + L_2 = \left(\frac{B_1 + 2B_2}{B_1 + B_2}\right)\frac{L}{3}$$

$$0,857 + 1,2 = \left(\frac{B_1 + 2B_2}{B_1 + B_2}\right)\left(\frac{5,2}{3}\right)$$

$$\frac{B_1 + 2B_2}{B_1 + B_2} = 1,187 \qquad \text{(b)}$$

Com base nas equações (a) e (b), temos:

$$B_1 = 3{,}65 \text{ m}$$
$$B_2 = 0{,}84 \text{ m}$$

■

7.3 Tipos comuns de fundações em radier

A fundação em radier é uma sapata combinada que pode cobrir toda a área sob uma estrutura que suporta diversos pilares e muros. Às vezes, as fundações em radier são preferidas para solos com baixa capacidade de suporte de carga, mas que terão de suportar cargas altas de pilares ou muros. Sob algumas condições, sapatas corridas teriam de cobrir mais da metade da área de construção, e radier podem ser mais econômicas. Vários tipos de fundações em radier são utilizados atualmente. Alguns dos mais comuns são mostrados esquematicamente na Figura 7.4 e incluem o seguinte:

1. Placa plana (Figura 7.4a). O radier possui a espessura uniforme.
2. Placa plana espessada sob os pilares (Figura 7.4b).
3. Vigas e laje (Figura 7.4c). As vigas são utilizadas em ambos os lados, e os pilares estão localizados na intersecção das vigas.
4. Placas planas com pedestais (Figura 7.4d).
5. Laje com muros de subpressão como parte do radier (Figura 7.4e). Os muros agem como reforços para o radier.

Os radiers podem ser suportados por estacas, que ajudam a reduzir o recalque de uma estrutura construída sobre solo altamente compressível. Onde o lençol freático é alto, os radiers são muitas vezes colocados sobre estacas para controlar

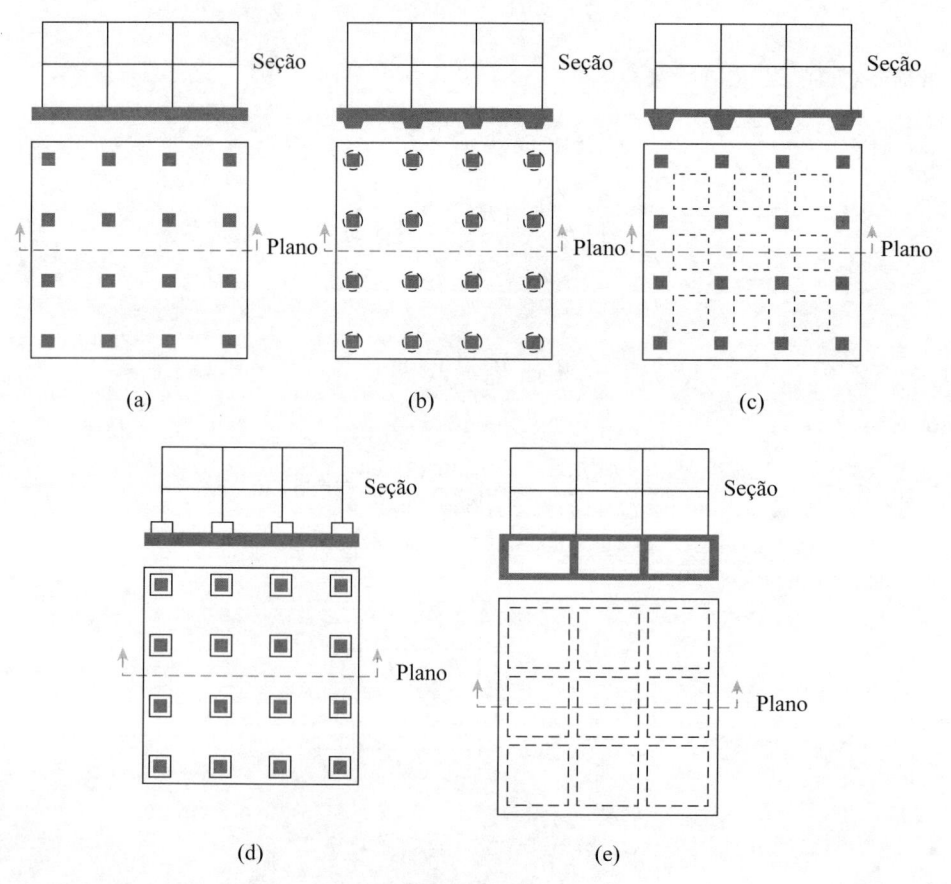

Figura 7.4 Tipos comuns de fundações em radier

a flutuação. A Figura 7.5 mostra a diferença entre a profundidade D_f e a largura B de fundações isoladas e fundações em radier. A Figura 7.6 mostra uma fundação em radier de placa plana em construção.

7.4 Capacidade de suporte de fundações em radier

A *capacidade de suporte bruta final* de uma fundação em radier pode ser determinada pela mesma equação usada para fundações rasas (veja a Seção 4.6), ou:

$$q_u = c'N_c F_{cs} F_{cd} F_{ci} + qN_q F_{qs} F_{qd} F_{qi} + \tfrac{1}{2}\gamma B N_\gamma F_{\gamma s} F_{\gamma d} F_{\gamma i} \qquad \text{[Equação (4.26)]}$$

(O Capítulo 3 dá os valores adequados dos fatores da capacidade de carga, assim como a profundidade da forma e os fatores da carga de inclinação.) O termo B na Equação (4.26) é a menor dimensão do radier. A *capacidade líquida final* de uma fundação em radier é:

$$q_{\text{líquida(u)}} = q_u - q \qquad \text{[Equação (4.21)]}$$

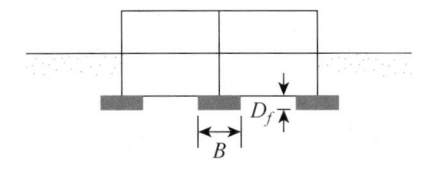

Figura 7.5 Comparação da fundação isolada com a fundação em radier (B = largura, D_f = profundidade)

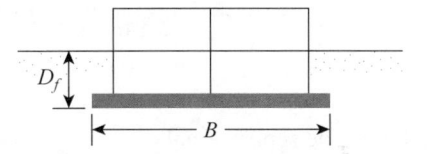

Figura 7.6 Uma fundação em radier de placa plana em construção (Cortesia de Dharma Shakya, Geotechnical Solutions, Inc., Irvine, Califórnia)

Um fator de segurança apropriado deve ser usado para calcular a capacidade líquida de suporte *admissível*. Para radiers na argila, o fator de segurança não deve ser menor que 3 sob a carga morta ou carga viva máxima. No entanto, sob as condições mais extremas, o fator de segurança deve ser pelo menos de 1,75 para 2. Para radiers construídos sobre areia, costuma-se usar um fator de segurança de 3. Sob a maioria das condições de trabalho, o fator de segurança em relação às rupturas da capacidade de suporte dos radiers em areia é muito grande.

Para argilas saturadas com $\phi = 0$ e uma condição de carregamento vertical, a Equação (4.26) dá

$$q_u = c_u N_c F_{cs} F_{cd} + q \tag{7.10}$$

onde c_u = coesão não drenada. (*Observação*: $N_c = 5{,}14$, $N_q = 1$ e $N_\gamma = 0$.)

Com base na Tabela 4.3, para $\phi = 0$,

$$F_{cs} = 1 + \frac{B}{L}\left(\frac{N_q}{N_c}\right) = 1 + \left(\frac{B}{L}\right)\left(\frac{1}{5{,}14}\right) = 1 + \frac{0{,}195B}{L}$$

e

$$F_{cd} = 1 + 0{,}4\left(\frac{D_f}{B}\right)$$

A substituição dos fatores anteriores de forma e profundidade na Equação (7.10) produz

$$q_u = 5{,}14 c_u \left(1 + \frac{0{,}195B}{L}\right)\left(1 + 0{,}4\frac{D_f}{B}\right) + q \tag{7.11}$$

Assim, a capacidade líquida de suporte final é:

$$q_{\text{líquida}(u)} = q_u - q = 5{,}14 c_u \left(1 + \frac{0{,}195B}{L}\right)\left(1 + 0{,}4\frac{D_f}{B}\right) \tag{7.12}$$

Para FS = 3, a capacidade líquida de suporte admissível do solo torna-se:

$$q_{\text{líquida(total)}} = \frac{q_{u(\text{líquida})}}{\text{FS}} = 1{,}713 c_u \left(1 + \frac{0{,}195B}{L}\right)\left(1 + 0{,}4\frac{D_f}{B}\right) \tag{7.13}$$

A capacidade líquida de suporte admissível para radiers construídos sobre depósitos de solos granulares pode ser adequadamente determinada por números de índice de resistência à penetração. Com base na Equação (6.35), para fundações rasas,

$$q_{\text{líquida}}(\text{kN/m}^2) = \frac{N_{60}}{0{,}08}\left(\frac{B + 0{,}3}{B}\right)^2 F_d \left(\frac{S_e}{25}\right) \qquad [\text{Equação (6.35)}]$$

onde:

N_{60} = índice de resistência à penetração;
B = largura (m);
$F_d = 1 + 0{,}33(D_f/B) \leq 1{,}33$;
S_e = recalque (mm).

Quando a largura B é grande, a equação anterior pode ser aproximada como:

$$\begin{aligned} q_{\text{líquida}}(\text{kN/m}^2) &= \frac{N_{60}}{0,08} F_d \left(\frac{S_e}{25}\right) \\ &= \frac{N_{60}}{0,08}\left[1 + 0,33\left(\frac{D_f}{B}\right)\right]\left[\frac{S_e(\text{mm})}{25}\right] \\ &\leq 16,63 N_{60}\left[\frac{S_e(\text{mm})}{25}\right] \end{aligned} \qquad (7.14)$$

Por isso, o valor máximo de $q_{\text{líquida}}$ pode ser dado:

$$q_{\text{líquida (max)}}(\text{kN/m}^2) = 16,33\, N_{60}\left[\frac{S_e(\text{mm})}{25}\right] \qquad (7.15)$$

Geralmente, as fundações rasas são projetadas para um recalque máximo de 25 mm e um recalque diferencial de 19 mm.

Entretanto, a largura da fundação em radier é maior que a da sapata corrida isolada. Como mostrado na Tabela 5.4, a profundidade do aumento da tensão significativa no solo abaixo de uma fundação depende da largura da fundação. Assim, para uma fundação em radier, a profundidade da zona de influência é passível de ser bem maior que a de uma sapata corrida. Assim, os bolsões de solo fofo sob um radier podem ser distribuídos mais uniformemente, resultando em um recalque diferencial menor. Por conseguinte, a suposição habitual é que, *para um recalque máximo em radier de* 50 mm, *o recalque diferencial teria* 19 mm. Usando essa lógica e, consequentemente, supondo que $F_d = 1$, podemos aproximar respectivamente a Equação (7.14) como:

$$q_{\text{líquida(total)}} = q_{\text{líquida}}(\text{kN/m}^2) \approx 25 N_{60} \qquad (7.16)$$

A pressão líquida aplicada em uma fundação (veja a Figura 7.7) pode ser expressa como:

$$q = \frac{Q}{A} - \gamma D_f \qquad (7.17)$$

onde:

Q = peso morto da estrutura e da carga viva;
A = área do radier.

Em todos os casos, q deve ser menor ou igual a $q_{\text{líquida(total)}}$ admissível.

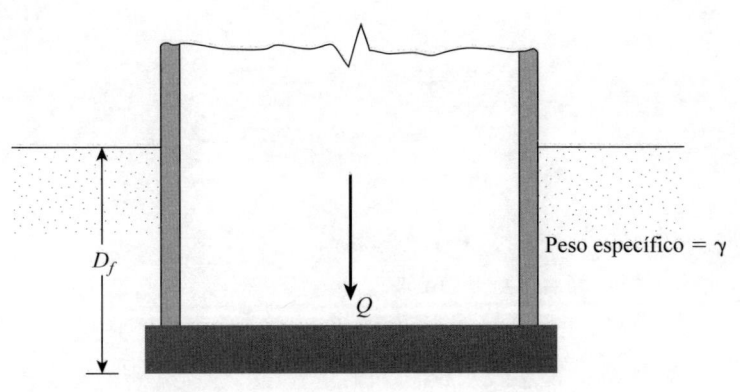

Figura 7.7 Definição da pressão líquida no solo causada por uma fundação em radier

Exemplo 7.3

Determine a capacidade líquida de suporte final de uma fundação em radier medindo 20 m × 8 m em uma argila saturada com $c_u = 85$ kN/m², $\phi = 0$ e $D_f = 1,5$ m.

Solução

Com base na Equação (7.12),

$$q_{\text{líquida}(u)} = 5,14 c_u \left[1 + \frac{0,195B}{L}\right]\left[1 + 0,4\frac{D_f}{B}\right]$$

$$= (5,14)(85)\left[1 + \left(\frac{0,195 \times 8}{20}\right)\right]\left[1 + \left(\frac{0,4 \times 1,5}{8}\right)\right]$$

$$= 506,3 \text{ kN/m}^2$$

Exemplo 7.4

Qual será a capacidade líquida de suporte admissível de uma fundação em radier com dimensões de 13,7 m × 9,15 m construída em um depósito de areia? Aqui, $D_f = 1,98$ m, o recalque admissível é de 50 mm e o índice de resistência à penetração médio, $N_{60} = 10$.

Solução

Com base na Equação (7.14),

$$q_{\text{líquida}(total)} = \frac{N_{60}}{0,08}\left[1 + 0,33\left(\frac{D_f}{B}\right)\right]\left(\frac{S_e}{25}\right)$$

ou

$$q_{\text{líquida}(total)} = \frac{10}{0,08}\left[1 + \frac{0,33 \times 1,98}{9,15}\right]\left(\frac{50}{25}\right) = 267,85 \text{ kN/m}^2$$

8 Fundações por estacas

8.1 Introdução

As estacas são elementos estruturais de aço, concreto ou madeira. Elas são usadas para construir fundações por estacas, que são profundas e custam mais do que as fundações rasas (veja capítulos 4 e 5). Apesar do custo, a utilização de estacas geralmente é necessária para garantir a segurança estrutural. A lista a seguir identifica algumas das condições que necessitam de fundações por estacas (Vesic, 1977):

1. Quando uma ou mais camadas superiores do solo são altamente compressíveis e muito fracas para suportar a carga transmitida pela superestrutura, as estacas são utilizadas para transmitir a carga para rocha sã subjacente ou de uma camada de solo mais resistente, como mostrado na Figura 8.1a. Quando a rocha sã não é encontrada a uma profundidade razoável abaixo da superfície do terreno, as estacas são utilizadas para transmitir a carga estrutural para o solo gradualmente. A resistência à carga estrutural aplicada é derivada principalmente da resistência ao atrito desenvolvida na interface solo-estaca (veja a Figura 8.1b).
2. Quando submetidas a forças horizontais (veja a Figura 8.1c), as fundações por estacas resistem à flexão, enquanto continuam a apoiar a carga vertical transmitida pela superestrutura. Esse tipo de situação geralmente é encontrado no projeto e na construção de estruturas e fundações de estruturas de contenção de terra de estruturas altas submetidas a ventos fortes ou às forças de um terremoto.
3. Em muitos casos, os solos expansivos e flexíveis podem estar presentes no local de uma estrutura proposta. Esses solos podem se estender a uma grande profundidade abaixo da superfície do terreno. Os solos expansivos incham e contraem à medida que o teor de umidade aumenta e diminui, e a pressão de expansão pode ser considerável. Se as fundações rasas forem utilizadas em tais circunstâncias, a estrutura pode sofrer danos consideráveis. No entanto, as fundações por estacas podem ser consideradas uma alternativa quando as estacas se estendem além da zona ativa, que é onde a expansão e a contração ocorrem (veja a Figura 8.1d).

    Solos, como o loess, são flexíveis por natureza. Quando o teor de umidade aumenta nesses solos, as estruturas podem quebrar. Uma diminuição brusca no índice de vazios do solo induz grandes recalques de estruturas apoiadas por fundações rasas. Nesses casos, as fundações por estacas podem ser usadas para que as estacas se estendam em camadas estáveis do solo além da zona onde ocorre alterações no teor de umidade.
4. As fundações de algumas estruturas, como torres de transmissão, plataformas petrolíferas e radiers de subpressão abaixo do lençol freático, são submetidas às forças de levantamento. Às vezes, as estacas são usadas para essas fundações para resistir à essa força (veja a Figura 8.1e).
5. Encontros de pontes e píeres normalmente são construídos sobre fundações por estacas para evitar a perda da capacidade de carga que uma fundação rasa sofreria em decorrência de uma erosão do solo na superfície do terreno (veja a Figura 8.1f).

Embora inúmeras investigações, tanto teóricas quanto experimentais, tenham sido realizadas anteriormente para prever o comportamento e a capacidade de carga de estacas em solos granulares e coesivos, os mecanismos ainda não foram

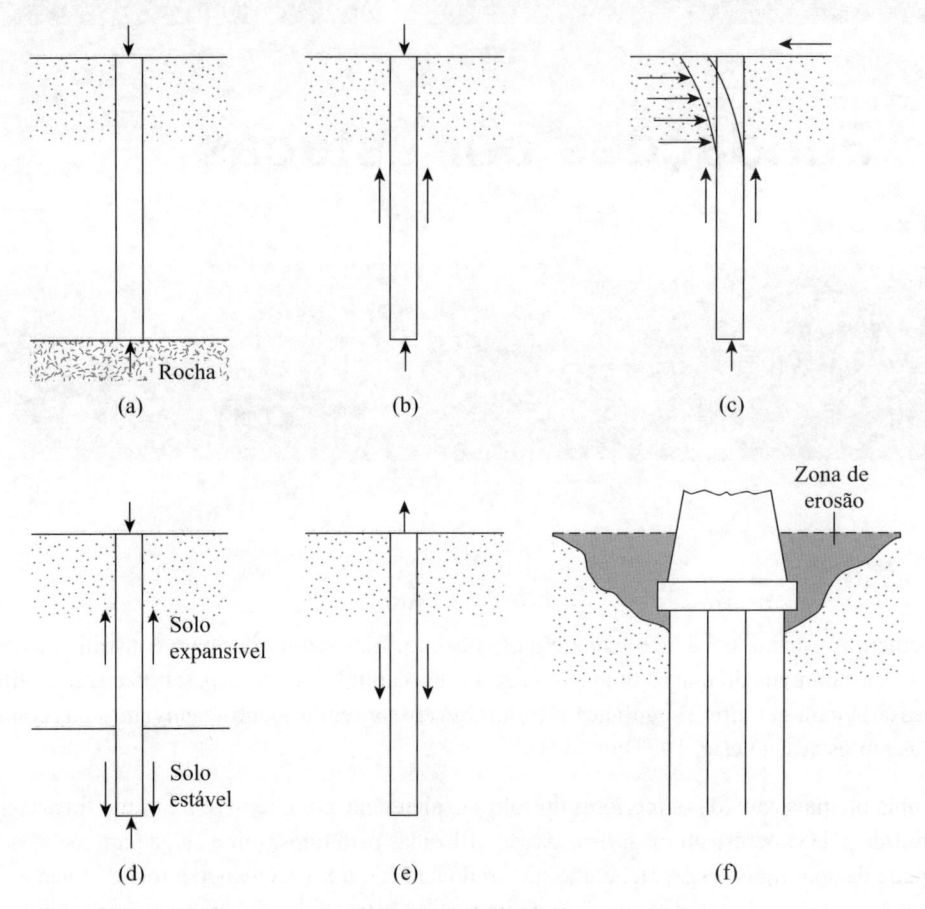

Figura 8.1 Condições que requerem o uso de fundações por estacas

inteiramente compreendidos e podem nunca ser. O projeto e a análise de fundações por estacas podem, desse modo, ser considerados como arte, levando-se em conta as incertezas envolvidas no trabalho com algumas condições do subsolo. Este capítulo discute a tecnologia atual.

8.2 Tipos de estacas e as características estruturais

Diferentes tipos de estacas são usados em trabalhos de construção, dependendo do tipo de carga a ser suportada, das condições do subsolo e da localização do lençol freático. As estacas podem ser divididas nas categorias a seguir com as descrições gerais para o aço convencional, concreto, madeira e estacas compostas.

Estacas de aço

As *estacas de aço* geralmente são *estacas tubadas* ou *estacas metálicas de perfil* H. As estacas tubadas podem ser cravadas pelo terreno com as extremidades abertas ou fechadas. As vigas de aço de flange amplo ou perfil I também podem ser usadas como estacas. Entretanto, as estacas de perfil H geralmente são preferidas porque as espessuras da membrana e flange são iguais. (Nas vigas de flange amplo e perfil I, as espessuras da membrana são menores que as espessuras do flange.) A Tabela 8.1 dá as dimensões de algumas estacas-padrão metálicas perfil H usadas nos Estados Unidos. A Tabela 8.2 mostra a frequência dos perfis do tubo selecionado utilizada para fins de empilhamento. Em muitos casos, as estacas tubadas são preenchidas com concreto, depois de terem sido cravadas.

Tabela 8.1 Perfis comuns da estaca H utilizados nos Estados Unidos

Designação, tamanho (mm) × peso (kg/m)	Profundidade d_1 (mm)	Área do perfil ($m^2 \times 10^{-3}$)	Espessura do flange e da membrana w (mm)	Largura do flange d_2 (mm)	Momento de inércia ($m^4 \times 10^{-6}$)	
					I_{xx}	I_{yy}
HP 200 × 53	204	6,84	11,3	207	49,4	16,8
HP 250 × 85	254	10,8	14,4	260	123	42
× 62	246	8,0	10,6	256	87,5	24
HP 310 × 125	312	15,9	17,5	312	271	89
× 110	308	14,1	15,49	310	237	77,5
× 93	303	11,9	13,1	308	197	63,7
× 79	299	10,0	11,05	306	164	62,9
HP 330 × 149	334	19,0	19,45	335	370	123
× 129	329	16,5	16,9	333	314	104
× 109	324	13,9	14,5	330	263	86
× 89	319	11,3	11,7	328	210	69
HP 360 × 174	361	22,2	20,45	378	508	184
× 152	356	19,4	17,91	376	437	158
× 132	351	16,8	15,62	373	374	136
× 108	346	13,8	12,82	371	303	109

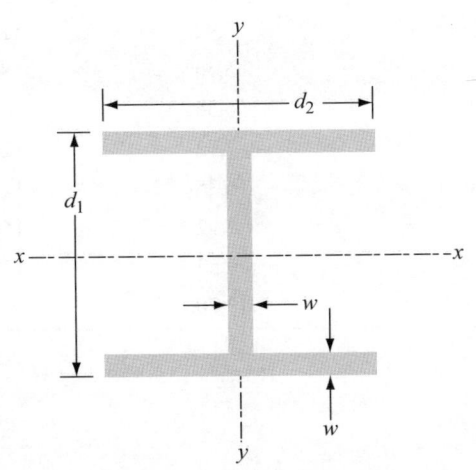

A capacidade estrutural admissível para estacas metálicas é:

$$Q_{\text{total}} = A_s f_s \qquad (8.1)$$

onde:

A_s = área da transversal do aço;
f_s = tensão admissível do aço ($\approx 0,33 - 0,5 f_y$).

Uma vez que a carga do projeto para uma estaca é fixada, deve-se determinar, com base em considerações geotécnicas, se $Q_{\text{(projeto)}}$ está dentro do intervalo admissível, como definido pela Equação (8.1).

Quando necessário, as estacas metálicas são unidas por soldagem ou rebites. A Figura 8.2a mostra uma junção típica por soldagem para uma estaca H. A junção típica por soldagem para uma estaca tubada é mostrada na Figura 8.2b. A Figura 8.2c é um diagrama da junção da estaca H por meio de rebites ou parafusos.

Quando são esperadas condições difíceis de cravação, como a cravação em cascalho denso, xisto ou rocha branda, as estacas metálicas podem ser equipadas com pontas de cravação ou ponteiras. As figuras 8.2d e 8.2e são diagramas de dois tipos de ponteiras utilizadas para estacas tubadas.

Tabela 8.2 Perfis selecionados da estaca tubada

Diâmetro exterior (mm)	Espessura da parede (mm)	Área de aço (cm²)
219	3,17	21,5
	4,78	32,1
	5,56	37,3
	7,92	52,7
254	4,78	37,5
	5,56	43,6
	6,35	49,4
305	4,78	44,9
	5,56	52,3
	6,35	59,7
406	4,78	60,3
	5,56	70,1
	6,35	79,8
457	5,56	80
	6,35	90
	7,92	112
508	5,56	88
	6,35	100
	7,92	125
610	6,35	121
	7,92	150
	9,53	179
	12,70	238

(continua)

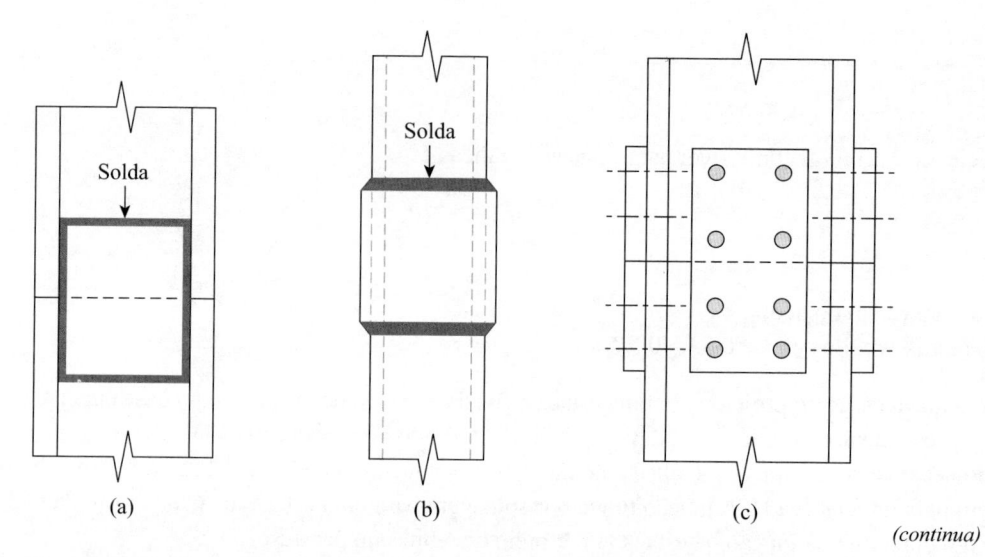

Figura 8.2 Estacas metálicas: (a) junção da estaca H por soldagem; (b) junção da estaca tubada por soldagem; (c) junção da estaca H por rebites e parafusos

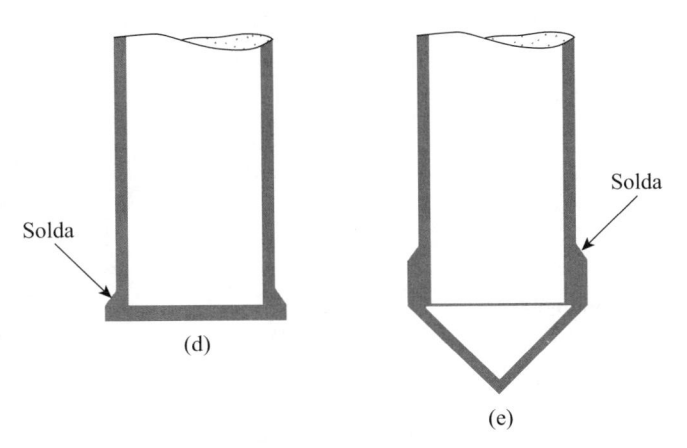

Figura 8.2 *(continuação)* (d) ponto de cravação plano da estaca tubada; (e) ponto de cravação cônico da estaca tubada

As estacas metálicas podem estar sujeitas à corrosão. Por exemplo, pântanos, turfas e outros solos orgânicos são corrosivos. Os solos com pH superior a 7 não são tão corrosivos. Para compensar o efeito de corrosão, recomenda-se uma espessura adicional de aço (sobre a área transversal real projetada). Em muitas circunstâncias, os revestimentos epóxi aplicados em fábrica em estacas funcionam de forma satisfatória contra a corrosão. Esses revestimentos não são facilmente danificados pela cravação de estacas. O revestimento de concreto de estacas metálicas na maioria das zonas corrosivas também protege contra a corrosão.

Aqui estão alguns fatos gerais sobre estacas metálicas:

- Comprimento comum: 15 m a 60 m;
- Carga comum: 300 kN a 1200 kN.
- Vantagens:
   a. Fácil de manusear no que diz respeito ao corte e à extensão para o comprimento desejado;
   b. Pode suportar tensões altas de cravação;
   c. Pode penetrar camadas duras, como cascalho denso e rocha branda;
   d. Alta capacidade de suporte de cargas.
- Desvantagens:
   a. Relativamente dispendiosa;
   b. Alto nível de ruído durante a cravação de estacas;
   c. Sujeita à corrosão;
   d. As estacas H podem ser danificadas ou flexionadas pela vertical durante a cravação por camadas duras ou passagem por grandes obstruções.

Estacas de concreto

As *estacas de concreto* podem ser divididas em duas categorias básicas: (a) estacas pré-moldadas e (b) estacas moldadas *in situ*. As *estacas pré-moldadas* podem ser preparadas por uso de reforço convencional e podem ser quadradas ou octogonais transversalmente (veja a Figura 8.3). O reforço é feito para permitir que a estaca resista ao momento de flexão desenvolvido durante o levantamento e o transporte, a carga vertical e o momento de flexão causado por uma carga lateral. As estacas são moldadas em comprimentos desejados e curadas antes de serem transportadas para os locais de construção.

Alguns fatos gerais sobre estacas de concreto são os seguintes:

- Comprimento comum: 10 m a 15 m;
- Carga comum: 300 kN a 3000 kN.
- Vantagens:
   a. Pode ser submetida à cravação difícil;
   b. Resistente à corrosão;
   c. Pode ser facilmente combinada com uma superestrutura de concreto.

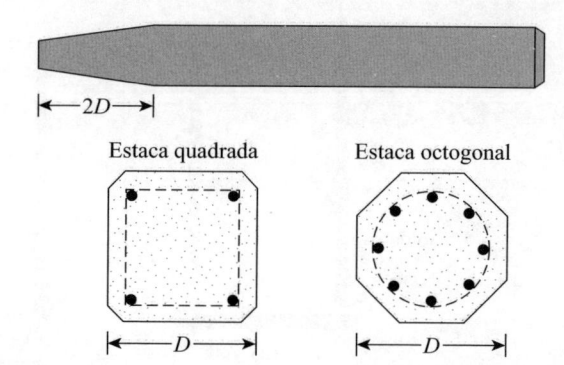

Figura 8.3 Estacas pré-moldadas com reforço habitual

- Desvantagens:
    a. Difícil de atingir um corte adequado;
    b. Difícil de transportar.

As estacas pré-moldadas também podem ser pré-tensionadas pelo uso de cabos de aço de pré-tensão de alta resistência. A resistência final desses cabos é de aproximadamente 1800 MN/m². Durante a moldagem das estacas, os cabos são pré-tensionados para cerca de 900 a 1300 MN/m², e o concreto é despejado em torno deles. Após a cura, os cabos são cortados, produzindo uma força de compressão no perfil da estaca. A Tabela 8.3 dá informações adicionais sobre estacas de concreto pré-moldadas com transversais quadradas e octogonais.

Tabela 8.3 Estaca de concreto pré-tensionada comum em uso

Forma da estaca[a]	D (mm)	Área da transversal (cm²)	Perímetro (mm)	Número de filamentos		Força mínima efetiva de pré-tensão (kN)	Módulo do perfil (m³ × 10⁻³)	Capacidade de suporte do projeto (kN) Resistência do concreto (MN/m²)	
				12,7 mm de diâmetro	11,1 mm de diâmetro			34,5	41,4
S	254	645	1016	4	4	312	2,737	556	778
O	254	536	838	4	4	258	1,786	462	555
S	305	929	1219	5	6	449	4,719	801	962
O	305	768	1016	4	5	369	3,097	662	795
S	356	1265	1422	6	8	610	7,489	1091	1310
O	356	1045	1168	5	7	503	4,916	901	1082
S	406	1652	1626	8	11	796	11,192	1425	1710
O	406	1368	1346	7	9	658	7,341	1180	1416
S	457	2090	1829	10	13	1010	15,928	1803	2163
O	457	1729	1524	8	11	836	10,455	1491	1790
S	508	2581	2032	12	16	1245	21,844	2226	2672
O	508	2136	1677	10	14	1032	14,355	1842	2239
S	559	3123	2235	15	20	1508	29,087	2694	3232
O	559	2587	1854	12	16	1250	19,107	2231	2678
S	610	3658	2438	18	23	1793	37,756	3155	3786
O	610	3078	2032	15	19	1486	34,794	2655	3186

[a]S = perfil quadrado; O = perfil octogonal.

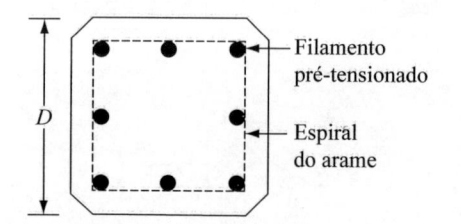

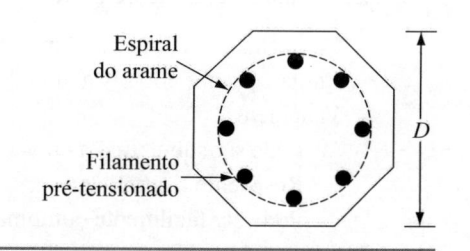

Alguns fatos gerais sobre estacas pré-moldadas pré-tensionadas são os seguintes:

- Comprimento comum: 10 m a 45 m;
- Comprimento máximo: 60 m;
- Carga máxima: 7500 kN a 8500 kN.

As vantagens e desvantagens são as mesmas que as das estacas pré-moldadas.

As *estacas moldadas in situ* ou *moldadas no local* são construídas por meio de um orifício no solo e, em seguida, enchendo-o com concreto. Vários tipos de estacas de concreto moldadas no local são atualmente utilizados na construção, e a maioria deles foi patenteada por seus fabricantes. Essas estacas podem ser divididas em duas grandes categorias: (a) revestidas e (b) não revestidas. Ambos os tipos podem ter um embasamento na parte inferior.

As *estacas revestidas* são feitas pela cravação de um revestimento de aço no terreno com a ajuda de um mandril colocado no interior do revestimento. Quando a estaca atinge a profundidade adequada, o mandril é removido e o revestimento é preenchido com concreto. As figuras 8.4a, 8.4b, 8.4c e 8.4d mostram alguns exemplos de estacas revestidas sem um embasamento. A Figura 8.4e mostra uma estaca revestida com um embasamento. O embasamento é um bulbo de concreto expandido formado pela queda de um martelo em concreto fresco.

Alguns fatos gerais sobre as estacas revestidas moldadas no local são os seguintes:

- Comprimento comum: 5 m a 15 m;
- Comprimento máximo: 30 m a 40 m;
- Carga comum: 200 kN a 500 kN;
- Carga máxima aproximada: 800 kN.
- Vantagens:
  a. Relativamente econômica;
  b. Permite inspeção antes de despejar concreto;
  c. Fácil de estender.
- Desvantagens:
  a. Difícil de unir após a concretagem;
  b. Revestimentos finos podem ser danificados durante a cravação.

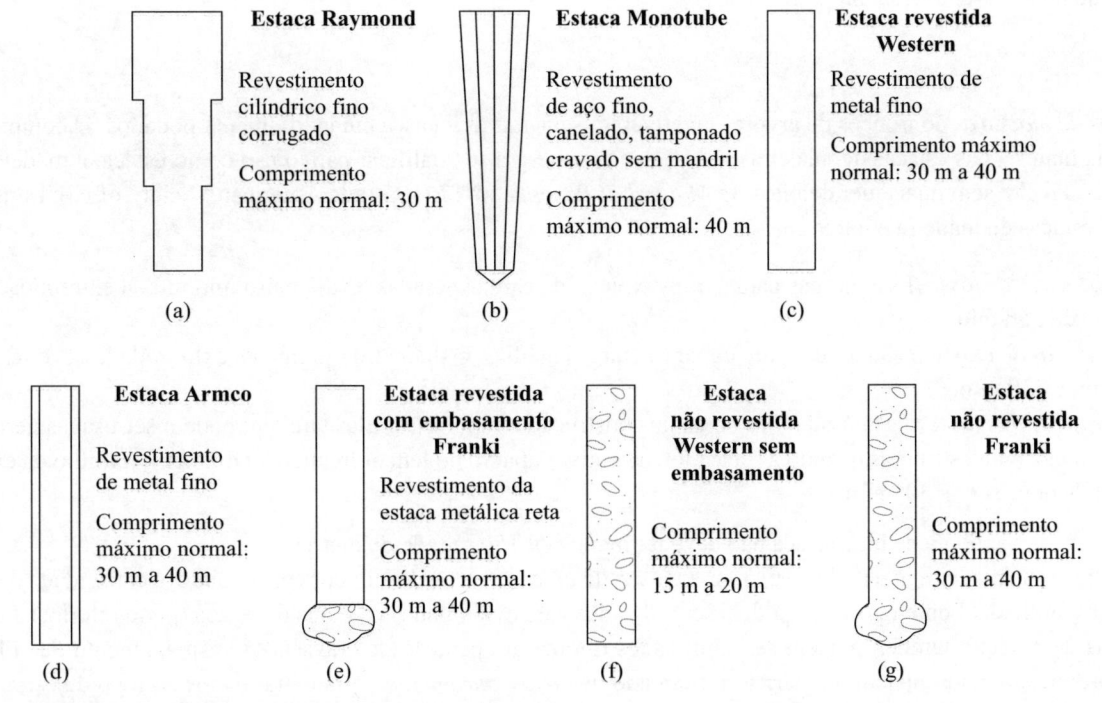

Figura 8.4 Estacas de concreto moldadas no local

- Carga admissível:

$$Q_{total} = A_s f_s + A_c f_c \qquad (8.2)$$

onde:

A_s = área da transversal do aço;
A_c = área da transversal do concreto;
f_s = tensão admissível do aço;
f_c = tensão admissível do concreto.

As figuras 8.4f e 8.4g são dois tipos de estacas não revestidas, uma com embasamento e outra sem. As estacas não revestidas são compostas, primeiro, pela cravação do revestimento para a profundidade desejada e depois preenchendo-as com cimento fresco. Em seguida, o revestimento é gradualmente removido.

A seguir estão alguns fatos gerais sobre estacas de concreto não revestidas moldadas no local:

- Comprimento comum: 5 m a 15 m;
- Comprimento máximo: 30 m a 40 m;
- Carga comum: 300 kN a 500 kN;
- Carga máxima aproximada: 700 kN.
- Vantagens:
  a. Inicialmente econômica;
  b. Pode ser finalizada em qualquer elevação.
- Desvantagens:
  a. Podem ser criados vazios se o concreto for colocado rapidamente;
  b. Difícil de unir após a concretagem;
  c. Em solos fofos, os lados do orifício podem desabar, espremendo o concreto.
- Carga admissível:

$$Q_{total} = A_c f_c \qquad (8.3)$$

onde:

A_c = área da transversal do concreto;
f_c = tensão admissível do concreto.

Estacas de madeira

As *estacas de madeira* são troncos de árvores que tiveram seus ramos e casca cuidadosamente podados. O comprimento máximo da maioria das estacas de madeira é de 10 m a 20 m. Para se qualificar para o uso como estaca, a madeira deve ser reta, saudável e sem quaisquer defeitos. O *Manual of Practice* nº 17 (1959) da American Society of Civil Engineers dividiu as estacas de madeira em três classes:

1. *Estacas de classe A* são usadas para a transferência de cargas pesadas. O diâmetro mínimo da extremidade deve ser de 356 mm.
2. *Estacas de classe B* são usadas para transferir cargas médias. O diâmetro mínimo da extremidade deve ser de 305 mm a 330 mm.
3. *Estacas de classe C* são usadas em obras de construção temporárias. Elas também podem ser usadas permanentemente para estruturas quando a estaca inteira estiver abaixo do lençol freático. O diâmetro mínimo da extremidade deve ser de 305 mm.

Em qualquer caso, a ponta de uma estaca não deve ter menos de 150 mm de diâmetro.

As estacas de madeira não podem suportar a tensão de uma cravação difícil; por conseguinte, a capacidade da estaca geralmente é limitada. Ponteiras de aço podem ser utilizadas para evitar danos na ponta da estaca (parte inferior). Os topos das estacas de madeira também podem ser danificados durante a operação de cravação. O esmagamento das fibras de madeira provocado pelo impacto do martelo é chamado de *envassouramento*. Para evitar danos ao topo da estaca, pode ser usada uma banda ou tampa de metal.

A junção de estacas de madeira deve ser evitada, sobretudo quando se espera que elas suportem carga de tração ou carga lateral. No entanto, se a junção for necessária, ela pode ser feita utilizando *manguitos* (veja a Figura 8.5a) ou *correias de metal e parafusos* (veja a Figura 8.5b). O comprimento do manguito deve ser, pelo menos, cinco vezes o diâmetro da estaca. As extremidades posteriores devem ser cortadas quadradas de modo que o contato completo seja mantido. As porções unidas devem ser cuidadosamente podadas de modo que se encaixem firmemente no interior do manguito. No caso das correias de metal e parafusos, as extremidades posteriores também devem ser cortadas quadradas. As laterais da parte unida devem ser aparadas planas para a colocação das correias.

As estacas de madeira podem permanecer sem danos indefinidamente se estiverem rodeadas por solo saturado. No entanto, em um ambiente marinho, as estacas de madeira estão sujeitas ao ataque de vários organismos e podem ser danificadas extensivamente dentro de poucos meses. Quando localizadas acima do lençol freático, as estacas estão sujeitas ao ataque de insetos. A vida útil das estacas pode ser aumentada por tratamento com conservantes, como o creosoto.

A capacidade admissível de transporte de carga das estacas de madeira é:

$$Q_{total} = A_p f_\omega \tag{8.4}$$

onde:

A_p = área média da transversal da estaca;
f_ω = tensão admissível da madeira.

As tensões admissíveis a seguir são para estacas de madeira redondas tratadas com pressão fabricadas a partir da *Pseudotsuga menziesii* e do pinheiro-americano usadas em estruturas hidráulicas (ASCE, 1993):

Pseudotsuga menziesii
- Compressão paralela aos grãos: 6,04 MN/m^2;
- Flexão: 11,7 MN/m^2;
- Cisalhamento horizontal: 0,66 MN/m^2;
- Compressão perpendicular aos grãos: 1,31 MN/m^2.

Pinheiro-americano
- Compressão paralela aos grãos: 5,7 MN/m^2;
- Flexão: 11,4 MN/m^2;

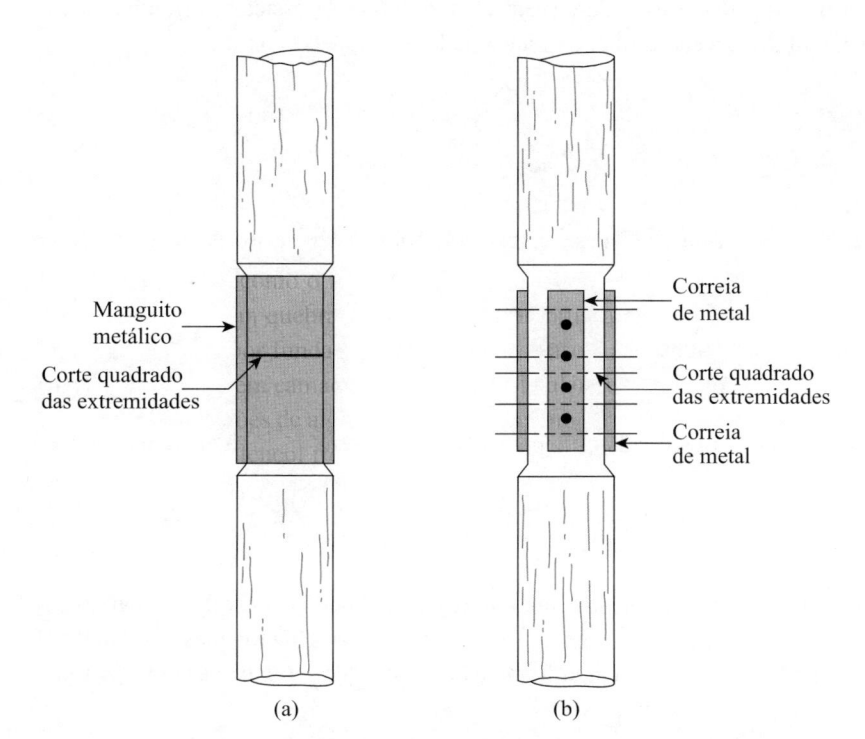

Figura 8.5 Junção das estacas de madeira: (a) uso de manguitos; (b) uso de correias de metal e parafusos

- Cisalhamento horizontal: 0,62 MN/m²;
- Compressão perpendicular às sementes: 1,41 MN/m².

O comprimento comum das estacas de madeira é de 5 m a 15 m. O comprimento máximo é de aproximadamente 30 m a 40 m. A carga comum transportada por estacas de madeira é de 300 kN a 500 kN.

Estacas compostas

As porções superiores e inferiores das *estacas compostas* são feitas de materiais diferentes. Por exemplo, as estacas compostas podem ser feitas de aço e concreto ou madeira e concreto. As estacas de aço e concreto consistem em uma porção inferior de aço e uma porção superior de concreto moldado no local. Esse tipo de estaca é utilizado quando o comprimento da estaca necessário para o suporte adequado excede a capacidade das estacas de concreto moldadas no local. As estacas de madeira e concreto geralmente consistem em uma porção inferior da estaca de madeira abaixo do lençol freático permanente e uma porção superior de concreto. Em qualquer caso, a formação apropriada de juntas entre dois materiais diferentes é difícil e, por essa razão, as estacas compostas não são muito usadas.

8.3 Estimativa do comprimento da estaca

Selecionar o tipo de estaca a ser usado e estimar seu comprimento necessário são tarefas bem difíceis que exigem bom senso. Além de serem separadas na classificação dada na Seção 8.2, as estacas podem ser divididas em três categorias principais, dependendo dos seus comprimentos e mecanismos de transferência de carga para o solo: (a) estacas de ponta, (b) estacas de atrito e (c) estacas de compactação.

Estacas de ponta

Se os registros para perfuração de solo estabelecerem a presença de rocha sã ou material tipo rocha em um local dentro de uma profundidade razoável, as estacas podem ser estendidas à superfície da rocha (veja a Figura 8.6a). Nesse caso, a capacidade final das estacas depende inteiramente da capacidade de suporte de cargas do material subjacente. Assim, as estacas são chamadas de *estacas de ponta*. Na maior parte desses casos, o comprimento necessário da estaca pode ser razoavelmente bem estabelecido.

Se, em vez da rocha sã, um estrato de solo relativamente compacto e duro for encontrado a uma profundidade razoável, as estacas podem ser estendidas a poucos metros para o estrato duro (veja a Figura 8.6b). As estacas com embasamento podem ser construídas sobre o leito do estrato duro, e a carga final da estaca pode ser expressa como:

$$Q_u = Q_p + Q_s \tag{8.5}$$

onde:

Q_p = carga transferida na ponta da estaca;
Q_s = carga transportada por atrito lateral desenvolvido na lateral da estaca (causado por resistência ao cisalhamento entre o solo e a estaca).

Se Q_s for muito pequeno,

$$Q_s \approx Q_p \tag{8.6}$$

Nesse caso, o comprimento necessário da estaca pode ser estimado com precisão se estiverem disponíveis registros adequados de exploração do subsolo.

Estacas de atrito

Quando nenhuma camada de rocha ou material tipo rocha estiver presente a uma profundidade razoável no local, as estacas de ponta tornam-se muito longas e pouco econômicas. Nesse tipo de subsolo, as estacas são cravadas pelo material mais macio a profundidades especificadas (veja a Figura 8.6c). A carga final das estacas pode ser expressa pela Equação (8.5). No entanto, se o valor de Q_p é relativamente pequeno, então:

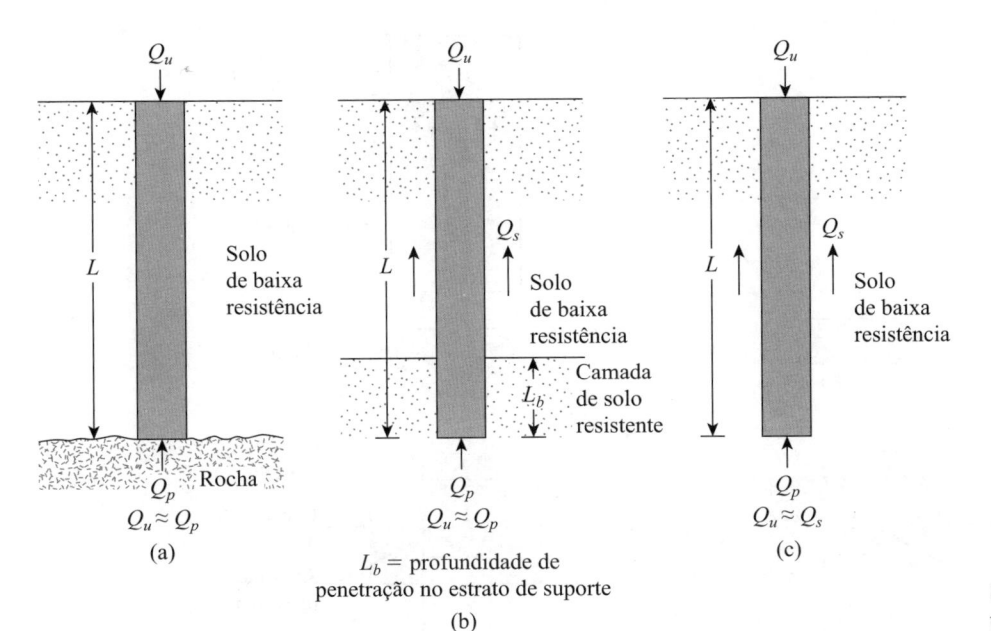

Figura 8.6 (a) e (b) Estacas de ponta; (c) estacas de atrito

L_b = profundidade de penetração no estrato de suporte

$$Q_u \approx Q_s \tag{8.7}$$

Essas estacas são chamadas de *estacas de atrito*, porque a maior parte da resistência é derivada do atrito lateral. No entanto, o termo *estaca de atrito*, embora muitas vezes utilizado na literatura, é um equívoco. Em solos argilosos, a resistência à carga aplicada também é causada por *coesão*.

Os comprimentos das estacas de atrito dependem da resistência ao cisalhamento do solo, da carga aplicada e do tamanho da estaca. Para determinar os comprimentos necessários dessas estacas, um engenheiro precisa de uma boa compreensão da interação solo-estaca, bom senso e experiência. Os procedimentos teóricos para o cálculo da capacidade de suporte da carga de estacas são apresentados posteriormente no capítulo.

Estacas de compactação

Sob certas circunstâncias, as estacas são cravadas em solos granulares para atingir a compactação adequada do solo próximo à superfície do solo. Essas estacas são chamadas de *estacas de compactação*. Os comprimentos das estacas de compactação dependem de fatores como (a) densidade relativa do solo antes da compactação, (b) densidade relativa desejada do solo após a compactação e (c) profundidade necessária de compactação. Essas estacas geralmente são curtas. Entretanto, alguns testes de campo são necessários para determinar um comprimento razoável.

8.4 Instalação das estacas

A maioria das estacas é cravada no solo por *pilões* ou *martelos vibratórios*. Em circunstâncias especiais, as estacas também podem ser inseridas por *injeção* ou *perfuração parcial com trado*. Os tipos de martelos utilizados para cravação de estacas incluem (a) martelo de queda, (b) martelo a ar ou a vapor de ação única, (c) martelo a ar diferencial ou a vapor de ação dupla e (d) martelo a diesel. Na operação de cravação, um capacete fica preso à parte superior da estaca. Uma almofada pode ser usada entre a estaca e o capacete. A almofada tem o efeito de reduzir a força do impacto e espalhá-la por um tempo mais longo. No entanto, o uso da almofada é opcional. Uma almofada para martelo é colocada sobre o capacete da estaca. O martelo cai sobre a almofada.

A Figura 8.7 ilustra diversos martelos. Um martelo de queda (veja a Figura 8.7a) é levantado por um guindaste e soltado de certa altura H. É o tipo mais antigo de martelo usado para cravação de estacas. A principal desvantagem do martelo de queda é a lenta taxa de golpes. O princípio do martelo a ar ou a vapor de ação única é mostrado na Figura 8.7b.

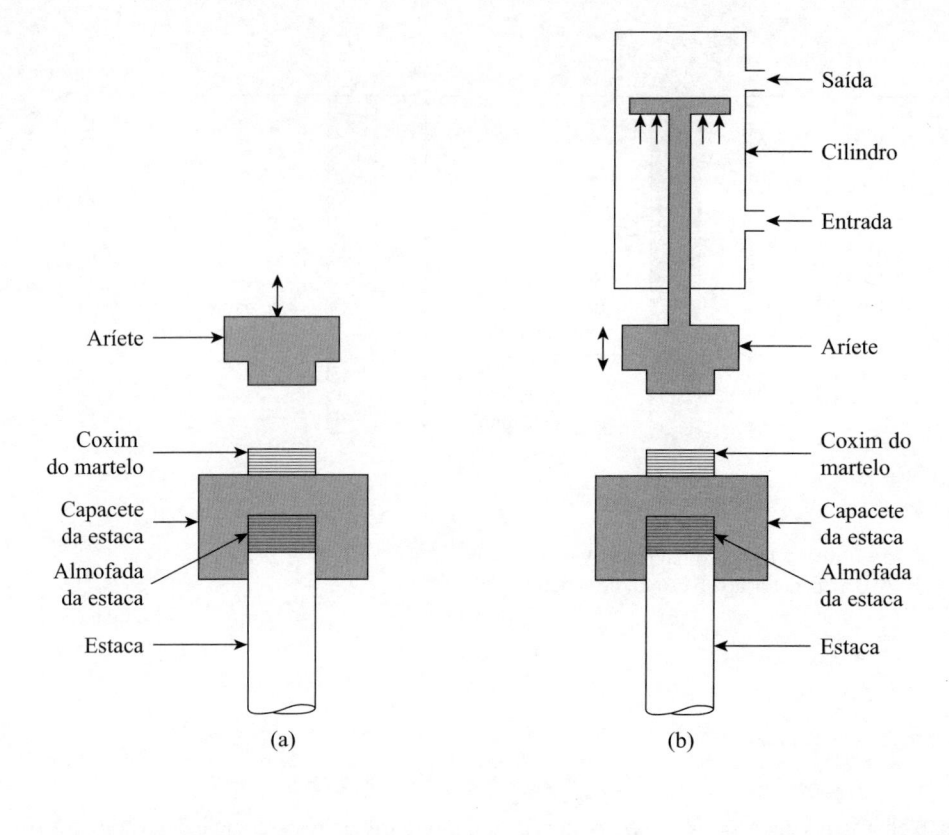

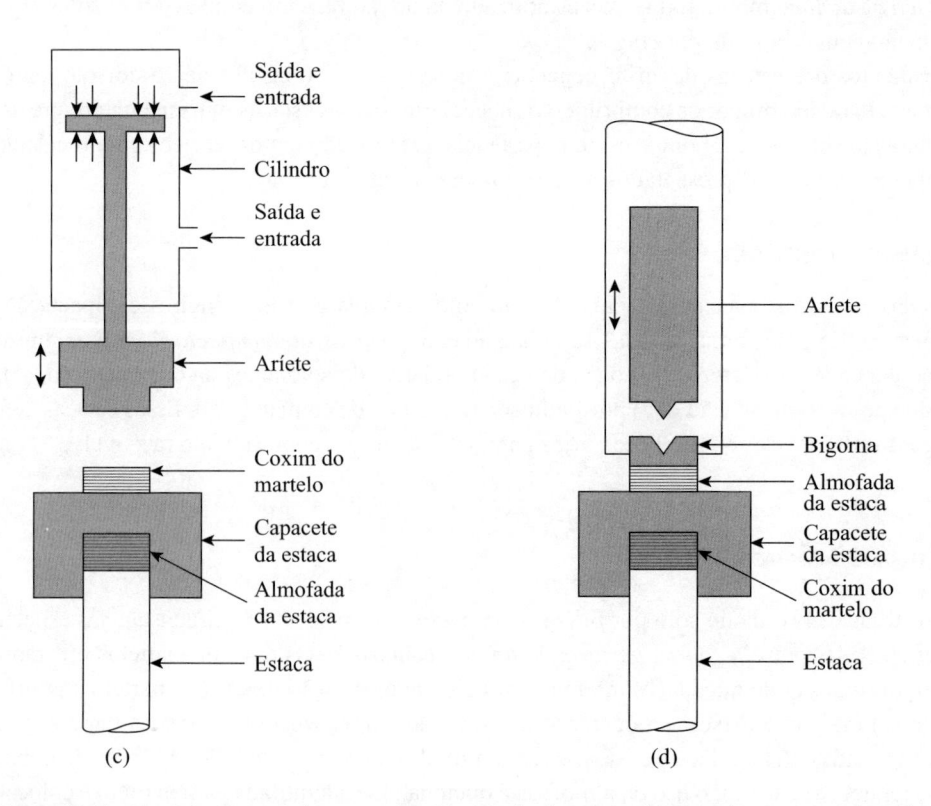

Figura 8.7 Equipamentos do bate-estacas: (a) martelo de queda; (b) martelo a ar ou a vapor de ação única; (c) martelo a ar diferencial ou a vapor de ação dupla; (d) martelo a diesel (*continua*)

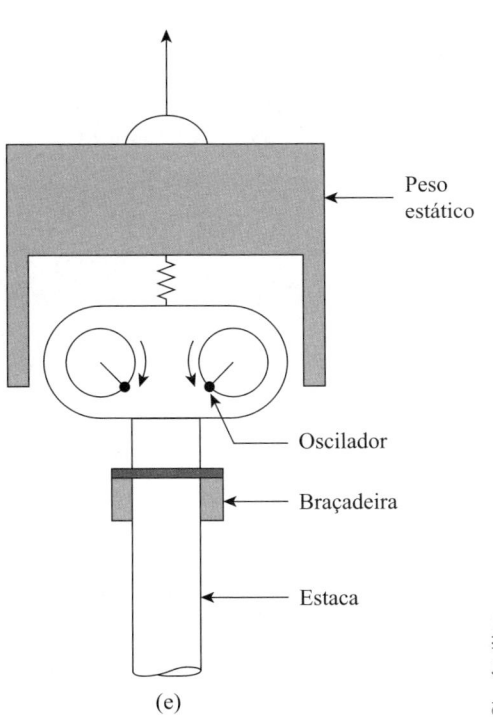

Figura 8.7 (*continuação*) Equipamento do bate-estacas: (e) bate-estacas vibratório; (f) fotografia de um bate-estacas vibratório (Cortesia da Reinforced Earth Company, Reston, Virgínia)

A peça que bate, ou aríete, é levantada por pressão a ar ou a vapor e, em seguida, cai por gravidade. A Figura 8.7c mostra o funcionamento do martelo a ar diferencial ou a vapor de ação dupla. O ar ou o vapor é usado tanto para levantar o aríete quanto para empurrá-lo para baixo, aumentando assim a velocidade do impacto do aríete. O martelo a diesel (veja a Figura 8.7d) consiste essencialmente de um aríete, um bloco de bigorna e um sistema de injeção de combustível. Primeiro, o aríete é levantado e o combustível é injetado próximo da bigorna. Em seguida, o aríete é liberado. Quando o aríete cai, ele comprime a mistura de ar-combustível, que inflama. Essa ação, na verdade, empurra a estaca para baixo e levanta o aríete. Os martelos a diesel funcionam bem sob condições de cravação difícil. Em solos fofos, o movimento descendente da estaca é bem grande, e o movimento ascendente do aríete é pequeno. Esse diferencial pode não ser suficiente para inflamar o sistema de ar-combustível, portanto o aríete pode ter de ser levantado manualmente. A Tabela 8.4 apresenta alguns exemplos de martelos de bate-estacas disponíveis comercialmente.

Os princípios de funcionamento de um bate-estacas vibratório são mostrados na Figura 8.7e. Esse bate-estacas consiste, essencialmente, de dois pesos de contrarrotação. Os componentes horizontais da força centrífuga gerada como resultado das massas de rotação cancelam-se entre si. Como resultado, uma força vertical dinâmica sinusoidal é produzida na estaca e ajuda a conduzir a estaca para baixo.

A Figura 8.7f é a fotografia de um bate-estacas vibratório. A Figura 8.8 mostra uma operação de bate-estacas em campo.

Injeção é uma técnica que às vezes é utilizada na cravação quando a estaca precisa penetrar uma fina camada de solo duro (como areia e cascalho) sobrejacente a uma camada de solo mais fofo. Nessa técnica, a água é descarregada na ponta da estaca por um tubo de 50 mm a 75 mm de diâmetro para lavar e soltar a areia e o cascalho.

As estacas cravadas a um ângulo em relação à vertical, normalmente a 14° a 20°, são chamadas de *estacas inclinadas*. As estacas inclinadas são utilizadas em estacas agrupadas quando é necessária uma maior capacidade de suporte de carga lateral. As estacas também podem ser avançadas por perfuração parcial com trado, com trados de potência (veja o Capítulo 3) utilizados para pré-perfurar orifícios pelo caminho. Então, as estacas podem ser inseridas nos orifícios e cravadas para a profundidade desejada.

As estacas podem ser divididas em duas categorias com base na natureza da sua colocação: *estacas de deslocamento* e *estacas de não deslocamento*. As estacas cravadas são estacas de deslocamento, porque elas se movem um pouco lateralmente no solo. Assim, há uma tendência para a densificação do solo em torno delas. As estacas de concreto e as estacas tubadas com extremidades fechadas são estacas de alto deslocamento. Entretanto, as estacas metálicas H deslocam menos

Tabela 8.4 Exemplos de martelos de bate-estacas comercialmente disponíveis

Fabricante do martelo[†]	Modelo nº	Tipo de martelo	Energia classificada kN · m	Golpes/min	Peso do aríete kN
V	400C	Ação única	153,9	100	177,9
M	S-20		81,3	60	89,0
M	S-8		35,3	53	35,6
M	S-5		22,0	60	22,2
R	5/O		77,1	44	77,8
R	2/O		44,1	50	44,5
V	200C	Ação dupla	68,1	98	89,0
V	140C	ou	48,8	103	62,3
V	80C	diferencial	33,1	111	35,6
V	65C		26,0	117	28,9
R	150C		66,1	95–105	66,7
V	4N100	Diesel	58,8	50–60	23,5
V	IN100		33,4	50–60	13,3
M	DE40		43,4	48	17,8
M	DE30		30,4	48	12,5

[†]V – Vulcan Iron Works, Flórida
M – McKiernan-Terry, New Jersey
R – Raymond International, Inc., Texas

Figura 8.8 Uma operação de bate-estacas em campo (Cortesia de E. C. Shin, University of Incheon, Coreia)

solo lateralmente durante a cravação, por isso são estacas de baixo deslocamento. Por outro lado, as estacas de perfuração são estacas de não deslocamento porque a colocação provoca pouquíssima alteração no estado de tensão no solo.

8.5 Mecanismo de transferência de carga

O mecanismo de transferência de carga de uma estaca no solo é complexo. Para compreendê-lo, considere uma estaca de comprimento L, como mostrado na Figura 8.9a. A carga sobre a estaca é aumentada gradualmente de zero a $Q_{(z=0)}$ na superfície do terreno. Parte dessa carga será rejeitada pelo atrito lateral desenvolvido ao longo do eixo, Q_1, e parte pelo solo abaixo da ponta da estaca, Q_2. Agora, como Q_1 e Q_2 estão relacionados com a carga total? Se as medições são feitas para obter a carga transportada pelo eixo da estaca, $Q_{(z)}$, a qualquer profundidade z, a natureza da variação encontrada será igual ao indicado na curva 1 da Figura 8.9b. A *resistência ao atrito* por área específica a qualquer profundidade z pode ser determinada como:

$$f_{(z)} = \frac{\Delta Q_{(z)}}{(p)(\Delta z)} \tag{8.8}$$

onde p = perímetro da transversal da estaca. A Figura 8.9c mostra a variação de $f_{(z)}$ com a profundidade.

Se a carga Q na superfície do terreno for aumentada gradualmente, a resistência ao atrito máxima ao longo do eixo da estaca será totalmente mobilizada quando o deslocamento relativo entre o solo e a estaca for de aproximadamente 5 a 10 mm, independentemente do tamanho da estaca e do comprimento L. No entanto, a resistência de ponta máxima $Q_2 = Q_p$ não será mobilizada até que a ponta da estaca tenha movido aproximadamente 10% a 25% da largura (ou do diâmetro) da estaca. (O limite inferior aplica-se a estacas cravadas, e o limite superior, a estacas perfuradas.) Em carga final (Figura 8.9d e curva 2 na Figura 8.9b), $Q_{(z=0)} = Q_u$. Assim,

$$Q_1 = Q_s$$

e

$$Q_2 = Q_p$$

A explicação anterior indica que Q_s (ou o atrito lateral específico, f, ao longo do eixo da estaca) é desenvolvido em um *deslocamento da estaca muito menor em comparação com a resistência de ponta*, Q_p. Para demonstrar esse ponto, consideremos os resultados de um teste de carga na estaca realizado em campo por Mansur e Hunter (1970). Os detalhes das condições da estaca e do subsolo são os seguintes:

Tipo de estaca: estaca metálica com 406 mm de diâmetro externo com 8,15 mm de espessura da parede;
Tipo de subsolo: areia;
Comprimento do engastamento da estaca: 16,8 m.

A Figura 8.10a mostra os resultados do teste de carga, que é um gráfico da carga na parte superior da estaca [$Q_{(z=0)}$] *versus* o(s) recalque(s). A Figura 8.10b mostra o gráfico da carga transportada pelo eixo da estaca [$Q_{(z)}$] em qualquer profundidade. Foi relatado por Mansur e Hunter (1970) que, para esse teste, na ruptura:

$$Q_u \approx 1601 \text{ kN}$$

$$Q_p \approx 416 \text{ kN}$$

e

$$Q_s \approx 1185 \text{ kN}$$

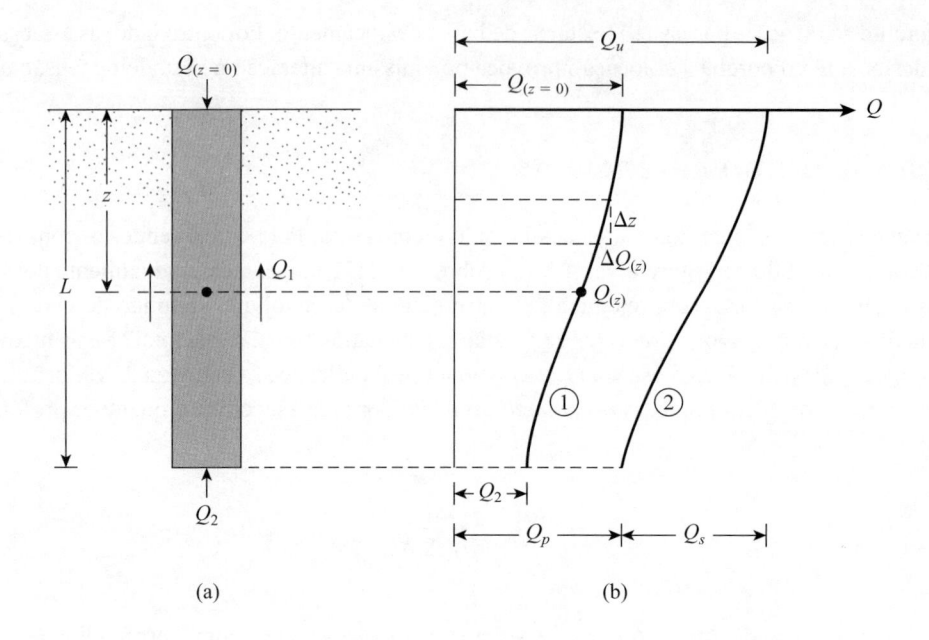

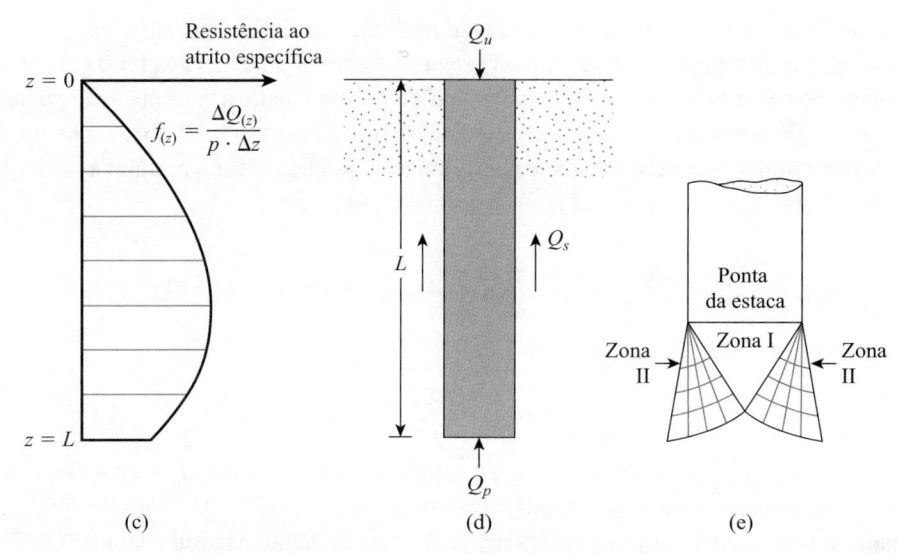

Figura 8.9 Mecanismo de transferência de carga para estacas

Agora, consideremos a distribuição de carga na Figura 8.10b quando o(s) recalque(s) da estaca possui(em) aproximadamente 2,5 mm. Para essa condição,

$$Q_{(z=0)} \approx 667 \text{ kN}$$
$$Q_2 \approx 93 \text{ kN}$$
$$Q_1 \approx 574 \text{ kN}$$

Assim, em $s = 2,5$ mm,

$$\frac{Q_2}{Q_p} = \frac{93}{416}(100) = 22,4\%$$

e

$$\frac{Q_1}{Q_s} = \frac{574}{1185}(100) = 48,4\%$$

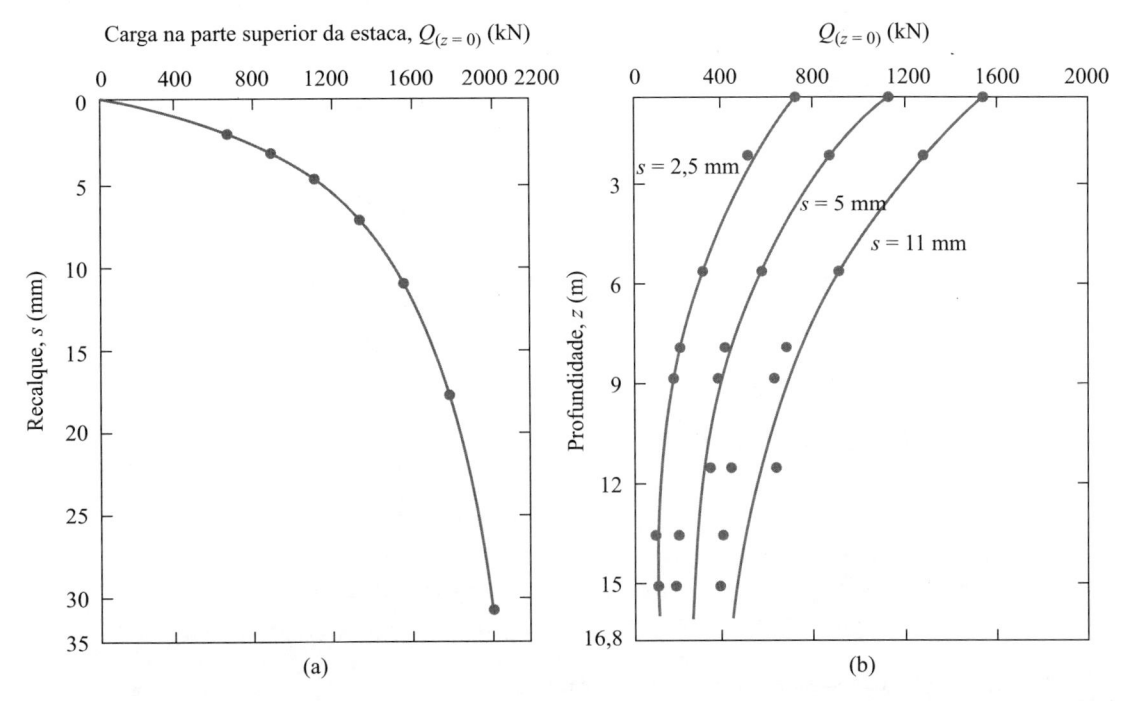

Figura 8.10 Resultados do teste de carga em uma estaca tubada na areia (com base em Mansur e Hunter, 1970)

Desse modo, fica óbvio que o atrito lateral é mobilizado mais rápido nos níveis baixos de recalque em comparação com a carga de ponta.

Em carga final, a superfície da ruptura no solo na ponta da estaca (uma ruptura da capacidade de suporte causada por Q_p) é como a mostrada na Figura 8.9e. Observe que as fundações por estacas são fundações profundas e que o solo falha principalmente em um *modo de perfuração*, como ilustrado anteriormente nas figuras 4.1c e 4.3. Ou seja, uma *zona triangular*, I, é desenvolvida na ponta da estaca, que é empurrada para baixo sem produzir qualquer outra superfície de deslizamento visível. Em areias densas e solos argilosos rígidos, uma *zona de cisalhamento radial*, II, pode se desenvolver parcialmente. Assim, as curvas de deslocamento de carga das estacas serão semelhantes às mostradas na Figura 4.1c.

8.6 Equações para estimar a capacidade de carga da estaca

A capacidade de transporte da carga final Q_u de uma estaca é dada pela equação:

$$Q_u = Q_p + Q_s \tag{8.9}$$

onde:

Q_p = capacidade de carga da ponta da estaca;
Q_s = resistência ao atrito (atrito lateral) derivada da interface solo-estaca (veja a Figura 8.11)

Inúmeros estudos publicados cobrem a determinação dos valores de Q_p e Q_s. Excelentes revisões de muitas dessas investigações foram fornecidas por Vesic (1977), Meyerhof (1976) e Coyle e Castello (1981). Esses estudos proporcionam uma visão sobre o problema de determinar a capacidade final da estaca.

Capacidade de carga de ponta, Q_p

A capacidade de suporte final das fundações rasas foi discutida no Capítulo 4. De acordo com as equações de Terzaghi,

$$q_u = 1{,}3c'N_c + qN_q + 0{,}4\gamma BN_\gamma \quad \text{(para fundações rasas quadradas)}$$

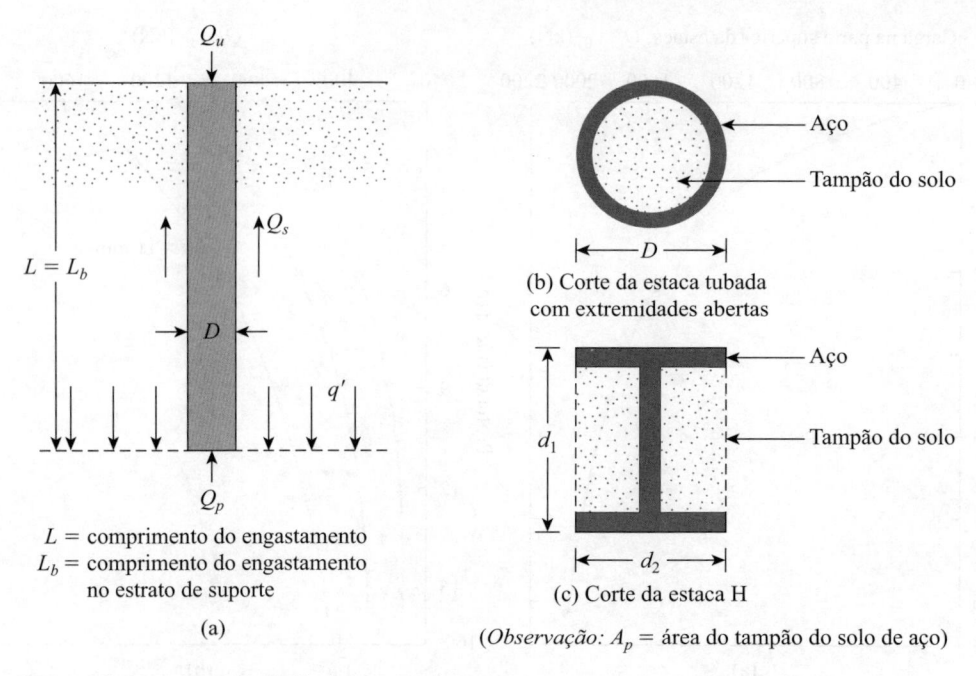

Figura 8.11 Capacidade final de carga da estaca

e

$$q_u = 1{,}3c'N_c + qN_q + 0{,}3\gamma BN_\gamma \quad \text{(para fundações rasas circulares)}$$

Do mesmo modo, a equação geral da capacidade de suporte para fundações rasas foi dada no Capítulo 4 (para cargas verticais) como:

$$q_u = c'N_c F_{cs} F_{cd} + qN_q F_{qs} F_{qd} + \tfrac{1}{2}\gamma BN_\gamma F_{\gamma s} F_{\gamma d}$$

Assim, no geral, a capacidade de suporte de carga final pode ser expressa como:

$$q_u = c'N_c^* + qN_q^* + \gamma BN_\gamma^* \tag{8.10}$$

onde N_c^*, N_q^* e N_γ^* são os fatores da capacidade de carga que incluem os fatores necessários de forma e profundidade.

As fundações por estacas são profundas. No entanto, a resistência final por área específica desenvolvida na ponta da estaca, q_p, pode ser expressa por uma equação semelhante em forma à Equação (8.10), embora os valores de N_c^*, N_q^* e N_γ^* mudarão. A notação utilizada neste capítulo para a largura de uma estaca é D. Assim, substituindo D por B na Equação (8.10) temos:

$$q_u = q_p = c'N_c^* + qN_q^* + \gamma DN_\gamma^* \tag{8.11}$$

Uma vez que a largura D de uma estaca é relativamente pequena, o termo γDN_γ^* pode ser deixado do lado direito da equação anterior sem implicar um erro grave. Logo, temos:

$$q_p = c'N_c^* + q'N_q^* \tag{8.12}$$

Observe que o termo q foi substituído por q' na Equação (8.12), para significar a tensão vertical efetiva. Assim, o suporte de ponta das estacas é:

$$Q_p = A_p q_p = A_p(c'N_c^* + q'N_q^*) \tag{8.13}$$

onde:

A_p = área da ponta da estaca;
c' = coesão do solo que suporta a ponta da estaca;
q_p = resistência específica de ponta;
q' = tensão vertical efetiva no nível da ponta da estaca;
N_c^*, N_q^* = fatores da capacidade de suporte.

Resistência ao atrito, Q_s

A resistência ao atrito, ou lateral, de uma estaca pode ser escrita como:

$$Q_s = \Sigma p \, \Delta L f \tag{8.14}$$

onde:

p = perímetro do corte da estaca;
ΔL = comprimento adicional da estaca sobre a qual se acredita que p e f sejam constantes;
f = resistência ao atrito específica em qualquer profundidade z.

Os diversos métodos para estimar Q_p e Q_s são discutidos nas próximas seções. É preciso enfatizar que, em campo, para a mobilização completa da resistência de ponta (Q_p), a ponta da estaca deve passar por um deslocamento de 10% a 25% da largura (ou do diâmetro) da estaca.

Carga admissível, Q_{total}

Depois de a capacidade final de suporte ter sido determinada pela soma da capacidade de suporte de ponta e pela resistência ao atrito (ou lateral), um fator de segurança razoável deve ser utilizado para obter a carga total admissível para cada estaca, ou:

$$Q_{total} = \frac{Q_u}{FS}$$

onde:

Q_{total} = capacidade de suporte de carga admissível para cada estaca;
FS = fator de segurança.

O fator de segurança normalmente usado varia de 2,5 a 4, dependendo das incertezas sobre o cálculo da carga final.

8.7 Método de Meyerhof para estimar Q_p

Areia

A capacidade de suporte de ponta, q_p, de uma estaca na areia geralmente aumenta com a profundidade do engastamento no estrato de suporte e atinge um valor máximo na razão do engastamento de $L_b/D = (L_b/D)_{cr}$. Observe que em um solo homogêneo L_b é igual ao comprimento real do engastamento da estaca, L. No entanto, quando uma estaca penetra em um estrato de suporte, $L_b < L$. Além da razão crítica do engastamento, $(L_b/D)_{cr}$, o valor de q_p permanece constante ($q_p = q_l$). Ou seja, como mostrado na Figura 8.12 para o caso de um solo homogêneo, $L = L_b$.

Para estacas na areia, $c' = 0$, e a Equação (8.13) é simplificada para

$$Q_p = A_p q_p = A_p q' N_q^* \tag{8.15}$$

A variação de N_q^* com ângulo de atrito do solo ϕ' é mostrada na Figura 8.13. Os valores interpolados de N_q^* para diversos ângulos de atrito também são dados na Tabela 8.5. Contudo, Q_p não deve exceder o valor limitante $A_p q_l$; ou seja,

$$Q_p = A_p q' N_q^* \leq A_p q_l \tag{8.16}$$

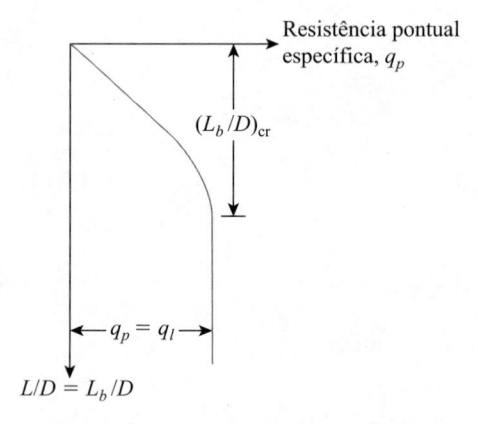

Figura 8.12 Natureza da variação da resistência específica de ponta em uma areia homogênea

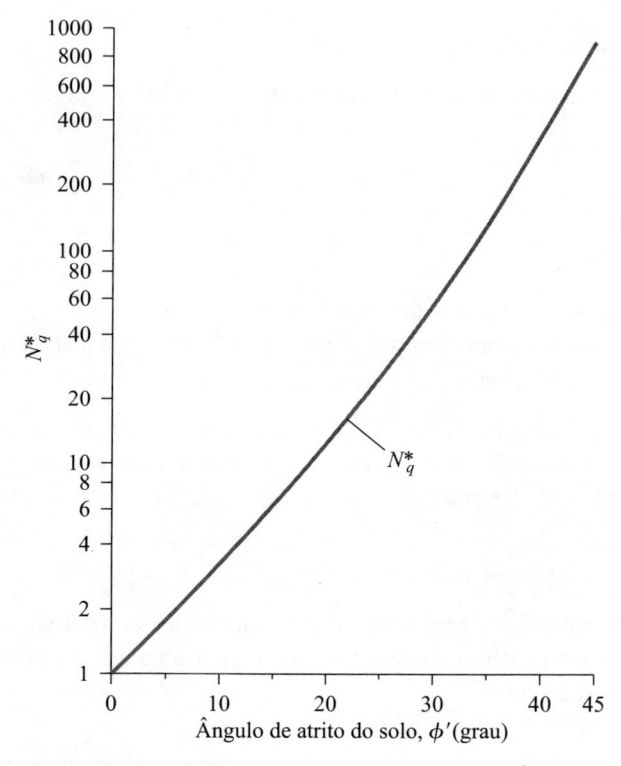

Figura 8.13 Variação dos valores máximos de N_q^* com ângulo de atrito do solo ϕ' (com base em Meyerhof, G. G. (1976). Bearing capacity and settlement of pile foundations, *Journal of the Geotechnical Engineering Division*, American Society of Civil Engineers, Vol. 102, nº GT3, p. 197-228)

Tabela 8.5 Valores interpolados de N_q^* com base na teoria de Meyerhof

Ângulo de atrito do solo, ϕ (grau)	N_q^*
20	12,4
21	13,8
22	15,5
23	17,9
24	21,4
25	26,0
26	29,5
27	34,0
28	39,7
29	46,5
30	56,7
31	68,2
32	81,0
33	96,0
34	115,0
35	143,0
36	168,0
37	194,0
38	231,0
39	276,0
40	346,0
41	420,0
42	525,0
43	650,0
44	780,0
45	930,0

A resistência limite de ponta é:

$$q_l = 0,5\, p_a N_q^*\, \text{tg}\, \phi' \tag{8.17}$$

onde:

p_a = pressão atmosférica (= 100 kN/m²);
ϕ' = ângulo de atrito do solo efetivo do estrato de suporte.

Um bom exemplo do conceito da razão crítica do engastamento pode ser encontrado nos testes de carga em campo em uma estaca na areia no rio Ogeechee relatado por Vesic (1970). Foi uma estaca metálica com diâmetro de 457 mm. A Tabela 8.6 mostra a resistência final em várias profundidades. A Figura 8.14 mostra o gráfico de q_p com profundidade obtida com base em testes em campo, juntamente com a variedade da resistência à penetração-padrão no local. Com base na figura, podem ser feitas as observações a seguir.

1. Existe um valor limitante de q_p. Para os testes em consideração, é de aproximadamente 12.000 kN/m².
2. O valor $(L/D)_{cr}$ é de aproximadamente 16 a 18.
3. O valor médio N_{60} é de aproximadamente 30 para $L/D \geq (L/D)_{cr}$. Utilizando a Equação (8.36), a resistência limite de ponta é $4p_a N_{60} = (4)(100)(30) = 12.000$ kN/m². Esse valor geralmente é consistente com a observação em campo.

Tabela 8.6 Resistência de ponta final, q_p, da estaca de teste no rio Ogeechee conforme relatado por Vesic (1970)

Diâmetro da estaca, D (m)	Profundidade do engastamento, L (m)	L/D	q_p (kN/m²)
0,457	3,02	6,61	3.304
0,457	6,12	13,39	9.365
0,457	8,87	19,4	11.472
0,457	12,0	26,26	11.587
0,457	15,00	32,82	13.971

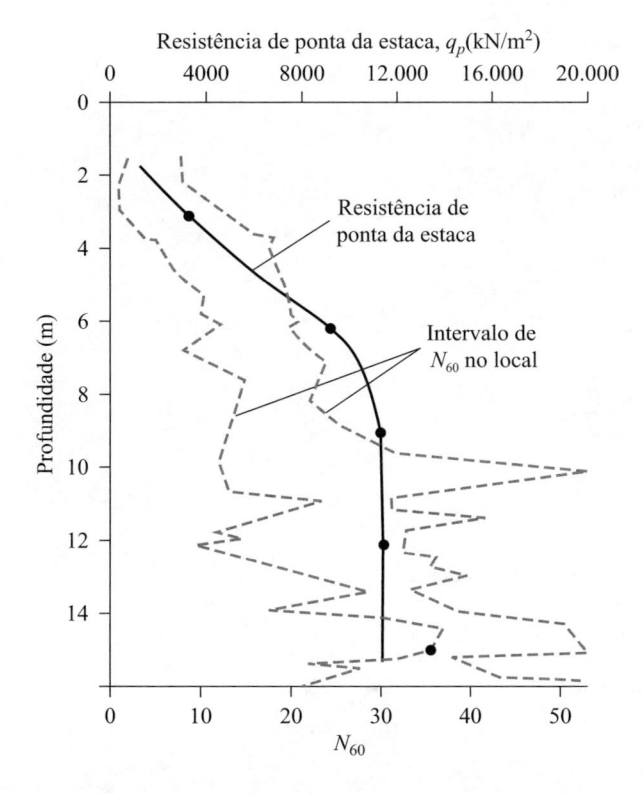

Figura 8.14 Resultado do teste da estaca de Vesic (1970) – variação de q_p e N_{60} com profundidade

Argila ($\phi = 0$)

Para estacas em *argilas saturadas* sob condições não drenadas ($\phi = 0$), a carga líquida final pode ser dada como:

$$Q_p \approx N_c^* c_u A_p = 9 c_u A_p \qquad (8.18)$$

onde c_u = coesão não drenada do solo abaixo da ponta da estaca.

8.8 Método de Vesic para estimar Q_p

Areia

Vesic (1977) propôs um método para estimar a capacidade de suporte de ponta da estaca com base na teoria da *expansão de cavidades*. De acordo com essa teoria, com base nos parâmetros da tensão efetiva, podemos escrever:

$$Q_p = A_p q_p = A_p \bar{\sigma}_o' N_\sigma^* \qquad (8.19)$$

onde:
$\bar{\sigma}_o'$ = tensão efetiva normal do terreno no nível da ponta da estaca

$$= \left(\frac{1 + 2K_o}{3}\right) q' \qquad (8.20)$$

K_o = coeficiente da pressão da terra em repouso = $1 - \text{sen}\,\phi$ \qquad (8.21)

e

N_σ^* = fator da capacidade de suporte

Observe que a Equação (8.19) é uma modificação da Equação (8.15) com:

$$N_\sigma^* = \frac{3 N_q^*}{(1 + 2K_o)} \qquad (8.22)$$

Segundo a teoria de Vesic,

$$N_\sigma^* = f(I_{rr}) \qquad (8.23)$$

onde I_{rr} = índice de rigidez reduzido para o solo. Porém,

$$I_{rr} = \frac{I_r}{1 + I_r \Delta} \qquad (8.24)$$

onde:

$$I_r = \text{índice de rigidez} = \frac{E_s}{2(1 + \mu_s) q' \text{tg}\,\phi'} = \frac{G_s}{q' \text{tg}\,\phi'}; \qquad (8.25)$$

E_s = módulo de elasticidade do solo;
μ_s = coeficiente de Poisson do solo;
G_s = módulo de cisalhamento do solo;
Δ = tensão volumétrica média na zona plástica abaixo da ponta da estaca.

Os intervalos gerais de I_r para diversos solos são:

Areia (densidade relativa = 50% a 80%): 75 a 150

Silte: 50 a 75

Para estimar I_r [Equação (8.25)] e, portanto, I_{rr} [Equação (8.24)], podem ser utilizadas as seguintes aproximações (Chen e Kulhawy, 1994):

$$\frac{E_s}{p_a} = m \qquad (8.26)$$

onde:

p_a = pressão atmosférica ($\approx$ 100 kN/m²)

$$m = \begin{cases} 100 \text{ a } 200 \text{ (solo fofo)} \\ 200 \text{ a } 500 \text{ (solo denso médio)} \\ 500 \text{ a } 1000 \text{ (solo denso)} \end{cases}$$

$$\mu_s = 0{,}1 + 0{,}3\left(\frac{\phi' - 25}{20}\right) \text{(para } 25° \leq \phi' \leq 45°\text{)} \qquad (8.27)$$

$$\Delta = 0{,}005\left(1 - \frac{\phi' - 25}{20}\right)\frac{q'}{p_a} \qquad (8.28)$$

Com base nos testes de penetração do cone em campo, Baldi et al. (1981) deram as seguintes correlações para I_r:

$$I_r = \frac{300}{F_r(\%)} \quad \text{(para penetração do cone mecânico)} \qquad (8.29)$$

e

$$I_r = \frac{170}{F_r(\%)} \quad \text{(para penetração do cone elétrico)} \qquad (8.30)$$

Para a definição de F_r, veja a Equação (3.45). A Tabela 8.7 dá os valores de N_σ^* para os diversos valores de I_{rr} e ϕ'.

Argila ($\phi = 0$)

Em argila saturada (condição $\phi = 0$), a capacidade de suporte de ponta final líquida de uma estaca pode ser aproximada como:

$$Q_p = A_p q_p = A_p c_u N_c^* \qquad (8.31)$$

onde c_u = coesão não drenada.

De acordo com a teoria da *expansão das cavidades* de Vesic (1977),

$$N_c^* = \frac{4}{3}(\ln I_{rr} + 1) + \frac{\pi}{2} + 1 \qquad (8.32)$$

As variações de N_c^* com I_{rr} para a condição $\phi = 0$ são dadas na Tabela 8.8.

Agora, consultando a Equação (8.24) para a argila saturada sem mudança de volume, $\Delta = 0$. Logo,

$$I_{rr} = I_r \qquad (8.33)$$

Para $\phi = 0$,

$$I_r = \frac{E_s}{3c_u} \qquad (8.34)$$

Tabela 8.7 Fatores da capacidade de suporte N_σ^* com base na teoria da expansão das cavidades

ϕ'	I_{rr}									
	10	20	40	60	80	100	200	300	400	500
25	12,12	15,95	20,98	24,64	27,61	30,16	39,70	46,61	52,24	57,06
26	13,18	17,47	23,15	27,30	30,69	33,60	44,53	52,51	59,02	64,62
27	14,33	19,12	25,52	30,21	34,06	37,37	49,88	59,05	66,56	73,04
28	15,57	20,91	28,10	33,40	37,75	41,51	55,77	66,29	74,93	82,40
29	16,90	22,85	30,90	36,87	41,79	46,05	62,27	74,30	84,21	92,80
30	18,24	24,95	33,95	40,66	46,21	51,02	69,43	83,14	94,48	104,33
31	19,88	27,22	37,27	44,79	51,03	56,46	77,31	92,90	105,84	117,11
32	21,55	29,68	40,88	49,30	56,30	62,41	85,96	103,66	118,39	131,24
33	23,34	32,34	44,80	54,20	62,05	68,92	95,46	115,51	132,24	146,87
34	25,28	35,21	49,05	59,54	68,33	76,02	105,90	128,55	147,51	164,12
35	27,36	38,32	53,67	65,36	75,17	83,78	117,33	142,89	164,33	183,16
36	29,60	41,68	58,68	71,69	82,62	92,24	129,87	158,65	182,85	204,14
37	32,02	45,31	64,13	78,57	90,75	101,48	143,61	175,95	203,23	227,26
38	34,63	49,24	70,03	86,05	99,60	111,56	158,65	194,94	225,62	252,71
39	37,44	53,50	76,45	94,20	109,24	122,54	175,11	215,78	250,23	280,71
40	40,47	58,10	83,40	103,05	119,74	134,52	193,13	238,62	277,26	311,50
41	43,74	63,07	90,96	112,68	131,18	147,59	212,84	263,67	306,94	345,34
42	47,27	68,46	99,16	123,16	143,64	161,83	234,40	291,13	339,52	382,53
43	51,08	74,30	108,08	134,56	157,21	177,36	257,99	321,22	375,28	423,39
44	55,20	80,62	117,76	146,97	172,00	194,31	283,80	354,20	414,51	468,28
45	59,66	87,48	128,28	160,48	188,12	212,79	312,03	390,35	457,57	517,58

Com base em Design on pile foundations, de A.S. Vesic. *Synthesis of Highway Practice*, American Association of State Highway and Transportation, 1969.

Tabela 8.8 Variação de N_c^* com I_{rr} para a condição $\phi = 0$ com base na teoria de Vesic

I_{rr}	N_c^*
10	6,97
20	7,90
40	8,82
60	9,36
80	9,75
100	10,04
200	10,97
300	11,51
400	11,89
500	12,19

O'Neill e Reese (1999) sugeriram as seguintes relações aproximadas para I_r e a coesão não drenada, c_u.

$\dfrac{c_u}{p_a}$	I_r
0,24	50
0,48	150
$\geq 0,96$	250–300

Observação: p_a = pressão atmosférica ≈ 100 kN/m².

Os valores anteriores podem ser aproximados como:

$$I_r = 347\left(\frac{c_u}{p_a}\right) - 33 \leq 300 \tag{8.35}$$

8.9 Correlações para o cálculo de Q_p com os resultados de SPT e CPT em solo granular

Com base nas observações em campo, Meyerhof (1976) também sugeriu que a resistência de ponta q_p em um solo granular homogêneo ($L = L_b$) pode ser obtida do índice de resistência à penetração como:

$$q_p = 0,4 p_a N_{60} \frac{L}{D} \leq 4 p_a N_{60} \tag{8.36}$$

onde:

N_{60} = o valor médio do índice de resistência à penetração próximo da ponta da estaca (cerca de $10D$ acima e $4D$ abaixo da ponta da estaca);
p_a = pressão atmosférica (≈ 100 kN/m²).

Briaud et al. (1985) sugeriram a seguinte correlação para q_p em solo granular com o índice de resistência à penetração N_{60}.

$$q_p = 19,7 p_a (N_{60})^{0,36} \tag{8.37}$$

Meyerhof (1956) sugeriu também que:

$$q_p \approx q_c \qquad (8.38)$$

onde q_c = resistência à penetração do cone.

Exemplo 8.1

Considere uma estaca de concreto com 0,305 m × 0,305 m em transversal na areia. A estaca tem 12 m de comprimento. A seguir estão as variações de N_{60} com a profundidade.

Profundidade abaixo da superfície do terreno (m)	N_{60}
1,5	8
3,0	10
4,5	9
6,0	12
7,5	14
9,0	18
10,5	11
12,0	17
13,5	20
15,0	28
16,5	29
18,0	32
19,5	30
21,0	27

a. Estime Q_p usando a Equação (8.36).
b. Estime Q_p usando a Equação (8.37).

Solução

Parte a

A ponta da pilha tem 12 m abaixo da superfície do solo. Para a pilha, $D = 0,305$ m. A média de N_{60} 10D acima e cerca de 5D abaixo da ponta da estaca é:

$$N_{60} = \frac{18 + 11 + 17 + 20}{4} = 16,5 \approx 17$$

Da Equação (8.36)

$$Q_p = A_p(q_p) = A_p\left[0,4 p_a N_{60}\left(\frac{L}{D}\right)\right] \leq A_p(4 p_a N_{60})$$

$$A_p\left[0,4 p_a N_{60}\left(\frac{L}{D}\right)\right] = (0,305 \times 0,305)\left[(0,4)(100)(17)\left(\frac{12}{0,305}\right)\right] = 2488,8 \text{ kN}$$

$$A_p(4 p_a N_{60}) = (0,305 \times 0,305)[(4)(100)(17)] = 632,6 \text{ kN} \approx 633 \text{ kN}$$

Assim, $Q_p = \mathbf{633}$ **kN**.

> **Parte b**
> Com base na Equação (8.37),
> $$Q_p = A_p q_p = A_p[19{,}7 p_a (N_{60})^{0{,}36}] = (0{,}305 \times 0{,}305)[(19{,}7)(100)(17)^{0{,}36}]$$
> $$= 508{,}2 \text{ kN} \qquad \blacksquare$$

8.10 Resistência ao atrito (Q_s) em areia

De acordo com a Equação (8.14), a resistência ao atrito:

$$Q_s = \Sigma p\, \Delta L f$$

A resistência ao atrito específica, f, é difícil de estimar. Ao fazer uma estimativa de f, diversos fatores importantes devem ser mantidos em mente:

1. A natureza da instalação da estaca. Para as estacas cravadas em areia, a vibração causada durante a cravação de estacas ajuda a densificar em torno da estaca. A zona de densificação da areia pode ser de até 2,5 vezes o diâmetro da estaca na areia em torno da estaca.
2. Tem sido observado que a natureza da variação de f em campo é aproximadamente como mostrado na Figura 8.15. O atrito lateral específico aumenta com a profundidade mais ou menos linearmente até uma profundidade de L' e mantém-se constante daí em diante. A grandeza da profundidade crítica L' pode ser de 15 a 20 diâmetros da estaca. Uma estimativa conservadora seria:

$$L' \approx 15D \qquad (8.39)$$

3. Em profundidades semelhantes, o atrito lateral específico em areia fofa é maior para uma estaca de alto deslocamento em comparação a uma estaca de baixo deslocamento.
4. Em profundidades semelhantes, as estacas perfuradas ou injetadas terão um atrito lateral específico menor em comparação com as estacas cravadas.

Tendo em conta os fatores anteriores, podemos dar a seguinte relação aproximada para f (veja a Figura 8.15):
Para $z = 0$ a L',

$$f = K \sigma'_o \operatorname{tg} \delta' \qquad (8.40)$$

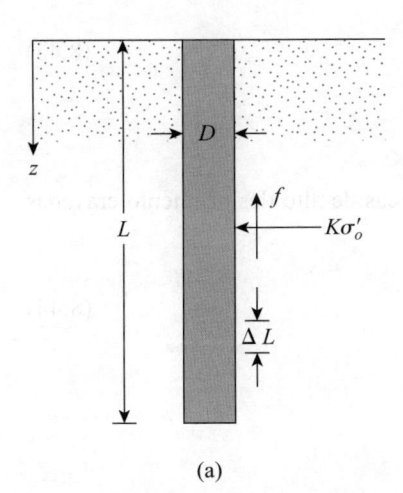

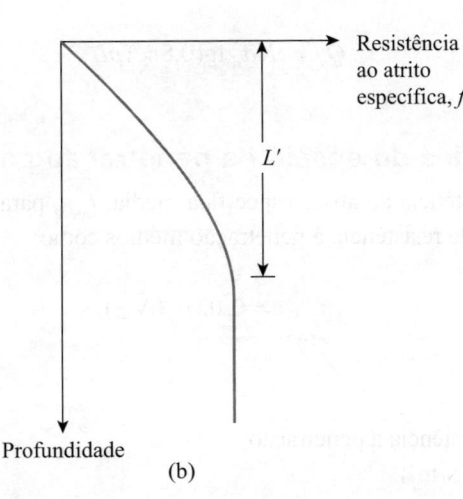

Figura 8.15 Resistência ao atrito específica para estacas em areia

e para $z = L'$ a L,

$$f = f_{z=L'} \tag{8.41}$$

Nessas equações,

K = coeficiente efetivo de empuxo de terra;
σ'_o = tensão vertical efetiva na profundidade sob consideração;
δ' = ângulo de atrito solo-estaca.

Na realidade, a grandeza de K varia com a profundidade; é, aproximadamente, igual ao coeficiente passivo da pressão da terra de Rankine, K_p, na parte superior da estaca e pode ser menor que o coeficiente da pressão em repouso, K_o, em uma profundidade maior. Com base em resultados atualmente disponíveis, os valores médios de K a seguir são recomendados para uso na Equação (8.40):

Tipo de estaca	K
Perfurada ou injetada	$\approx K_o = 1 - \mathrm{sen}\, \phi'$
Cravada de baixo deslocamento	$\approx K_o = 1 - \mathrm{sen}\, \phi'$ a $1{,}4 K_o = 1{,}4 (1 - \mathrm{sen}\, \phi')$
Cravada de alto deslocamento	$\approx K_o = 1 - \mathrm{sen}\, \phi'$ a $1{,}8 K_o = 1{,}8 (1 - \mathrm{sen}\, \phi')$

Os valores de δ' de várias investigações parecem estar no intervalo de $0{,}5\phi'$ a $0{,}8\phi'$.

Com base nos resultados do teste de carga em campo, Mansur e Hunter (1970) relataram os seguintes valores médios de K:

Estacas em perfil H.......................... $K = 1{,}65$

Estacas tubulares de aço .... $K = 1{,}26$

Estacas pré-moldadas de concreto... $K = 1{,}5$

Coyle e Castello (1981) propuseram que:

$$Q_s = f_{\text{méd}} pL = (K \bar{\sigma}'_o \operatorname{tg} \delta') pL \tag{8.42}$$

onde:

$\bar{\sigma}'_o$ = pressão de sobrecarga efetiva média;
δ' = ângulo de atrito solo-estaca = $0{,}8\phi'$.

O coeficiente de empuxo lateral K, que foi determinado com base em observações em campo, é mostrado na Figura 8.16. Assim, se esse valor for utilizado,

$$Q_s = K \bar{\sigma}'_o \operatorname{tg}(0{,}8\phi') pL \tag{8.43}$$

Correlação com os resultados do ensaio de penetração-padrão

Meyerhof (1976) indicou que a resistência ao atrito específica média, $f_{\text{méd}}$, para estacas de alto deslocamento cravadas pode ser obtida com base em índice de resistência à penetração médios como:

$$f_{\text{méd}} = 0{,}02 p_a (\bar{N}_{60}) \tag{8.44}$$

onde:

$(\bar{N}_{60})$ = valor médio do índice de resistência à penetração;
p_a = pressão atmosférica (≈ 100 kN/m^2).

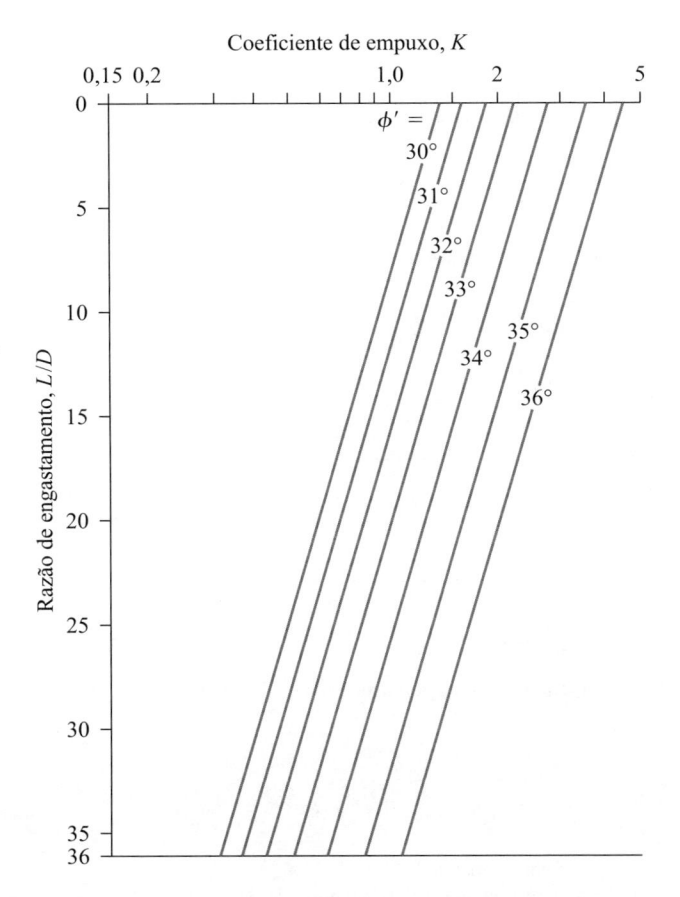

Figura 8.16 Variação de K com L/D (com base em Coyle e Castello, 1981)

Para estacas de baixo deslocamento cravadas:

$$f_{méd} = 0,01 p_a (\overline{N}_{60}) \tag{8.45}$$

Briaud et al. (1985) propuseram que:

$$f_{méd} \approx 0,0224 p_a (\overline{N}_{60})^{0,29} \tag{8.46}$$

Assim,

$$Q_s = pLf_{méd} \tag{8.47}$$

Correlação com os resultados do teste de penetração do cone

Nottingham e Schmertmann (1975) e Schmertmann (1978) forneceram correlações para estimar Q_s utilizando a resistência ao atrito (f_c) obtida durante os testes de penetração do cone. De acordo com esse método,

$$f = \alpha' f_c \tag{8.48}$$

As variações de α' com L/D para o cone elétrico e penetrômetros de cone mecânico são mostradas nas figuras 8.17 e 8.18, respectivamente. Temos:

$$Q_s = \Sigma p(\Delta L)f = \Sigma p(\Delta L)\alpha' f_c \tag{8.49}$$

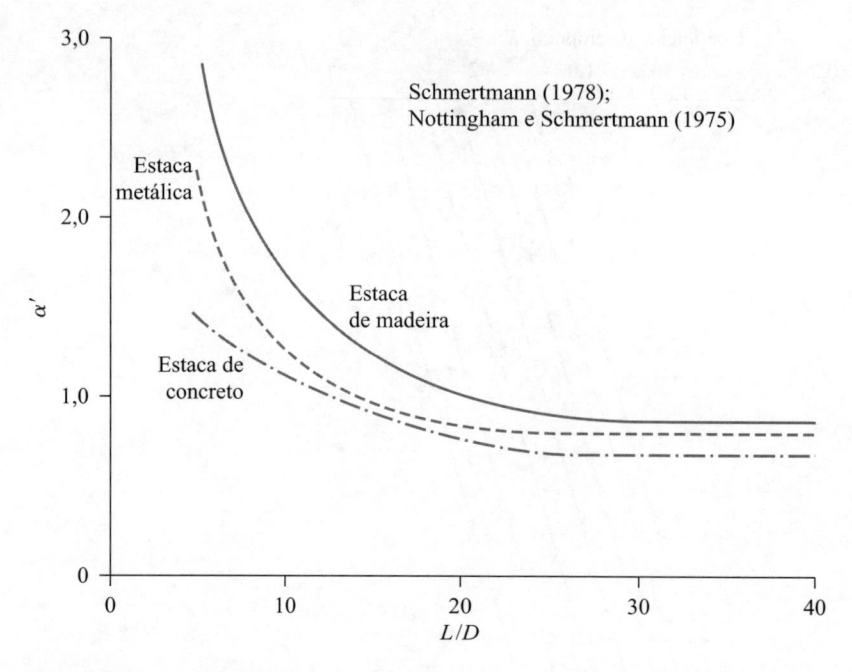

Figura 8.17 Variação de α' com a razão de engastamento para a estaca na areia: penetrômetro de cone elétrico

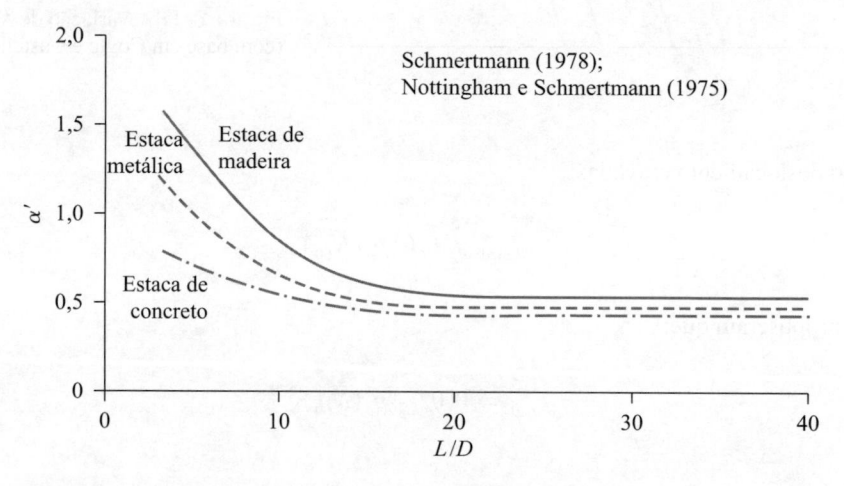

Figura 8.18 Variação de α' com a razão de engastamento para estacas na areia: penetrômetro de cone mecânico

Exemplo 8.2

Consulte a estaca descrita no Exemplo 8.1. Estime a grandeza de Q_s para a estaca.

    a. Use a Equação (8.44).
    b. Use a Equação (8.46).
    c. Considerando os resultados obtidos no Exemplo 8.1, determine a capacidade de transporte de carga admissível da estaca com base no método de Meyerhof e no método de Briaud. Utilize um fator de segurança, FS = 3.

Solução

O valor médio N_{60} para a areia para a parte superior de 12 m é:

$$\overline{N}_{60} = \frac{8+10+9+12+14+18+11+17}{8} = 10{,}25 \approx 10$$

Parte a
Com base na Equação (8.44),

$$f_{méd} = 0{,}02 p_a (\overline{N}_{60}) = (0{,}02)(100)(10) = 20 \text{ kN/m}^2$$
$$Q_s = pL f_{méd} = (4 \times 0{,}305)(12)(20) = \mathbf{292{,}8 \text{ kN}}$$

Parte b
Com base na Equação (8.46),

$$f_{méd} = 0{,}224 p_a (\overline{N}_{60})^{0,29} = (0{,}224)(100)(10)^{0,29} = 43{,}68 \text{ kN/m}^2$$
$$Q_s = pL f_{méd} = (4 \times 0{,}305)(12)(43{,}68) = \mathbf{639{,}5 \text{ kN}}$$

Parte c

$$\text{Método de Meyerhof: } Q_{total} = \frac{Q_p + Q_s}{FS} = \frac{633 + 292{,}8}{3} = \mathbf{308{,}6 \text{ kN}}$$

$$\text{Método de Briaud: } Q_{total} = \frac{Q_p + Q_s}{FS} = \frac{508{,}2 + 639{,}5}{3} = \mathbf{382{,}6 \text{ kN}}$$

Assim, a capacidade admissível da estaca pode ser assumida como aproximadamente **345 kN**. ∎

Exemplo 8.3

Considere uma estaca de concreto de 18 m de comprimento (transversal: 0,305 m × 0,305 m) totalmente incorporada em uma camada de areia. Para a camada de areia, o que segue é uma aproximação da resistência à penetração do cone q_c (cone mecânico) e a resistência ao atrito f_c com profundidade. Estime a carga admissível que a estaca pode transferir. Use FS = 3.

Profundidade da superfície do terreno (m)	q_c (kN/m²)	f_c (kN/m²)
0–5	3040	73
5–15	4560	102
15–25	9500	226

Solução

$$Q_u = Q_p + Q_s$$

Com base na Equação (8.38),

$$q_p \approx q_c$$

Na ponta da estaca (isto é, a uma profundidade de 18 m), $q_c \approx 9500$ kN/m². Assim,

$$Q_p = A_p q_c = (0,305 \times 0,305)(9500) = 883,7 \text{ kN}$$

Para determinar Q_s, pode ser preparada a tabela seguinte. (*Observação:* $L/D = 18/0,305 = 59$.)

Profundidade da superfície do terreno (m)	ΔL (m)	f_c(kN/m²)	α' (Figura 8.18)	$p\Delta L \alpha' f_c$(kN)
0–5	5	73	0,44	195,9
5–15	10	102	0,44	547,5
15–18	3	226	0,44	363,95

$$Q_s = 1107,35 \text{ kN}$$

Logo,

$$Q_u = Q_p + Q_s = 883,7 + 1107,35 = 1991,05 \text{ kN}$$

$$Q_{\text{total}} = \frac{Q_u}{\text{FS}} = \frac{1991,05}{3} = 663,68 \approx \mathbf{664 \text{ kN}}$$

8.11 Resistência ao atrito (lateral) em argila

Estimar a resistência ao atrito (ou lateral) de estacas em argila é uma tarefa quase tão difícil quanto estimá-la em areia (veja a Seção 8.10) por causa da presença de diversas variáveis que não podem ser facilmente quantificadas. Vários métodos para a obtenção da resistência ao atrito específica de estacas são descritos na literatura. Examinamos alguns deles a seguir.

Método λ

Esse método, proposto por Vijayvergiya e Focht (1972), baseia-se no pressuposto de que o deslocamento do solo causado pela cravação de uma estaca resulta em pressão lateral passiva a qualquer profundidade e de que a resistência lateral específica média é:

$$f_{\text{méd}} = \lambda(\bar{\sigma}'_o + 2c_u) \tag{8.50}$$

onde:

$\bar{\sigma}'_o$ = tensão vertical efetiva para todo o comprimento do engastamento;
c_u = resistência ao cisalhamento não drenado ($\phi = 0$).

O valor de λ altera com a profundidade de penetração da estaca (veja a Tabela 8.9). Assim, a resistência ao atrito total pode ser calculada como:

$$Q_s = pL f_{\text{méd}}$$

Deve-se ter cuidado com a obtenção dos valores de $\bar{\sigma}'_o$ e c_u em solos com camadas. A Figura 8.19 ajuda a explicar o motivo. A Figura 8.19a mostra uma estaca penetrando três camadas de argila. De acordo com a Figura 8.19b, o valor médio

Tabela 8.9 Variação de λ com o comprimento do engastamento da estaca, L

Comprimento do engastamento, L (m)	λ
0	0,5
5	0,336
10	0,245
15	0,200
20	0,173
25	0,150
30	0,136
35	0,132
40	0,127
50	0,118
60	0,113
70	0,110
80	0,110
90	0,110

de c_u é $(c_{u(1)}L_1 + c_{u(2)}L_2 + ...)/L$. Do mesmo modo, a Figura 8.19c mostra o gráfico da variação da tensão efetiva com a profundidade. A tensão média efetiva é:

$$\bar{\sigma}'_o = \frac{A_1 + A_2 + A_3 + ...}{L} \tag{8.51}$$

onde $A_1, A_2, A_3, ...$ = áreas dos diagramas da tensão efetiva vertical.

Método α

De acordo com o método α, a resistência lateral específica em solos argilosos pode ser representada pela equação:

$$f = \alpha c_u \tag{8.52}$$

onde α = fator de coesão empírico.

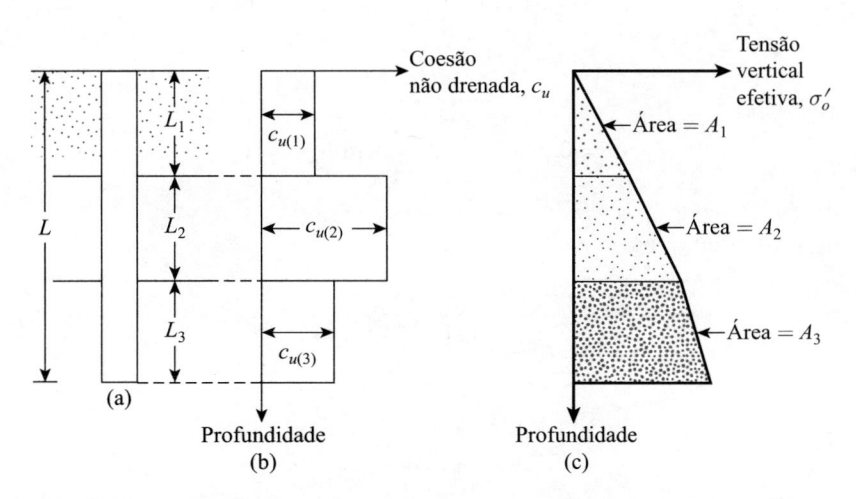

Figura 8.19 Aplicação do método λ no solo em camadas

Tabela 8.10 Variação de α (valores interpolados com base em Terzaghi, Peck e Mesri, 1996)

$\dfrac{c_u}{p_a}$	α
$\leq 0,1$	1,00
0,2	0,92
0,3	0,82
0,4	0,74
0,6	0,62
0,8	0,54
1,0	0,48
1,2	0,42
1,4	0,40
1,6	0,38
1,8	0,36
2,0	0,35
2,4	0,34
2,8	0,34

Observação: p_a = pressão atmosférica ≈ 100 kN/m²

A variação aproximada do valor de α é mostrada na Tabela 8.10. É importante perceber que os valores de α dados na Tabela 8.10 podem variar um pouco, uma vez que α na realidade é uma função da tensão efetiva vertical e da coesão não drenada. Sladen (1992) demonstrou que:

$$\alpha = C \left(\frac{\overline{\sigma}'_o}{c_u} \right)^{0,45} \tag{8.53}$$

onde:

$\overline{\sigma}'_o$ = tensão efetiva vertical média;
$C \approx 0,4$ a $0,5$ para estacas perfuradas e $\geq 0,5$ para estacas cravadas.

A correlação proposta por Randolph e Murphy (1987) foi incorporada no código do American Petroleum Institute (API) em 1987 como:

$$\alpha = 0,5 \left(\frac{c_u}{\overline{\sigma}'_o} \right)^{-0,5} \quad \left(\text{para } \frac{c_u}{\overline{\sigma}'_o} \leq 1 \right) \tag{8.54a}$$

e

$$\alpha = 0,5 \left(\frac{c_u}{\overline{\sigma}'_o} \right)^{-0,25} \quad \left(\text{para } \frac{c_u}{\overline{\sigma}'_o} > 1 \right) \tag{8.54b}$$

Foi ainda modificado pela API (2007):

$$f_{\text{méd}} = 0,5(c_u \overline{\sigma}'_o)^{0,5}$$
$$\text{ou}$$
$$0,5(c_u)^{0,75} (\overline{\sigma}'_o)^{0,25}$$
(o que for maior) \tag{8.55}

Karlsrud et al. (2005) propuseram uma relação alternativa para α, que é conhecida como método do Norwegian Geotechnical Institute (NGI)-99. De acordo com esse método,

$$\alpha = 0{,}32(\text{IP} - 10)^{0{,}3}(1 \geq \alpha \geq 0{,}2) \quad \left(\text{para } \frac{c_u}{\overline{\sigma}'_o} \leq 0{,}25\right) \tag{8.56a}$$

e

$$\alpha = 0{,}5 \quad \left(\text{para } \frac{c_u}{\overline{\sigma}'_o} = 1\right) \tag{8.56b}$$

O termo α tem relação linear logarítmica com $c_u/\overline{\sigma}'_o$ entre $c_u/\overline{\sigma}'_o = 0{,}25$ e 1. Isso é mostrado graficamente na Figura 8.20. Para $c_u/\overline{\sigma}'_o \geq 1$,

$$\alpha = 0{,}5 \left(\frac{c_u}{\overline{\sigma}'_o}\right)^{-0{,}3} C \tag{8.57}$$

onde C = fator de correção.

Os valores interpolados de α para estacas de extremidades abertas e de extremidades fechadas são apresentados na Tabela 8.11.

A resistência lateral final pode, portanto, ser dada como:

$$Q_s = \Sigma f p\, \Delta L = \Sigma \alpha c_u p\, \Delta L \tag{8.58}$$

Método β

Quando as estacas são cravadas em argilas saturadas, a poropressão no solo ao redor das estacas aumenta. A poropressão em excesso em argilas normalmente adensadas pode ser de quatro a seis vezes o valor de c_u. No entanto, dentro de um mês

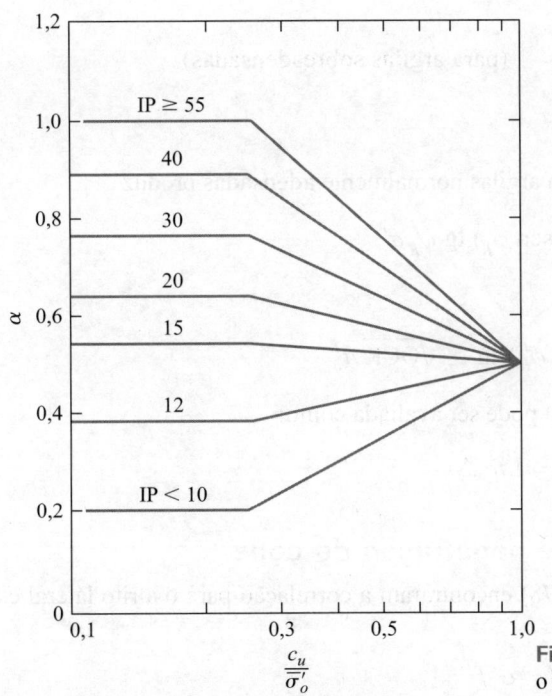

Figura 8.20 Variação de α com $c_u/\overline{\sigma}'_o$ para o método NGI-99 [equações (8.56a) e (8.56b)]

Tabela 8.11 Variação de α com c_u/σ'_o

$\dfrac{c_u}{\sigma'_o}$	α	
	Estaca de extremidade aberta	Estaca de extremidade fechada
1	0,5	0,5
2	0,4	0,44
3	0,355	0,41
4	0,33	0,395
5	0,31	0,38
6	0,29	0,365
7	0,28	0,35
8	0,26	0,33
9	0,255	0,32
10	0,25	0,31

ou mais, essa pressão gradualmente se dissipa. Assim, a resistência ao atrito específica para a estaca pode ser determinada com base nos parâmetros da tensão efetiva da argila em um estado remoldado ($c' = 0$). Assim, a qualquer profundidade,

$$f = \beta \sigma'_o \tag{8.59}$$

onde:

σ'_o = tensão efetiva vertical;
$\beta = K \operatorname{tg} \phi'_R$; (8.60)
ϕ'_R = ângulo de atrito drenado da argila remoldada;
K = coeficiente de empuxo.

De forma conservadora, a grandeza K é o coeficiente de empuxo em repouso, ou

$$K = 1 - \operatorname{sen} \phi'_R \quad \text{(para argilas normalmente adensadas)} \tag{8.61}$$

e

$$K = (1 - \operatorname{sen} \phi'_R)\sqrt{\text{OCR}} \quad \text{(para argilas sobreadensadas)} \tag{8.62}$$

onde OCR = razão de sobreadensamento.

Combinar as equações (8.59), (8.60), (8.61) e (8.62) para argilas normalmente adensadas produz

$$f = (1 - \operatorname{sen} \phi'_R) \operatorname{tg} \phi'_R \, \sigma'_o \tag{8.63}$$

e para argilas sobreadensadas,

$$f = (1 - \operatorname{sen} \phi'_R) \operatorname{tg} \phi'_R \sqrt{\text{OCR}} \, \sigma'_o \tag{8.64}$$

Com o valor de f determinado, a resistência ao atrito total pode ser avaliada como:

$$Q_s = \Sigma f p \, \Delta L$$

Correlação com os resultados do teste de penetração do cone

Nottingham e Schmertmann (1975) e Schmertmann (1978) encontraram a correlação para o atrito lateral específico em argila (com $\phi = 0$) sendo:

$$f = \alpha' f_c \tag{8.65}$$

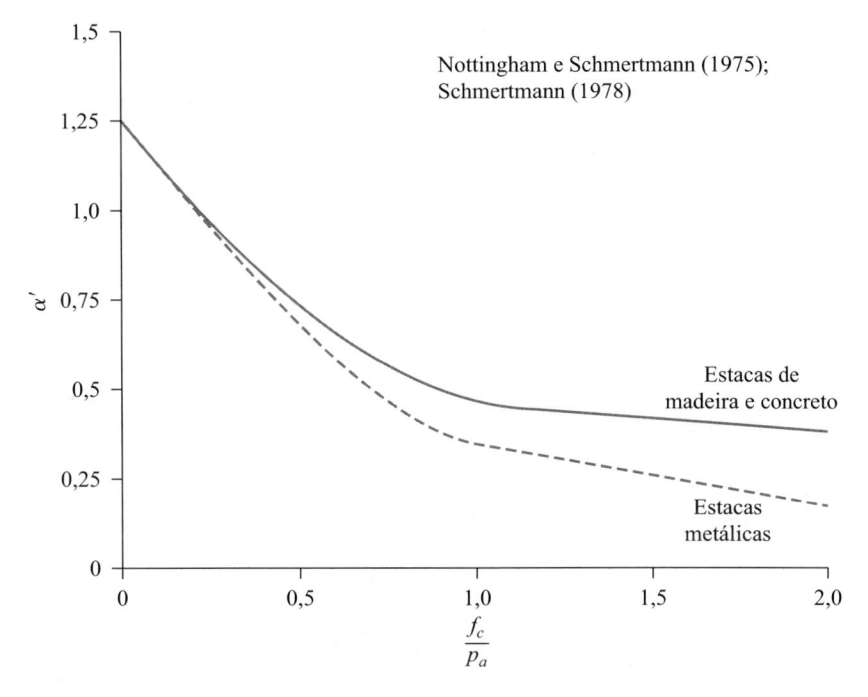

Figura 8.21 Variação de α' com f_c/P_a para estacas em argila (P_a = pressão atmosférica ≈ 100 kN/m²)

A variação de α' com a resistência ao atrito f_c é mostrada na Figura 8.21. Assim,

$$Q_s = \Sigma fp(\Delta L) = \Sigma \alpha' f_c p(\Delta L) \tag{8.66}$$

8.12 Recalque elástico das estacas

O recalque total de uma estaca sob uma carga de trabalho vertical Q_w é dado por:

$$s_e = s_{e(1)} + s_{e(2)} + s_{e(3)} \tag{8.67}$$

onde:

$s_{e(1)}$ = recalque elástico da estaca;
$s_{e(2)}$ = recalque da estaca causado pela carga na ponta da estaca;
$s_{e(3)}$ = recalque da estaca causado pela carga transmitida ao longo do eixo da estaca.

Se o material da estaca for suposto como elástico, a deformação do eixo da estaca pode ser avaliada, de acordo com os princípios fundamentais da mecânica dos materiais, como:

$$s_{e(1)} = \frac{(Q_{wp} + \xi Q_{ws})L}{A_p E_p} \tag{8.68}$$

onde:

Q_{wp} = carga suportada pela ponta da estaca sob condição de carga de trabalho;
Q_{ws} = carga transferida por resistência ao atrito (lateral) sob condição de carga de trabalho;
A_p = área da transversal da estaca;
L = comprimento da estaca;
E_p = módulo de elasticidade do material da estaca.

A grandeza de ξ varia entre 0,5 e 0,67 e dependerá da natureza da distribuição da resistência ao atrito (lateral) específica f ao longo do eixo da estaca.

O recalque de uma estaca causado pela carga suportada pela ponta da estaca pode ser expresso na fórmula:

$$s_{e(2)} = \frac{q_{wp}D}{E_s}(1 - \mu_s^2)I_{wp} \tag{8.69}$$

onde:

D = largura ou diâmetro da estaca;
q_{wp} = carga de ponta por área específica na ponta da estaca = Q_{wp}/A_p;
E_s = módulo de elasticidade do solo na, ou abaixo da, ponta da estaca;
μ_s = coeficiente de Poisson do solo;
I_{wp} = fator de influência ≈ 0,85.

Vesic (1977) também propôs um método semiempírico para a obtenção da grandeza da estaca de $s_{e(2)}$. A equação dele é:

$$s_{e(2)} = \frac{Q_{wp}C_p}{Dq_p} \tag{8.70}$$

onde:

q_p = resistência de ponta específica da estaca;
C_p = um coeficiente empírico.

Os valores representativos de C_p para diversos solos são dados na Tabela 8.12.

O recalque de uma estaca causado pela carga suportada pelo eixo da estaca é dado por uma relação similar à Equação (8.69), ou seja,

$$s_{e(3)} = \left(\frac{Q_{ws}}{pL}\right)\frac{D}{E_s}(1 - \mu_s^2)I_{ws} \tag{8.71}$$

onde:

p = perímetro da estaca;
L = comprimento do engastamento da estaca;
I_{ws} = fator de influência.

Observe que o termo Q_{ws}/pL na Equação (8.71) é o valor médio de f ao longo do eixo da estaca. O fator de influência, I_{ws}, tem uma relação empírica simples (Vesic, 1977):

$$I_{ws} = 2 + 0{,}35\sqrt{\frac{L}{D}} \tag{8.72}$$

Tabela 8.12 Valores comuns de C_p [com base na Equação (8.70)]

Tipo de solo	Estaca cravada	Estaca perfurada
Areia (densa a fofa)	0,02-0,04	0,09-0,18
Argila (rígida a fofa)	0,02-0,03	0,03-0,06
Silte (denso a fofo)	0,03-0,05	0,09-0,12

Com base em Design on pile foundations, de A.S. Vesic. *Synthesis of Highway Practice*, American Association of State Highway and Transportation, 1969.

Vesic (1977) também propôs uma relação empírica simples semelhante à Equação (8.70) para a obtenção de $s_{e(3)}$:

$$S_{e(3)} = \frac{Q_{ws}C_s}{Lq_p} \quad (8.73)$$

Nessa equação, C_s = uma constante empírica = $(0,93 + 0,16\sqrt{L/D})C_p$ \hfill (8.74)

Os valores de C_p para uso na Equação (8.70) podem ser estimados a partir da Tabela 8.12.

Exemplo 8.4

A carga de trabalho admissível em uma estaca de concreto pré-tensionada de 21 m de comprimento cravada na areia é 502 kN. A estaca tem a forma octogonal com D = 356 mm (veja a Tabela 8.3). A resistência lateral transporta 350 kN da carga admissível e o suporte de ponta transporta o resto. Use $E_p = 21 \times 10^6$ kN/m², $E_s = 25 \times 10^3$ kN/m², μ_s 0,35 e $\xi = 0,62$. Determine o recalque da estaca.

Solução

Com base na Equação (8.68),

$$S_{e(1)} = \frac{(Q_{wp} + \xi Q_{ws})L}{A_p E_p}$$

Com base na Tabela 8.3 para D = 356 mm, a área da transversal da estaca, A_p = 1.045 cm². Além disso, o perímetro p = 1,168 m. Dado: Q_{ws} = 350 kN, assim:

$$Q_{wp} = 502 - 350 = 152 \text{ kN}$$

$$s_{e(1)} = \frac{[152 + 0,62(350)](21)}{(0,1045 \text{ m}^2)(21 \times 10^6)} = 0,00353 \text{ m} = 3,35 \text{ mm}$$

Com base na Equação (8.69),

$$s_{e(2)} = \frac{q_{wp}D}{E_s}(1 - \mu_s^2)I_{wp} = \left(\frac{152}{0,1045}\right)\left(\frac{0,356}{25 \times 10^3}\right)(1 - 0,35^2)(0,85)$$

$$= 0,0155 \text{ m} = 15,5 \text{ mm}$$

Novamente, com base na Equação (8.71),

$$s_{e(3)} = \left(\frac{Q_{ws}}{pL}\right)\left(\frac{D}{E_s}\right)(1 - \mu_s^2)I_{ws}$$

$$I_{ws} = 2 + 0,35\sqrt{\frac{L}{D}} = 2 + 0,35\sqrt{\frac{21}{0,356}} = 4,69$$

$$s_{e(3)} = \left[\frac{350}{(1,168)(21)}\right]\left(\frac{0,356}{25 \times 10^3}\right)(1 - 0,35^2)(4,69)$$

$$= 0,00084 \text{ m} = 0,84 \text{ mm}$$

Assim, o recalque total é:

$$s_e = s_{e(1)} + s_{e(2)} + s_{e(3)} = 3,35 + 15,5 + 0,84 = \mathbf{19{,}69 \text{ mm}}$$

(continua)

8.13 Atrito lateral negativo

O atrito lateral negativo é uma força de arraste para baixo exercida em uma estaca pelo solo em torno dela. Tal força pode existir sob as seguintes condições, dentre outras:

1. Se um aterro de solo argiloso for colocado sobre uma camada de solo granular em que uma estaca é cravada, o preenchimento adensará gradualmente. O processo de adensamento exercerá uma força de resistência para baixo na estaca (veja a Figura 8.22a) durante o período de adensamento.

2. Se um aterro de solo granular for colocado sobre uma camada de argila macia, como é mostrado na Figura 8.22b, ele induzirá o processo de adensamento da camada de argila e, assim, exercerá uma resistência para baixo sobre a estaca.

3. O rebaixamento do lençol freático aumentará a tensão efetiva vertical no solo a qualquer profundidade, o que induzirá o recalque por adensamento na argila. Se uma estaca estiver localizada na camada de argila, ela será submetida a uma força de resistência para baixo.

Em alguns casos, a força de resistência para baixo pode ser excessiva e provocar ruptura da fundação. Esta seção descreve dois métodos preliminares para o cálculo do atrito lateral negativo.

Aterro de argila sobre o solo granular (Figura 8.22a)

Semelhante ao método β apresentado na Seção 8.11, a tensão lateral (para baixo) negativa na estaca é:

$$f_n = K' \sigma'_o \operatorname{tg} \delta' \tag{8.75}$$

onde:

K' = coeficiente de empuxo = K_o = $1 - \operatorname{sen} \phi'$;

σ'_o = tensão vertical efetiva a qualquer profundidade $z = \gamma'_f z$;

γ'_f = peso específico efetivo do aterro;

δ' = ângulo de atrito solo-estaca $\approx 0{,}5\text{-}0{,}7\ \phi'$.

Assim, a força de resistência para baixo total de uma estaca é:

$$Q_n = \int_0^{H_f} (pK' \gamma'_f \operatorname{tg} \delta')z\, dz = \frac{pK'\gamma'_f H_f^2 \operatorname{tg} \delta'}{2} \tag{8.76}$$

onde H_f = altura do aterro. Se o aterro estiver acima do lençol freático, o peso específico efetivo, γ'_f, deverá ser substituído pelo peso específico úmido.

Aterro de solo granular sobre argila (Figura 8.22b)

Neste caso, as evidências indicam que a tensão lateral negativa na estaca pode existir a partir de $z = 0$ a $z = L_1$, o que é chamado de *profundidade neutra* (veja Vesic, 1977, p. 25-26). A profundidade neutra pode ser dada como (Bowles, 1982):

$$L_1 = \frac{(L - H_f)}{L_1}\left[\frac{L - H_f}{2} + \frac{\gamma'_f H_f}{\gamma'}\right] - \frac{2\gamma'_f H_f}{\gamma'} \tag{8.77}$$

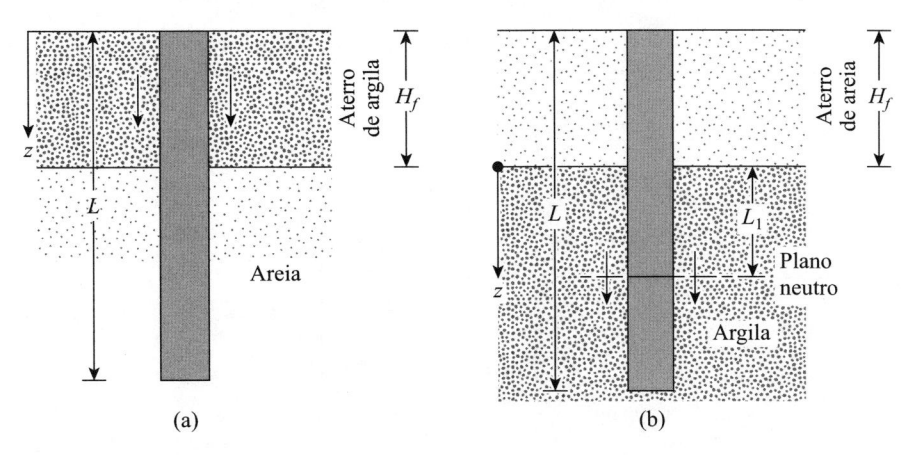

Figura 8.22 Atrito lateral negativo

onde γ'_f e γ' = pesos específicos efetivos do aterro e da camada de argila subjacente, respectivamente.

Para estacas de suporte na extremidade, a profundidade neutra pode ser suposta como localizada na ponta da estaca (isto é, $L_1 = L - H_f$).

Uma vez que o valor de L_1 é determinado, a força de resistência para baixo é obtida da seguinte forma: o atrito lateral negativo específico a qualquer profundidade de $z = 0$ a $z = L_1$ é:

$$f_n = K' \sigma'_o \, \text{tg} \, \delta' \tag{8.78}$$

onde:

$K' = K_o = 1 - \text{sen} \, \phi'$;
$\sigma'_o = \gamma'_f H_f + \gamma' z$;
$\delta' = 0{,}5\text{-}0{,}7 \, \phi'$.

$$Q_n = \int_0^{L_1} p f_n \, dz = \int_0^{L_1} p K' (\gamma'_f H_f + \gamma' z) \, \text{tg} \, \delta' \, dz$$
$$= (p K' \gamma'_f H_f \, \text{tg} \, \delta') L_1 + \frac{L_1^2 p K' \gamma' \, \text{tg} \, \delta'}{2} \tag{8.79}$$

Se o solo e o aterro estiverem acima do lençol freático, os pesos específicos efetivos devem ser substituídos por pesos específicos úmidos. Em alguns casos, as estacas podem ser revestidas com betume na zona de resistência para baixo para evitar esse problema.

Um número limitado de estudos de caso do atrito lateral negativo está disponível na literatura. Bjerrum et al. (1969) relataram o acompanhamento da força de resistência para baixo em uma estaca de teste em Sorenga, no porto de Oslo, Noruega (anotada como estaca G no documento original). O estudo de Bjerrum et al. (1969) também foi discutido por Wong e Teh (1995) em termos de a estaca ser cravada em rocha sã a 40 m. A Figura 8.23a mostra o perfil do solo e da estaca. Wong e Teh estimaram as seguintes quantidades:

- *Aterro:*   Peso específico úmido, $\gamma_f = 16$ kN/m^3
                    Peso específico saturado, $\gamma_{\text{sat}(f)} = 18{,}5$ kN/m^3
                    Logo,

$$\gamma'_f = 18{,}5 - 9{,}81 = 8{,}69 \text{ kN/m}^3$$

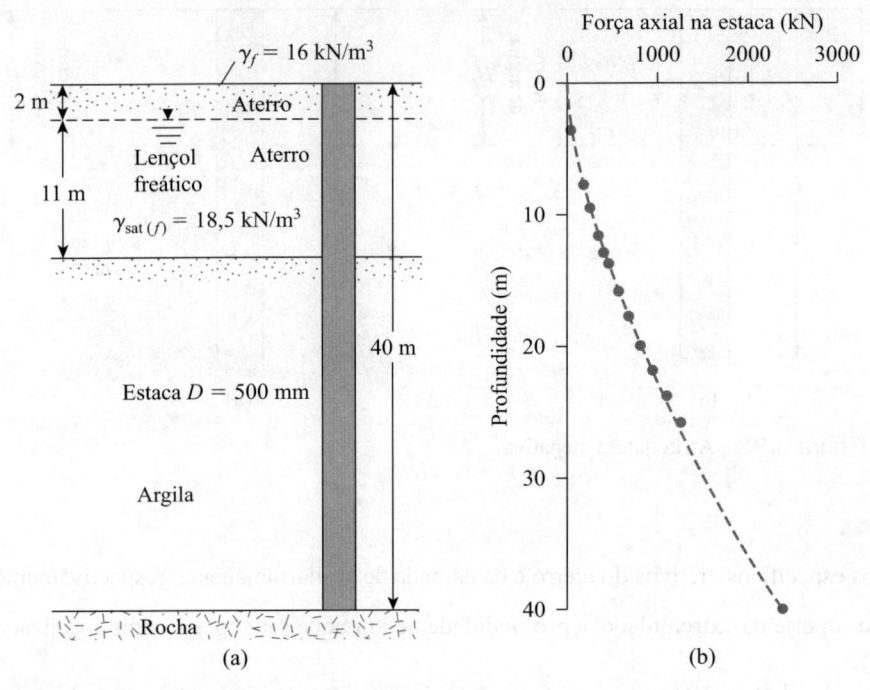

Figura 8.23 Atrito lateral negativo em uma estaca no porto de Oslo, Noruega (com base em Bjerrum et al. (1969) e Wong e Teh (1995))

e

$$H_f = 13 \text{ m}$$

- *Argila:* $K' \text{ tg } \delta' \approx 0{,}22$
  Peso específico efetivo saturado, $\gamma' = 19 - 9{,}81 = 9{,}19 \text{ kN/m}^3$
- *Estaca:* $L = 40 \text{ m}$
  Diâmetro, $D = 500 \text{ m}$

Assim, a força máxima de resistência para baixo na estaca pode ser estimada com base na Equação (8.79). Uma vez que, neste caso, a estaca é de ponta, a grandeza de $L_1 = 27$ m e

$$Q_n = (p)(K' \text{ tg } \delta')[\gamma_f \times 2 + (13-2)\gamma'_f](L_1) + \frac{L_1^2 p \gamma'(K' \text{ tg } \delta')}{2}$$

ou

$$Q_n = (\pi \times 0{,}5)(0{,}22)[(16 \times 2) + (8{,}69 \times 11)](27) + \frac{(27)^2(\pi \times 0{,}5)(9{,}19)(0{,}22)}{2}$$
$$= 2348 \text{ kN}$$

O valor medido de Q_n máximo foi cerca de 2500 kN (Figura 8.23b), o que está de acordo com o valor calculado.

Exemplo 8.5

Na Figura 8.22a, seja $H_f = 2$ m. A estaca é circular na transversal com diâmetro de 0,305 m. Para o aterro que está acima do lençol freático, $\gamma_f = 16$ kN/m³ e $\phi' = 32°$. Determine a força de resistência total. Use $\delta' = 0,6\phi'$.

Solução

Com base na Equação (8.76),

$$Q_n = \frac{pK'\gamma_f H_f^2 \operatorname{tg}\delta'}{2}$$

com

$$p = \pi(0,305) = 0,958 \text{ m}$$

$$K' = 1 - \operatorname{sen} \phi' = 1 - \operatorname{sen} 32 = 0,47$$

e

$$\delta' = (0,6)(32) = 19,2°$$

Assim,

$$Q_n = \frac{(0,958)(0,47)(16)(2)^2 \operatorname{tg} 19,2}{2} = \mathbf{5,02 \text{ kN}}$$

Exemplo 8.6

Na Figura 8.22b, seja $H_f = 2$ m, o diâmetro da estaca = 0,305 m, $\gamma_f = 16,5$ kN/m³, $\phi'_{\text{argila}} = 34°$, $\gamma_{\text{sat(argila)}} = 17,2$ kN/m³ e $L = 20$ m. O lençol freático coincide com a parte superior da camada de argila. Determine a força de resistência para baixo. Suponha que $\delta' = 0,6\phi'_{\text{argila}}$.

Solução

A profundidade do plano neutro é dada na Equação (8.77) como:

$$L_1 = \frac{L - H_f}{L_1}\left(\frac{L - H_f}{2} + \frac{\gamma_f H_f}{\gamma'}\right) - \frac{2\gamma_f H_f}{\gamma'}$$

Observe que γ' na Equação (8.77) foi substituído por γ_f porque o preenchimento está acima do lençol freático, portanto:

$$L_1 = \frac{(20-2)}{L_1}\left[\frac{(20-2)}{2} + \frac{(16,5)(2)}{(17,2-9,81)}\right] - \frac{(2)(16,5)(2)}{(17,2-9,81)}$$

ou

$$L_1 = \frac{242,4}{L_1} - 8,93; \quad L_1 = 11,75 \text{ m}$$

(continua)

Agora, com base na Equação (8.79), temos

$$Q_n = (pK'\gamma_f H_f \text{ tg } \delta')L_1 + \frac{L_1^2 pK'\gamma' \text{ tg}\delta'}{2}$$

com

$$p = \pi\,(0,305) = 0,958 \text{ m}$$

e

$$K' = 1 - \text{sen } 34° = 0,44$$

Logo,

$$Q_n = (0,958)(0,44)(16,5)(2)[\text{tg}\,(0,6 \times 34)](11,75)$$
$$+ \frac{(11,75)^2(0,958)(0,44)(17,2 - 9,81)[\text{tg}(0,6 \times 34)]}{2}$$
$$= 60,78 + 79,97 = \mathbf{140{,}75 \text{ kN}} \qquad \blacksquare$$

9 Fundações com tubulões

9.1 Introdução

Os termos *tubulões* e *pilares* são frequentemente usados de modo alternado na engenharia de fundações; todos eles referem-se a uma *estaca moldada in loco normalmente com diâmetro acima de 750 mm* ou mais com ou sem reforço de aço e com ou sem base alargada. Às vezes, o diâmetro pode ser tão pequeno quanto 305 mm.

Para evitar confusão, nós utilizamos o termo *tubulões* para um buraco perfurado ou escavado até a parte inferior da fundação da estrutura e, em seguida, preenchido com concreto. Dependendo das condições do solo, revestimentos podem ser utilizados para evitar que o solo ao redor do furo desmorone durante a construção. Geralmente, o diâmetro do eixo é largo o suficiente para uma pessoa entrar para realizar inspeções.

A utilização das fundações sobre tubulões tem diversas vantagens:

1. Pode ser utilizado um único tubulão em vez de um conjunto de estacas ou bloco de coroamento.
2. É mais fácil construir com tubulões em depósitos de areia densa e cascalhos do que com bate-estacas.
3. Os tubulões podem ser construídos antes de a nivelação das operações ser finalizada.
4. Quando as estacas são conduzidas pelo martelete, a vibração do solo pode causar danos nas estruturas ao redor. A utilização de tubulões evita esse problema.
5. As estacas cravadas em solos argilosos podem produzir o levantamento de solo, fazendo que os pilares se movam lateralmente. Isso não ocorre durante a construção com tubulões.
6. Não há barulho do martelete durante a construção com tubulões; porém, com o bate-estacas, há.
7. Por conta da possibilidade de alargar a base do tubulão, fornece-se uma grande resistência para a carga de elevação.
8. A superfície sobre a qual a base do tubulão é construída pode ser inspecionada visualmente.
9. Geralmente, a construção com tubulões utiliza equipamentos móveis que, em condições adequadas do solo, podem vir a ser mais econômicos do que métodos de construção com fundações por estacas.
10. Os tubulões têm alta resistência a cargas laterais.

Porém também existem algumas desvantagens no uso da construção com tubulões. Por um lado, a operação de concretagem pode ser adiada pelo mau tempo, além de sempre precisar de supervisão cuidadosa. Por outro lado, como no caso de cortes escorados, as escavações profundas para tubulões podem induzir à perda substancial de terreno e a danos nas estruturas ao redor.

9.2 Tipos de tubulões

Os tubulões são classificados de acordo com as maneiras pelas quais são projetados para transferir a carga estrutural para o substrato. A Figura 9.1a mostra um *eixo paralelo*. Ele estende-se pela(s) camada(s) superior(es) de solos fofos, e a ponta

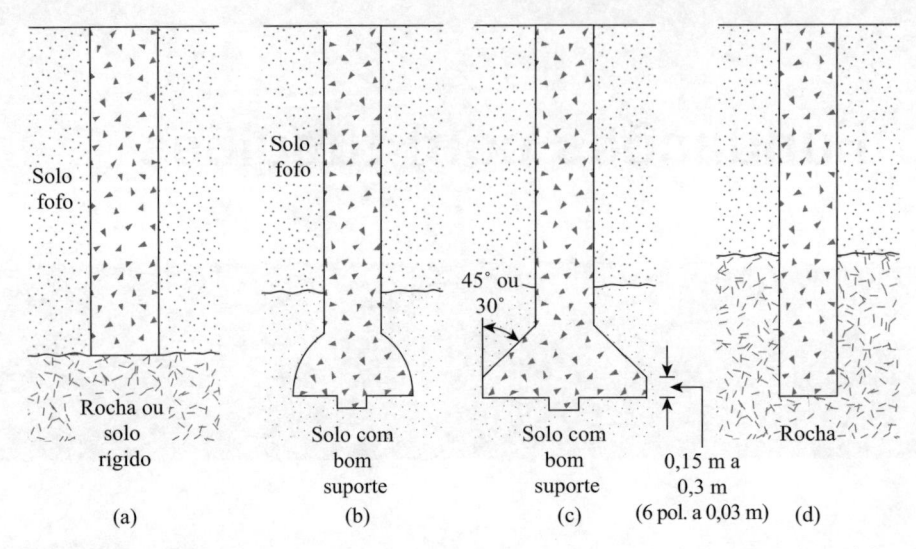

Figura 9.1 Tipos de tubulão: (a) eixo paralelo; (b) e (c) base alargada; (d) eixo paralelo encaixado na rocha

repousa sobre uma forte camada de solo para suportar cargas ou rocha. Quando necessário, o eixo pode ser revestido com aço ou tubo (como acontece com as estacas de concreto revestidas e moldadas no local). Para tais eixos, a resistência à carga aplicada pode ser desenvolvida a partir do mancal da extremidade e também do atrito lateral no perímetro de eixo e interface solo.

Uma *base alargada* (veja as figuras 9.1b e c) consiste de um eixo paralelo com um sino na parte inferior, que repousa em um solo com bom suporte. O sino pode ser construído em forma de cúpula (veja a Figura 9.1b) ou pode ser inclinado (veja a Figura 9.1c). Para sinos angulares, as ferramentas de alargamento comercialmente disponíveis podem fazer ângulos de 30° a 45° na vertical.

Os eixos paralelos também podem ser estendidos em uma camada de rocha subjacente (veja a Figura 9.1d). No cálculo da capacidade de suporte de carga de tais eixos, o suporte final e a tensão de cisalhamento desenvolvidos ao longo do perímetro de eixo e interface de rocha podem ser considerados.

9.3 Procedimentos para construção

O procedimento mais comum de construção utilizado nos Estados Unidos envolve a perfuração rotativa. Existem três tipos principais de métodos de construção: a seco, por revestimento e úmido.

Método de construção a seco

Esse método é empregado em solos e rochas que estão acima do lençol freático e que não cederão quando o buraco estiver sendo perfurado até a profundidade total. A sequência da construção, indicada na Figura 9.2, é:

Passo 1. A escavação é concluída (e isolada, se desejado), utilizando ferramentas de perfuração apropriadas, e o material excedente do furo é depositado nas proximidades (veja a Figura 9.2a).
Passo 2. Então, o concreto é derramado no buraco cilíndrico (veja a Figura 9.2b).
Passo 3. Se necessário, uma armadura de reforço de ferro é colocada na parte superior do eixo (veja a Figura 9.2c).
Passo 4. Então, a concretagem é concluída, e o tubulão será como exibido na Figura 9.2d.

Método de construção por revestimento

Esse método é usado em solos ou rochas em que, quando a perfuração é feita, é possível ocorrer escavação ou deformação excessiva. A sequência de construção é indicada na Figura 9.3 e pode ser explicada da seguinte forma:

Passo 1. O procedimento de escavação é iniciado como no caso do método de construção a seco (veja a Figura 9.3a).

Passo 2. Quando se percebe que o solo está para desmoronar, a lama de bentonita é introduzida na perfuração (veja a Figura 9.3b). Continua-se perfurando até que a escavação passe o solo, e a camada de solo impermeável ou a rocha é encontrada.

Passo 3. Então, é introduzido um revestimento no furo (veja a Figura 9.3c).

Passo 4. A lama é colocada para fora do revestimento com uma bomba submersível (veja a Figura 9.3d).

Passo 5. Uma broca menor que pode passar pelo revestimento é introduzida no furo, e a escavação prossegue (veja a Figura 9.3e).

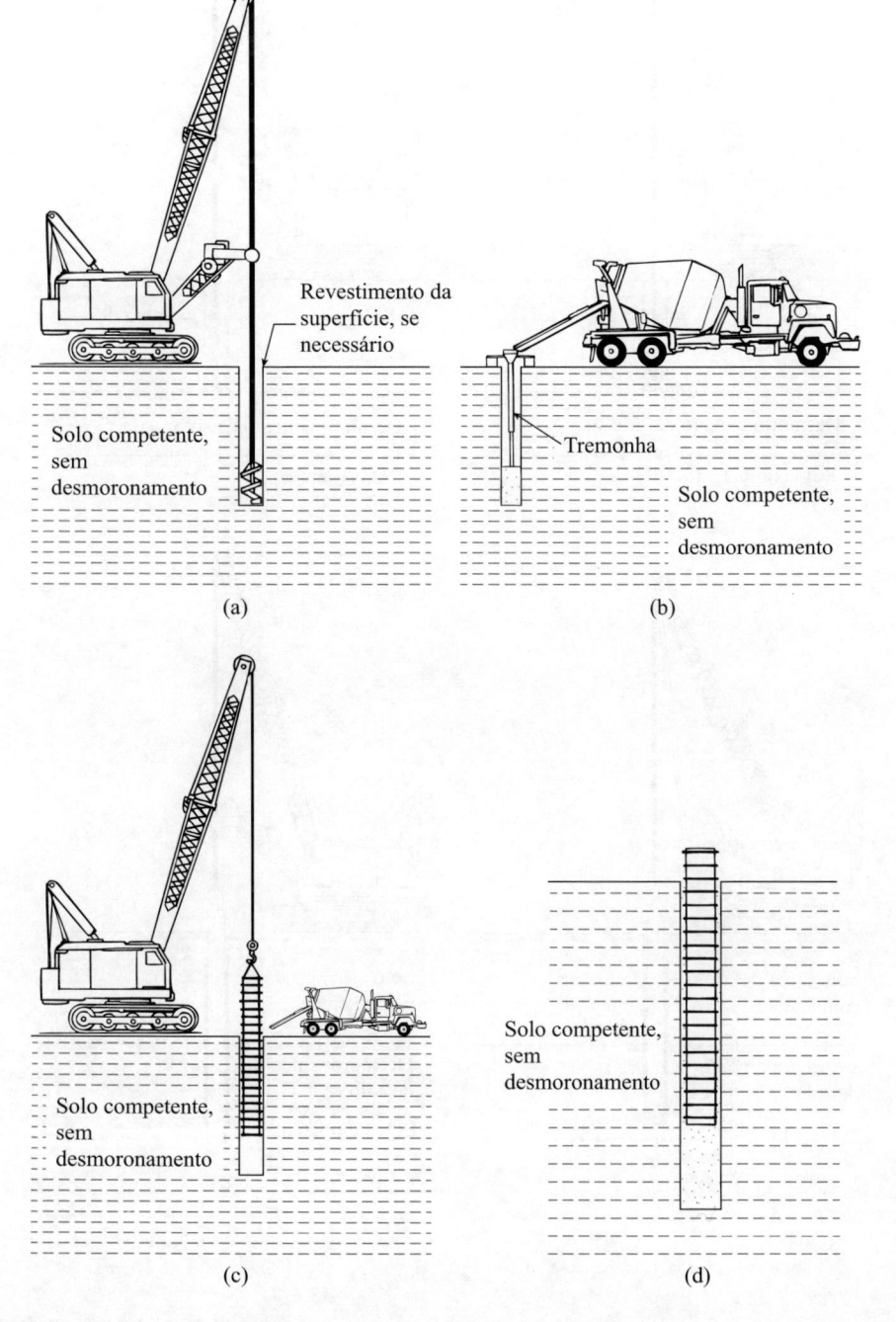

Figura 9.2 Método de construção a seco: (a) início da perfuração; (b) início do derramamento de concreto; (c) colocação de armadura de reforço; (d) eixo finalizado (com base em O'Neill e Reese, 1999)

Passo 6. Se necessário, a base do furo escavado pode ser alargada, usando um alargador tipo *underreamer* (veja a Figura 9.3f).
Passo 7. Se for necessário um aço reforçado, a armadura de reforço precisa ter o comprimento total da escavação. Então, o concreto é derramado na escavação e o revestimento é retirado gradualmente. (veja a Figura 9.3 g).
Passo 8. A Figura 9.3h mostra o tubulão finalizado.

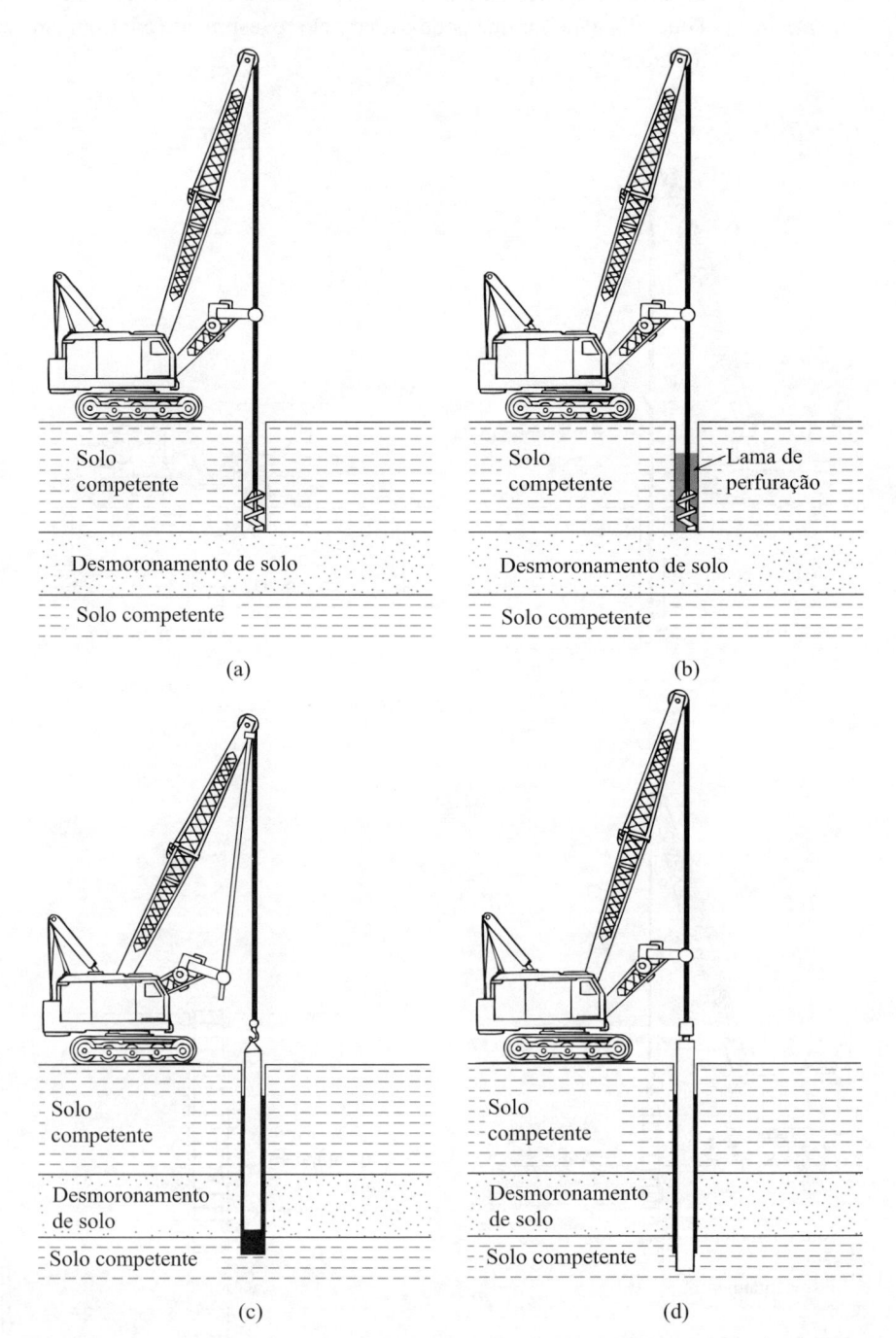

Figura 9.3 Método de construção por revestimento: (a) início da perfuração; (b) perfuração com lama; (c) introdução de revestimento; (d) revestimento é selado e a lama é removida da parte interna do revestimento; (e) a perfuração abaixo do revestimento; (f) alargamento; (g) remoção do revestimento; (h) eixo finalizado (com base em O'Neill e Reese, 1999)

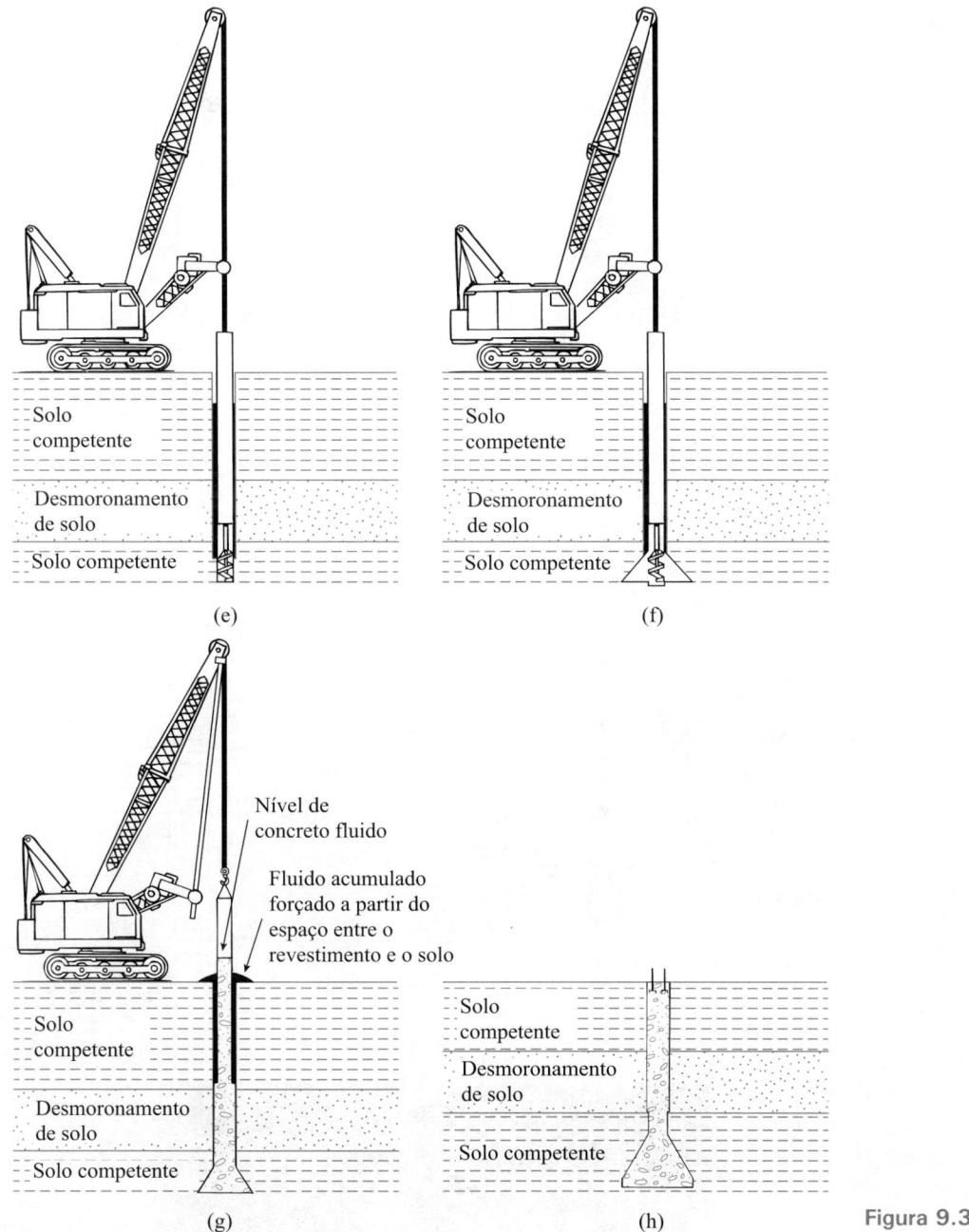

Figura 9.3 *(Continuação)*

Método de construção úmido

Às vezes, esse método é referido como o *método de deslocamento de lama*. A lama é utilizada para manter o furo aberto durante toda a escavação (veja a Figura 9.4) A seguir estão os passos envolvidos no método de construção úmido:

Passo 1.   A escavação continua até a profundidade total com lama (veja a Figura 9.4a).
Passo 2.   Se o reforço for necessário, a armadura de reforço é colocada na lama (veja a Figura 9.4b).
Passo 3.   O concreto que deslocará o volume da lama é colocado no furo escavado (veja a Figura 9.4c).
Passo 4.   A Figura 9.4d mostra o tubulão finalizado.

A Figura 9.5 mostra um tubulão em construção utilizando o método a seco. A construção de um tubulão utilizando o método úmido é indicada na Figura 9.6. Uma típica hélice, uma armadura de reforço e um típico recipiente de limpeza são indicados na Figura 9.7.

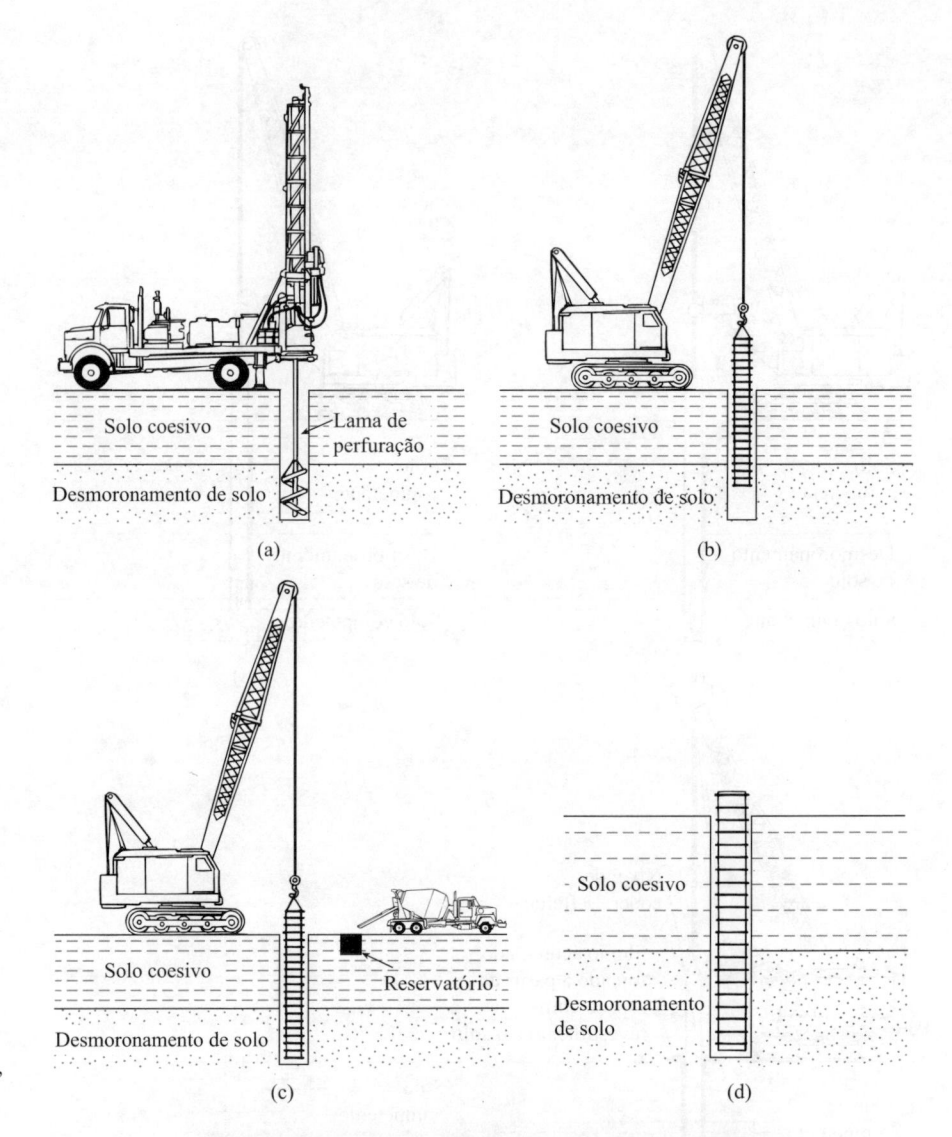

Figura 9.4 Método de construção por lama: (a) perfuração com profundidade completa com lama; (b) colocação de armadura de reforço; (c) colocação de concreto; (d) eixo finalizado (Conforme O'Neill e Reese, 1999)

Figura 9.5 Construção do tubulão utilizando o método a seco (Cortesia de Sanjeev Kumar, Southern Illinois University Carbondale, Illinois)

Figura 9.6 Construção do tubulão pelo método úmido (Cortesia de Khaled Sobhan, Florida Atlantic University, em Boca Raton, Flórida)

(a)

(b)

(c)

Figura 9.7 Construção do tubulão: (a) uma estaca típica; (b) uma armadura de reforço; (c) uma concha de limpeza (Cortesia de Khaled Sobhan, Florida Atlantic University, em Boca Raton, Flórida)

9.4 Outras considerações de projeto

Para o projeto de tubulões comuns sem revestimento, é sempre desejável uma quantidade mínima de reforço de aço vertical. O reforço mínimo é de 1% da área da seção transversal bruta do eixo. Para tubulões com reforço nominal, a maioria das normas de construção sugere utilizar um projeto de resistência do concreto, f_c, da ordem de $f'_c/4$. Assim, o diâmetro mínimo do eixo torna-se:

$$f_c = 0,25 f'_c = \frac{Q_\omega}{A_{gs}} = \frac{Q_\omega}{\frac{\pi}{4}D_s^2}$$

ou

$$D_s = \sqrt{\frac{Q_\omega}{\left(\frac{\pi}{4}\right)(0,25)f'_c}} = 2,257\sqrt{\frac{Q_u}{f'_c}} \qquad (9.1)$$

onde:

D_s = diâmetro do eixo;
f'_c = resistência do concreto de 28 dias;
Q_ω = carga de trabalho do tubulão;
A_{gs} = área da seção transversal bruta do eixo.

Se os tubulões são suscetíveis às cargas de tensão, o reforço deve ser feito para todo o comprimento do eixo.

Projeto de dosagem de concreto

A dosagem do concreto para tubulões não é muito diferente das outras estruturas de concreto. Quando uma armadura de reforço é utilizada, deve-se considerar a capacidade de o concreto fluir pelo reforço. Na maioria dos casos, um abatimento de concreto de aproximadamente 15,0 mm é considerado satisfatório. Além disso, o tamanho máximo do agregado deve ser limitado a aproximadamente 20 mm.

9.5 Mecanismo de transferência de carga

O mecanismo de transferência de carga dos tubulões para o solo é semelhante ao das estacas, conforme descrito na Seção 8.5. A Figura 9.8 mostra os resultados do teste de carga de um tubulão realizado em solo argiloso por Reese et al. (1976). O eixo (Figura 9.8a) teve um diâmetro de 762 mm e profundidade de penetração de 6,94 m. A Figura 9.8b mostra as curvas de recalque de carga. Pode ser visto que a carga total suportada pelo tubulão era de 1246 kN. A carga suportada pela resistência lateral era de aproximadamente 800 kN, e o restante foi suportado pelo suporte de ponta. É interessante notar que, com um movimento descendente de 6 mm, a resistência lateral total foi mobilizada. No entanto, foi necessário cerca de 25 mm de movimento descendente para a mobilização de resistência total de ponta. Essa situação é semelhante à observada no caso de estacas. A Figura 9.8c mostra as curvas médias de distribuição de carga para as diferentes fases da carga.

9.6 Estimativa da capacidade de suporte

A capacidade de suporte final de um tubulão (veja a Figura 9.9) é de:

$$Q_u = Q_p + Q_s \qquad (9.2)$$

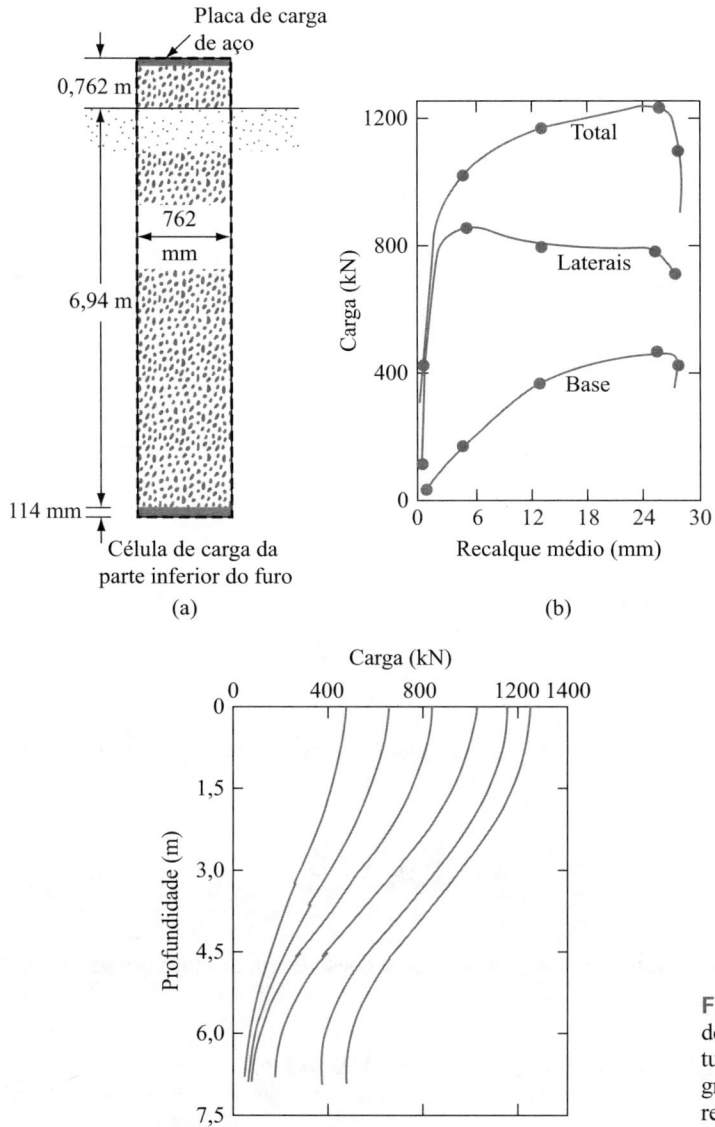

Figura 9.8 Os resultados dos testes de carga de Reese et al. (1976) em um tubulão: (a) as dimensões do eixo; (b) gráficos de carga-base, lateral e total com recalque médio; (c) gráfico da curva de distribuição de carga com profundidade

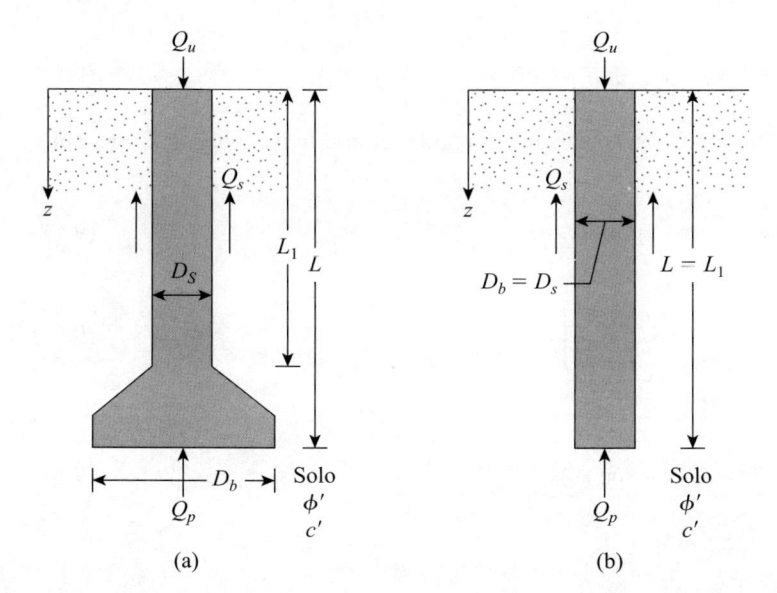

Figura 9.9 Capacidade de suporte final dos tubulões: (a) com base alargada e (b) eixos paralelos

onde:

Q_u = carga final;
Q_p = capacidade de suporte final na base;
Q_s = resistência friccional (atrito).

A carga-base final Q_p pode ser expressa de maneira semelhante ao modo como é expresso no caso de fundações rasas [Equação (4.26)], ou

$$Q_p = A_p \left[c'N_c F_{cs} F_{cd} F_{cc} + q'N_q F_{qs} F_{qd} F_{qc} + \frac{1}{2}\gamma' N_\gamma F_{\gamma s} F_{\gamma d} F_{\gamma c} \right] \quad (9.3)$$

onde:

c' = coesão;
N_c, N_q, N_γ = fatores de capacidade de suporte;
$F_{cs}, F_{qs}, F_{\gamma s}$ = fatores de forma;
$F_{cd}, F_{qd}, F_{\gamma d}$ = fatores de profundidade;
$F_{cc}, F_{qc}, F_{\gamma c}$ = fatores de compressibilidade;
γ' = peso específico efetivo de solo na base do eixo;
q' = tensão vertical efetiva na base do eixo;
A_p = área da base = $\frac{\pi}{4} D_b^2$.

Na maioria dos exemplos, o último termo (um contendo N_γ) é negligenciado, exceto no caso de um tubulão relativamente curto. Com esse pressuposto, podemos escrever

$$Q_u = A_p (c'N_c F_{cs} F_{cd} F_{cc} + qN_q F_{qs} F_{qd} F_{qc}) + Q_s \quad (9.4)$$

O procedimento para estimar a capacidade final dos tubulões em solo granular e coesivo está descrito nas seções posteriores.

9.7 Tubulões em solo granular: capacidade de suporte

Estimativa de Q_p

Para um tubulão com a base localizada no solo granular (isto é, $c' = 0$), a *capacidade de suporte líquida final* na base pode ser obtida pela Equação (9.4) como:

$$Q_{p(\text{líquido})} = A_p [q'(N_q - 1) F_{qs} F_{qd} F_{qc}] \quad (9.5)$$

O fator de capacidade de suporte, N_q, para diversos ângulos de atrito de solo (ϕ') pode ser obtido na Tabela 4.2. Ele também é informado na Tabela 9.1. Também,

$$F_{qs} = 1 + \operatorname{tg} \phi' \quad (9.6)$$

$$F_{qd} = 1 + C \underbrace{\operatorname{tg}^{-1}\left(\frac{L}{D_b}\right)}_{\text{radiano}} \quad (9.7)$$

$$C = 2 \operatorname{tg} \phi' (1 - \operatorname{sen} \phi')^2 \quad (9.8)$$

As variações de F_{qs} e C com ϕ' são apresentadas na Tabela 9.1.

Tabela 9.1 Variação de N_q, F_{qs}, C, I_{cr}, μ_s e n com ϕ'

Ângulo de atrito do solo, ϕ' (grau)	N_q (Tabela 4.2)	F_{qs} [Equação (9.6)]	C [Equação (9.8)]	I_{cr} [Equação (9.9)]	μ_s [Equação (9.13)]	n [Equação (9.15)]
25	10,66	1,466	0,311	43,84	0,100	0,00500
26	11,85	1,488	0,308	47,84	0,115	0,00475
27	13,20	1,510	0,304	52,33	0,130	0,00450
28	14,72	1,532	0,299	57,40	0,145	0,00425
29	16,44	1,554	0,294	63,13	0,160	0,00400
30	18,40	1,577	0,289	69,63	0,175	0,00375
31	20,63	1,601	0,283	77,03	0,190	0,00350
32	23,18	1,625	0,276	85,49	0,205	0,00325
33	26,09	1,649	0,269	95,19	0,220	0,00300
34	29,44	1,675	0,262	106,37	0,235	0,00275
35	33,30	1,700	0,255	119,30	0,250	0,00250
36	37,75	1,727	0,247	134,33	0,265	0,00225
37	42,92	1,754	0,239	151,88	0,280	0,00200
38	48,93	1,781	0,231	172,47	0,295	0,00175
39	55,96	1,810	0,223	196,76	0,310	0,00150
40	64,20	1,839	0,214	225,59	0,325	0,00125
41	73,90	1,869	0,206	259,98	0,340	0,00100
42	85,38	1,900	0,197	301,29	0,355	0,00075
43	99,02	1,933	0,189	351,22	0,370	0,00050
44	115,31	1,966	0,180	412,00	0,385	0,00025
45	134,88	2,000	0,172	486,56	0,400	0,00000

De acordo com Chen e Kulhawy (1994), F_{qc} pode ser calculado da seguinte forma:

Passo 1. Calcule o índice de rigidez crítico como:

$$I_{cr} = 0,5 \exp\left[2,85 \cot\left(45 - \frac{\phi'}{2}\right)\right] \qquad (9.9)$$

onde I_{cr} = índice de rigidez crítico (veja a Tabela 9.1).

Passo 2. Calcule o índice de rigidez reduzido como:

$$I_{rr} = \frac{I_r}{1 + I_r \Delta} \qquad (9.10)$$

onde:

$$I_r = \text{índice de rigidez do solo} = \frac{E_s}{2(1 + \mu_s) q' \operatorname{tg} \phi'} \qquad (9.11)$$

onde:

E_s = módulo de elasticidade drenado do solo = $m p_a$ \qquad (9.12)

p_a = pressão atmosférica (≈ 100 kN/m²)

$$m = \begin{cases} 100 \text{ a } 200 \text{ (solo fofo)} \\ 200 \text{ a } 500 \text{ (solo denso médio)} \\ 500 \text{ a } 1000 \text{ (solo denso)} \end{cases}$$

$$\mu_s = \text{coeficiente de Poisson do solo} = 0{,}1 + 0{,}3\left(\frac{\phi' - 25}{20}\right)$$

(para $25° \leq \phi' \leq 45°$) (veja a Tabela 9.1) \hfill (9.13)

$$\Delta = n\frac{q'}{p_a} \tag{9.14}$$

$$n = 0{,}005\left(1 - \frac{\phi' - 25}{20}\right) \text{ (veja a Tabela 9.1)} \tag{9.15}$$

Passo 3. Se $I_{rr} \geq I_{cr}$, então:

$$F_{qc} = 1 \tag{9.16}$$

No entanto, se $I_{rr} < I_{cr}$, temos:

$$F_{qc} = \exp\left\{(-3{,}8\ \text{tg}\ \phi') + \left[\frac{(3{,}07\ \text{sen}\ \phi')(\log_{10} 2I_{rr})}{1 + \text{sen}\ \phi'}\right]\right\} \tag{9.17}$$

A magnitude de $Q_{p(\text{líquido})}$ também pode ser razoavelmente estimada a partir da relação baseada na análise de Berezantzev et al. (1961) que pode ser expressa como

$$Q_{p(\text{líquido})} = A_p q'(\omega N_q^* - 1) \tag{9.18}$$

onde:

N_q^* = fator de capacidade de suporte = $0{,}21 e^{0{,}17\phi'}$ (veja a Tabela 9.2) \hfill (9.19)
ω = fator de correção = $f(L/D_b)$

Na Equação (9.19), ϕ' está em graus. A variação de ω (valores interpolados) com L/D_b é informada na Tabela 9.3.

Estimativa de Q_s

A resistência ao atrito na carga final, Q_s, desenvolvida em um tubulão pode ser calculada como:

$$Q_s = \int_0^{L_1} pf\, dz \tag{9.20}$$

onde:

p = perímetro do eixo = πD_s;
f = resistência ao atrito (ou lateral) específica = $K\sigma_o'\ \text{tg}\ \delta'$; \hfill (9.21)
K = coeficiente de empuxo $\approx K_o = 1 - \text{sen}\ \phi'$; \hfill (9.22)
σ_o' = tensão vertical efetiva em qualquer profundidade z.

Assim,

$$Q_s = \int_0^{L_1} pf\, dz = \pi D_s (1 - \text{sen}\ \phi')\int_0^{L_1} \sigma_o'\ \text{tg}\ \delta'\, dz \tag{9.23}$$

O valor de σ_o' aumentará a uma profundidade de aproximadamente $15D_s$ e permanecerá constante desse ponto em diante, conforme exibido na Figura 8.16.

Tabela 9.2 Variação de N_q^* com ϕ' [Equação (9.19)]

ϕ' (grau)	N_q^*
25	14,72
26	17,45
27	20,68
28	24,52
29	29,06
30	34,44
31	40,83
32	48,39
33	57,36
34	67,99
35	80,59
36	95,52
37	113,22
38	134,20
39	159,07
40	188,55
41	223,49
42	264,90
43	313,99
44	372,17
45	441,14

Tabela 9.3 Variação de ω com ϕ' e L/D_b

Ângulo de atrito do solo, ϕ' (grau)	L/D_b				
	5	10	15	20	25
26	0,744	0,619	0,546	0,49	0,439
28	0,757	0,643	0,572	0,525	0,475
30	0,774	0,671	0,606	0,568	0,525
32	0,787	0,697	0,641	0,615	0,581
34	0,804	0,727	0,680	0,654	0,632
36	0,822	0,753	0,716	0,692	0,675
38	0,839	0,774	0,746	0,723	0,712
40	0,849	0,796	0,770	0,744	0,737

Para boas técnicas de concreto moldado no local e da construção, aparece uma interface áspera e, portanto, δ'/ϕ' pode ser considerada unitário. Com construção de lama fraca, $\delta'/\phi' \approx 0{,}7$ a $0{,}8$.

Carga líquida admissível, $Q_{\text{total (líquido)}}$

Um fator de segurança apropriado deve ser aplicado à carga final para obter a carga líquida admissível, ou:

$$Q_{\text{total(líquido)}} = \frac{Q_{p(\text{líquido})} + Q_s}{\text{FS}} \quad (9.24)$$

9.8 Capacidade de suporte com base no recalque

Com base no banco de dados de 41 testes de carga, Reese e O'Neill (1989) propuseram um método para calcular a capacidade de suporte dos tubulões com base no recalque. O método é aplicável aos seguintes intervalos:

1. Diâmetro do eixo: D_s = 0,52 m a 1,2 m;
2. Profundidade do base alargada: L = 4,7 m a 30,5 m;
3. Índice de resistência à penetração: N_{60} = 5 a 60;
4. Abatimento de concreto = 100 mm a 225 mm.

O procedimento de Reese e O'Neill (veja a Figura 9.10) informa:

$$Q_{u(\text{líquido})} = \sum_{i=1}^{N} f_i p \Delta L_i + q_p A_p \qquad (9.25)$$

onde:

f_i = resistência ao cisalhamento específico final na camada i;
p = perímetro do eixo = πD_s;
q_p = resistência de ponta específica;
A_p = área da base = $(\pi/4) D_b^2$.

$$f_i = \beta_1 \sigma'_{\text{ozi}} < \beta_2 \qquad (9.26)$$

onde σ'_{ozi} = tensão efetiva vertical no centro da camada i.

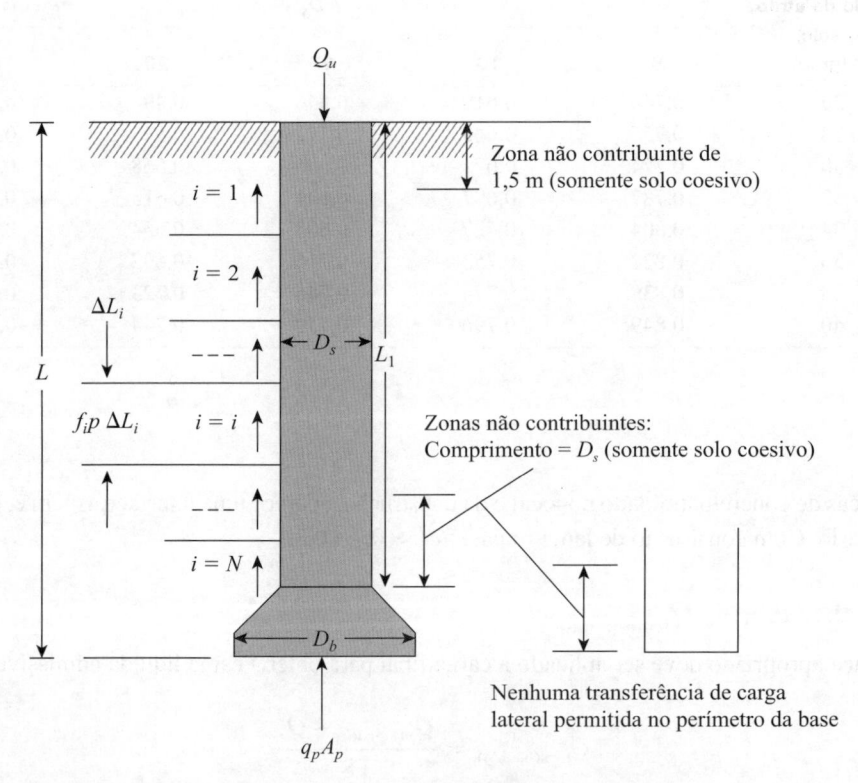

Figura 9.10 Desenvolvimento da Equação (9.25)

$$\beta_1 = \beta_3 - \beta_4 z_i^{0,5} \text{ (para } 0,25 \leq \beta_1 \leq 1,2) \tag{9.27}$$

As unidades para f_i, z_i e σ'_{ozi} e a magnitude de β_2, β_3 e β_4 no sistema SI são:

Item	Unidade e magnitude
f_i	kN/m²
z_i	m
σ'_{ozi}	kN/m²
β_2	192 kN/m²
β_3	1,5
β_4	0,244

A capacidade de suporte de ponta é:

$$q_p = \beta_5 N_{60} \leq \beta_6 \text{ [para } D_b < 1,27 \text{ m]} \tag{9.28}$$

onde N_{60} = índice de resistência à penetração dentro da distância de $2D_b$ abaixo da base do tubulão.

As magnitudes β_5 e β_6 e a unidade de q_p no sistema SI são informadas aqui.

Item	Magnitude e unidade
β_5	57,5
β_6	4310 kN/m²
q_p	kN/m²

Se D_b for igual a ou maior que 1,27 m, pode ocorrer recalque excessivo. Nesse caso, q_p pode ser substituído por q_{pr} ou:

$$q_{pr} = \frac{1,27}{D_b(\text{m})} q_p \tag{9.29}$$

Com base no nível desejado de recalque, as figuras 9.11 e 9.12 podem agora ser utilizadas para calcular a carga admissível, $Q_{\text{total(líquido)}}$. Observe que as linhas de tendência exibidas nessas figuras são a média de todos os resultados do teste.

Rollins et al. (2005) modificaram a Equação (9.27) para areias com pedregulhos da seguinte forma:

- Para areia com 25% a 50% de pedregulho,

$$\beta_1 = \beta_7 - \beta_8 z_i^{0,75} \text{ (para } 0,25 \leq \beta_1 \leq 1,8) \tag{9.30}$$

- Para areia com mais de 50% de pedregulho,

$$\beta_1 = \beta_9 e^{-\beta_{10} z_i} \text{ (para } 0,25 \leq \beta_1 \leq 3,0) \tag{9.31}$$

As magnitudes β_7, β_8, β_9 e β_{10} e a unidade de z_i no sistema SI são as seguintes:

Item	Magnitude e unidade
β_7	2,0
β_8	0,15
β_9	3,4
β_{10}	−0,085
z_i	m

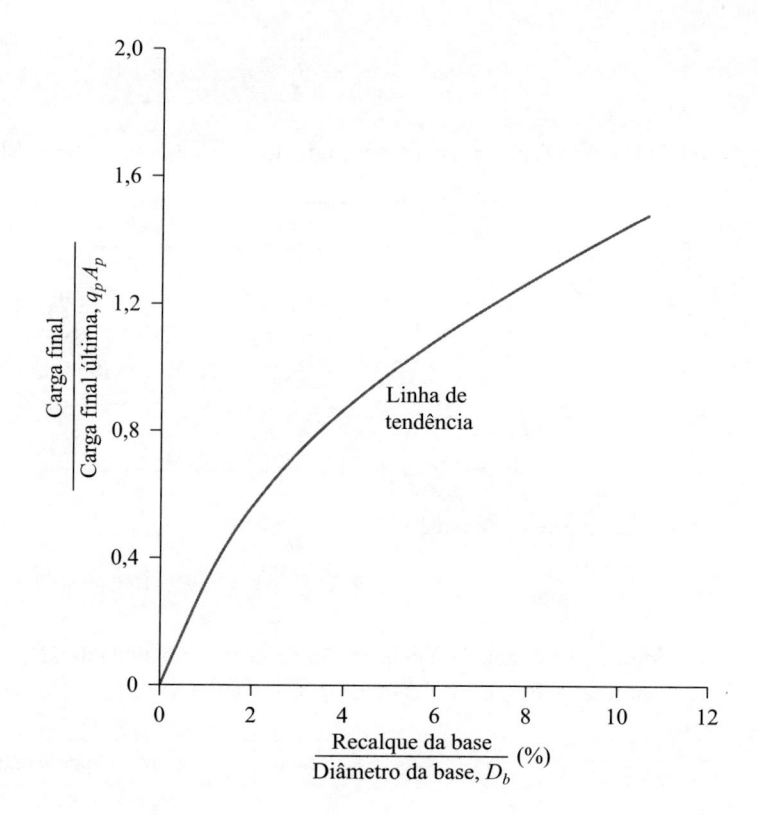

Figura 9.11 Transferência de carga de base normalizada *versus* recalque na areia

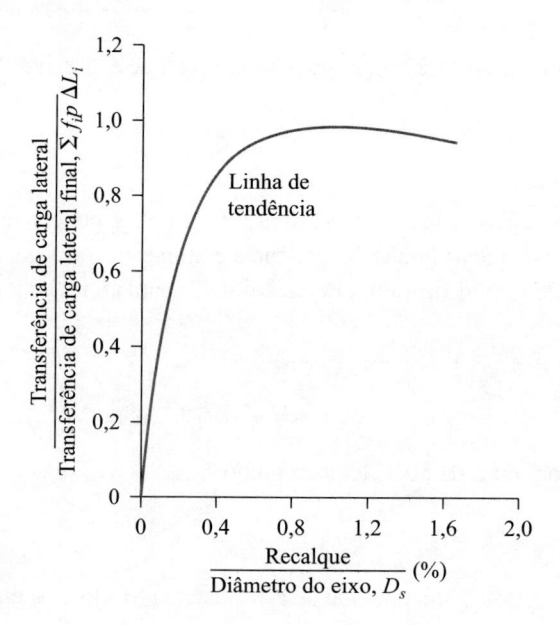

[Gráfico: eixo Y = $\dfrac{\text{Carga final}}{\text{Carga final última, } q_p A_p}$; eixo X = $\dfrac{\text{Recalque da base}}{\text{Diâmetro da base, } D_b}$ (%); curva rotulada "Linha de tendência"]

Figura 9.12 Transferência de carga lateral normalizada *versus* recalque na areia

[Gráfico: eixo Y = $\dfrac{\text{Transferência de carga lateral}}{\text{Transferência de carga lateral final, } \Sigma f_i p \, \Delta L_i}$; eixo X = $\dfrac{\text{Recalque}}{\text{Diâmetro do eixo, } D_s}$ (%); curva rotulada "Linha de tendência"]

A Figura 9.13 informa a tendência de transferência de carga lateral normalizada com base no nível desejado de recalque para areia com pedregulho.

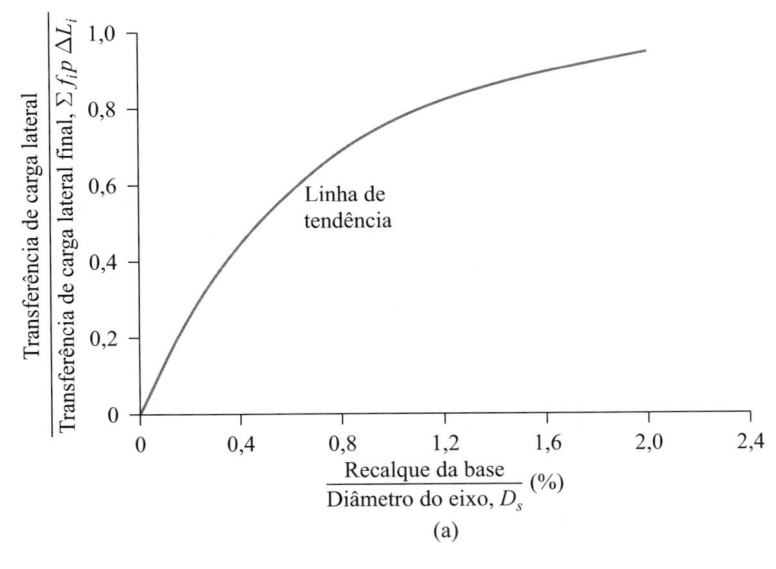

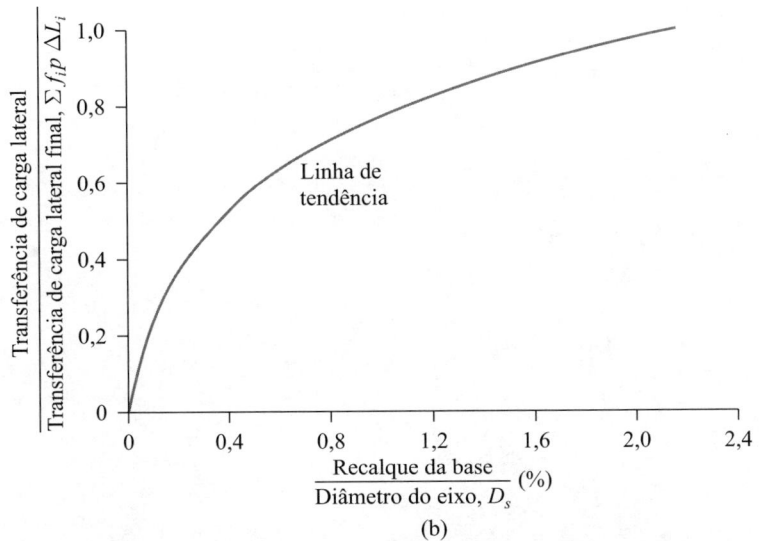

Figura 9.13 Transferência de carga lateral normalizada *versus* recalque: (a) areia com pedregulho (pedregulhos de 25% a 50%) e (b) pedregulho (mais de 50%)

Exemplo 9.1

Um perfil de solo é exibido na Figura 9.14. Um tubulão de carga de ponta com base alargada é colocado em uma camada de areia densa e pedregulho. Determine a carga admissível que o tubulão transportaria. Use a Equação (9.5) e um fator de segurança de 4. Considere $D_s = 1$ m e $D_b = 1,75$ m. Para a camada de areia densa, $\phi' = 36°$; $E_s = 500 p_a$. Ignore a resistência ao atrito do eixo.

Solução
Temos:

$$Q_{p(\text{líquida})} = A_p[q'(N_q - 1)F_{qs}F_{qd}F_{qc}]$$

e

$$q' = (6)(16,2) + (2)(19,2) = 135,6 \text{ kN/m}^2$$

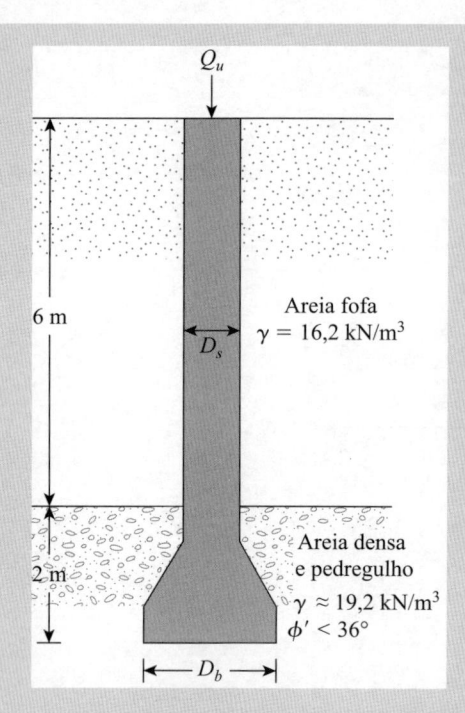

Figura 9.14 Carga admissível do tubulão

Para $\phi' = 36°$, com base na Tabela 9.1, $N_q = 37{,}75$. Também,

$$F_{qs} = 1{,}727$$

e

$$F_{qd} = 1 + C\,\text{tg}^{-1}\left(\frac{L}{D_b}\right)$$

$$= 1 + 0{,}247\,\text{tg}^{-1}\left(\frac{8}{1{,}75}\right) = 1{,}335$$

Com base na Equação (9.9),

$$I_{cr} = 0{,}5\exp\left[2{,}85\cot\left(45 - \frac{\phi'}{2}\right)\right] = 134{,}3 \qquad \text{(Veja a Tabela 9.1)}$$

Com base na Equação (9.12), $E_s = mp_a$. Com $m = 500$, temos:

$$E_s = (500)(100) = 50.000\text{ kN/m}^2$$

Com base na Equação (9.13) e Tabela 9.1,

$$\mu_s = 0{,}265$$

Logo,

$$I_r = \frac{E_s}{2(1+\mu_s)(q')(\text{tg}\,\phi')} = \frac{50.000}{2(1+0{,}265)(135{,}6)(\text{tg}\,36)} = 200{,}6$$

Com base na Equação (9.10),

$$I_{rr} = \frac{I_r}{1 + I_r\Delta}$$

com

$$\Delta = n\frac{q'}{p_a} = 0,00225\left(\frac{135,6}{100}\right) = 0,0031$$

entende-se que:

$$I_{rr} = \frac{200,6}{1 + (200,6)(0,0031)} = 123,7$$

I_{rr} é menor do que I_{cr}. Então, com base na Equação (9.17),

$$F_{qc} = \exp\left\{(-3,8 \text{ tg } \phi') + \left[\frac{(3,07 \text{ sen } \phi')(\log_{10} 2I_{rr})}{1 + \text{sen } \phi'}\right]\right\}$$

$$= \exp\left\{(-3,8 \text{ tg } 36) + \left[\frac{(3,07 \text{ sen } 36) \log(2 \times 123,7)}{1 + \text{sen } 36}\right]\right\} = 0,958$$

Logo,

$$Q_{p(\text{líquido})} = \left[\left(\frac{\pi}{4}\right)(1,75)^2\right](135,6)(37,75 - 1)(1,727)(1,335)(0,958) = 26.474 \text{ kN}$$

e

$$Q_{p(\text{total})} = \frac{Q_{p(\text{líquido})}}{\text{FS}} = \frac{26.474}{4} \approx \mathbf{6619 \text{ kN}}$$

■

Exemplo 9.2

Resolva o Exemplo 9.1 utilizando a Equação (9.18).

Solução

A Equação (9.18) afirma que:

$$Q_{p(\text{líquido})} = A_p q'(\omega N_q^* - 1)$$

Temos (veja também a Tabela 9.2):

$$N_q^* = 0,21e^{0,17\phi'} = 0,21e^{(0,17)(36)} = 95,52$$

e

$$\frac{L}{D_b} = \frac{8}{1,75} = 4,57$$

Com base na Tabela 9.3, para $\phi' = 36°$ e $L/D_b = 4,57$, o valor de ω é de 0,83. Logo,

$$Q_{p(\text{líquido})} = \left[\left(\frac{\pi}{4}\right)(1,75)^2\right](135,6)[(0,83)(95,52) - 1] = 25.532 \text{ kN}$$

e

$$Q_{p(\text{total})} = \frac{25.532}{4} = 6383 \text{ kN} \qquad \blacksquare$$

Exemplo 9.3

Um tubulão é exibido na Figura 9.15. O índice de resistência à penetração não corrigido (N_{60}) dentro de uma distância de $2D_b$ abaixo da base do eixo é de aproximadamente 30. Determine:

a. A capacidade de suporte final.
b. A capacidade de carregamento de carga para um recalque de 12 mm. Use a Equação (9.30).

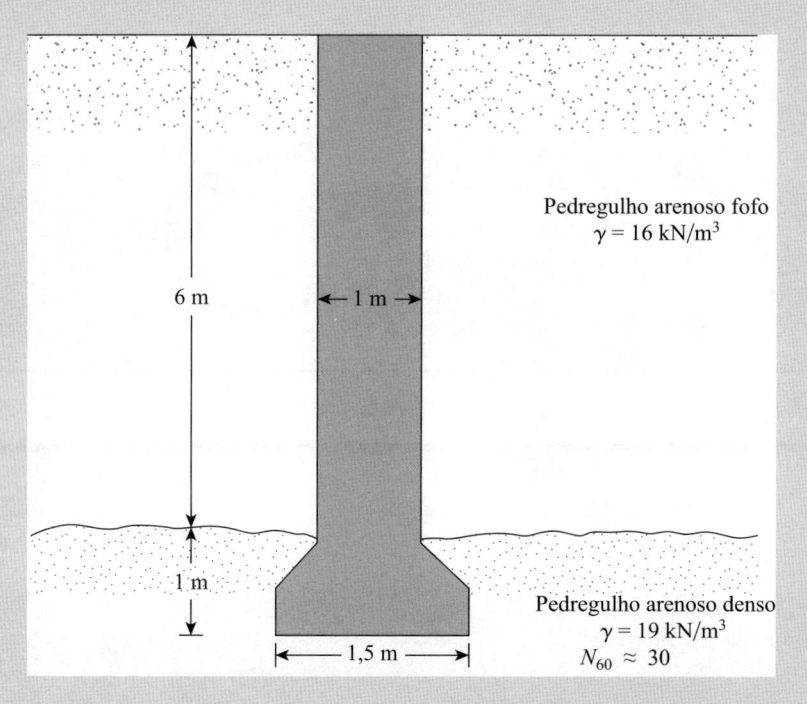

Figura 9.15 Tubulão suportado por densa camada de pedregulho arenoso

Solução

Parte a

Com base nas Equações (9.26) e (9.27),

$$f_i = \beta_1 \sigma'_{ozi}$$

e da Equação (9.30),

$$\beta_1 = 2{,}0 - 0{,}15 z_i^{0{,}75}$$

Podemos dividir a camada de pedregulho arenoso em duas, cada uma com espessura de 3 m. Agora, a tabela seguinte pode ser elaborada.

Nº de camada	Profundidade do centro da camada, z_i (m)	$\beta_i = 2 - 0{,}15 z_i^{0{,}75}$	$\sigma'_{ozi} = \gamma z_i$ (kN/m²)	$f_i = \beta_i \sigma'_{ozi}$ (kN/m²)
1	1,5	1,797	24	43,13
2	4,5	1,537	72	110,66

Assim,

$$\Sigma f_i p \Delta L_i = (\pi \times 1)[(43{,}13)(3) + (110{,}66)(3)] = 1449{,}4 \text{ kN}$$

Com base na Equação (9.28),

$$q_p = 57{,}5 N_{60} = (57{,}5)(30) = 1725 \text{ kN/m}^2$$

Note que D_b é maior do que 1,27. Então, utilizaremos a Equação (9.29a).

$$q_{pr} = \left(\frac{1{,}27}{D_b}\right) q_p = \left(\frac{1{,}27}{1{,}5}\right)(1725) \approx 1461 \text{ kN/m}^2$$

Agora,

$$q_{pr} A_p = (1461)\left(\frac{\pi}{4} \times 1{,}5^2\right) \approx 2582 \text{ kN}$$

Logo,

$$Q_{\text{ult(líquido)}} = q_{pr} A_p + \Sigma f_i p \Delta L_i = 2582 + 1449{,}4 = \mathbf{4031{,}4 \text{ kN}}$$

Parte b
Temos:

$$\frac{\text{Recalque admissível}}{D_s} = \frac{12}{(1{,}0)(1000)} = 0{,}12 = 1{,}2\%$$

A linha de tendência na Figura 9.13a mostra que, para um recalque normalizado de 1,2%, a carga normalizada é de 0,8. Assim, a transferência de carga lateral é $(0{,}8)(1449{,}4) \approx 1160$ kN. Da mesma forma,

$$\frac{\text{Recalque admissível}}{D_b} = \frac{12}{(1{,}5)(1000)} = 0{,}008 = 0{,}8\%$$

A linha de tendência exibida na Figura 9.11 indica que, para um recalque normalizado de 0,8%, a carga-base normalizada é de 0,235. Assim, a carga-base é $(0{,}235)(2582) = 606{,}77$ kN. E a carga total é:

$$Q = 1160 + 606{,}77 \approx \mathbf{1767 \text{ Kn}}$$

■

9.9 Tubulões em argila: capacidade de suporte

Para argilas saturadas com $\phi = 0$, o fator de carga N_q na Equação (9.4) é igual à unidade. Assim, para esse caso,

$$Q_{p(\text{líquido})} \approx A_p c_u N_c F_{cs} F_{cd} F_{cc} \tag{9.32}$$

onde c_u = coesão não drenada.

Presumindo que $L \geq 3D_b$, podemos reescrever a Equação (9.32) como

$$Q_{p(\text{líquido})} = A_p c_u N_c^*$$ (9.33)

onde $N_c^* = N_c F_{cs} F_{cd} F_{cc} = 1{,}33[(\ln I_r) + 1]$ no qual $\left(\text{para } \dfrac{L}{D_b} > 3\right) I_r = $ índice de rigidez do solo. (9.34)

O índice de rigidez do solo foi definido na Equação (9.11). Para $\phi = 0$,

$$I_r = \dfrac{E_s}{3c_u}$$ (9.35)

O'Neill e Reese (1999) proporcionaram uma relação aproximada entre c_u e $E_s/3c_u$. Isso está resumido na Tabela 9.4. Para todos os efeitos práticos, se c_u/p_a é igual a ou maior do que a unidade ($p_a = $ pressão atmosférica ≈ 100 kN/m²), em seguida, a magnitude de N_c^* pode ser 9.

Para $L/D_b < 3$ (O'Neill e Reese, 1999),

$$Q_{p(\text{líquido})} = A_p \left\{ \dfrac{2}{3}\left[1 + \dfrac{1}{6}\left(\dfrac{L}{D_b}\right)\right] \right\} c_u N_c^*$$ (9.36)

Os experimentos feitos por Whitaker e Cooke (1966) mostraram que, para eixos paralelos, percebe-se que o valor total de $N_c^* = 9$ é realizado com um movimento-base de aproximadamente 10% a 15% de D_b. Da mesma forma, para os eixos paralelos ($D_b = D_s$), o valor total de $N_c^* = 9$ é obtido com um movimento-base de aproximadamente 20% de D_b.

A expressão para a resistência lateral de tubulões na argila é semelhante à Equação (8.58) ou:

$$Q_s = \sum_{L=0}^{L=L_1} \alpha^* c_u p\, \Delta L$$ (9.37)

Kulhawy e Jackson (1989) relataram o resultado dos ensaios de campo de 106 tubulões paralelos – 65 ascendentes e 41 em compressão. A melhor correlação obtida com base nos resultados é:

$$\alpha^* = 0{,}21 + 0{,}25\left(\dfrac{p_a}{c_u}\right) \leq 1$$ (9.38)

onde $p_a = $ pressão atmosférica ≈ 100 kN/m².

Assim, de modo conservador, podemos assumir que:

$$\alpha^* = 0{,}4$$ (9.39)

Tabela 9.4 Variação aproximada de $E_s/3c_u$ com N_c^* e c_u/p_a (com base em dados de Reese e O'Neill, 1999)

c_u/p_a	$E_s/3c_u$	N_c^*
0,25	50	6,5
0,5	150	8,0
$\geq 1{,}0$	250–300	9,0

9.10 Capacidade de suporte com base no recalque

Reese e O'Neill (1989) sugeriram um procedimento para estimar as capacidades de suporte finais e admissíveis (com base no recalque) para tubulões em argila. De acordo com esse procedimento, podemos utilizar a Equação (9.25) para a carga final líquida ou:

$$Q_{\text{ult(líquido)}} = \sum_{i=1}^{n} f_i p \Delta L_i + q_p A_p$$

A resistência ao atrito lateral específica pode ser informada como:

$$f_i = \alpha_i^* c_{u(i)} \tag{9.40}$$

Os seguintes valores são recomendados para α_i^*:

$\alpha_i^* = 0$ para 1,5 m de parte superior e 1 de parte inferior, D_s, do tubulão. (*Observação:* Se $D_b > D_s$, então, $\alpha^* = 0$ para diâmetro 1 acima da parte superior do sino e para a área periférica da própria base.)
$\alpha_i^* = 0{,}55$ em outro local.

A expressão para q_p (carga de ponta por área específica) pode ser dada como:

$$q_p = 6 c_{ub} \left(1 + 0{,}2 \frac{L}{D_b}\right) \leq 9 c_{ub} \leq 40 p_a \tag{9.41}$$

onde:

c_{ub} = coesão média não drenada dentro da distância vertical de $2D_b$ abaixo da base;
p_a = pressão atmosférica.

Se D_b for grande, o recalque excessivo ocorrerá na carga final por área específica, q_p, conforme proporcionado pela Equação (9.41). Assim, para $D_b > 1{,}91$ m, q_p pode ser substituído por:

$$q_{pr} = F_r q_p \tag{9.42}$$

onde:

$$F_r = \frac{2{,}5}{\psi_1 D_b + \psi_2} \leq 1 \tag{9.43}$$

As relações para ψ_1 e ψ_2 junto com a unidade de D_b nos sistemas SI e inglês são apresentadas na Tabela 9.5.

Tabela 9.5 Relações para ψ_1 e ψ_2

Item	Relação e unidade
ψ_1	$\psi_1 = 2{,}78 \times 10^{-4} + 8{,}26 \times 10^{-5} \left(\dfrac{L}{D_b}\right) \leq 5{,}9 \times 10^{-4}$
ψ_2	$\psi_2 = 0{,}065 [c_{ub}(\text{kN/m}^2)]^{0{,}5}$ $(0{,}5 \leq \psi_2 \leq 1{,}5)$
D_b	mm

Agora, as figuras 9.16 e 9.17 podem ser utilizadas para avaliar a capacidade de suporte admissível com base no recalque. (Observe que a capacidade de suporte final na Figura 9.16 é q_p, não q_{pr}.) Para isso,

Passo 1. Selecione um valor de recalque, s.

Passo 2. Calcule $\sum_{i=1}^{N} f_i p \Delta L_i$ e $q_p A_p$.

Passo 3. Utilizando as figuras 9.16 e 9.17 e os valores calculados no Passo 2, determine a *carga lateral* e a *carga final*.

Passo 4. A soma da carga lateral e da carga final resulta na carga total admissível.

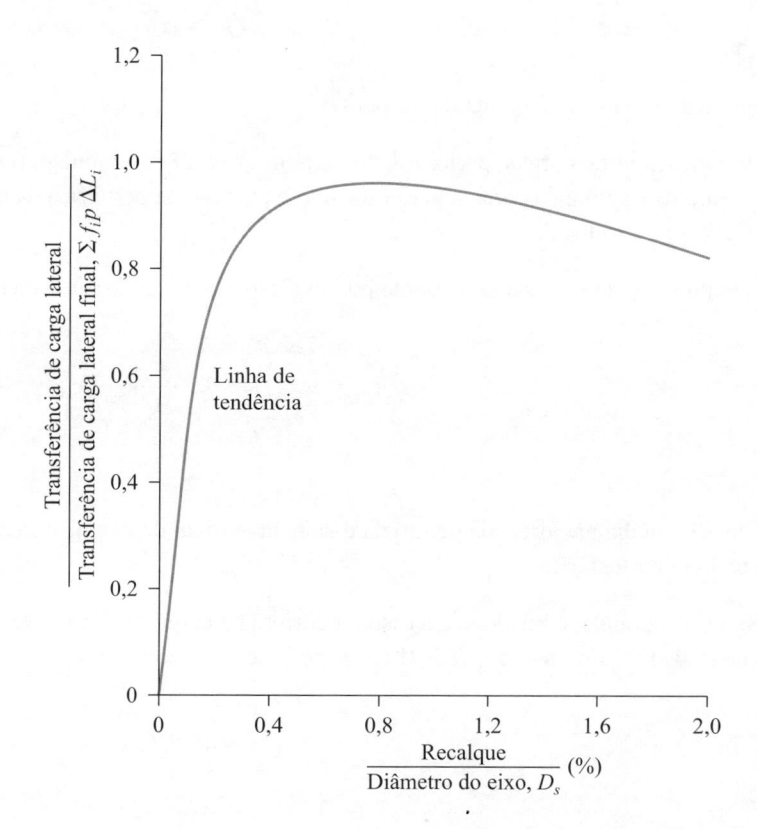

Figura 9.16 Transferência de carga lateral normalizada *versus* recalque em solo coesivo

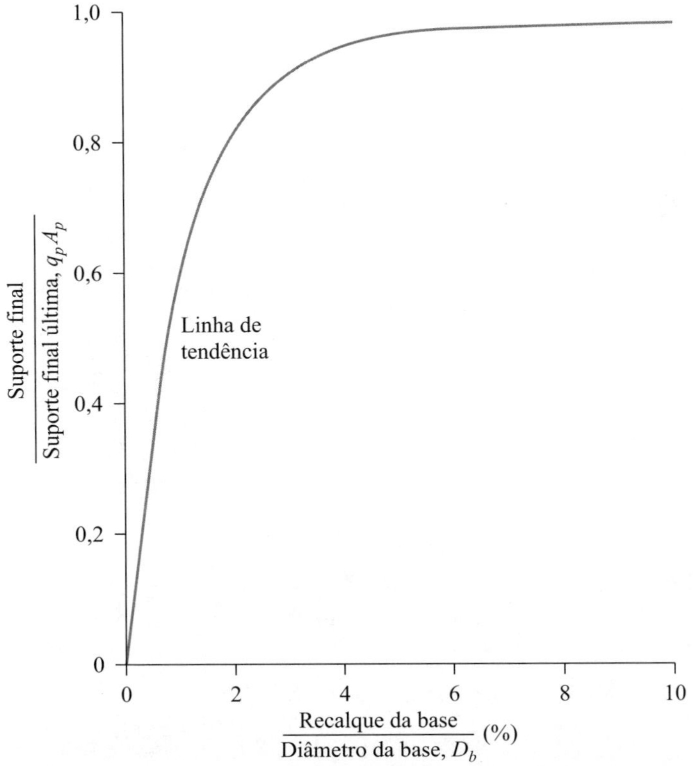
1,0
0,8
0,6
0,4
0,2
0
Suporte final / Suporte final última, $q_p A_p$
Linha de tendência
0 2 4 6 8 10
Recalque da base / Diâmetro da base, D_b (%)

Figura 9.17 Transferência de carga de base normalizada *versus* recalque em solo coesivo

Exemplo 9.4

A Figura 9.18 mostra um tubulão sem sino. Aqui, $L_1 = 8{,}23$ m, $L_2 = 2{,}59$ m, $D_s = 1{,}0$ m, $c_{u(1)} = 50$ kN/m^2 e $c_{u(2)} = 108{,}75$ kN/m^2. Determine:

- **a.** A capacidade de suporte líquida de ponta final;
- **b.** A resistência lateral final;
- **c.** A carga de trabalho Q_w (FS = 3).

Use as Equações (9.33), (9.37) e (9.39).

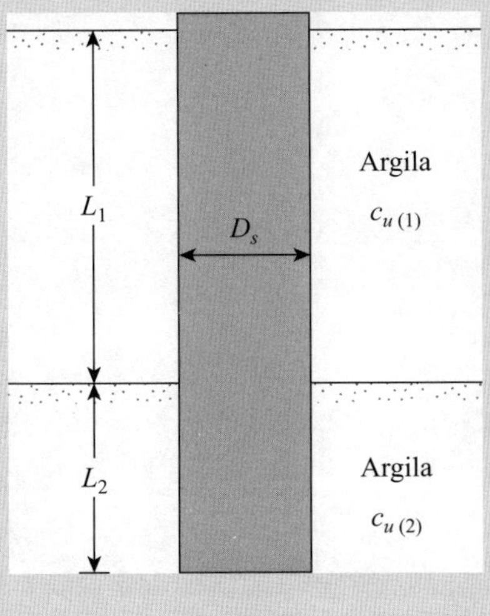
L_1
D_s
Argila
$c_{u(1)}$
L_2
Argila
$c_{u(2)}$

Figura 9.18 Um tubulão sem base alargada

Solução

Parte a

Com base na Equação (9.33),

$$Q_{p(\text{líquido})} = A_p c_u N_c^* = A_p c_{u(2)} N_c^* = \left[\left(\frac{\pi}{4}\right)(1)^2\right](108,75)(9) = \mathbf{768,7\,kN}$$

(*Observação:* Uma vez que $c_{u(2)}/p_a > 1$, $N_c^* \approx 9$.)

Parte b

Com base na Equação (9.37),

$$Q_s = \Sigma \alpha^* c_u p \Delta L$$

Com base na Equação (9.39),

$$\alpha^* = 0,4$$
$$p = \pi D_s = (3,14)(1,0) = 3,14\,\text{m}$$

e

$$Q_s = (0,4)(3,14)[(50 \times 8,23) + (108,75 \times 2,59)] = \mathbf{871\,kN}$$

Parte c

$$Q_w = \frac{Q_{p(\text{líquido})} + Q_s}{\text{FS}} = \frac{768,7 + 871}{3} = \mathbf{546,6\,kN}$$

Exemplo 9.5

Um tubulão no solo coesivo é mostrado na Figura 9.19. Use o método de Reese e O'Neill para determinar o seguinte:

a. A capacidade de carga final;
b. A capacidade de carga para um recalque admissível de 12 mm.

Solução

Parte a

Com base na Equação (9.40),

$$f_i = \alpha_i^* c_{u(i)}$$

Com base na Figura 9.19,

$$\Delta L_1 = 3 - 1,5 = 1,5\,\text{m}$$
$$\Delta L_2 = (6 - 3) - D_s = (6 - 3) - 0,76 = 2,24\,\text{m}$$
$$c_{u(1)} = 40\,\text{kN/m}^2$$

e

$$c_{u(2)} = 60\,\text{kN/m}^2$$

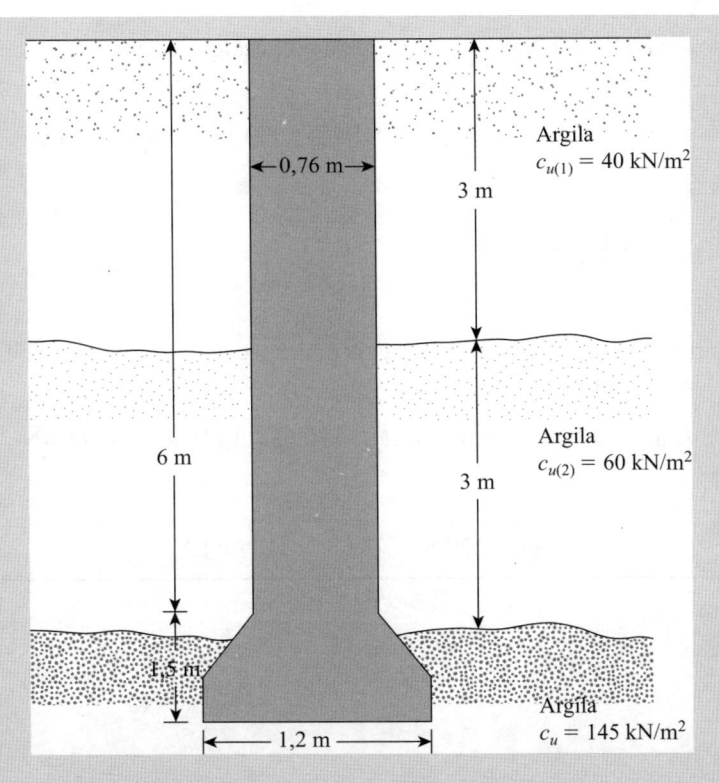

Figura 9.19 Um tubulão em argila estratificada

Logo,

$$\Sigma f_i p \Delta L_i = \Sigma \alpha_i^* c_{u(i)} p \Delta L_i$$
$$= (0,55)(40)(\pi \times 0,76)(1,5) + (0,55)(60)(\pi \times 0,76)(2,24)$$
$$= 255,28 \text{ kN}$$

Novamente, com base na Equação (9.41),

$$q_p = 6c_{ub}\left(1 + 0,2\frac{L}{D_b}\right) = (6)(145)\left[1 + 0,2\left(\frac{6+1,5}{1,2}\right)\right] = 1957,5 \text{ kN/m}^2$$

Uma verificação revelou que:

$$q_p = 9c_{ub} = (9)(145) = 1305 \text{ kN/m}^2 < 1957,5 \text{ kN/m}^2$$

Então, usamos $q_p = 1305$ kN/m²:

$$q_p A_p = q_p \left(\frac{\pi}{4} D_b^2\right) = (1305)\left[\left(\frac{\pi}{4}\right)(1,2)^2\right] = 1475,9 \text{ kN}$$

Logo,

$$Q_{\text{ult}} = \Sigma \alpha_i^* c_{u(i)} p \Delta L_i + q_p A_p = 255,28 + 1475,9 \approx \mathbf{1731 \text{ kN}}$$

Parte b
Temos:

$$\frac{\text{Recalque admissível}}{D_s} = \frac{12}{(0,76)(1000)} = 0,0158 = 1,58\%$$

A linha de tendência mostrada na Figura 9.16 indica que, para um recalque normalizado de 1,58%, a carga lateral normalizada é de 0,9. Assim, a carga lateral é:

$$(0,9)\,(\Sigma f_i p \Delta L_i) = (0,9)\,(255,28) = 229,8 \text{ kN}$$

Novamente,

$$\frac{\text{Recalque admissível}}{D_b} = \frac{12}{(1,2)(1000)} = 0,01 = 1,0\%$$

A linha de tendência mostrada na Figura 9.17 indica que, para um recalque normalizado de 1,0%, o suporte de extremidade normalizado é de 0,63, assim:

$$\text{Carga de base} = (0,63)\,(q_p A_p) = (0,63)\,(1475,9) = 929,8 \text{ kN}$$

Portanto, a carga total é:

$$Q = 229,8 + 929,8 = \mathbf{1159,6 \text{ kN}}$$

Parte III
Empuxo lateral de terra e estruturas de arrimo de terra

Capítulo 10: Empuxo lateral de terra
Capítulo 11: Muros de arrimo

10 Empuxo lateral de terra

10.1 Introdução

As inclinações verticais ou quase verticais do solo são suportadas por muros de arrimo, cortinas de estaca-prancha em balanço, cortinas de estaca-prancha, escavações escoradas e outras estruturas semelhantes. A concepção adequada dessas estruturas requer uma estimativa do empuxo lateral de terra, que é função de diversos fatores, como (a) o tipo e a quantidade de movimento da parede, (b) os parâmetros da resistência ao cisalhamento do solo, (c) o peso específico do solo e (d) as condições de drenagem do aterro. A Figura 10.1 mostra um muro de arrimo de altura H. Para tipos similares de aterro:

a. O muro pode ser impedido de se mover (Figura 10.1a). O empuxo lateral de terra no muro a qualquer profundidade é chamado de *empuxo de terra em repouso*.
b. O muro pode se inclinar para longe do solo em que está retido (Figura 10.1b). Com inclinação suficiente do muro, uma cunha triangular do solo por trás do muro se romperá. O empuxo lateral para essa condição é chamado de *empuxo de terra ativo*.
c. O muro pode ser empurrado para dentro do solo em que está retido (Figura 10.1c). Com o movimento suficiente do muro, uma cunha do solo se romperá. O empuxo lateral para essa condição é chamado de *empuxo de terra passivo*.

A Figura 10.2 mostra a natureza da variação do empuxo lateral, σ'_h, a certa profundidade do muro com a grandeza do movimento da parede.

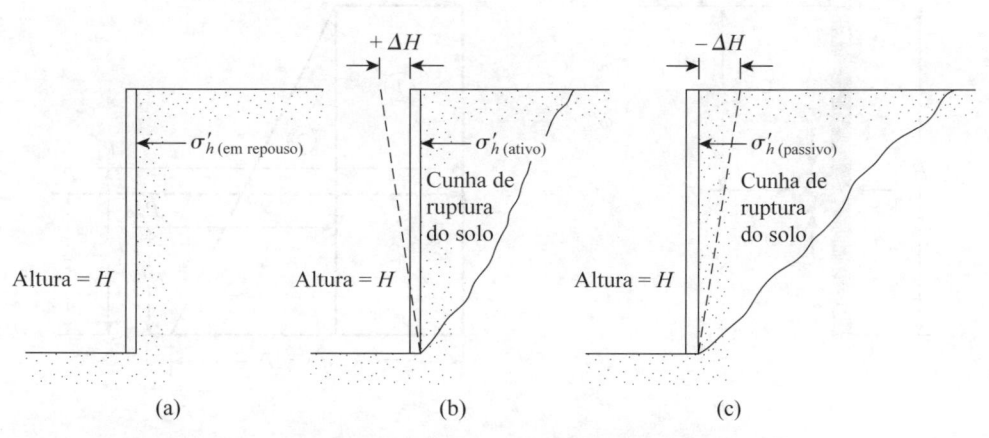

Figura 10.1 Natureza do empuxo lateral de terra sobre um muro de arrimo

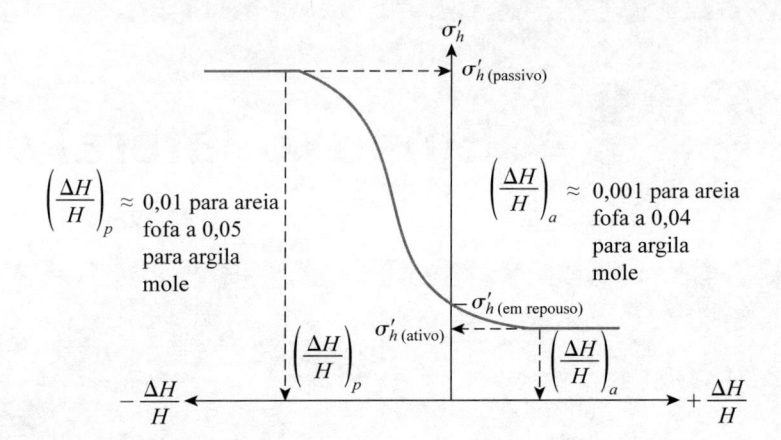

Figura 10.2 Natureza da variação do empuxo lateral de terra a certa profundidade

$\left(\dfrac{\Delta H}{H}\right)_p \approx 0{,}01$ para areia fofa a 0,05 para argila mole

$\left(\dfrac{\Delta H}{H}\right)_a \approx 0{,}001$ para areia fofa a 0,04 para argila mole

Nas seções a seguir, discutiremos diversas relações para determinar o restante dos empuxos em repouso, ativo e passivo em um muro de arrimo. Supõe-se que o leitor já tenha estudado empuxo lateral de terra, portanto, este capítulo servirá como uma revisão.

10.2 Empuxo lateral de terra em repouso

Considere um muro vertical de altura H, como mostrado na Figura 10.3, retendo um solo com um peso específico γ. Uma carga uniformemente distribuída, q/unidade de área, também é aplicada na superfície do terreno. A resistência ao cisalhamento do solo é:

$$s = c' + \sigma' \operatorname{tg} \phi'$$

onde:

$c' = $ coesão;
$\phi' = $ ângulo de atrito efetivo;
$\sigma' = $ tensão normal efetiva.

A qualquer profundidade z abaixo da superfície do terreno, a tensão vertical no subsolo é:

$$\sigma'_o = q + \gamma z \qquad (10.1)$$

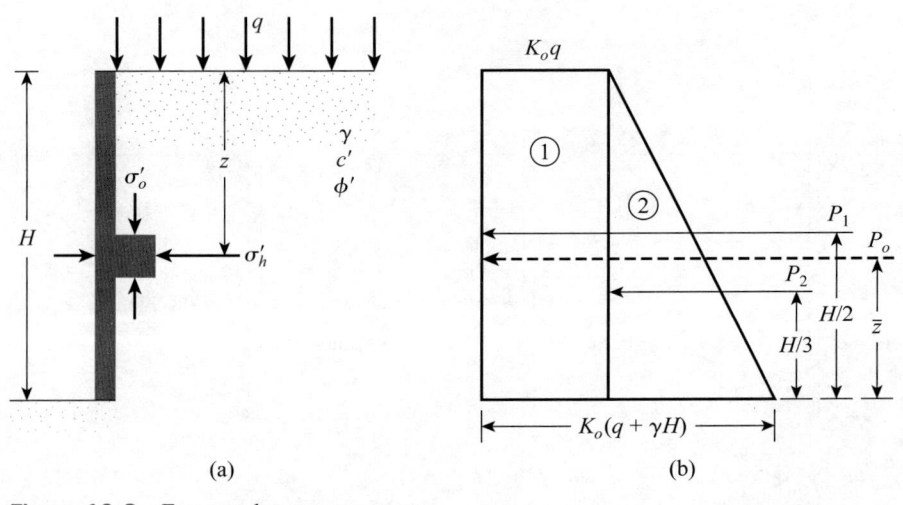

Figura 10.3 Empuxo de terra em repouso

Se o *muro estiver em repouso e não puder se mover de jeito nenhum*, seja para longe da massa do solo ou para dentro da massa do solo (isto é, há tensão horizontal zero), o empuxo lateral a uma profundidade z é:

$$\sigma_h = K_o \sigma'_o + u \tag{10.2}$$

onde:

u = poropressão;
K_o = coeficiente do empuxo de terra em repouso.

Para o solo normalmente adensado, a relação de K_o (Jaky, 1944) é:

$$K_o \approx 1 - \operatorname{sen} \phi' \tag{10.3}$$

A Equação (10.3) é uma aproximação empírica.

Para o solo sobreadensado, o coeficiente do empuxo de terra em repouso pode ser expresso como (Mayne e Kulhawy, 1982):

$$K_o = (1 - \operatorname{sen} \phi') \operatorname{OCR}^{\operatorname{sen} \phi'} \tag{10.4}$$

onde OCR = razão de sobreadensamento.

Com um valor devidamente selecionado do coeficiente do empuxo de terra em repouso, a Equação (10.2) pode ser usada para determinar a variação do empuxo lateral de terra com profundidade z. A Figura 10.3b mostra a variação de σ'_h com profundidade para o muro representado na Figura 10.3a. Observe que se a sobrecarga $q = 0$ e a poropressão $u = 0$, o diagrama do empuxo será um triângulo. A força total, P_o, por unidade de comprimento do muro dada na Figura 10.3a agora pode ser obtida com base na área do diagrama do empuxo dado na Figura 10.3b e é:

$$P_o = P_1 + P_2 = qK_o H + \tfrac{1}{2}\gamma H^2 K_o \tag{10.5}$$

onde:

P_1 = área do retângulo 1;
P_2 = área do triângulo 2.

A localização da linha de ação da força resultante, P_o, pode ser obtida assumindo o momento sobre a parte inferior do muro. Assim,

$$\bar{z} = \frac{P_1\left(\dfrac{H}{2}\right) + P_2\left(\dfrac{H}{3}\right)}{P_o} \tag{10.6}$$

Se o lençol freático estiver a uma profundidade $z < H$, o diagrama do empuxo em repouso mostrado na Figura 10.3b terá de ser ligeiramente modificado, conforme mostrado na Figura 10.4. Se o peso específico efetivo do solo abaixo do lençol freático for igual a γ' (isto é, $\gamma_{sat} - \gamma_w$), então:

a $z = 0$, $\quad \sigma'_h = K_o \sigma'_o = K_o q$
a $z = H_1$, $\quad \sigma'_h = K_o \sigma'_o = K_o(q + \gamma H_1)$

e

a $z = H_2$, $\quad \sigma'_h = K_o \sigma'_o = K_o(q + \gamma H_1 + \gamma' H_2)$

Observe que nas equações anteriores, σ'_o e σ'_h são empuxos vertical e horizontal efetivos, respectivamente. Determinar a distribuição do empuxo total no muro exige a adição da pressão hidrostática u, que é igual a zero a partir de $z = 0$ a

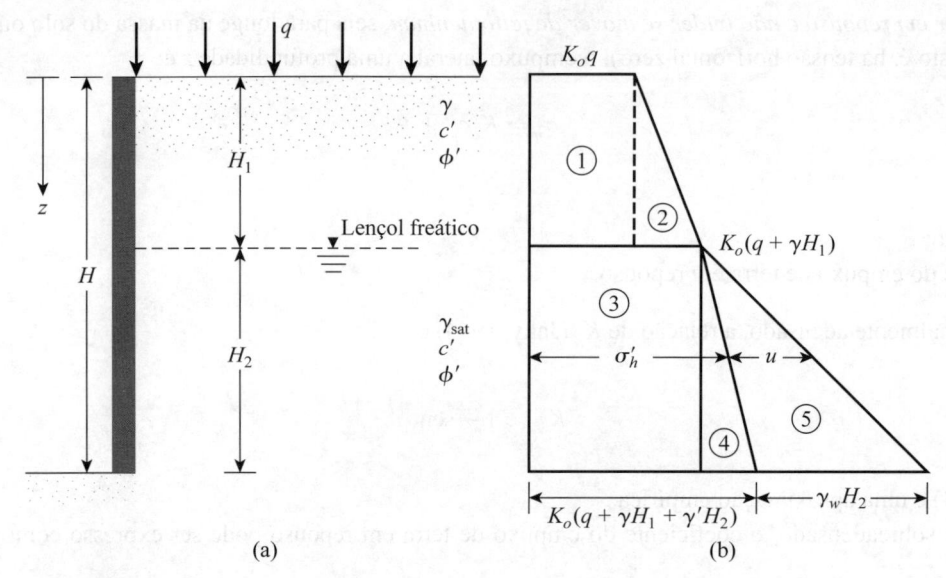

Figura 10.4 Empuxo de terra em repouso com o lençol freático localizado a uma profundidade $z < H$

$z = H_1$ e é $H_2\gamma_w$ a $z = H_2$. A variação de σ'_h e u com profundidade é mostrada na Figura 10.4b. Assim, a força total por unidade de comprimento do muro pode ser determinada pela área do diagrama do empuxo. Especificamente,

$$P_o = A_1 + A_2 + A_3 + A_4 + A_5$$

onde A = área do diagrama do empuxo.

Então,

$$P_o = K_o q H_1 + \tfrac{1}{2} K_o \gamma H_1^2 + K_o(q + \gamma H_1)H_2 + \tfrac{1}{2} K_o \gamma' H_2^2 + \tfrac{1}{2} \gamma_w H_2^2 \qquad (10.7)$$

Exemplo 10.1

Para o muro de arrimo mostrado na Figura 10.5a, determine a força lateral de terra em repouso por unidade de comprimento do muro. Determine também o local da força resultante. Suponha OCR = 1.

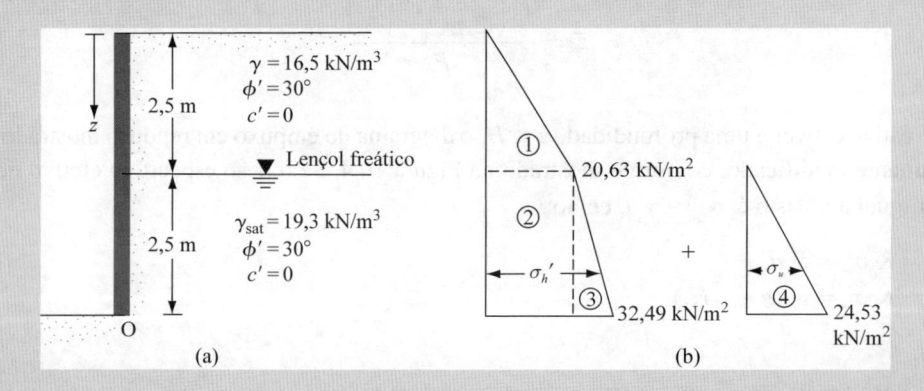

Figura 10.5

Solução

$$K_o = 1 - \text{sen } \phi' = 1 - \text{sen } 30° = 0,5$$

Para $z = 0$, $\sigma'_o = 0$; $\sigma'_h = 0$

Para $z = 2,5$ m, $\sigma'_o = (16,5)(2,5) = 41,25$ kN/m²;

$$\sigma'_h = K_o \sigma'_o = (0,5)(41,25) = 20,63 \text{ kN/m}^2$$

Para $z = 5$ m, $\sigma'_o = (16,5)(2,5) + (19,3 - 9,81)2,5 = 64,98$ kN/m²;

$$\sigma'_h = K_o \sigma'_o = (0,5)(64,98) = 32,49 \text{ kN/m}^2$$

A distribuição da pressão hidrostática é:

A partir de $z = 0$ a $z = 2,5$ m, $u = 0$. A $z = 5$ m, $u = \gamma_w(2,5) = (9,81)(2,5) = 24,53$ kN/m². A distribuição do empuxo para o muro é mostrada na Figura 10.5b.

A força total por unidade de comprimento do muro pode ser determinada pela área do diagrama do empuxo, ou

$$P_o = \text{Área 1} + \text{Área 2} + \text{Área 3} + \text{Área 4}$$

$$= \tfrac{1}{2}(2,5)(20,63) + (2,5)(20,63) + \tfrac{1}{2}(2,5)(32,49 - 20,63)$$

$$+ \tfrac{1}{2}(2,5)(24,53) = \mathbf{122,85 \text{ kN/m}}$$

A localização do centro do empuxo medido pela parte inferior do muro (ponto O) =

$$\bar{z} = \frac{(\text{Área 1})\left(2,5 + \dfrac{2,5}{3}\right) + (\text{Área 2})\left(\dfrac{2,5}{2}\right) + (\text{Área 3} + \text{Área 4})\left(\dfrac{2,5}{3}\right)}{P_o}$$

$$= \frac{(25,788)(3,33) + (51,575)(1,25) + (14,825 + 30,663)(0,833)}{122,85}$$

$$= \frac{85,87 + 64,47 + 37,89}{122,85} = \mathbf{1,53 \text{ m}}$$

Empuxo ativo

10.3 Empuxo ativo de terra de Rankine

O empuxo lateral de terra descrito na Seção 10.2 envolve muros que não cedem completamente. No entanto, se um muro tende a se afastar do solo de uma distância Δx, como mostrado na Figura 10.6a, o empuxo do solo no muro a qualquer profundidade diminuirá. Para um muro que *não tem atrito*, a tensão horizontal, σ'_h, a uma profundidade z será igual a $K_o \sigma'_o$ ($= K_o \gamma z$) quando Δx for zero. No entanto, com $\Delta x > 0$, σ'_h será inferior a $K_o \sigma'_o$.

Os círculos de Mohr correspondentes aos deslocamentos do muro de $\Delta x = 0$ e $\Delta x > 0$ são mostrados como círculos *a* e *b*, respectivamente, na Figura 10.6b. Se o deslocamento do muro, Δx, continua a aumentar, o círculo de Mohr correspondente vai, por fim, apenas tocar a envoltória de ruptura de Mohr-Coulomb definida pela equação:

$$s = c' + \sigma' \text{ tg } \phi'$$

Esse círculo, marcado como c na figura, representa a condição de ruptura na massa do solo; a tensão horizontal então se iguala a σ'_a, chamado de *empuxo ativo de Rankine*. Então, as *linhas de ruptura* (planos de ruptura) na massa do solo formarão ângulos de $\pm (45 + \phi'/2)$ com a horizontal, como mostrado na Figura 10.6a.

A Equação (2.91) relaciona as principais tensões para um círculo de Mohr que toca a envoltória de ruptura de Mohr--Coulomb:

$$\sigma'_1 = \sigma'_3 \, \text{tg}^2\left(45 + \frac{\phi'}{2}\right) + 2c' \, \text{tg}\left(45 + \frac{\phi'}{2}\right)$$

Para o círculo de Mohr c na Figura 10.6b,

Tensão principal primária, $\sigma'_1 = \sigma'_o$

e

Tensão principal secundária, $\sigma'_3 = \sigma'_a$

Assim,

$$\sigma'_o = \sigma'_a \, \text{tg}^2\left(45 + \frac{\phi'}{2}\right) + 2c' \, \text{tg}\left(45 + \frac{\phi'}{2}\right)$$

$$\sigma'_a = \frac{\sigma'_o}{\text{tg}^2\left(45 + \frac{\phi'}{2}\right)} - \frac{2c'}{\text{tg}\left(45 + \frac{\phi'}{2}\right)}$$

ou

$$\sigma'_a = \sigma'_o \, \text{tg}^2\left(45 - \frac{\phi'}{2}\right) - 2c' \, \text{tg}\left(45 - \frac{\phi'}{2}\right)$$

$$= \sigma'_o K_a - 2c'\sqrt{K_a} \tag{10.8}$$

onde $K_a = \text{tg}^2(45 - \phi'/2)$ = coeficiente do empuxo ativo de Rankine.

A variação do empuxo ativo com profundidade para o muro mostrado na Figura 10.6a é dada na Figura 10.6c. Observe que $\sigma'_o = 0$ a $z = 0$ e $\sigma'_o = \gamma H$ a $z = H$. A distribuição do empuxo mostra que, a $z = 0$, o empuxo ativo é igual a $-2c'\sqrt{K_a}$, indicando uma tensão de tração que diminui com a profundidade e torna-se zero a uma profundidade $z = z_c$, ou

$$\gamma z_c K_a - 2c'\sqrt{K_a} = 0$$

e

$$z_c = \frac{2c'}{\gamma \sqrt{K_a}} \tag{10.9}$$

A profundidade z_c normalmente é chamada de *profundidade da fissura de tração*, porque a tensão de tração no solo acabará provocando uma fissura ao longo da interface solo-muro. Dessa forma, a força ativa total de Rankine por unidade de comprimento do muro antes que a ruptura de tração ocorra é:

$$P_a = \int_0^H \sigma'_a \, dz = \int_0^H \gamma z K_a \, dz - \int_0^H 2c'\sqrt{K_a} \, dz$$

$$= \tfrac{1}{2}\gamma H^2 K_a - 2c'H\sqrt{K_a} \tag{10.10}$$

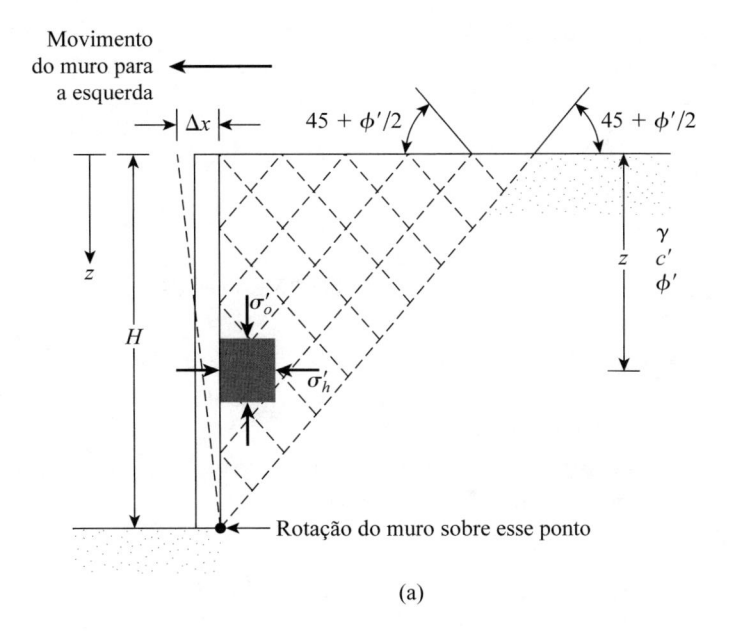

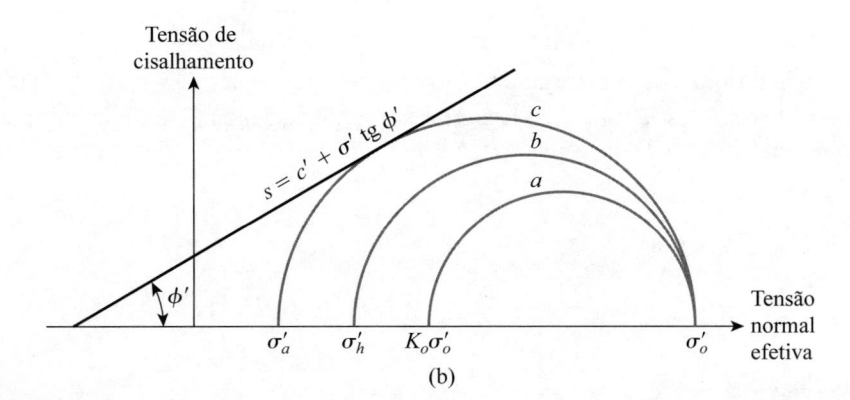

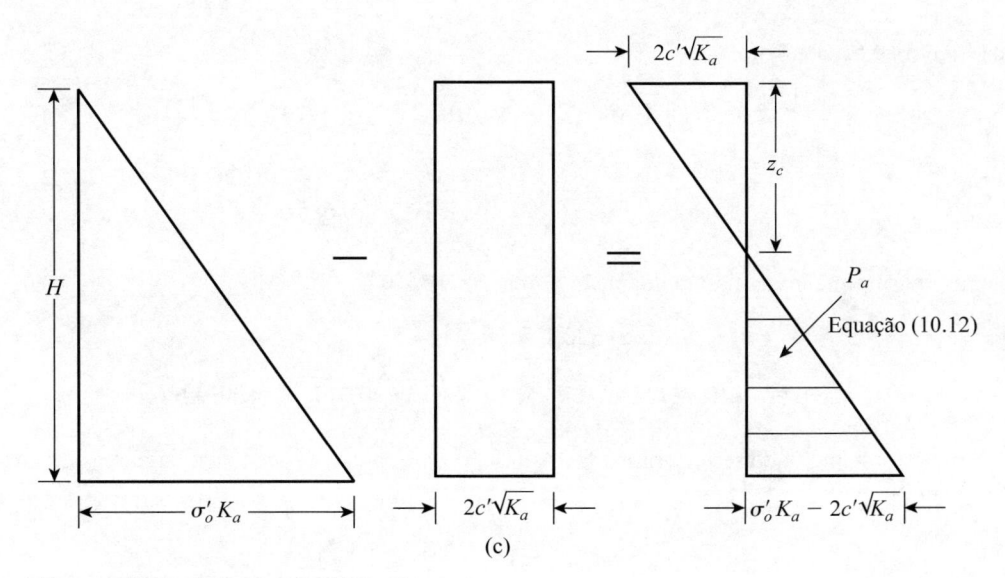

Figura 10.6 Empuxo ativo de Rankine

Após a fissura de tração surgir, a força por unidade de comprimento no muro será provocada apenas pela distribuição do empuxo entre as profundidades $z = z_c$ e $z = H$, como mostrado pela área sombreada na Figura 10.6c. Essa força pode ser expressa como:

$$P_a = \tfrac{1}{2}(H - z_c)\left(\gamma H K_a - 2c'\sqrt{K_a}\right) \tag{10.11}$$

ou

$$P_a = \frac{1}{2}\left(H - \frac{2c'}{\gamma\sqrt{K_a}}\right)\left(\gamma H K_a - 2c'\sqrt{K_a}\right) \tag{10.12}$$

No entanto, é importante perceber que a condição do empuxo ativo de terra será alcançada apenas se o muro puder "ceder" o suficiente. A quantidade necessária de deslocamento para fora do muro tem de $0,001H$ a $0,004H$ para os aterros de solo granular e de $0,01H$ a $0,04H$ para os aterros de solo coesivo.

Observe ainda que se os parâmetros da resistência ao cisalhamento da *tensão total* (c, ϕ) forem usados, uma equação semelhante à Equação (10.8) poderia ter sido derivada, ou seja,

$$\sigma_a = \sigma_o \operatorname{tg}^2\left(45 - \frac{\phi}{2}\right) - 2c \operatorname{tg}\left(45 - \frac{\phi}{2}\right)$$

Exemplo 10.2

Um muro de arrimo de 6 m de altura deve suportar um solo com peso específico de $\gamma = 17{,}4$ kN/m³, ângulo de atrito do solo de $\phi' = 26°$ e coesão de $c' = 14{,}36$ kN/m². Determine a força ativa de Rankine por unidade de comprimento do muro, tanto antes como após a fissura da tração ocorrer, e a linha de ação da resultante em ambos os casos.

Solução

Para $\phi' = 26°$,

$$K_a = \operatorname{tg}^2\left(45 - \frac{\phi'}{2}\right) = \operatorname{tg}^2(45 - 13) = 0{,}39$$

$$\sqrt{K_a} = 0{,}625$$

$$\sigma'_a = \gamma H K_a - 2c'\sqrt{K_a}$$

Com base na Figura 10.6c, a $z = 0$,

$$\sigma'_a = -2c'\sqrt{K_a} = -2(14{,}36)(0{,}625) = -17{,}95 \text{ kN/m}^2$$

e a $z = 6$ m,

$$\sigma'_a = (17{,}4)(6)(0{,}39) - 2(14{,}36)(0{,}625)$$
$$= 40{,}72 - 17{,}95 = 22{,}77 \text{ kN/m}^2$$

Força ativa antes do surgimento da fissura de tração: Equação (10.10)

$$P_a = \tfrac{1}{2}\gamma H^2 K_a - 2c'H\sqrt{K_a}$$
$$= \tfrac{1}{2}(6)(40{,}72) - (6)(17{,}95) = 122{,}16 - 107{,}7 = \mathbf{14{,}46 \text{ kN/m}}$$

A linha de ação da resultante pode ser determinada assumindo o momento da área dos diagramas do empuxo sobre a parte inferior do muro, ou

$$P_a \bar{z} = (122{,}16)\left(\frac{6}{3}\right) - (107{,}7)\left(\frac{6}{2}\right)$$

Assim,

$$\bar{z} = \frac{244,32 - 323,1}{14,46} = -5,45 \text{ m}$$

Força ativa após o surgimento da fissura de tração: Equação (10.9)

$$z_c = \frac{2c'}{\gamma\sqrt{K_a}} = \frac{2(14,36)}{(17,4)(0,625)} = 2,64 \text{ m}$$

Utilizando a Equação (10.11):

$$P_a = \tfrac{1}{2}(H - z_c)\left(\gamma H K_a - 2c'\sqrt{K_a}\right) = \tfrac{1}{2}(6 - 2,64)(22,77) = \mathbf{38,25 \text{ kN/m}}$$

A Figura 10.6c indica que a força $P_a = 38,25$ kN/m é a área do triângulo sombreado. Assim, a linha de ação da resultante será localizada a uma altura $\bar{z} = (H - z_c)/3$ acima da parte inferior do muro, ou

$$\bar{z} = \frac{6 - 2,64}{3} = \mathbf{1,12 \text{ m}} \qquad \blacksquare$$

Exemplo 10.3

Suponha que o muro de arrimo mostrado na Figura 10.7a pode ceder o suficiente para desenvolver um estado ativo. Determine a força ativa de Rankine por unidade de comprimento do muro e a localização da linha da ação resultante.

Solução

Se a coesão, c', for zero, então:

$$\sigma'_a = \sigma'_o K_a$$

Para a camada superior do solo, $\phi'_1 = 30°$, logo:

$$K_{a(1)} = \text{tg}^2\left(45 - \frac{\phi'_1}{2}\right) = \text{tg}^2(45 - 15) = \frac{1}{3}$$

Do mesmo modo, para a camada inferior do solo, $\phi'_2 = 36°$, e segue-se que:

$$K_{a(2)} = \text{tg}^2\left(45 - \frac{36}{2}\right) = 0,26$$

A tabela a seguir mostra o cálculo de σ'_a e u em diversas profundidades abaixo da superfície do terreno.

Profundidade, z (m)	σ'_o (kN/m²)	K_a	$\sigma'_a = K_a \sigma'_o$ (kN/m²)	u (kN/m²)
0	0	1/3	0	0
3,05⁻	(16)(3,05) = 48,8	1/3	16,27	0
3,05⁺	48,8	0,26	12,69	0
6,1	(16)(3,05) + (19 − 9,81)(3,05) = 76,83	0,26	19,98	(9,81)(3,05) = 29,92

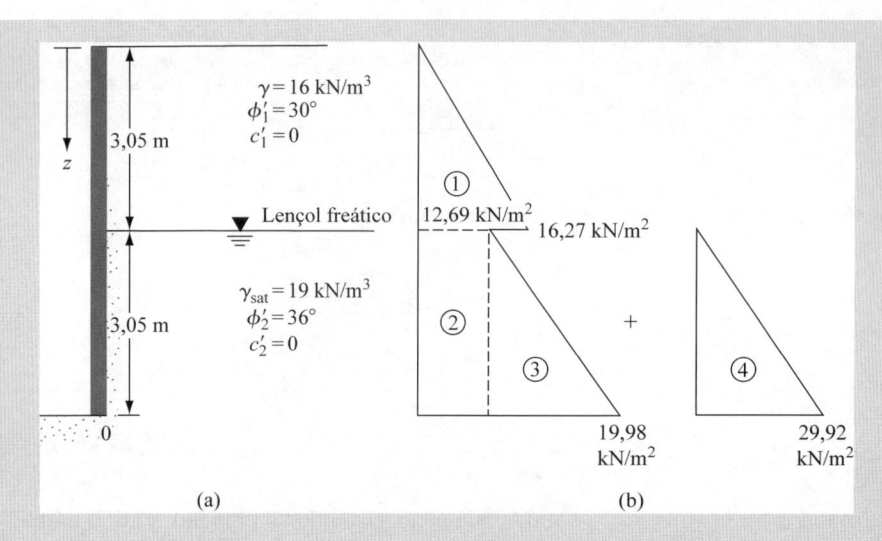

Figura 10.7 Força ativa de Rankine atrás de um muro de arrimo

O diagrama de distribuição do empuxo está representado na Figura 10.7b. A força por unidade de comprimento é:

$$P_a = \text{Área 1} + \text{Área 2} + \text{Área 3} + \text{Área 4}$$

$$= \tfrac{1}{2}(3,05)(16,27) + (12,69)(3,05) + \tfrac{1}{2}(19,98 - 12,69)(3,05) + \tfrac{1}{2}(29,92)(3,05)$$

$$= 28,81 + 38,70 + 11,12 + 45,63 = \mathbf{120{,}26\ lb/ft}$$

A distância da linha de ação da força resultante pela parte inferior do muro pode ser determinada assumindo os momentos sobre a parte inferior do muro (ponto O na Figura 10.7a) e é:

$$\bar{z} = \frac{(24,81)\left(3,05 + \dfrac{3,05}{3}\right) + (38,7)\left(\dfrac{3,05}{2}\right) + (11,12 + 45,63)\left(\dfrac{10}{3}\right)}{120,26} = \mathbf{1{,}81\ m}$$ ■

10.4 Caso generalizado para o empuxo ativo de Rankine – aterro granular

Na Seção 10.3, a relação foi desenvolvida para o empuxo ativo de Rankine para um muro de arrimo com uma parte traseira vertical e um aterro horizontal. Isso pode ser estendido para casos gerais de muros sem atrito com costas inclinadas e aterros inclinados.

A Figura 10.8 ilustra um muro de arrimo cuja parte de trás é inclinada a um ângulo θ com a vertical. O aterro granular é inclinado a um ângulo α com a horizontal.

Para um caso ativo de Rankine, o empuxo lateral de terra (σ'_a) a uma profundidade z pode ser dado como (Chu, 1991):

$$\sigma'_a = \frac{\gamma z \cos\alpha \sqrt{1 + \mathrm{sen}^2\phi' - 2\,\mathrm{sen}\,\phi' \cos\psi_a}}{\cos\alpha + \sqrt{\mathrm{sen}^2\phi' - \mathrm{sen}^2\alpha}} \qquad (10.13)$$

onde $\psi_a = \mathrm{sen}^{-1}\left(\dfrac{\mathrm{sen}\,\alpha}{\mathrm{sen}\,\phi'}\right) - \alpha + 2\theta$. \hfill (10.14)

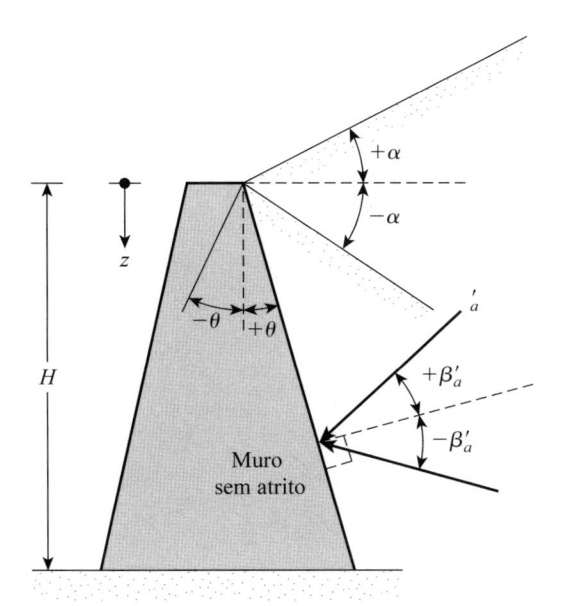

Figura 10.8 Caso geral para um muro de arrimo com aterro granular

O empuxo σ'_a será inclinado a um ângulo β'_a com o plano traçado em ângulo reto com a face posterior do muro, e:

$$\beta'_a = \text{tg}^{-1}\left(\frac{\text{sen}\,\phi'\,\text{sen}\,\psi_a}{1 - \text{sen}\,\phi'\cos\psi_a}\right) \tag{10.15}$$

Então, a força ativa P_a para a unidade de comprimento do muro pode ser calculada como:

$$P_a = \frac{1}{2}\gamma H^2 K_a \tag{10.16}$$

onde:

$$K_{a(R)} = \frac{\cos(\alpha - \theta)\sqrt{1 + \text{sen}^2\phi' - 2\,\text{sen}\,\phi'\cos\psi_a}}{\cos^2\theta\left(\cos\alpha + \sqrt{\text{sen}^2\phi' - \text{sen}^2\alpha}\right)}$$

= Coeficiente do empuxo ativo de terra de Rankine para o caso generalizado (10.17)

A localização e a direção da força resultante P_a são mostradas na Figura 10.9. Também é mostrada nessa figura a cunha de ruptura ABC. Observe que BC será inclinado a um ângulo η. Ou:

$$\eta_a = \frac{\pi}{4} + \frac{\phi'}{2} + \frac{\alpha}{2} - \frac{1}{2}\text{sen}^{-1}\left(\frac{\text{sen}\,\alpha}{\text{sen}\,\phi'}\right) \tag{10.18}$$

A Tabela 10.1 dá a variação de β'_a [Equação (10.15)] para diversos valores de α, θ e ϕ'.

Aterro granular com face posterior vertical do muro

Como um caso especial, para uma face posterior vertical do muro (isto é, $\theta = 0$), conforme mostrado na Figura 10.10, as Equações (10.13), (10.16) e (10.17) simplificam o seguinte.

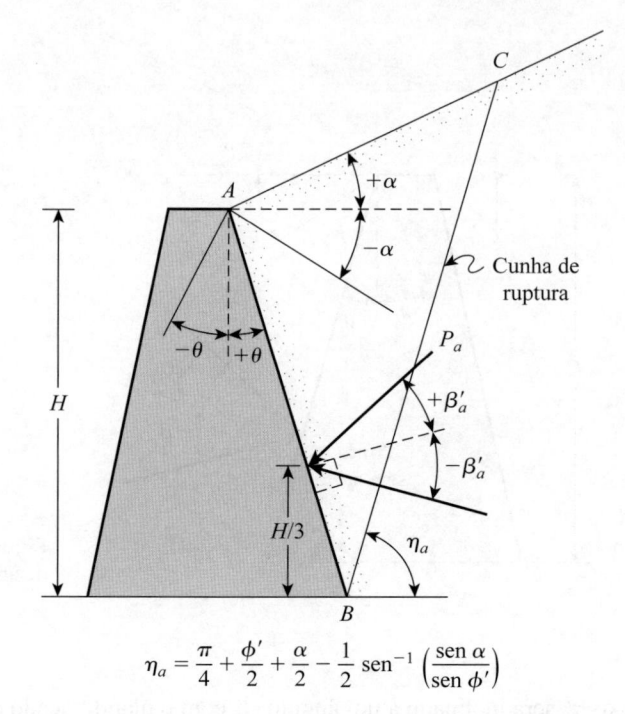

Figura 10.9 Localização e direção da força ativa de Rankine

$$\eta_a = \frac{\pi}{4} + \frac{\phi'}{2} + \frac{\alpha}{2} - \frac{1}{2}\operatorname{sen}^{-1}\left(\frac{\operatorname{sen}\alpha}{\operatorname{sen}\phi'}\right)$$

Se o aterro de um muro de arrimo sem atrito possui um *solo granular* ($c' = 0$) e eleva-se a um ângulo de α com relação à horizontal (veja a Figura 10.10), o *coeficiente do empuxo ativo de terra* pode ser expresso na fórmula:

$$K_a = \cos\alpha \frac{\cos\alpha - \sqrt{\cos^2\alpha - \cos^2\phi'}}{\cos\alpha + \sqrt{\cos^2\alpha - \cos^2\phi'}} \tag{10.19}$$

onde ϕ' = ângulo de atrito do solo.

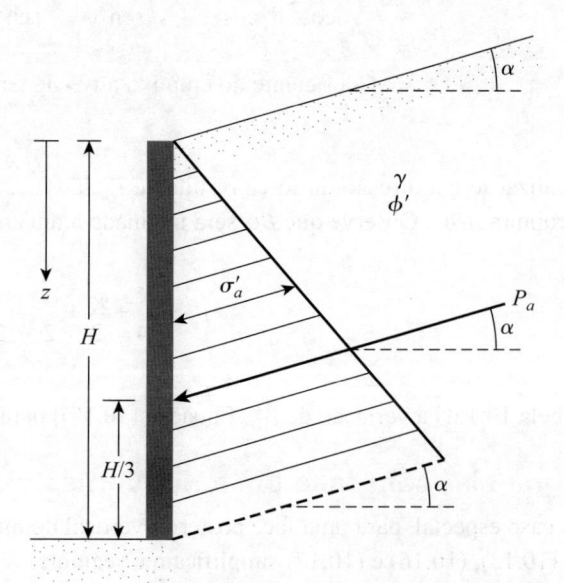

Figura 10.10 Notações para o empuxo ativo – equações (10.19), (10.20) e (10.21)

Tabela 10.1 Variação de β'_a [Equação (10.15)]

α (graus)	θ (graus)	β'_a ϕ' (graus)						
		28	30	32	34	36	38	40
0	0	0,000	0,000	0,000	0,000	0,000	0,000	0,000
	2	3,525	3,981	4,484	5,041	5,661	6,351	7,124
	4	6,962	7,848	8,821	9,893	11,075	12,381	13,827
	6	10,231	11,501	12,884	14,394	16,040	17,837	19,797
	8	13,270	14,861	16,579	18,432	20,428	22,575	24,876
	10	16,031	17,878	19,850	21,951	24,184	26,547	29,039
	15	21,582	23,794	26,091	28,464	30,905	33,402	35,940
5	0	5,000	5,000	5,000	5,000	5,000	5,000	5,000
	2	8,375	8,820	9,311	9,854	10,455	11,123	11,870
	4	11,553	12,404	13,336	14,358	15,482	16,719	18,085
	6	14,478	15,679	16,983	18,401	19,942	21,618	23,441
	8	17,112	18,601	20,203	21,924	23,773	25,755	27,876
	10	19,435	21,150	22,975	24,915	26,971	29,144	31,434
	15	23,881	25,922	28,039	30,227	32,479	34,787	37,140
10	0	10,000	10,000	10,000	10,000	10,000	10,000	10,000
	2	13,057	13,491	13,967	14,491	15,070	15,712	16,426
	4	15,839	16,657	17,547	18,519	19,583	20,751	22,034
	6	18,319	19,460	20,693	22,026	23,469	25,032	26,726
	8	20,483	21,888	23,391	24,999	26,720	28,559	30,522
	10	22,335	23,946	25,653	27,460	29,370	31,385	33,504
	15	25,683	27,603	29,589	31,639	33,747	35,908	38,114
15	0	15,000	15,000	15,000	15,000	15,000	15,000	15,000
	2	17,576	18,001	18,463	18,967	19,522	20,134	20,812
	4	19,840	20,631	21,485	22,410	23,417	24,516	25,719
	6	21,788	22,886	24,060	25,321	26,677	28,139	29,716
	8	23,431	24,778	26,206	27,722	29,335	31,052	32,878
	10	24,783	26,328	27,950	29,654	31,447	33,332	35,310
	15	27,032	28,888	30,793	32,747	34,751	36,802	38,894
20	0	20,000	20,000	20,000	20,000	20,000	20,000	20,000
	2	21,925	22,350	22,803	23,291	23,822	24,404	25,045
	4	23,545	24,332	25,164	26,054	27,011	28,048	29,175
	6	24,876	25,966	27,109	28,317	29,604	30,980	32,455
	8	25,938	27,279	28,669	30,124	31,657	33,276	34,989
	10	26,755	28,297	29,882	31,524	33,235	35,021	36,886
	15	27,866	29,747	31,638	33,552	35,498	37,478	39,491

A qualquer profundidade z, o *empuxo ativo de Rankine* pode ser expresso como:

$$\sigma'_a = \gamma z K_a \tag{10.20}$$

Do mesmo modo, a força total por unidade de comprimento do muro é:

$$P_a = \tfrac{1}{2}\gamma H^2 K_a \tag{10.21}$$

Observe que, nesse caso, a direção da força resultante P_a é *inclinada a um ângulo α com a horizontal* e intercepta o muro a uma distância $H/3$ a partir da base do muro.

10.5 Empuxo ativo de Rankine com a face posterior do muro vertical e aterro de solo $c' - \phi'$ inclinado

Para um muro de arrimo sem atrito com uma face posterior vertical ($\theta = 0$) e o aterro inclinado de $c' - \phi'$ solo (veja a Figura 10.10), o empuxo ativo a qualquer profundidade z pode ser dado como (Mazindrani e Ganjali, 1997):

$$\sigma'_a = \gamma z K_a = \gamma z K'_a \cos \alpha \qquad (10.22)$$

onde:

$$K'_a = \frac{1}{\cos^2 \phi'} \left\{ \begin{array}{l} 2\cos^2 \alpha + 2\left(\dfrac{c'}{\gamma z}\right) \cos\phi' \operatorname{sen} \phi' \\ -\sqrt{\left[4\cos^2 \alpha (\cos^2 \alpha - \cos^2 \phi') + 4\left(\dfrac{c'}{\gamma z}\right)^2 \cos^2 \phi' + 8\left(\dfrac{c'}{\gamma z}\right) \cos^2 \alpha \operatorname{sen}\phi' \cos\phi'\right]} \end{array} \right\} - 1 \qquad (10.23)$$

Exemplo 10.4

Consulte o muro de arrimo na Figura 10.9. O aterro é de solo granular. Dados:

Muro: $H = 3{,}05$ m
$\theta = +10°$
Aterro: $\alpha = 15°$
$\phi = 35°$
$c' = 0$
$\gamma = 17{,}29$ kN/m³

Determine a força ativa de Rankine, P_a, e sua localização e direção.

Solução

Com base na Equação 10.23, para $\alpha = 15°$ e $\theta = +10°$, o valor de $K_a \approx 0{,}42$. Com base na Equação (10.16),

$$P_a = \frac{1}{2} \gamma H^2 K_a = \left(\frac{1}{2}\right)(17{,}29)(3{,}05)^2(0{,}42) = \mathbf{33{,}78\ kN/m}$$

Com base na Tabela 10.1, para $\alpha = 15°$ e $\theta = +10°$, $\beta'_a \approx \mathbf{30{,}5°}$.

A força P_a agirá a uma distância $3{,}05/3 = 1{,}02$ m acima da parte posterior do muro e será inclinada a um ângulo de $+30{,}5°$ para o traçado normal para a face posterior do muro. ∎

Exemplo 10.5

Para o muro de arrimo mostrado na Figura 10.10, $H = 7{,}5$ m, $\gamma = 18$ kN/m³, $\phi' = 20°$, $c' = 13{,}5$ kN/m² e $\alpha = 10°$. Calcule a força ativa de Rankine, P_a, por unidade de comprimento do muro e a localização da força resultante, após a ocorrência da fissura de tração.

Solução

Com base na Equação

$$z_c = \frac{2c'}{\gamma}\sqrt{\frac{1+\text{sen}\,\phi'}{1-\text{sen}\,\phi'}}$$

$$z_r = \frac{2c'}{\gamma}\sqrt{\frac{1+\text{sen}\,\phi'}{1-\text{sen}\,\phi'}} = \frac{(2)(13,5)}{18}\sqrt{\frac{1+\text{sen}\,20}{1-\text{sen}\,20}} = 2,14\ \text{m}$$

A $z = 7,5$ m,

$$\frac{c'}{\gamma z} = \frac{13,5}{(18)(7,5)} = 0,1$$

Para o $\phi' = 20°$, $c'/\gamma z = 0,1$ e $\alpha = 10°$, o valor de K'_a é 0,377, então a $z = 7,5$ m,

$$\sigma'_a = \gamma z K'_a \cos\alpha = (18)(7,5)(0,377)(\cos 10) = 50,1\ \text{kN/m}^2$$

Após a ocorrência da fissura de tração, a distribuição do empuxo no muro será como mostrado na Figura 10.11, assim:

$$P_a = \left(\frac{1}{2}\right)(50,1)(7,5 - 2,14) = \mathbf{134,3\ kN/m}$$

e

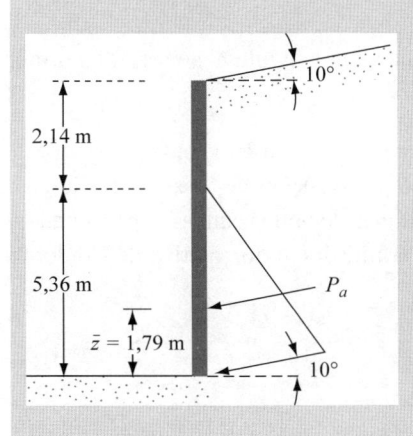

$$\bar{z} = \frac{7,5 - 2,14}{3} = \mathbf{1,79\ m}$$

Figura 10.11 Cálculo da força ativa de Rankine, $c' - \phi'$ solo

10.6 Empuxo ativo de terra de Coulomb

Os cálculos do empuxo ativo de terra de Rankine discutidos nas seções anteriores foram fundamentados no pressuposto de que o muro não tem atrito. Em 1776, Coulomb propôs uma teoria para o cálculo do empuxo lateral de terra em um muro de arrimo com aterro de solo granular. Essa teoria leva o atrito do muro em consideração.

Para aplicar a teoria do empuxo ativo de terra de Coulomb, consideremos um muro de arrimo com sua face posterior inclinada a um ângulo β com a horizontal, como mostrado na Figura 10.12a. O aterro é um solo granular que se inclina a um ângulo α com a horizontal. Além disso, seja δ' o ângulo de atrito entre o solo e o muro (isto é, o ângulo de atrito na parede).

Sob pressão ativa, o muro vai se afastar da massa de solo (para a esquerda na figura). Coulomb supôs que, nesse caso, a superfície de ruptura na massa de solo seria um plano (por exemplo, BC_1, BC_2, ...). Assim, para encontrar a força

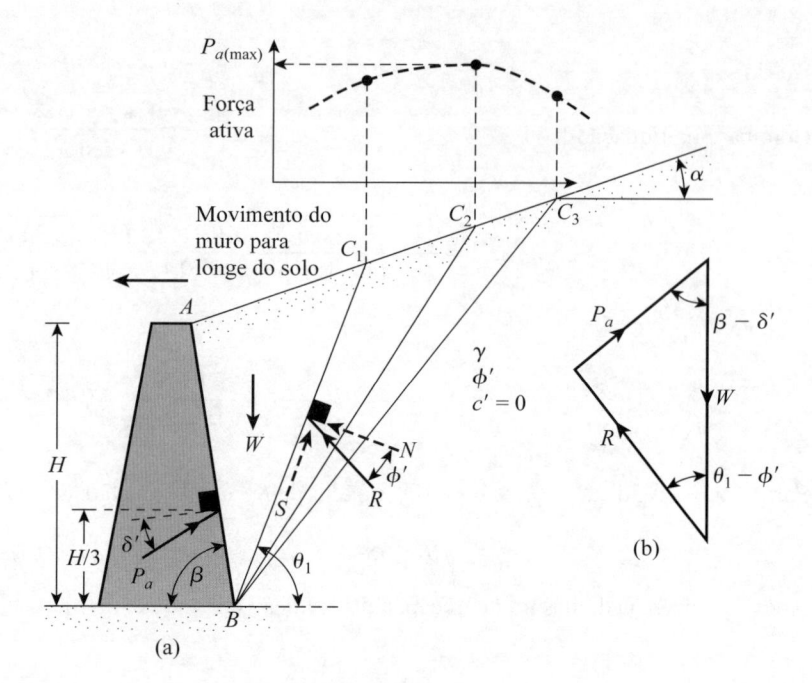

Figura 10.12 Empuxo ativo de Coulomb

ativa, considere uma possível cunha de ruptura no solo ABC_1. As forças que agem sobre essa cunha (por unidade de comprimento a ângulos retos com a transversal mostrada) são as seguintes:

1. O peso da cunha, W.
2. A resultante, R, das forças normal e de resistência ao cisalhamento ao longo da superfície, BC_1.
   A força R será inclinada a um ângulo ϕ' ao traçado normal para BC_1.
3. A força ativa por unidade de comprimento do muro, P_a, que vai ser inclinado a um ângulo δ' ao traçado normal para a face posterior do muro.

Para fins de equilíbrio, um triângulo de força pode ser desenhado, como mostrado na Figura 10.12b. Observe que θ_1 é o ângulo que BC_1 faz com a horizontal. Uma vez que a grandeza de W, bem como as instruções de todas as três forças, é conhecida, o valor de P_a agora pode ser determinado. Da mesma forma, as forças ativas de outras cunhas experimentais, como ABC_2, ABC_3, ..., podem ser determinadas. O valor máximo de P_a assim determinado é a força ativa de Coulomb (veja a parte superior da Figura 10.12a), que pode ser expressa como:

$$P_a = \tfrac{1}{2} K_a \gamma H^2 \tag{10.24}$$

onde:

$$K_a = \text{coeficiente do empuxo ativo de terra de Coulomb}$$

$$= \frac{\operatorname{sen}^2(\beta + \phi')}{\operatorname{sen}^2\beta \operatorname{sen}(\beta - \delta')\left[1 + \sqrt{\dfrac{\operatorname{sen}(\phi' + \delta')\operatorname{sen}(\phi' - \alpha)}{\operatorname{sen}(\beta - \delta')\operatorname{sen}(\alpha + \beta)}}\right]^2} \tag{10.25}$$

e H = altura do muro.

Observe que a linha de ação da força resultante (P_a) agirá a uma distância $H/3$ acima da base do muro e será inclinada a um ângulo de δ' em relação ao traçado normal para a parte posterior do muro.

No projeto real de muros de arrimo, o valor do ângulo de atrito do muro δ' supõe-se estar entre $\phi'/2$ e $\frac{2}{3}\phi'$.

Se uma sobrecarga de intensidade *que* estiver localizada acima do aterro, como mostra a Figura 10.13, a força ativa, P_a, pode ser calculada como:

$$P_a = \tfrac{1}{2} K_a \gamma_{eq} H^2 \quad \text{Equação (10.24)} \tag{10.26}$$

onde:

$$\gamma_{eq} = \gamma + \left[\frac{\operatorname{sen}\beta}{\operatorname{sen}(\beta+\alpha)}\right]\left(\frac{2q}{H}\right) \tag{10.27}$$

Exemplo 10.6

Considere o muro de arrimo mostrado na Figura 10.12a. Dados: $H = 5$ m; peso específico do solo = 17,6 kN/m³; ângulo de atrito do solo = 35°; ângulo de atrito do muro, $\delta' = \frac{2}{3}\phi'$, coesão do solo, $c' = 0$; $\alpha = 0$ e $\beta = 90°$. Calcule a força ativa de Coulomb por unidade de comprimento do muro.

Solução

Com base na Equação (10.24)

$$P_a = \tfrac{1}{2}\gamma H^2 K_a$$

Com base na Equação 10.25, para $\alpha = 0°$, $\beta = 90°$, $\phi' = 35°$ e $\delta' = \frac{2}{3}\phi' = 23,33°$, $K_a = 0,2444$. Logo,

$$P_a = \tfrac{1}{2}(17,6)(5)^2(0,2444) = \mathbf{53,77\ kN/m}$$

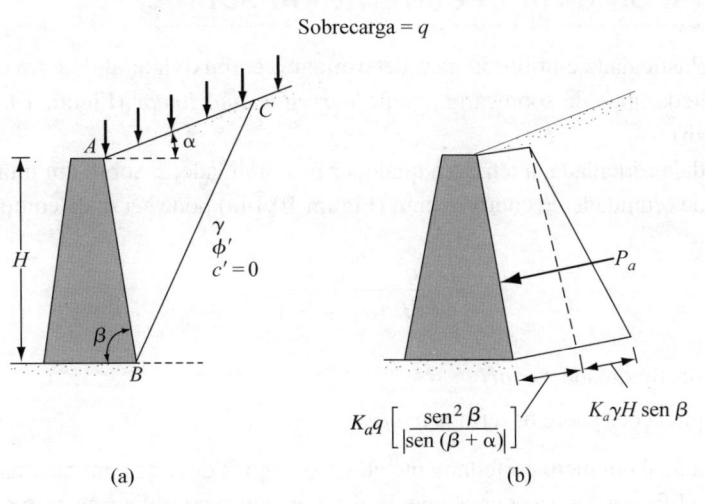

Figura 10.13 Empuxo ativo de Coulomb com uma sobrecarga no aterro

Exemplo 10.7

Consulte a Figura 10.13a. Dados: $H = 6{,}1$ m, $\phi' = 30°$, $\delta' = 20°$, $\alpha = 5°$, $\beta = 85°$, $q = 96$ kN/m² e $\gamma = 18$ kN/m³. Determine a força ativa de Coulomb e a localização da linha de ação da resultante P_a.

Solução

Para $\beta = 85°$, $\alpha = 5°$, $\delta' = 20°$, $\phi' = 30°$ e $K_a = 0{,}3578$ (Equação 10.25). Com base nas equações (10.26) e (10.27),

$$P_a = \frac{1}{2} K_a \gamma_{eq} H^2 = \frac{1}{2} K_a \left[\gamma + \frac{2q}{H} \frac{\operatorname{sen}\beta}{\operatorname{sen}(\beta + \alpha)} \right] H^2 = \underbrace{\frac{1}{2} K_a \gamma H^2}_{P_{a(1)}}$$

$$\underbrace{+ K_a H q \left[\frac{\operatorname{sen}\beta}{\operatorname{sen}(\beta + \alpha)} \right]}_{P_{a(2)}}$$

$$= (0{,}5)(0{,}3578)(18)(6{,}1)^2 + (0{,}3578)(6{,}1)(96)\left[\frac{\operatorname{sen} 85}{\operatorname{sen}(85+5)}\right]$$

$$= 119{,}8 + 208{,}7 = \mathbf{328{,}5 \text{ kN/m}}$$

Localização da linha de ação da resultante:

$$P_a \bar{z} = P_{a(1)} \frac{H}{3} + P_{a(2)} \frac{H}{2}$$

ou

$$\bar{z} = \frac{(119{,}8)\left(\frac{6{,}1}{3}\right) + (208{,}7)\left(\frac{6{,}1}{2}\right)}{328{,}5}$$

$$= \mathbf{2{,}68 \text{ m}} \text{ (medida na vertical a partir da parte inferior do muro)} \quad\blacksquare$$

10.7 Empuxo lateral de terra decorrente de sobrecarga

Em vários casos, a teoria de elasticidade é utilizada para determinar o empuxo lateral de terra em estruturas de retenção inflexíveis causadas por diversos tipos de sobrecarga, como *carregamento linear* (Figura 10.14a) e *carregamento em sapata contínua* (Figura 10.14b).

De acordo com a teoria da elasticidade, a tensão a qualquer profundidade, z, sobre um muro de arrimo causada por uma carga linear de intensidade q/unidade de comprimento (Figura 10.14a) pode ser dada como:

$$\sigma = \frac{2q}{\pi H} \frac{a^2 b}{(a^2 + b^2)^2} \tag{10.28}$$

onde σ = tensão horizontal à profundidade $z = bH$.
(Veja a Figura 10.14a para explicações sobre os termos a e b.)

No entanto, como o solo não é um meio perfeitamente elástico, alguns desvios com base na Equação (10.28) podem ser esperados. As fórmulas modificadas dessa equação geralmente aceitas para utilização com os solos são as seguintes:

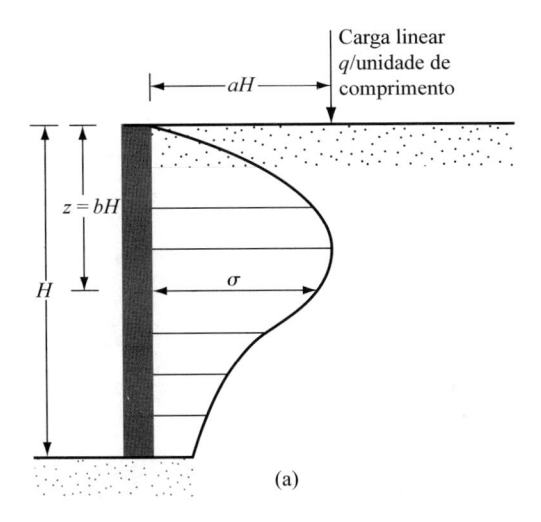

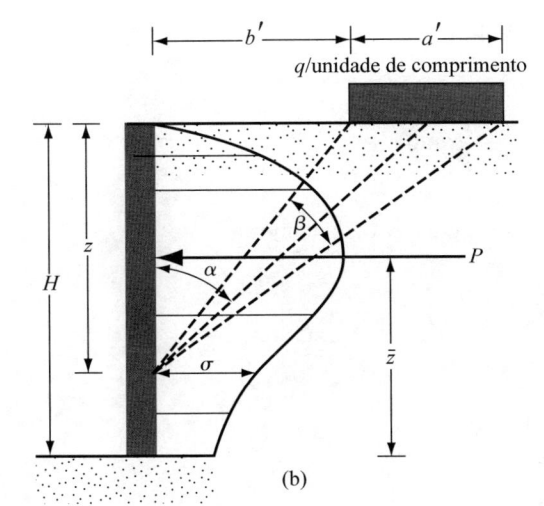

Figura 10.14 Empuxo lateral de terra causado pela (a) carga linear e (b) carga em sapata contínua

$$\sigma = \frac{4a}{\pi H} \frac{a^2 b}{(a^2 + b^2)} \quad \text{para } a > 0,4 \tag{10.29}$$

e

$$\sigma = \frac{q}{H} \frac{0,203b}{(0,16 + b^2)^2} \quad \text{para } a \leq 0,4 \tag{10.30}$$

A Figura 10.14b mostra uma carga em sapata contínua com intensidade de q/unidade de área localizada a uma distância b' a partir de um muro de altura H. Com base na teoria de elasticidade, a tensão horizontal, σ, a qualquer profundidade z em uma estrutura de contenção é:

$$\sigma = \frac{q}{\pi} (\beta - \text{sen}\,\beta \cos 2\alpha) \tag{10.31}$$

(Os ângulos α e β são definidos na Figura 10.14b.)

No entanto, no caso de solos, o lado direito da Equação (10.31) é duplicado para representar o contínuo de rendimento do solo, ou:

$$\sigma = \frac{2q}{\pi}(\beta - \operatorname{sen}\beta \cos 2\alpha) \quad (10.32)$$

A força total por unidade de comprimento (P) devido apenas ao *carregamento em sapata contínua* (Jarquio, 1981) pode ser expressa como:

$$P = \frac{q}{90}[H(\theta_2 - \theta_1)] \quad (10.33)$$

onde:

$$\theta_1 = \operatorname{tg}^{-1}\left(\frac{b'}{H}\right)(\text{grau}) \quad (10.34)$$

$$\theta_2 = \operatorname{tg}^{-1}\left(\frac{a'+b'}{H}\right)(\text{grau}) \quad (10.35)$$

A localização $\bar{z}$ (veja a Figura 10.14b) da força resultante, P, pode ser dada como:

$$\bar{z} = H - \left[\frac{H^2(\theta_2 - \theta_1) + (R - Q) - 57,3\,a'H}{2H(\theta_2 - \theta_1)}\right] \quad (10.36)$$

onde:

$$R = (a' + b')^2(90 - \theta_2) \quad (10.37)$$

$$Q = b'^2(90 - \theta_1) \quad (10.38)$$

Exemplo 10.8

Consulte a Figura 10.14a que mostra uma sobrecarga linear. Dados: $H = 6$ m, $a = 0{,}25$ e $q = 3$ kN/m. Calcule a variação do empuxo lateral σ na estrutura de contenção a $z = 1, 2, 3, 4, 5$ e 6 m.

Solução

Para $a = 0{,}25$, que é menor que $0{,}4$, usaremos a Equação (10.30). Agora a tabela a seguir pode ser preparada.

z (m)	H (m)	b = z/H	a	σ (kN/m²)
1	6	0,167	0,25	**0,48**
2	6	0,333	0,25	**0,46**
3	6	0,5	0,25	**0,302**
4	6	0,667	0,25	**0,185**
5	6	0,833	0,25	**0,116**
6	6	1	0,25	**0,073**

Exemplo 10.9

Consulte a Figura 10.14b. Aqui, $a' = 2$ m, $b' = 1$ m, $q = 40$ kN/m² e $H = 6$ m. Determine a força total sobre o muro (kN/m) causada apenas pelo carregamento em sapata contínua.

Solução

Com base nas equações (10.34) e (10.35),

$$\theta_1 = \text{tg}^{-1}\left(\frac{1}{6}\right) = 9{,}46°$$

$$\theta_2 = \text{tg}^{-1}\left(\frac{2+1}{6}\right) = 26{,}57°$$

Com base na Equação (10.33),

$$P = \frac{q}{90}[H(\theta_2 - \theta_1)] = \frac{40}{90}[6(26{,}57 - 9{,}46)] = \mathbf{45{,}63 \text{ kN/m}}$$

Exemplo 10.10

Consulte o Exemplo 10.9. Determine a localização da resultante $\bar{z}$.

Solução

Com base nas Equações (10.37) e (10.38),

$$R = (a' + b')^2(90 - \theta_2) = (2 + 1)^2(90 - 26{,}57) = 570{,}87$$

$$Q = b'^2(90 - \theta_1) = (1)^2(90 - 9{,}46) = 80{,}54$$

Com base na Equação (10.36),

$$\bar{z} = H - \left[\frac{H^2(\theta_2 - \theta_1) + (R - Q) - 57{,}3a'H}{2H(\theta_2 - \theta_1)}\right]$$

$$= 6 - \left[\frac{(6)^2(26{,}57 - 9{,}46) + (570{,}87 - 80{,}54) - (57{,}3)(2)(6)}{(2)(6)(26{,}57 - 9{,}46)}\right] = \mathbf{3{,}96 \text{ m}}$$

Empuxo passivo

10.8 Empuxo passivo de terra de Rankine

A Figura 10.15a mostra um muro de arrimo sem atrito vertical com um aterro horizontal. À profundidade z, o empuxo vertical efetivo em um elemento do solo é $\sigma'_o = \gamma z$. Inicialmente, se o muro não ceder, o empuxo lateral naquela profundidade será $\sigma'_h = K_o\sigma'_o$. Esse estado de tensão é ilustrado pelo círculo de Mohr a na Figura 10.15b. Agora, se o muro for empurrado para a massa de solo por uma quantidade Δx, como mostrado na Figura 10.15a, a tensão vertical na profundidade z permanecerá a mesma; no entanto, a tensão horizontal aumentará. Assim, σ'_h será maior do que $K_o\sigma'_o$. O estado de tensão agora pode ser representado pelo círculo de Mohr *b* na Figura 10.15b. Se o muro se mover mais para dentro (isto é, Δx é aumentado ainda mais), as tensões na profundidade *z* acabarão atingindo o estado representado pelo círculo de Mohr *c*. Observe que esse círculo de Mohr toca a envoltória de ruptura de Mohr-Coulomb, o que implica que o solo por trás do muro romperá ao ser empurrado para cima. A tensão horizontal, σ'_h, nesse ponto é chamada de *empuxo passivo de Rankine*, ou $\sigma'_h = \sigma'_p$.

Para o círculo de Mohr *c* na Figura 10.15b, a tensão principal primária é σ'_p, e a tensão principal secundária é σ'_o. Substituir esses parâmetros na Equação (2.91) produz

$$\sigma'_p = \sigma'_o \, \text{tg}^2\left(45 + \frac{\phi'}{2}\right) + 2c'\text{tg}\left(45 + \frac{\phi'}{2}\right) \tag{10.39}$$

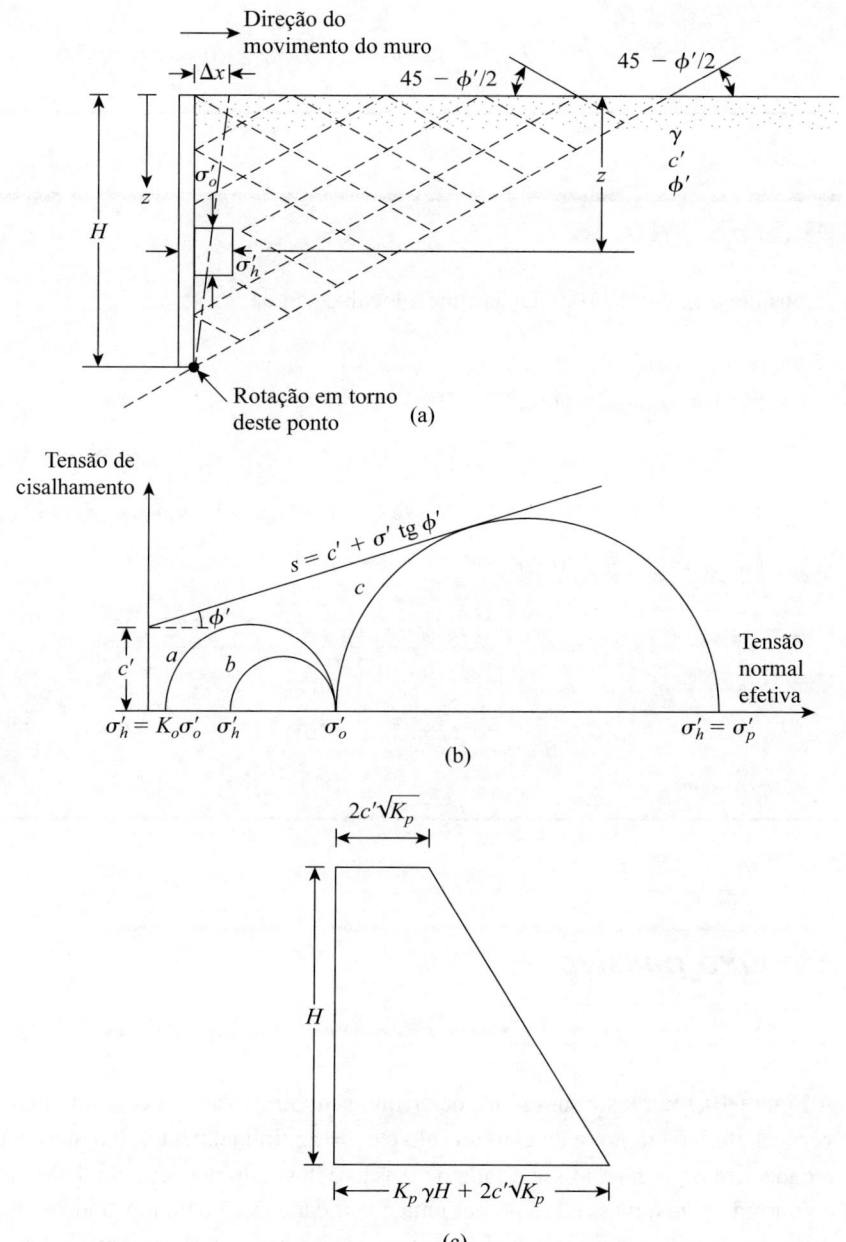

Figura 10.15 Empuxo passivo de Rankine

Agora, seja

$$K_p = \text{coeficiente do empuxo passivo de terra de Rankine}$$
$$= \text{tg}^2\left(45 + \frac{\phi'}{2}\right) \qquad (10.40)$$

Então, com base na Equação (10.39), temos:

$$\sigma'_p = \sigma'_o K_p + 2c'\sqrt{K_p} \qquad (10.41)$$

A Equação (10.41) produz (Figura 10.15c) o diagrama do empuxo passivo para o muro mostrado na Figura 10.15a. Observe que a $z = 0$,

$$\sigma'_o = 0 \quad \text{e} \quad \sigma'_p = 2c'\sqrt{K_p}$$

e a $z = H$,

$$\sigma'_o = \gamma H \quad \text{e} \quad \sigma'_p = \gamma H K_p + 2c'\sqrt{K_p}$$

A força passiva por unidades de comprimento do muro pode ser determinada pela área do diagrama do empuxo, ou:

$$P_p = \tfrac{1}{2}\gamma H^2 K_p + 2c'H\sqrt{K_p} \qquad (10.42)$$

As grandezas aproximadas dos movimentos do muro, Δx, necessárias para desenvolver ruptura sob condições passivas são as seguintes:

Tipo de solo	Movimento do muro para a condição passiva, Δx
Areia densa	$0,005H$
Areia fofa	$0,01H$
Argila rígida	$0,01H$
Argila mole	$0,05H$

Se o aterro por trás do muro for um solo granular (isto é, $c' = 0$), então, com base na Equação (10.42), a força passiva por unidade de comprimento do muro será:

$$P_p = \frac{1}{2}\gamma H^2 K_p \qquad (10.43)$$

Exemplo 10.11

Um muro de 3 m de altura é mostrado na Figura 10.16a. Determine a força passiva de Rankine por unidade de comprimento do muro.

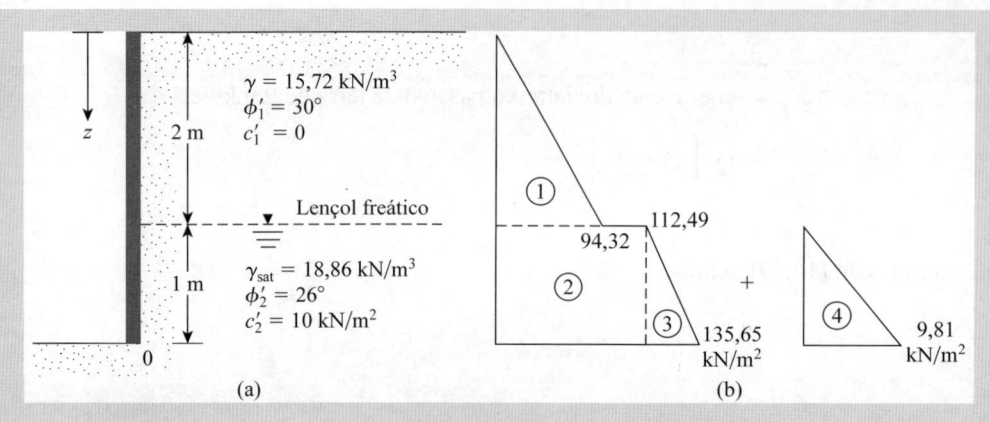

Figura 10.16

Solução

Para a camada superior:

$$K_{p(1)} = \text{tg}^2\left(45 + \frac{\phi_1'}{2}\right) = \text{tg}^2(45 + 15) = 3$$

Com base na camada inferior do solo:

$$K_{p(2)} = \text{tg}^2\left(45 + \frac{\phi_2'}{2}\right) = \text{tg}^2(45 + 13) = 2,56$$

$$\sigma_p' = \sigma_o' K_p + 2c'\sqrt{K_p}$$

onde:
σ_o' = tensão vertical efetiva;
a $z = 0$, $\sigma_o' = 0$, $c_1' = 0$, $\sigma_p' = 0$;
a $z = 2$ m, $\sigma_o' = (15,72)(2) = 31,44$ kN/m², $c_1' = 0$.

Assim, para a camada superior do solo:

$$\sigma_p' = 31,44 K_{p(1)} + 2(0)\sqrt{K_{p(1)}} = 31,44(3) = 94,32 \text{ kN/m}^2$$

A essa profundidade, que é $z = 2$ m, para a camada inferior do solo:

$$\sigma_p' = \sigma_o' K_{p(2)} + 2c_2'\sqrt{K_{p(2)}} = 31,44(2,56) + 2(10)\sqrt{2,56}$$

$$= 80,49 + 32 = 112,49 \text{ kN/m}^2$$

Novamente, a $z = 3$ m,

$$\sigma_o' = (15,72)(2) + (\gamma_{sat} - \gamma_w)(1)$$
$$= 31,44 + (18,86 - 9,81)(1) = 40,49 \text{ kN/m}^2$$

Logo,

$$\sigma_p' = \sigma_o' K_{p(2)} + 2c_2'\sqrt{K_{p(2)}} = 40,49(2,56) + 2(10)(1,6)$$

$$= \mathbf{135,65 \text{ kN/m}^2}$$

Observe que, como o lençol freático está presente, a tensão hidrostática, u, também deve ser levada em consideração. Para $z = 0$ a 2 m, $u = 0$; $z = 3$ m, $u = (1)(\gamma_w) = 9,81$ kN/m².

O diagrama do empuxo passivo é representado graficamente na Figura 10.16b. A força passiva por unidade de comprimento do muro pode ser determinada pela área do diagrama de pressão como se segue:

Área nº	Área	
1	$\left(\frac{1}{2}\right)(2)(94,32)$	= 94,32
2	$(112,49)(1)$	= 112,49
3	$\left(\frac{1}{2}\right)(1)(135,65 - 112,49)$	= 11,58
4	$\left(\frac{1}{2}\right)(9,81)(1)$	= 4,905
		$P_p \approx 223,3$ kN/m

10.9 Empuxo passivo de terra de Coulomb

Coulomb (1776) também apresentou uma análise para determinar o empuxo passivo de terra (isto é, quando o muro se move para *dentro* da massa do solo) para os muros com atrito (δ' = ângulo de atrito do muro) e retendo um material de aterro granular semelhante ao discutido na Seção 10.6.

Para entender a determinação da força passiva de Coulomb, P_p, considere o muro mostrado na Figura 10.17a. Como no caso do empuxo ativo, Coulomb supôs que a superfície de ruptura potencial no solo é um plano. Para uma cunha de ruptura do solo experimental, como ABC_1, as forças por unidade de comprimento do muro agindo sobre a cunha são:

1. O peso da cunha, W;
2. A resultante, R, das forças normal e de cisalhamento no plano BC_1, e;
3. A força passiva, P_p.

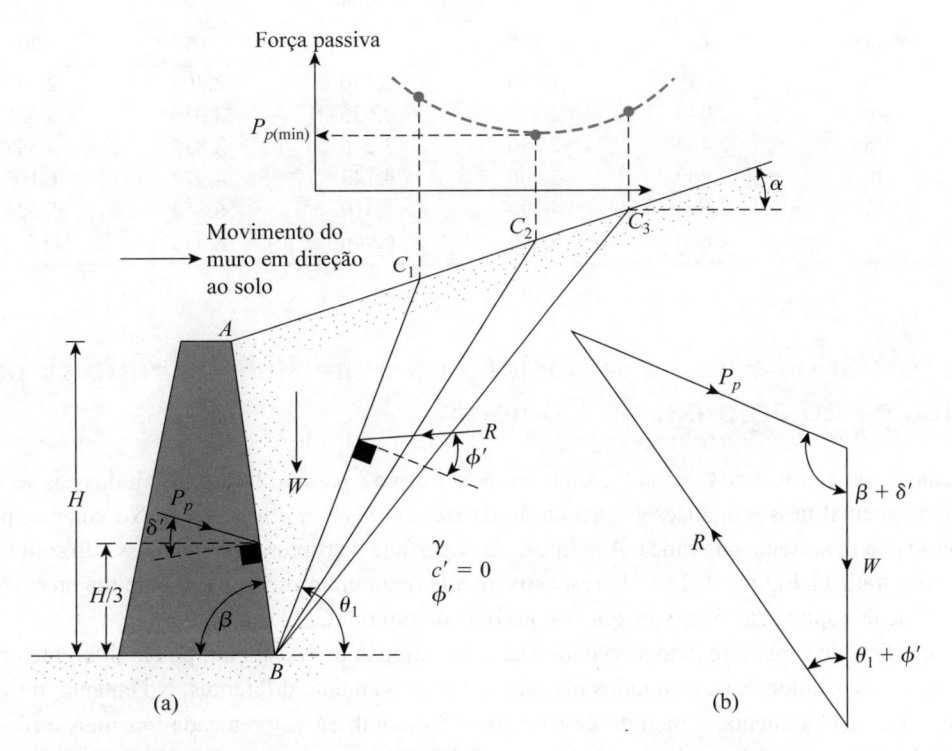

Figura 10.17 Empuxo passivo de Coulomb

A Figura 10.17b mostra o triângulo da força em equilíbrio para a cunha experimental ABC_1. A partir desse triângulo da força, o valor de P_p pode ser determinado, porque a direção de todas as três forças e a grandeza de uma força são conhecidas.

Os triângulos da força semelhantes para diversas cunhas experimentais, como ABC_1, ABC_2, ABC_3, ..., podem ser construídos, e os valores correspondentes de P_p podem ser determinados. A parte superior da Figura 10.17a mostra a natureza da variação de P_p para os valores para cunhas diferentes. O *valor mínimo de* P_p nesse diagrama é a *força passiva de Coulomb*, expressa matematicamente como:

$$P_p = \tfrac{1}{2}\gamma H^2 K_p \tag{10.44}$$

onde:

$$K_p = \text{coeficiente do empuxo passivo de Coulomb}$$

$$= \frac{\operatorname{sen}^2(\beta - \phi')}{\operatorname{sen}^2 \beta \operatorname{sen}(\beta + \delta')\left[1 - \sqrt{\dfrac{\operatorname{sen}(\phi' + \delta')\operatorname{sen}(\phi' + \alpha)}{\operatorname{sen}(\beta + \delta')\operatorname{sen}(\beta + \alpha)}}\right]^2} \tag{10.45}$$

Os valores do coeficiente do empuxo passivo, K_p, para diversos valores de ϕ' e δ' são dados na Tabela 10.2 ($\beta = 90°$, $\alpha = 0°$).

Observe que a força passiva resultante, P_p, agirá a uma distância $H/3$ da parte inferior do muro e será inclinada a um ângulo δ' ao traçado normal para a face posterior do muro.

Tabela 10.2 Valores de K_p [com base na Equação (10.45)] para $\beta = 90°$ e $\alpha = 0°$

	δ' (grau)				
φ' (grau)	0	5	10	15	20
15	1,698	1,900	2,130	2,405	2,735
20	2,040	2,313	2,636	3,030	3,525
25	2,464	2,830	3,286	3,855	4,597
30	3,000	3,506	4,143	4,977	6,105
35	3,690	4,390	5,310	6,854	8,324
40	4,600	5,590	6,946	8,870	11,772

10.10 Comentários sobre a suposição da superfície de ruptura para os cálculos do empuxo de Coulomb

Os métodos de cálculo do empuxo de Coulomb para os empuxos ativo e passivo foram discutidos nas seções 10.6 e 10.9. O pressuposto fundamental nessas análises é a aceitação da *superfície de ruptura plana*. No entanto, para muros com atrito, essa hipótese não se sustenta na prática. A natureza da superfície de ruptura *real* na massa do solo para os empuxos ativo e passivo é mostrada na Figura 10.18a e b, respectivamente (para um muro vertical com um aterro horizontal). Observe que a superfície da ruptura BC é curva e que a superfície de ruptura CD é um plano.

Embora a superfície de ruptura real no solo para o caso do empuxo ativo seja um pouco diferente do que o previsto no cálculo do empuxo de Coulomb, os resultados não são significativamente diferentes. No entanto, no caso do empuxo passivo, como o valor de δ' aumenta, o método de cálculo de Coulomb dá valores cada vez mais errôneos de P_p. Esse fator de erro pode levar a uma condição de risco, porque os valores de P_p se tornariam maiores que a resistência do solo.

Vários estudos foram realizados para determinar a força passiva P_p, supondo que a porção curva BC na Figura 10.18b seja um arco de um círculo, uma elipse ou uma espiral logarítmica (por exemplo, Caquot e Kerisel, 1948; Terzaghi e Peck, 1967; Shields e Tolunay, 1973; Zhu e Qian, 2000).

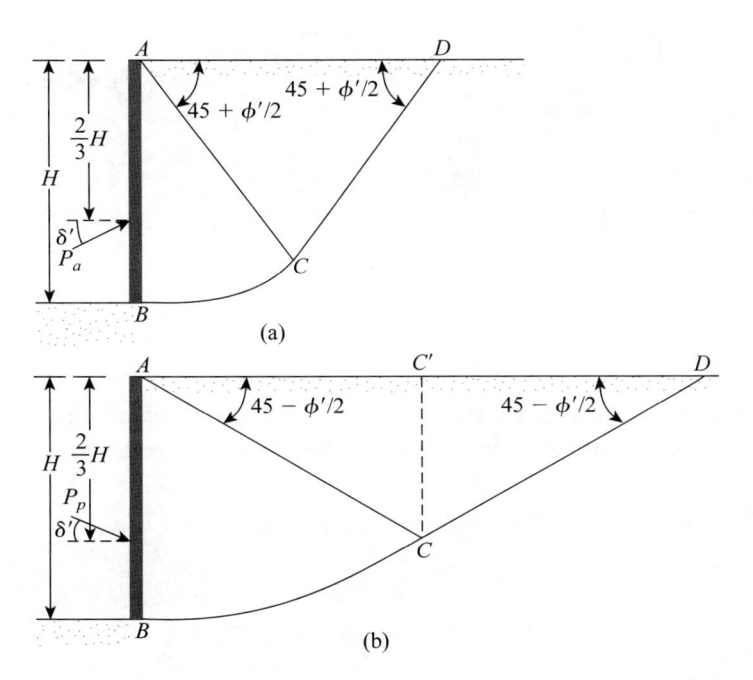

Figura 10.18 Natureza da superfície de ruptura no solo com atrito do muro: (a) empuxo ativo; (b) empuxo passivo

11 Muros de arrimo

11.1 Introdução

No Capítulo 10, você foi apresentado a diversas teorias do empuxo lateral de terra. Essas teorias serão utilizadas neste capítulo para a concepção de vários tipos de muros de arrimo. Em geral, os muros de arrimo podem ser divididos em duas categorias principais: (a) muros de arrimo convencionais e (b) muros de arrimo mecanicamente estabilizados.

Os muros de arrimo convencionais geralmente podem ser classificados em quatro variedades:

1. Muros de arrimo de gravidade;
2. Muros de arrimo de semigravidade;
3. Muros de arrimo cantiléver;
4. Muros de arrimo de contraforte.

Os *muros de arrimo de gravidade* (Figura 11.1a) são construídos com concreto simples ou alvenaria de pedra. Eles dependem da estabilidade do próprio peso e de qualquer solo sobre a alvenaria. Esse tipo de construção não é econômico para muros altos.

Em muitos casos, uma pequena quantidade de aço pode ser usada para a construção dos muros de gravidade, minimizando, assim, o tamanho dos perfis do muro. Esses muros geralmente são chamados de *muros de semigravidade* (Figura 11.1b).

Os *muros de arrimo cantiléver* (Figura 11.1c) são feitos de concreto reforçado, que consiste em uma fina haste e uma laje de base. Esse tipo de muro é econômico a uma altura de aproximadamente 8 m. A Figura 11.2 exibe um muro de arrimo cantiléver em construção.

Os *muros de arrimo de contraforte* (Figura 11.1d) são semelhantes aos muros cantiléver. Em intervalos regulares, no entanto, eles possuem lajes finas verticais de concreto conhecidas como *contrafortes* que prendem o muro e a laje da base juntos. A finalidade dos contrafortes é reduzir os momentos de cisalhamento e de flexão.

Para projetar muros de arrimo corretamente, um engenheiro deve saber o básico sobre os parâmetros – *peso específico, ângulo de atrito* e *coesão* – do solo retido por trás do muro e do solo abaixo da laje da base. Conhecer as propriedades do solo por trás do muro permite que o engenheiro determine a distribuição do empuxo lateral que deve ser concebido.

Existem duas fases na concepção de um muro de arrimo convencional. Em primeiro lugar, sabendo o empuxo lateral de terra, a estrutura como um todo é verificada quanto à *estabilidade*. A estrutura é examinada para possíveis *rupturas por tombamento, deslizamento* e *capacidade de suporte*. Em segundo lugar, cada um dos componentes da estrutura é verificado quanto à *força*, e o *reforço de aço* de cada componente é determinado.

Este capítulo apresenta os procedimentos para determinar a estabilidade do muro de arrimo. Verificações da resistência podem ser encontradas em qualquer livro didático sobre concreto reforçado.

Alguns muros de arrimo têm seus aterros estabilizados mecanicamente, incluindo elementos de reforço, como tiras de metal, barras, esteiras de arame soldado, geotêxteis e geogrades. Esses muros são relativamente flexíveis e podem sustentar grandes deslocamentos horizontais e verticais sem muito dano.

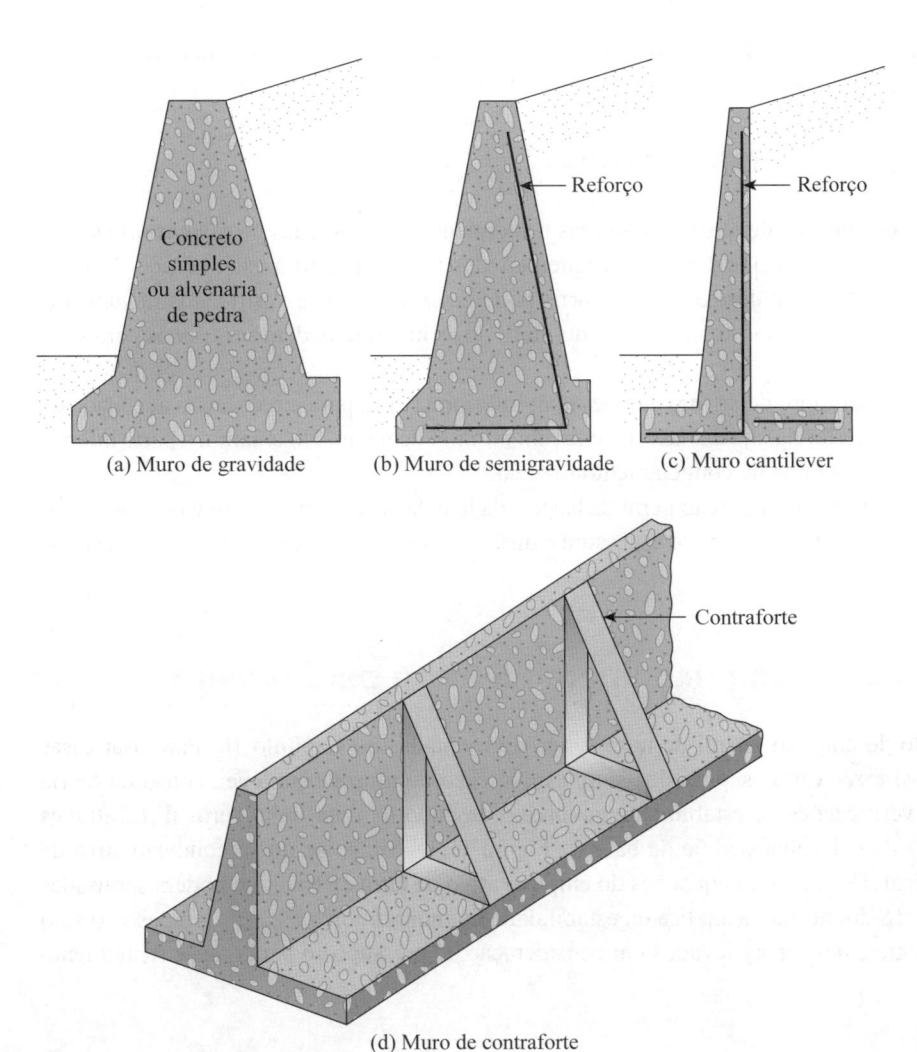

(a) Muro de gravidade (b) Muro de semigravidade (c) Muro cantilever

(d) Muro de contraforte

Figura 11.1 Tipos de muro de arrimo

Figura 11.2 Um muro de arrimo cantiléver sob construção (cortesia de Dharma Shakya, Geotechnical Solutions, Inc., Irvine, Califórnia)

Muros de gravidade e cantiléver

11.2 Dimensionamento dos muros de arrimo

Na concepção de muros de arrimo, um engenheiro deve supor algumas das dimensões. Chamadas de *dimensionamento*, essas suposições permitem que o engenheiro verifique perfis experimentais dos muros quanto à estabilidade. Caso as verificações de estabilidade produzam resultados indesejáveis, os perfis podem ser alterados e verificados novamente. A Figura 11.3 mostra as proporções gerais de diversos componentes do muro de arrimo que podem ser usadas para verificações iniciais.

Observe que o topo da haste de qualquer muro de arrimo não deve ser inferior a 0,3 m para a colocação adequada do concreto. A profundidade, D, para a parte inferior da laje da base deve ter um mínimo de 0,6 m. No entanto, a parte inferior da laje da base deve ser colocada por baixo da linha de congelamento sazonal.

No caso de muros de arrimo de contraforte, a proporção geral da haste e da laje de base é a mesma que para os muros cantiléver. No entanto, as lajes contraforte podem ter 0,3 m de espessura e distâncias espaçadas de centro a centro de $0,3H$ a $0,7H$.

11.3 Aplicação das teorias do empuxo lateral de terra para projeto

As teorias fundamentais para o cálculo do empuxo lateral de terra foram apresentadas no Capítulo 10. Para usar essas teorias no projeto, um engenheiro deve fazer várias suposições simples. No caso de muros cantiléver, o uso da teoria do empuxo de terra de Rankine para verificações de estabilidade envolve o desenho de uma linha vertical AB através do ponto A, localizado na extremidade do calcanhar da laje de base na Figura 11.4a. Supõe-se que a condição ativa de Rankine exista ao longo do plano vertical AB. Então, as equações do empuxo ativo de terra de Rankine podem ser usadas para calcular o empuxo lateral na face AB do muro. Na análise da estabilidade do muro, a força $P_{a(\text{Rankine})}$, o peso do solo acima do calcanhar e o peso W_c do concreto devem ser levados em consideração. O pressuposto para o desenvolvimento

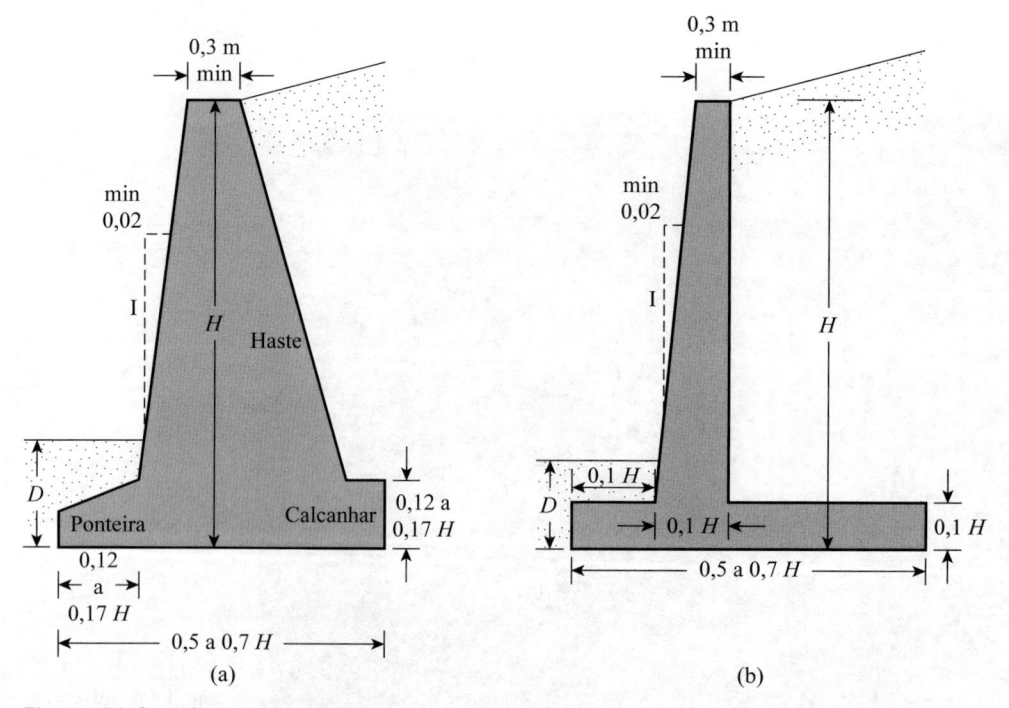

Figura 11.3 Dimensões aproximadas para vários componentes do muro de arrimo para verificações iniciais de estabilidade: (a) muro de gravidade; (b) muro cantiléver

da pressão ativa de Rankine ao longo da face do solo *AB* é teoricamente correto se a zona de cisalhamento delimitada pela linha *AC* não for obstruída pela haste do muro. O ângulo, η, que a linha *AC* faz com a vertical é:

$$\eta = 45 + \frac{\alpha}{2} - \frac{\phi'}{2} - \frac{1}{2}\text{sen}^{-1}\left(\frac{\text{sen}\,\alpha}{\text{sen}\,\phi'}\right) \qquad (11.1)$$

Um tipo semelhante de análise pode ser utilizado para os muros de gravidade, como mostrado na Figura 11.4b. Contudo, a *teoria do empuxo ativo de terra de Coulomb* também pode ser usada, como mostrado na Figura 11.4c. Se for utilizada, as únicas forças a serem consideradas serão $P_{a(\text{Coulomb})}$ e o peso do muro, W_c.

Se a teoria de Coulomb for utilizada, será necessário conhecer o intervalo do ângulo de atrito do muro δ' com diversos tipos de material de aterro. A seguir estão alguns intervalos de ângulo de atrito do muro para muros de alvenaria ou de concreto de massa:

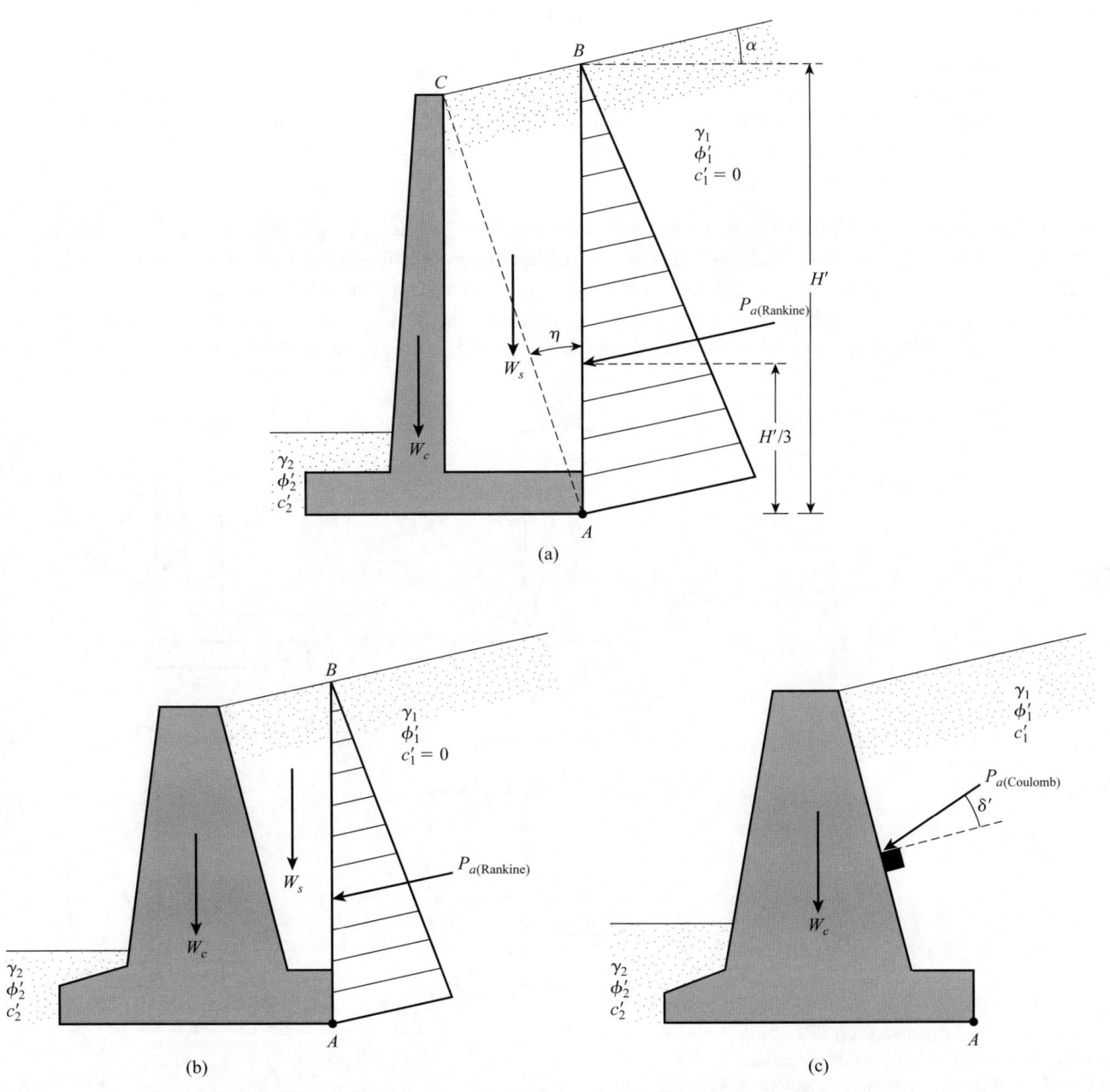

Figura 11.4 Suposição para a determinação do empuxo lateral de terra: (a) muro cantiléver; (b) e (c) muro de gravidade

Material do aterro	Intervalo de δ' (grau)
Pedregulho	27–30
Areia grossa	20–28
Areia fina	15–25
Argila rígida	15–20
Argila siltosa	12–16

No caso de muros de arrimo comuns, problemas com o lençol freático e, consequentemente, a pressão hidrostática não são encontrados. A facilidade para a drenagem dos solos retidos é sempre fornecida.

11.4 Estabilidade dos muros de arrimo

O muro de arrimo pode romper em qualquer uma das seguintes maneiras:

- Ele pode tombar sobre sua ponta (veja a Figura 11.5a).
- Ele pode *deslizar* ao longo da base (veja a Figura 11.5b).
- Ele pode romper em razão da perda de *capacidade de suporte* do solo que suporta a base (veja a Figura 11.5c).
- Pode sofrer uma ruptura por cisalhamento profunda (veja a Figura 11.5d).
- Pode passar por recalque excessivo.

As verificações para a estabilidade contra tombamento, deslizamento e ruptura por capacidade de suporte serão descritas nas seções 11.5, 11.6 e 11.7. Os princípios utilizados para estimar o recalque foram abordados no Capítulo 6 e não serão mais discutidos. Quando uma camada de solo fofo está localizada a uma profundidade rasa – ou seja, a uma profundidade de 1,5 vez a largura da laje de base do muro de arrimo – deve ser considerada a possibilidade de recalque excessivo. Em alguns casos, a utilização de material de aterro leve por trás do muro de arrimo pode resolver o problema.

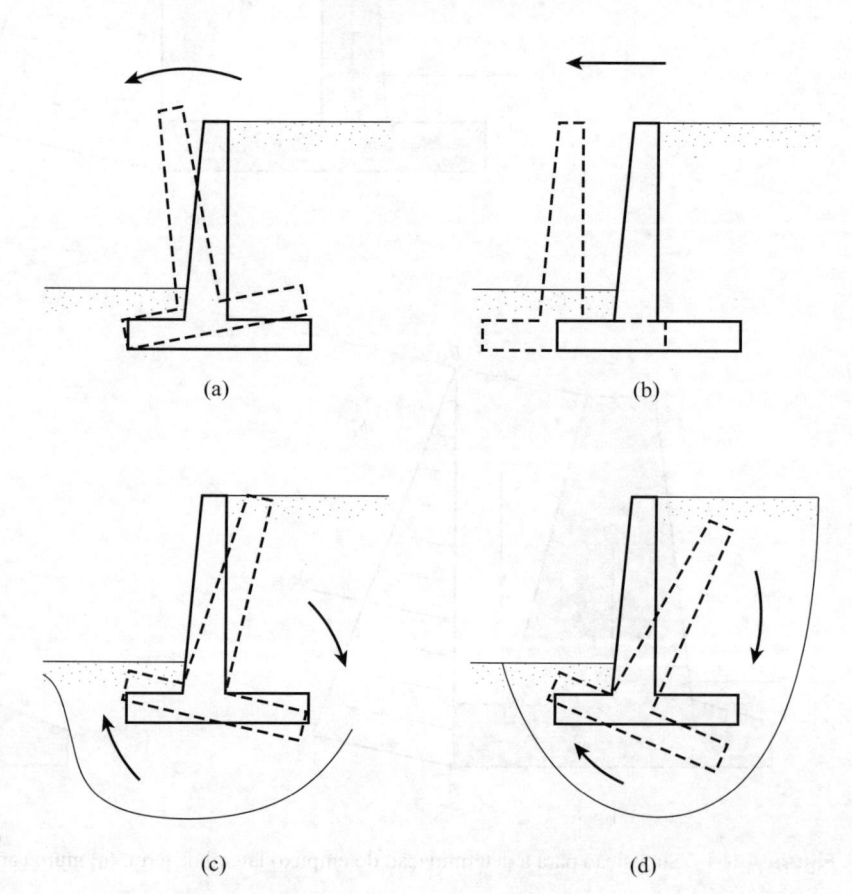

Figura 11.5 Ruptura do muro de arrimo: (a) por tombamento; (b) por deslizamento; (c) por ruptura da capacidade de suporte; (d) por ruptura por cisalhamento profundo

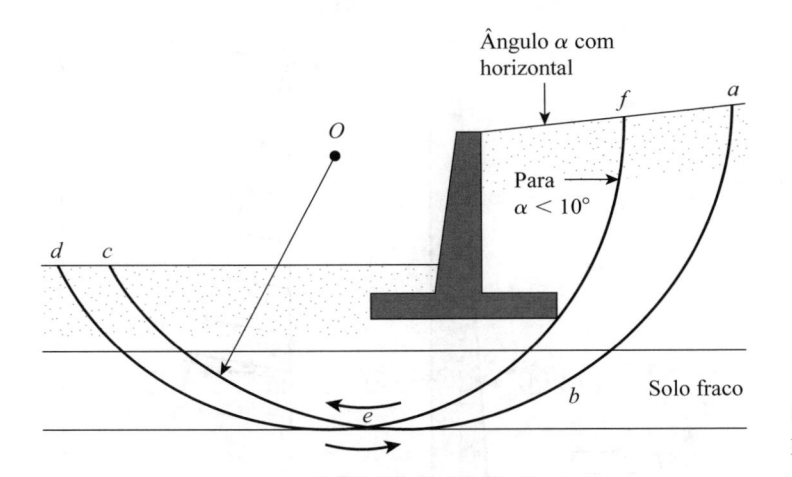

Figura 11.6 Ruptura por cisalhamento profundo

A *ruptura por cisalhamento profundo* pode ocorrer ao longo de uma superfície cilíndrica, como *abc* mostrada na Figura 11.6, como resultado da existência de uma camada de solo fofo sob o muro a uma profundidade de cerca de 1,5 vez a largura da laje de base do muro de arrimo. Nesses casos, a superfície da ruptura cilíndrica crítica *abc* deve ser determinada por tentativa e erro, utilizando vários centros como *O*. A superfície da ruptura ao longo da qual o fator de segurança mínimo é obtido é a *superfície crítica de deslizamento*. Para a inclinação do aterro com α menor que aproximadamente 10°, o círculo da ruptura crítica aparentemente passa pela aresta da laje do calcanhar (como *def* na figura). Nessa situação, o fator de segurança mínimo também deve ser determinado por tentativa e erro, alterando o centro do círculo experimental.

11.5 Verificação para o tombamento

A Figura 11.7 mostra as forças agindo sobre um muro de arrimo cantiléver e um muro de arrimo de gravidade, com base na suposição de que o empuxo ativo de Rankine está agindo ao longo de um plano vertical *AB* puxado pelo calcanhar da estrutura. P_p é o empuxo passivo de Rankine; lembre-se de que sua grandeza é [com base na Equação (10.42)]:

$$P_p = \tfrac{1}{2}K_p\gamma_2 D^2 + 2c_2'\sqrt{K_p}D$$

onde:

γ_2 = peso específico do solo em frente do calcanhar e sob a laje de base;
K_p = coeficiente do empuxo passivo de terra de Rankine = $\text{tg}^2(45 + \phi_2'/2)$;
c_2', ϕ_2' = coesão e ângulo de atrito efetivo do solo, respectivamente.

O fator de segurança em relação ao tombamento sobre a ponta – ou seja, sobre o ponto *C* na Figura 11.7 – pode ser expresso como:

$$\text{FS}_{(\text{tombamento})} = \frac{\Sigma M_R}{\Sigma M_o} \qquad (11.2)$$

onde:

ΣM_o = soma dos momentos de forças que tendem a tombar sobre o ponto *C*;
ΣM_R = soma dos momentos de forças que tendem a resistir ao tombamento sobre o ponto *C*.

O momento de tombamento é:

$$\Sigma M_o = P_h\left(\frac{H'}{3}\right) \qquad (11.3)$$

onde $P_h = P_a \cos \alpha$.

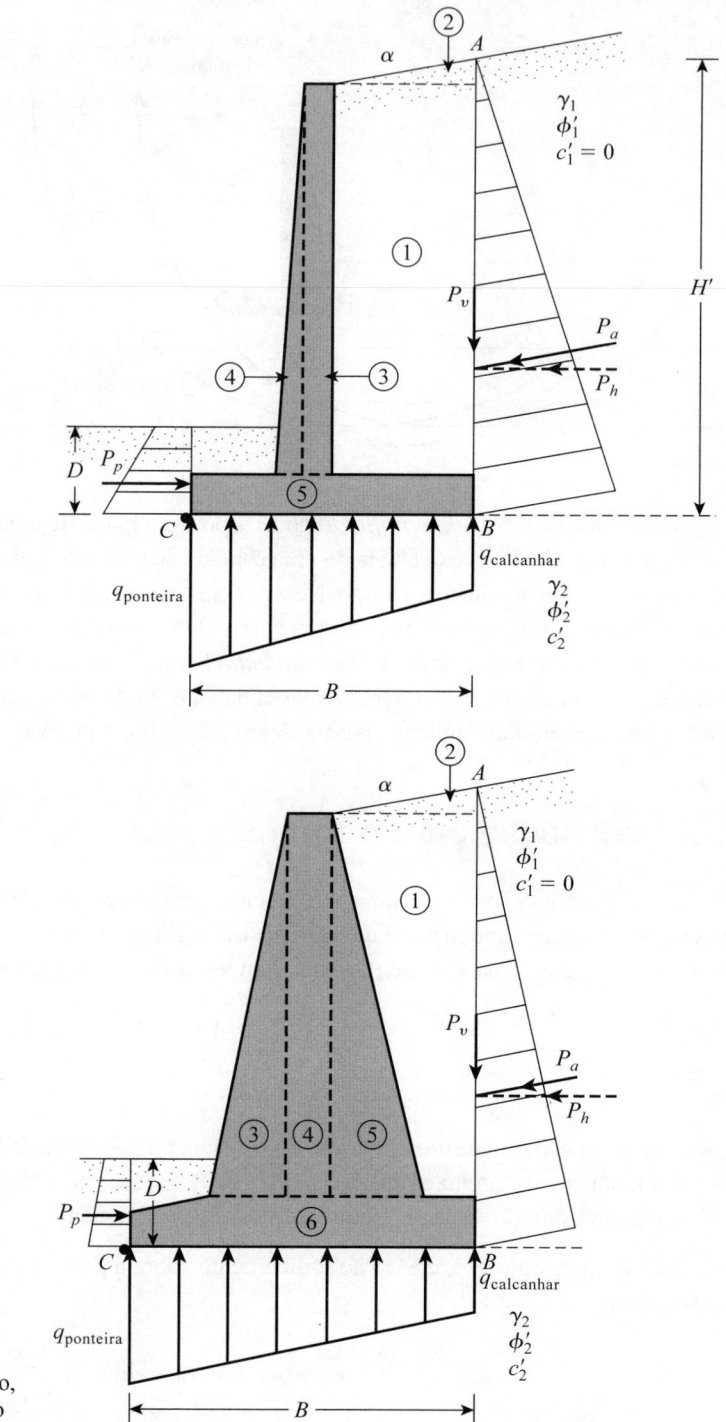

Figura 11.7 Verificação para o tombamento, supondo que o empuxo de Rankine seja válido

Para calcular o momento resistente, ΣM_R (desprezando P_p), uma tabela como a Tabela 11.1 pode ser preparada. O peso do solo acima do calcanhar e o peso do concreto (ou da alvenaria) são as forças que contribuem para o momento resistente. Observe que a força P_v também contribui para o momento resistente. P_v é o componente vertical da força ativa P_a, ou:

$$P_v = P_a \operatorname{sen} \alpha$$

Tabela 11.1 Procedimento para cálculo de ΣM_R

Seção (1)	Área (2)	Peso/comprimento específico do muro (3)	Braço do momento medido a partir de C (4)	Momento em torno de C (5)
1	A_1	$W_1 = \gamma_1 \times A_1$	X_1	M_1
2	A_2	$W_2 = \gamma_1 \times A_2$	X_2	M_2
3	A_3	$W_3 = \gamma_c \times A_3$	X_3	M_3
4	A_4	$W_4 = \gamma_c \times A_4$	X_4	M_4
5	A_5	$W_5 = \gamma_c \times A_5$	X_5	M_5
6	A_6	$W_6 = \gamma_c \times A_6$	X_6	M_6
		P_v	B	M_v
		ΣV		ΣM_R

(*Observação*: γ_1 = peso específico do aterro
γ_c = peso específico do concreto
X_i = distância horizontal entre C e o centroide do perfil)

O momento da força P_v em torno de C é:

$$M_v = P_v B = P_a \operatorname{sen} \alpha B \quad (11.4)$$

onde B = largura da laje de base.

Uma vez que ΣM_R é conhecido, o fator de segurança pode ser calculado como:

$$\text{FS}_{\text{(tombamento)}} = \frac{M_1 + M_2 + M_3 + M_4 + M_5 + M_6 + M_v}{P_a \cos \alpha (H'/3)} \quad (11.5)$$

O valor mínimo desejável normal do fator de segurança em relação ao tombamento é de 2 a 3.

Alguns projetistas preferem determinar o fator de segurança em relação ao tombamento com a fórmula:

$$\text{FS}_{\text{(tombamento)}} = \frac{M_1 + M_2 + M_3 + M_4 + M_5 + M_6}{P_a \cos \alpha (H'/3) - M_v} \quad (11.6)$$

11.6 Verificação para o deslizamento ao longo da base

O fator de segurança em relação ao deslizamento pode ser expresso pela equação:

$$\text{FS}_{\text{(deslizamento)}} = \frac{\Sigma F_{R'}}{\Sigma F_d} \quad (11.7)$$

onde:

$\Sigma F_{R'}$ = soma das forças resistentes horizontais;
ΣF_d = soma das forças motrizes horizontais.

A Figura 11.8 indica que a resistência ao cisalhamento do solo imediatamente abaixo da laje de base pode ser representada como:

$$s = \sigma' \operatorname{tg} \delta' + c'_a$$

onde:

δ' = ângulo de atrito entre o solo e a laje de base;
c'_a = coesão entre o solo e a laje de base.

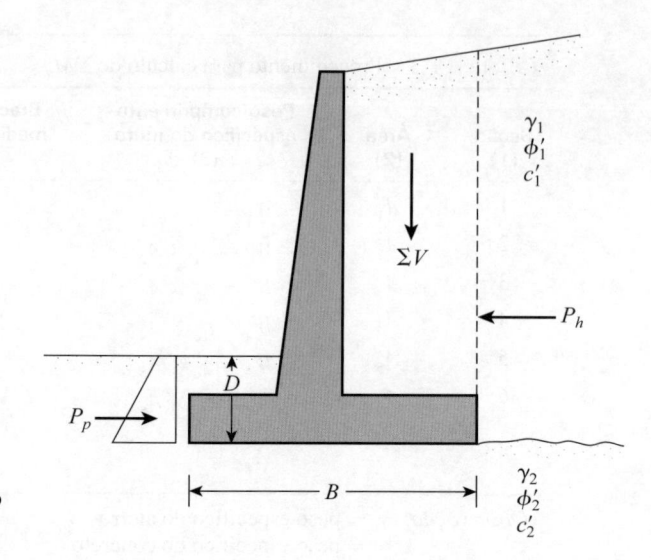

Figura 11.8 Verificação para o deslizamento ao longo da base

Assim, a força resistente máxima que pode ser derivada do solo por unidade de comprimento do muro ao longo da parte posterior da laje de base é:

$$R' = s(\text{área da transversal}) = s(B \times 1) = B\sigma' \operatorname{tg} \delta' + Bc'_a$$

Entretanto,

$$B\sigma' = \text{soma da força vertical} = \Sigma V \text{ (veja a Tabela 11.1)}$$

então,

$$R' = (\Sigma V) \operatorname{tg} \delta' + Bc'_a$$

A Figura 11.8 mostra que a força passiva P_p também é uma força resistente horizontal. Logo,

$$\Sigma F_{R'} = (\Sigma V) \operatorname{tg} \delta' + Bc'_a + P_p \tag{11.8}$$

A única força horizontal que tenderá a fazer o muro deslizar (a *força motriz*) é o componente horizontal da força ativa P_a, assim:

$$\Sigma F_d = P_a \cos \alpha \tag{11.9}$$

Combinar as equações (11.7), (11.8) e (11.9) produz:

$$FS_{(\text{deslizamento})} = \frac{(\Sigma V) \operatorname{tg} \delta' + Bc'_a + P_p}{P_a \cos \alpha} \tag{11.10}$$

Geralmente é necessário um fator de segurança mínimo de 1,5 em relação ao deslizamento.

Em muitos casos, a força passiva P_p é ignorada no cálculo do fator de segurança com relação ao deslizamento. Em geral, podemos escrever $\delta' = k_1 \phi'_2$ e $c'_a = k_2 c'_2$. Na maioria dos casos, k_1 e k_2 estão no intervalo de $\frac{1}{2}$ a $\frac{2}{3}$. Assim,

$$FS_{(\text{deslizamento})} = \frac{(\Sigma V) \operatorname{tg}(k_1 \phi'_2) + Bk_2 c'_2 + P_p}{P_a \cos \alpha} \tag{11.11}$$

Se o valor desejado de $FS_{(\text{deslizamento})}$ não for alcançado, várias alternativas podem ser investigadas (veja a Figura 11.9):

- Aumento da largura da laje de base (isto é, o calcanhar da sapata).

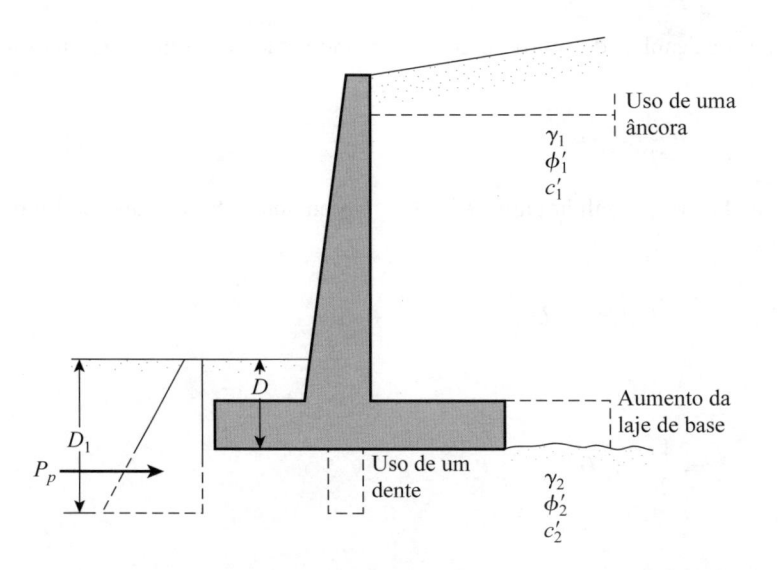

Figura 11.9 Alternativas para aumentar o fator de segurança em relação ao deslizamento

- Uso de um dente para a laje de base. Se um dente for incluído, a força passiva por unidade de comprimento do muro torna-se:

$$P_p = \frac{1}{2}\gamma_2 D_1^2 K_p + 2c_2' D_1 \sqrt{K_p}$$

onde $K_p = \text{tg}^2\left(45 + \dfrac{\phi_2'}{2}\right)$.

- Use uma *âncora na haste* do muro de arrimo.
- Outra forma possível de aumentar o valor de $FS_{(deslizamento)}$ é reduzir o valor de P_a [veja a Equação (11.11)]. Uma forma possível de fazer isso é usar o método desenvolvido por Elman e Terry (1988). A discussão aqui é limitada ao caso em que o muro de arrimo possui um aterro granular horizontal (Figura 11.10). Na Figura 11.10, a força ativa, P_a, é horizontal ($\alpha = 0$), de modo que:

$$P_a \cos \alpha = P_h = P_a$$

e

$$P_a \sen \alpha = P_v = 0$$

Entretanto,

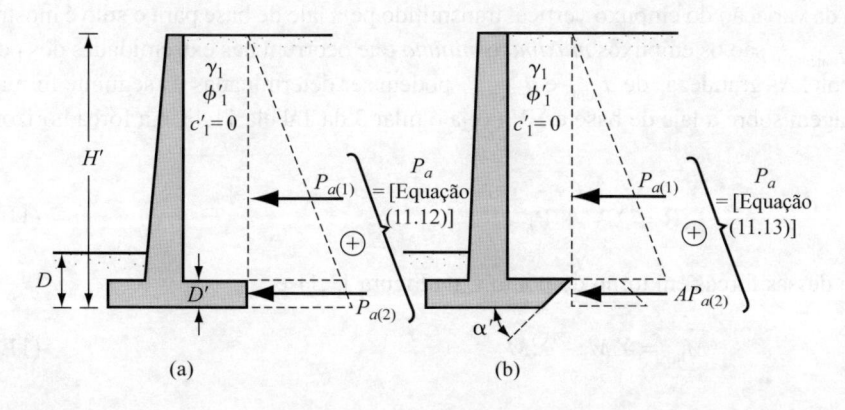

$$P_a = P_{a(1)} + P_{a(2)} \qquad (11.12)$$

Figura 11.10 Muro de arrimo com o calcanhar inclinado

A grandeza $P_{a(2)}$ pode ser reduzida se o calcanhar do muro de arrimo for inclinado como mostrado na Figura 11.10. Para esse caso,

$$P_a = P_{a(1)} + AP_{a(2)} \tag{11.13}$$

A grandeza A, como mostrado na Tabela 11.2, é válida para $\alpha' = 45°$. No entanto, observe que na Figura 11.10a:

$$P_{a(1)} = \frac{1}{2}\gamma_1 K_a (H' - D')^2$$

e

$$P_a = \frac{1}{2}\gamma_1 K_a H'^2$$

Logo,

$$P_{a(2)} = \frac{1}{2}\gamma_1 K_a [H'^2 - (H' - D')^2]$$

Assim, para o diagrama do empuxo ativo mostrado na Figura 11.10b,

$$P_a = \frac{1}{2}\gamma_1 K_a (H' - D')^2 + \frac{A}{2}\gamma_1 K_a [H'^2 - (H' - D')^2] \tag{11.14}$$

Inclinar o calcanhar de um muro de arrimo pode, portanto, ser extremamente útil em alguns casos.

Tabela 11.2 Valores de A com ϕ'_1 (para $\alpha' = 45°$)

Ângulo de atrito do solo, ϕ'_1 (grau)	A
20	0,28
25	0,14
30	0,06
35	0,03
40	0,018

11.7 Verificação para a ruptura da capacidade de suporte

O empuxo vertical transmitido para o solo pela laje de base do muro de arrimo deve ser verificado com relação à capacidade de suporte final do solo. A natureza da variação do empuxo vertical transmitido pela laje de base para o solo é mostrada na Figura 11.11. Observe que q_{ponta} e $q_{calcanhar}$ são os empuxos *máximo* e *mínimo* que ocorrem nas extremidades dos perfis da ponta e do calcanhar, respectivamente. As grandezas de q_{ponta} e $q_{calcanhar}$ podem ser determinadas da seguinte forma:

A soma das forças verticais que agem sobre a laje de base é ΣV (veja o pilar 3 da Tabela 11.1), e a força horizontal $\mathbf{P}_h$ é $P_a \cos \alpha$. Seja:

$$\mathbf{R} = \Sigma \mathbf{V} + \mathbf{P}_h \tag{11.15}$$

a força resultante. O momento líquido dessas forças em torno do ponto C na Figura 11.11 é:

$$M_{liq} = \Sigma M_R - \Sigma M_o \tag{11.16}$$

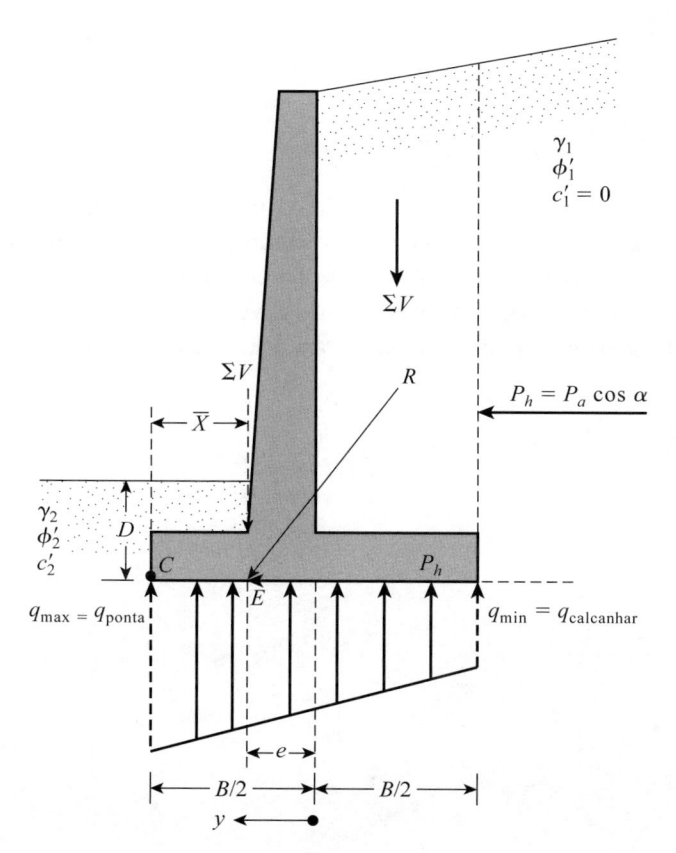

Figura 11.11 Verificação para a ruptura da capacidade de suporte

Observe que os valores de ΣM_R e ΣM_o foram previamente determinados [veja o pilar 5 da Tabela 11.1 e a Equação (11.3)]. Deixe a linha de ação da resultante R interceptar a laje de base em E. Então, a distância:

$$\overline{CE} = \overline{X} = \frac{M_{\text{líquido}}}{\Sigma V} \qquad (11.17)$$

Assim, a excentricidade da resultante R pode ser expressa como:

$$e = \frac{B}{2} - \overline{CE} \qquad (11.18)$$

A distribuição do empuxo sob a laje de fundo pode ser determinada usando os princípios simples da mecânica de materiais. Primeiro, temos:

$$q = \frac{\Sigma V}{A} \pm \frac{M_{\text{líq}} y}{I} \qquad (11.19)$$

onde:

$M_{\text{líq}}$ = momento = $(\Sigma V)e$;
 I = momento de inércia por unidade de comprimento do perfil de base;
 $I = \frac{1}{12}(1)(B^3)$.

Para os empuxos máximo e mínimo, o valor de y na Equação (11.19) é igual a $B/2$. Substituindo na Equação (11.19), temos:

$$q_{\max} = q_{\text{ponta}} = \frac{\Sigma V}{(B)(1)} + \frac{e(\Sigma V)\frac{B}{2}}{\left(\frac{1}{12}\right)(B^3)} = \frac{\Sigma V}{B}\left(1 + \frac{6e}{B}\right) \qquad (11.20)$$

Da mesma forma,

$$q_{min} = q_{calcanhar} = \frac{\Sigma V}{B}\left(1 - \frac{6e}{B}\right) \qquad (11.21)$$

Observe que ΣV inclui o peso do solo, como mostrado na Tabela 11.1, e que quando o valor da excentricidade e se torna maior que $B/6$, q_{min} [a Equação (11.21)] torna-se negativa. Assim, haverá alguma tensão de tração na extremidade do perfil do calcanhar. Essa tensão não é desejável, porque a resistência à tração do solo é muito pequena. Se a análise de um projeto mostra que $e > B/6$, o projeto deve ser dimensionado novamente e os cálculos devem ser refeitos.

As relações pertinentes à capacidade de suporte final de uma fundação rasa foram discutidas no Capítulo 4. Lembre-se de que:

$$q_u = c'_2 N_c F_{cd} F_{ci} + q N_q F_{qd} F_{qi} + \tfrac{1}{2}\gamma_2 B' N_\gamma F_{\gamma d} F_{\gamma i} \qquad (11.22)$$

onde:

$$q = \gamma_2 D$$
$$B' = B - 2e$$
$$F_{cd} = F_{qd} - \frac{1 - F_{qd}}{N_c \operatorname{tg}\phi'_2}$$
$$F_{qd} = 1 + 2\operatorname{tg}\phi'_2(1 - \operatorname{sen}\phi'_2)^2 \frac{D}{B'}$$
$$F_{\gamma d} = 1$$
$$F_{ci} = F_{qi} = \left(1 - \frac{\psi^\circ}{90^\circ}\right)^2$$
$$F_{\gamma i} = \left(1 - \frac{\psi^\circ}{\phi'^\circ_2}\right)^2$$
$$\psi^\circ = \operatorname{tg}^{-1}\left(\frac{P_a \cos\alpha}{\Sigma V}\right)$$

Observe que os fatores de forma F_{cs}, F_{qs} e $F_{\gamma s}$ dados no Capítulo 4 são todos iguais à unidade, porque podem ser tratados como uma fundação contínua. Por essa razão, os fatores de forma não são mostrados na Equação (11.22).

Uma vez que a capacidade de suporte final do solo foi calculada usando a Equação (11.22), o fator de segurança em relação à ruptura da capacidade de suporte pode ser determinado:

$$\text{FS}_{(\text{capacidade de suporte})} = \frac{q_u}{q_{max}} \qquad (11.23)$$

Geralmente, é necessário um fator de segurança de 3. No Capítulo 4, observamos que a capacidade de suporte final de fundações rasas ocorre em um recalque de aproximadamente 10% da largura da fundação. No caso de muros de arrimo, a largura B é grande. Assim, a carga final q_u ocorrerá em um recalque da fundação bem grande. Um fator de segurança de 3 em relação à ruptura da capacidade de suporte não pode garantir que o recalque da estrutura estará dentro do limite tolerável em todos os casos. Assim, essa situação precisa ser mais bem investigada.

Exemplo 11.1

A transversal de um muro de arrimo cantiléver é mostrada na Figura 11.12. Calcule os fatores de segurança em relação ao tombamento, deslizamento e capacidade de suporte.

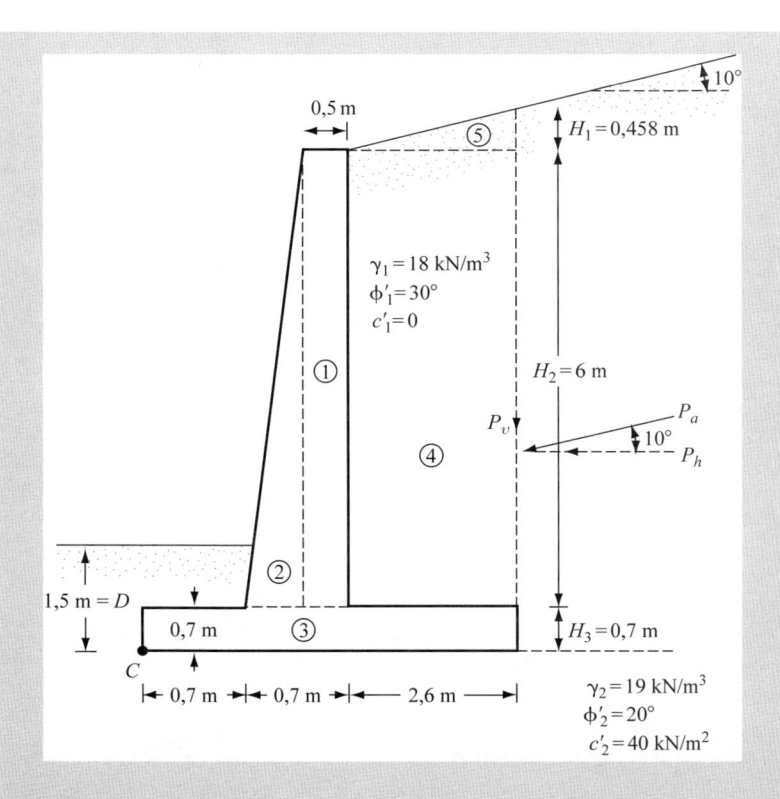

Figura 11.12 Cálculo da estabilidade de um muro de arrimo

Solução
Com base na figura,

$$H' = H_1 + H_2 + H_3 = 2{,}6 \text{ tg } 10° + 6 + 0{,}7$$
$$= 0{,}458 + 6 + 0{,}7 = 7{,}158 \text{ m}$$

A força ativa de Rankine por unidade de comprimento do muro $= P_p = \frac{1}{2}\gamma_1 H'^2 K_a$. Para $\phi'_1 = 30°$ e $\alpha = 10°$, K_a é igual a 0,3495. Assim,

$$P_a = \tfrac{1}{2}(18)(7{,}158)^2(0{,}3495) = 161{,}2 \text{ kN/m}$$
$$P_v = P_a \text{ sen } 10° = 161{,}2 (\text{sen } 10°) = 28{,}0 \text{ kN/m}$$

e

$$P_h = P_a \cos 10° = 161{,}2 (\cos 10°) = 158{,}75 \text{ kN/m}$$

Fator de segurança em relação ao tombamento

Agora, a tabela a seguir pode ser preparada para determinar o momento resistente:

Seção nº	Área (m²)	Peso/comprimento específico (kN/m)	Braço do momento a partir do ponto C (m)	Momento (kN · m/m)
1	$6 \times 0{,}5 = 3$	70,74	1,15	81,35
2	$\frac{1}{2}(0{,}2)6 = 0{,}6$	14,15	0,833	11,79
3	$4 \times 0{,}7 = 2{,}8$	66,02	2,0	132,04
4	$6 \times 2{,}6 = 15{,}6$	280,80	2,7	758,16
5	$\frac{1}{2}(2{,}6)(0{,}458) = 0{,}595$	10,71	3,13	33,52
		$P_v = 28{,}0$	4,0	112,0
		$\Sigma V = 470{,}42$		$1128{,}86 = \Sigma M_R$

[a]Para os números do perfil, consulte a Figura 11.12
$\gamma_{concreto} = 23{,}58 \text{ kN/m}^3$

(continua)

O momento de tombamento

$$M_o = P_h\left(\frac{H'}{3}\right) = 158{,}75\left(\frac{7{,}158}{3}\right) = 378{,}78 \text{ kN} \cdot \text{m/m}$$

e

$$FS_{(tombamento)} = \frac{\Sigma M_R}{M_o} = \frac{1128{,}86}{378{,}78} = 2{,}98 > 2, \text{OK}$$

Fator de segurança em relação ao deslizamento
Com base na Equação (10.11),

$$FS_{(deslizamento)} = \frac{(\Sigma V)\,\text{tg}(k_1\phi_2') + Bk_2c_2' + P_p}{P_a \cos\alpha}$$

Seja $k_1 = k_2 = \frac{2}{3}$. Da mesma forma,

$$P_p = \tfrac{1}{2} K_p \gamma_2 D^2 + 2c_2'\sqrt{K_p}\,D$$

$$K_p = \text{tg}^2\left(45 + \frac{\phi_2'}{2}\right) = \text{tg}^2(45 + 10) = 2{,}04$$

e

$$D = 1{,}5 \text{ m}$$

Então,

$$P_p = \tfrac{1}{2}(2{,}04)(19)(1{,}5)^2 + 2(40)(\sqrt{2{,}04})(1{,}5)$$
$$= 43{,}61 + 171{,}39 = 215 \text{ kN/m}$$

Logo,

$$FS_{(deslizamento)} = \frac{(470{,}42)\,\text{tg}\left(\frac{2\times 20}{3}\right) + (4)\left(\frac{2}{3}\right)(40) + 215}{158{,}75}$$

$$= \frac{111{,}49 + 106{,}67 + 215}{158{,}75} = 2{,}73 > 1{,}5, \text{OK}$$

Observação: Para alguns projetos, a profundidade D em um cálculo do empuxo passivo pode ser levada a ser *igual à espessura da laje de base*.

Fator de segurança em relação à ruptura da capacidade de suporte
Combinar as equações (11.16), (11.17) e (11.18) produz

$$e = \frac{B}{2} - \frac{\Sigma M_R - \Sigma M_o}{\Sigma V} = \frac{4}{2} - \frac{1128{,}86 - 378{,}78}{470{,}42}$$

$$= 0{,}406 \text{ m} < \frac{B}{6} = \frac{4}{6} = 0{,}666 \text{ m}$$

Mais uma vez, com base nas equações (11.20) e (11.21):

$$q_{\substack{\text{ponta}\\\text{calcanhar}}} = \frac{\Sigma V}{B}\left(1 \pm \frac{6e}{B}\right) = \frac{470,42}{4}\left(1 \pm \frac{6 \times 0,406}{4}\right) = 189,2 \text{ kN/m}^2 \text{ (ponta)}$$

$$= 45,98 \text{ kN/m}^2 \text{ (calcanhar)}$$

A capacidade de suporte final do solo pode ser determinada com base na Equação (11.22):

$$q_u = c'_2 N_c F_{cd} F_{ci} + q N_q F_{qd} F_{qi} + \frac{1}{2}\gamma_2 B' N_\gamma F_{\gamma d} F_{\gamma i}$$

Para $\phi'_2 = 20°$ (veja a Tabela 4.2), $N_c = 14,83$, $N_q = 6,4$ e $N_\gamma = 5,39$. Da mesma forma,

$$q = \gamma_2 D = (19)(1,5) = 28,5 \text{ kN/m}^2$$

$$B' = B - 2e = 4 - 2(0,406) = 3,188 \text{ m}$$

$$F_{cd} = F_{qd} - \frac{1 - F_{qd}}{N_c \text{ tg } \phi'_2} = 1,148 - \frac{1 - 1,148}{(14,83)(\text{tg } 20)} = 1,175$$

$$F_{qd} = 1 + 2\text{ tg }\phi'_2(1 - \text{sen }\phi'_2)^2\left(\frac{D}{B'}\right) = 1 + 0,315\left(\frac{1,5}{3,188}\right) = 1,148$$

$$F_{\gamma d} = 1$$

$$F_{ci} = F_{qi} = \left(1 - \frac{\psi°}{90°}\right)^2$$

e

$$\psi = \text{tg}^{-1}\left(\frac{P_a \cos\alpha}{\Sigma V}\right) = \text{tg}^{-1}\left(\frac{158,75}{470,42}\right) = 18,65°$$

Então,

$$F_{ci} = F_{qi} = \left(1 - \frac{18,65}{90}\right)^2 = 0,628$$

e

$$F_{\gamma i} = \left(1 - \frac{\psi}{\phi'_2}\right)^2 = \left(1 - \frac{18,65}{90}\right)^2 \approx 0$$

Logo,

$$q_u = (40)(14,83)(1,175)(0,628) + (28,5)(6,4)(1,148)(0,628)$$
$$+ \tfrac{1}{2}(19)(5,93)(3,188)(1)(0)$$
$$= 437,72 + 131,5 + 0 = 569,22 \text{ kN/m}^2$$

e

$$\text{FS}_{\text{(capacidade de suporte)}} = \frac{q_u}{q_{\text{ponta}}} = \frac{569,22}{189,2} = \mathbf{3,0 \text{ OK}}$$

Exemplo 11.2

Um muro de arrimo de gravidade é mostrado na Figura 11.13. Use $\delta' = 2/3\phi'_1$ e a teoria do empuxo ativo de terra de Coulomb. Determine:

a. O fator de segurança em relação ao tombamento.
b. O fator de segurança em relação ao deslizamento.
c. O empuxo sobre o solo na ponta e no calcanhar.

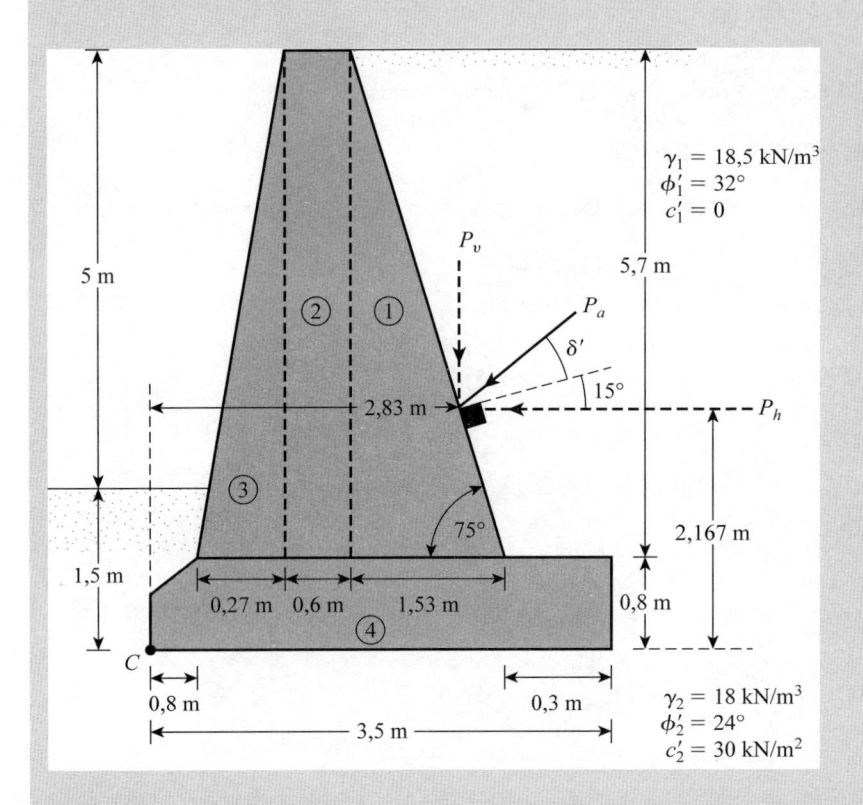

Figura 11.13 Muro de arrimo de gravidade (sem escala)

Solução
A altura:

$$H' = 5 + 1,5 = 6,5 \text{ m}$$

A força ativa de Coulomb é:

$$P_a = \tfrac{1}{2}\gamma_1 H'^2 K_a$$

Com $\alpha = 0°$, $\beta = 75°$, $\delta' = 2/3\phi'_1$ e $\phi'_1 = 32°$, $K_a = 0,4023$. Então,

$$P_a = \tfrac{1}{2}(18,5)(6,5)^2(0,4023) = 157,22 \text{ kN/m}$$

$$P_h = P_a \cos\left(15 + \tfrac{2}{3}\phi'_1\right) = 157,22 \cos 36,33 = 126,65 \text{ kN/m}$$

e

$$P_v = P_a \operatorname{sen}\left(15 + \tfrac{2}{3}\phi'_1\right) = 157,22 \operatorname{sen} 36,33 = 93,14 \text{ kN/m}$$

Parte a: Fator de segurança em relação ao tombamento

Com base na Figura 11.13, pode-se preparar a tabela a seguir:

Área nº	Área (m²)	Peso* (kN/m)	Braço do momento de C (m)	Momento (kN · m/m)
1	½ (5,7) (1,53) = 4,36	102,81	2,18	224,13
2	(0,6) (5,7) = 3,42	80,64	1,37	110,48
3	½ (0,27) (5,7) = 0,77	18,16	0,98	17,80
4	≈ (3,5) (0,8) = 2,8	66,02	1,75	115,54
		P_v = 93,14	2,83	263,59
		ΣV = 360,77 kN/m		ΣM_R = 731,54 kN · m/m

* $\gamma_{concreto}$ = 23,58 kN/m³

Observe que o peso do solo acima da face traseira do muro não é levado em consideração na tabela anterior. Temos:

$$\text{Momento de tombamento} = M_o = P_h\left(\frac{H'}{3}\right) = 126,65(2,167) = 274,45 \text{ kN} \cdot \text{m/m}$$

Logo,

$$FS_{(tombamento)} = \frac{\Sigma M_R}{\Sigma M_o} = \frac{731,54}{274,45} = \mathbf{2,67 > 2, OK}$$

Parte b: Fator de segurança em relação ao deslizamento

Temos:

$$FS_{(deslizamento)} = \frac{(\Sigma V)\text{tg}\left(\frac{2}{3}\phi'_2\right) + \frac{2}{3}c'_2 B + P_p}{P_h}$$

$$P_p = \tfrac{1}{2}K_p\gamma_2 D^2 + 2c'_2\sqrt{K_p}D$$

e

$$K_p = \text{tg}^2\left(45 + \frac{24}{2}\right) = 2,37$$

Logo,

$$P_p = \tfrac{1}{2}(2,37)(18)(1,5)^2 + 2(30)(1,54)(1,5) = 186,59 \text{ kN/m}$$

Então,

$$FS_{(deslizamento)} = \frac{360,77\,\text{tg}\left(\frac{2}{3}\times 24\right) + \left(\frac{2}{3}\right)(30)(3,5) + 186,59}{126,65}$$

$$= \frac{103,45 + 70 + 186,59}{126,65} = \mathbf{2,84}$$

(continua)

Se P_p for ignorado, o fator de segurança é **1,37**.

Parte c: Pressão no solo na ponta e no calcanhar

Com base nas equações (11.16), (11.17) e (11.18),

$$e = \frac{B}{2} - \frac{\Sigma M_R - \Sigma M_o}{\Sigma V} = \frac{3,5}{2} - \frac{731,54 - 274,45}{360,77} = 0,486 < \frac{B}{6} = 0,583$$

$$q_{\text{ponta}} = \frac{\Sigma V}{B}\left[1 + \frac{6e}{B}\right] = \frac{360,77}{3,5}\left[1 + \frac{(6)(0,483)}{3,5}\right] = \mathbf{188,43 \, kN/m^2}$$

e

$$q_{\text{calcanhar}} = \frac{V}{B}\left[1 - \frac{6e}{B}\right] = \frac{360,77}{3,5}\left[1 - \frac{(6)(0,483)}{3,5}\right] = \mathbf{17,73 \, kN/m^2}$$ ∎

11.8 Juntas de construção e drenagem do aterro

Juntas de construção

O muro de arrimo pode ser construído com uma ou mais das seguintes juntas:

1. As *juntas de construção* (veja a Figura 11.14a) são juntas verticais e horizontais colocadas entre dois despejos sucessivos de concreto. Para aumentar o cisalhamento nas juntas, podem ser usados dentes. Se os dentes não forem utilizados, a superfície do primeiro despejo é limpa e lixada antes do próximo despejo de concreto.
2. As *juntas de contração* (Figura 11.14b) são juntas verticais (sulcos) colocadas na face de um muro (com base na parte superior da laje de base para a parte superior do muro) que permitem que o concreto encolha sem danos visíveis. Os sulcos podem ter aproximadamente 6 mm a 8 mm de largura e 12 mm a 16 mm de profundidade.
3. As *juntas de expansão* (Figura 11.14c) permitem a expansão do concreto causada por mudanças de temperatura; podem também ser usadas juntas de expansão vertical da base para o topo do muro. Essas juntas podem ser preenchidas com preenchimento de juntas flexíveis. Na maioria dos casos, barras de aço horizontais de reforço que atravessam a haste são contínuas por todas as articulações. O aço é lubrificado para permitir que o concreto se expanda.

Drenagem do aterro

Como resultado de precipitações ou de outras condições de umidade, o material do aterro de um muro de arrimo pode se tornar saturado, aumentando assim a pressão sobre o muro e, talvez, criando uma condição instável. Por essa razão, deve ser fornecida uma drenagem adequada por meio de *orifícios de dreno* ou *tubos de drenagem perfurados* (veja a Figura 11.15).

Quando fornecidos, os orifícios de dreno devem ter um diâmetro mínimo de 0,1 m e serem adequadamente espaçados. Observe que sempre há a possibilidade de o material do aterro ser lavado para dentro dos orifícios de dreno ou de tubos de drenagem e, por fim, causar entupimento. Assim, deve ser colocado um material filtrante atrás dos orifícios de dreno ou em torno dos tubos de drenagem, conforme necessário; os geotêxteis agora servem para esse propósito.

Dois fatores principais influenciam a escolha do material filtrante: a distribuição granulométrica dos materiais deve ser tal que: (a) o solo a ser protegido não é lavado no filtro e (b) a coluna de pressão hidrostática excessiva não é criada no solo com baixa condutividade hidráulica (nesse caso, o material do aterro). As condições anteriores podem ser satisfeitas se os seguintes requisitos forem atendidos (Terzaghi e Peck, 1967):

$$\frac{D_{15(F)}}{D_{85(B)}} < 5 \qquad \text{[para satisfazer a condição (a)]} \qquad (11.24)$$

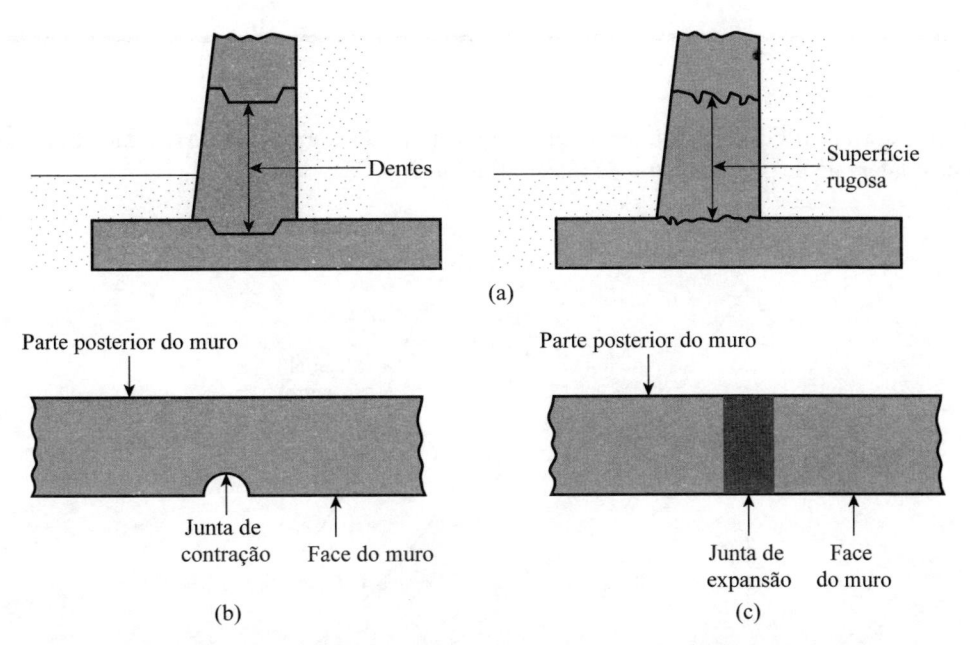

Figura 11.14 (a) Juntas de construção; (b) junta de contração; (c) junta de expansão

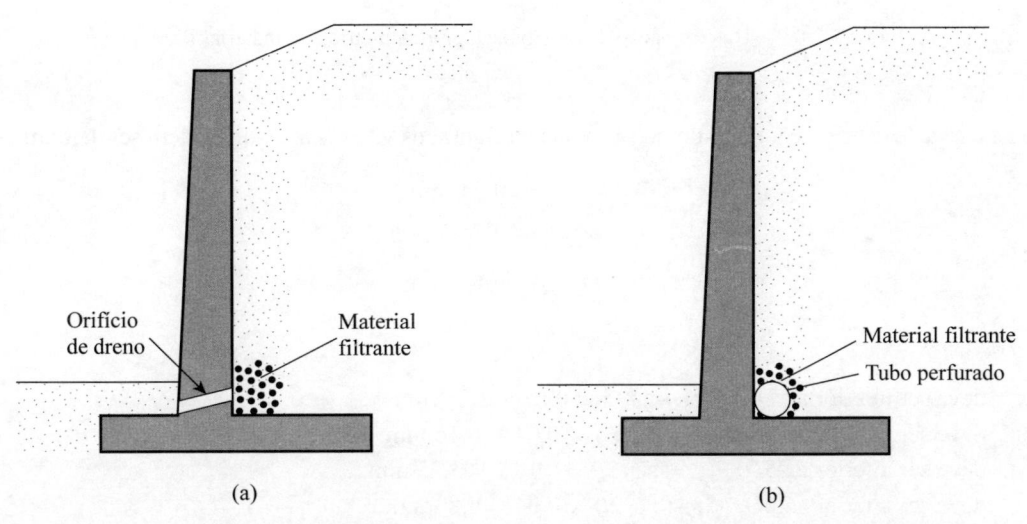

Figura 11.15 Provisões de drenagem para o aterro de um muro de arrimo: (a) por orifícios de dreno; (b) por um tubo de drenagem perfurado

$$\frac{D_{15(F)}}{D_{15(B)}} > 4 \quad \text{[para satisfazer a condição (b)]} \quad (11.25)$$

Nessas relações, os subscritos F e B referem-se ao *filtro* e ao material da *base* (isto é, o solo do aterro), respectivamente. Além disso, D_{15} e D_{85} referem-se aos diâmetros através dos quais 15% e 85% do solo (filtro de base, qualquer que seja o caso) passarão. O Exemplo 11.3 fornece o procedimento para a concepção de um filtro.

Exemplo 11.3

A Figura 11.16 mostra a distribuição granulométrica de um material do aterro. Usando as condições descritas na Seção 11.8, determine o intervalo de granulometria do material filtrante.

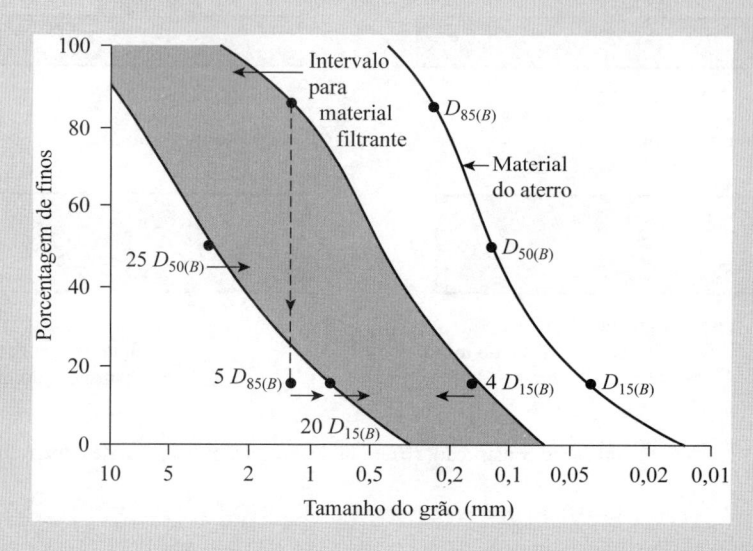

Figura 11.16 Determinação da distribuição granulométrica do material filtrante

Solução
Com base na curva de distribuição granulométrica dada na figura, os valores a seguir podem ser determinados:

$$D_{15(B)} = 0,04 \text{ mm}$$
$$D_{85(B)} = 0,25 \text{ mm}$$
$$D_{50(B)} = 0,13 \text{ mm}$$

Condições de filtro

1. $D_{15(F)}$ deve ser inferior a $5D_{85(B)}$; ou seja, $5 \times 0,25 = 1,25$ mm.
2. $D_{15(F)}$ deve ser maior que $4D_{15(B)}$; ou seja, $4 \times 0,04 = 0,16$ mm.
3. $D_{50(F)}$ deve ser inferior a $25D_{50(B)}$; ou seja, $25 \times 0,13 = 3,25$ mm.
4. $D_{15(F)}$ deve ser inferior a $20D_{15(B)}$; isto é, $20 \times 0,04 = 0,8$ mm.

Esses pontos limitantes são representados graficamente na Figura 11.16. Através deles, duas curvas podem ser desenhadas, já que possuem natureza semelhante à curva de distribuição granulométrica do material do aterro. Essas curvas definem o intervalo do material filtrante a ser utilizado. ∎

11.9 Comentários sobre a concepção de muros de arrimo e um estudo de caso

Na Seção 11.3, foi sugerido que o *coeficiente do empuxo ativo de terra* seja utilizado para estimar a força lateral sobre um muro de arrimo em função do aterro. É importante reconhecer o fato de que o estado ativo do aterro só pode ser estabelecido se o muro ceder o suficiente, o que não acontece em todos os casos. O grau em que o muro cede depende da *altura* e do *módulo do perfil*. Além disso, a força lateral do aterro depende de vários fatores identificados por Casagrande (1973):

1. Efeito da temperatura.
2. Variação do nível de água.

3. Reajuste das partículas do solo devido à deformação e precipitação prolongada.
4. Mudanças de maré.
5. Forte ação da onda.
6. Vibração do tráfego.
7. Terremotos.

A cessão insuficiente do muro combinada com outros fatores imprevisíveis pode gerar uma força lateral maior sobre a estrutura de retenção, em comparação àquela obtida com a teoria do empuxo ativo de terra. Isso é particularmente verdadeiro no caso de muros de arrimo de gravidade, pilares de pontes e outras estruturas pesadas com módulo de perfil grande.

Estudo de caso para o desempenho de um muro de arrimo cantiléver

Bentler e Labuz (2006) relataram o desempenho de um muro de arrimo cantiléver construído ao longo da Interstate 494 em Bloomington, Minnesota. O muro de arrimo tinha 83 painéis, cada um com comprimento de 9,3 m. A altura do painel variou de 4,0 m a 7,9 m. Um dos painéis de 7,9 m de altura foi instrumentado com células de empuxo de terra, medidores de inclinação, medidores de tensão e inclinômetros embutidos. A Figura 11.17 mostra um diagrama esquemático (transversal) do painel do muro. Alguns detalhes sobre o aterro e o material da fundação são:

- Aterro granular
  Tamanho efetivo, $D_{10} = 0{,}13$ mm
  Coeficiente de uniformidade, $C_u = 3{,}23$
  Coeficiente de graduação, $C_c = 1{,}4$
  Classificação unificada dos solos – SP
  Peso específico compactado, $\gamma_1 = 18{,}9$ kN/m^3
  Ângulo de atrito triaxial, $\phi'_1 - 35°$ a $39°$ (média de $37°$)

- Material da fundação
  Areia mal graduada e areia com pedregulho (de meio denso a denso)

O aterro e a compactação do material granular iniciaram em 28 de outubro de 2001, em estágios, e chegaram a uma altura de 7,6 m em 21 de novembro de 2001. O 0,3 m final do solo foi colocado na primavera seguinte. Durante o

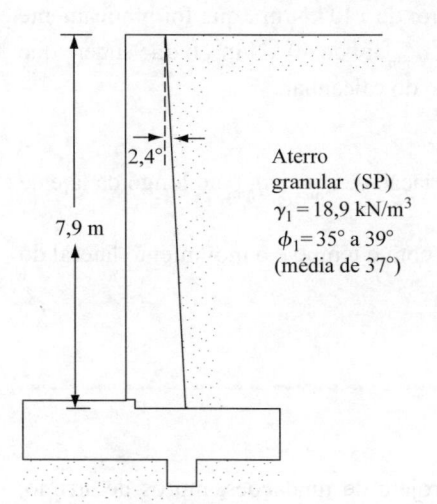

Tabela 11.3 Translação horizontal com a altura do aterro

Dia	Altura do aterro (m)	Translação horizontal (mm)
1	0,0	0
2	1,1	0
2	2,8	0
3	5,2	2
4	6,1	4
5	6,4	6
11	6,7	9
24	7,3	12
54	7,6	11

Figura 11.17 Diagrama esquemático do muro de arrimo (desenhado em escala)

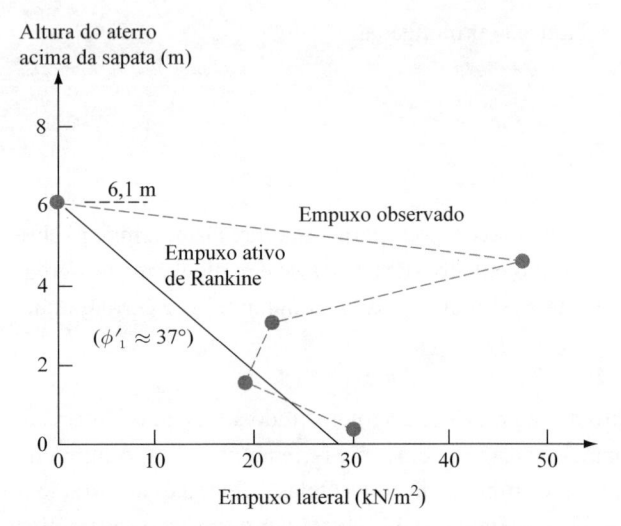

Figura 11.18 Distribuição observada do empuxo lateral após a altura do aterro ter atingido 6,1 m (com base em Bentler e Labuz, 2006)

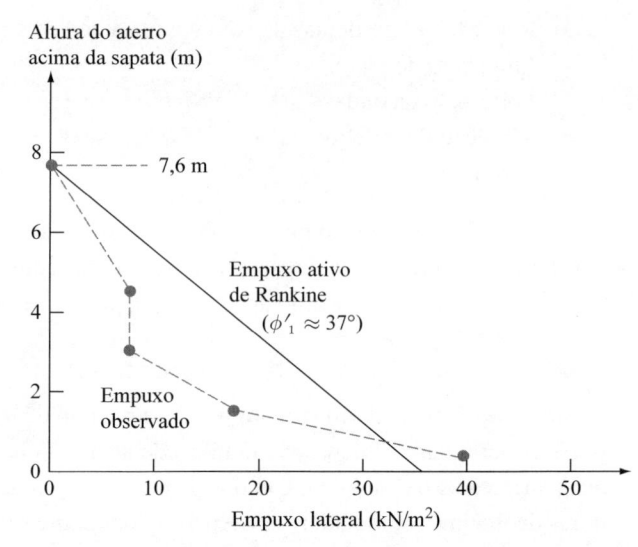

Figura 11.19 Distribuição observada do empuxo em 27 de novembro de 2001 (com base em Bentler e Labuz, 2006)

aterramento, o muro estava passando continuamente por translação. A Tabela 11.3 é um resumo da altura do aterro e da translação horizontal do muro.

A Figura 11.18 mostra um gráfico típico da variação do empuxo lateral de terra *após a compactação*, σ'_a, quando a altura do aterro foi de 6,1 m (31 de outubro de 2001), juntamente com o gráfico do empuxo ativo de terra de Rankine ($\phi'_1 = 37°$). Observe que o empuxo lateral (horizontal) medido é maior na maioria das alturas que o previsto pela teoria do empuxo ativo de Rankine, que pode ter ocorrido em decorrência de tensões laterais residuais causadas pela compactação. A tensão lateral medida reduziu gradualmente com o tempo. Isso é demonstrado na Figura 11.19, que mostra um gráfico da variação de σ'_a com a profundidade (27 de novembro de 2001), quando a altura do aterro era de 7,6 m. O empuxo lateral era menor em praticamente todas as profundidades em comparação ao empuxo ativo de terra de Rankine.

Outro ponto interessante é a natureza da variação de q_{max} e q_{min} (veja a Figura 11.11). Como mostrado na Figura 11.11, se o muro girar em torno de C, q_{max} será na ponta e q_{min} será no calcanhar. No entanto, para o caso do muro de arrimo sob consideração (passar por translação horizontal), q_{max} terá sido no calcanhar do muro com q_{min} na ponta. Em 27 de novembro de 2001, quando a altura do aterro foi de 7,6 m, q_{max} no calcanhar foi de 140 kN/m², que foi praticamente igual a (γ_1) (altura do aterro) = (18,9)(7,6) = 143,6 kN/m². Além disso, na ponta, q_{min} foi de 40 kN/m², o que sugere que o momento de força lateral teve pouco efeito sobre a tensão vertical efetiva abaixo do calcanhar.

As lições aprendidas com esse estudo de caso são as seguintes:

a. Os muros de arrimo podem passar por translação lateral que afetará a variação de q_{max} e q_{min} ao longo da laje de base.
b. A tensão lateral inicial causada pela compactação diminui gradualmente com o tempo e o movimento lateral do muro.

Muros de arrimo mecanicamente estabilizados

Mais recentemente, o reforço do solo tem sido utilizado na construção e no projeto de fundações, muros de arrimo, inclinações de aterros e em outras estruturas. Dependendo do tipo de construção, os reforços podem ser tiras de metal galvanizadas, geotêxteis, geogrades ou geocompostos.

Os materiais de reforço, como tiras metálicas, geotêxteis e geogrades, estão agora sendo utilizados para reforçar o aterro de muros de arrimo, que geralmente são chamados de *muros de arrimo mecanicamente estabilizados*.

Parte IV
Melhoramento do solo

Capítulo 12: Melhoramento do solo e modificação do terreno

12 Melhoramento do solo e modificação do terreno

12.1 Introdução

O solo em um canteiro de obras nem sempre pode ser totalmente adequado para estruturas de apoio, como edifícios, pontes, estradas e represas. Por exemplo, em depósitos de solos granulares, o solo *in situ* pode ser muito fofo e apresentar grande recalque elástico. Nesse caso, o solo precisa ser densificado para aumentar o peso específico e, consequentemente, a resistência ao cisalhamento.

Por vezes, as camadas superiores do solo são indesejáveis e devem ser removidas e substituídas por um solo melhor em que a fundação estrutural pode ser construída. O solo usado como aterro deve ser bem compactado para sustentar a carga estrutural desejada. Aterros compactados também podem ser necessários em áreas baixas para aumentar a elevação do terreno para a construção da fundação.

Camadas de argila saturadas moles são frequentemente encontradas em profundidades rasas abaixo das fundações. Dependendo da carga estrutural e da profundidade das camadas, podem ocorrer recalques por adensamento anormalmente grande. Técnicas especiais de melhoramento do solo são necessárias para minimizar o recalque.

O melhoramento de solos *in situ* por meio do uso de aditivos geralmente é chamado de *estabilização*. Diversas técnicas são usadas para:

1. Reduzir o recalque das estruturas;
2. Melhorar a resistência ao cisalhamento do solo e, assim, aumentar a capacidade de suporte das fundações rasas;
3. Aumentar o fator de segurança contra a possível ruptura por inclinação de aterros e barragens de terra;
4. Reduzir a compressão e a expansão dos solos.

Este capítulo discute alguns dos princípios gerais de melhoramento do solo, como compactação e pré-compressão mole.

12.2 Princípios gerais da compactação

Se uma pequena quantidade de água for adicionada a um solo compactado, o solo terá um peso específico. Se o teor de umidade do mesmo solo for gradualmente aumentado e a energia de compactação for a mesma, o peso específico seco do solo aumentará gradualmente. O motivo é que a água atua como lubrificante entre as partículas do solo e, sob compactação, ajuda a reorganizar as partículas sólidas para um estado mais denso. O aumento do peso específico seco com aumento do teor de umidade para um solo atingirá um valor limite além do qual a adição de água posterior para o solo resultará em *redução* no peso específico seco. O teor de umidade em que o *peso específico seco máximo* é obtido é chamado de *teor de umidade ótimo*.

Os ensaios-padrão laboratoriais usados para avaliar os pesos secos específicos máximos e os teores de umidade ideais para vários solos são:

- O ensaio de compactação Proctor padrão (Designação D-698 ASTM).
- O ensaio de compactação Proctor modificado (Designação D-1557 ASTM).

O solo é compactado em um molde em diversas camadas por um soquete. O teor de umidade do solo, w, é alterado, e o peso específico seco, γ_d, de compactação para cada ensaio é determinado. O peso específico seco máximo de compactação e o teor de umidade ótimo correspondente são determinados por um gráfico de γ_d em relação a w (%). As especificações-padrão para os dois tipos de ensaio Proctor são dadas nas tabelas 12.1 e 12.2.

Tabela 12.1 Especificações para o ensaio de compactação Proctor padrão (com base na Designação 698 ASTM)

Item	Método A	Método B	Método C
Diâmetro do molde	101,6 mm	101,6 mm	152,4 mm
Volume do molde	944 cm³	944 cm³	2124 cm³
Massa (peso) do soquete	2,5 kg	2,5 kg	2,5 kg
Altura da queda do soquete	304,8 mm	304,8 mm	304,8 mm
Número de golpes do soquete por camada de solo	25	25	56
Número de camadas de compactação	3	3	3
Energia de compactação	600 kN · m/m³	600 kN · m/m³	600 kN · m/m³
Solo a ser utilizado	Porção passando pela peneira nº 4 (4,57 mm). Pode ser utilizado se 20% *ou menos* por peso de material ficar retido na peneira nº 4.	Porção passando na peneira de 9,5 mm. Pode ser usado se o solo retido na peneira nº 4 *for mais que* 20% e 20% *ou menos* por peso ficar retido na peneira de 9,5 mm.	Porção passando na peneira de 19 mm. Pode ser usado se *mais de* 20% por peso de material ficar retido na peneira de 9,5 mm e *menos de* 30% por peso ficar retido na peneira de 19 mm.

Tabela 12.2 Especificações para o ensaio de compactação Proctor modificado (com base na Designação 1557 ASTM)

Item	Método A	Método B	Método C
Diâmetro do molde	101,6 mm	101,6 mm	152,4 mm
Volume do molde	944 cm³	944 cm³	2124 cm³
Massa (peso) do soquete	4,54 kg	4,54 kg	4,54 kg
Altura da queda do soquete	457,2 mm	457,2 mm	457,2 mm
Número de golpes do soquete por camada de solo	25	25	56
Número de camadas de compactação	5	5	5
Energia de compactação	2700 kN · m/m³	2700 kN · m/m³	2700 kN · m/m³
Solo a ser utilizado	Porção passando pela peneira nº 4 (4,57 mm). Pode ser utilizado se 20% *ou menos* por peso de material ficar retido na peneira nº 4.	Porção passando na peneira de 9,5 mm. Pode ser usado se o solo retido na peneira nº 4 *for mais que* 20% e 20% *ou menos* por peso ficar retido na peneira de 9,5 mm.	Porção passando na peneira de 19,0 mm. Pode ser usado se *mais de* 20% por peso de material ficar retido na peneira de 9,5 mm e *menos de* 30% por peso ficar retido na peneira de 19 mm.

A Figura 12.1 mostra um gráfico de γ_d em relação a w (%) para um silte argiloso obtido a partir de ensaios de compactação Proctor normal e modificado (método A). As seguintes conclusões podem ser tiradas:

1. O peso específico seco máximo e o teor de umidade ótimo dependem do grau de compactação.
2. Quanto maior for a energia de compactação, maior é o peso específico seco máximo.
3. Quanto maior for a energia de compactação, menor é o teor de umidade ótimo.
4. Nenhuma porção da curva de compactação pode ficar à direita da linha de saturação 100%.

O peso específico seco para 100% de saturação, γ_{sat}, a determinado teor de umidade é o valor máximo teórico de γ_d, o que significa que todos os espaços vazios do solo compactado estão cheios de água, ou:

$$\gamma_{sat} = \frac{\gamma_\omega}{\dfrac{1}{G_s} + \omega} \qquad (12.1)$$

onde:

γ_ω = peso específico da água;
G_s = massa específica dos sólidos do solo;
ω = teor de umidade do solo.

5. O peso específico seco máximo de compactação e o teor de umidade ótimo correspondente vão variar de solo para solo.

Utilizando os resultados da compactação em laboratório (γ_d versus w), as especificações podem ser escritas para a compactação de determinado tipo de solo em campo. Na maioria dos casos, o empreiteiro atinge uma compactação relativa de 90% ou mais, com base em um teste de laboratório específico (seja o ensaio de compactação Proctor padrão ou o modificado). A compactação relativa é definida como:

$$CR = \frac{\gamma_{d(campo)}}{\gamma_{d(max)}} \qquad (12.2)$$

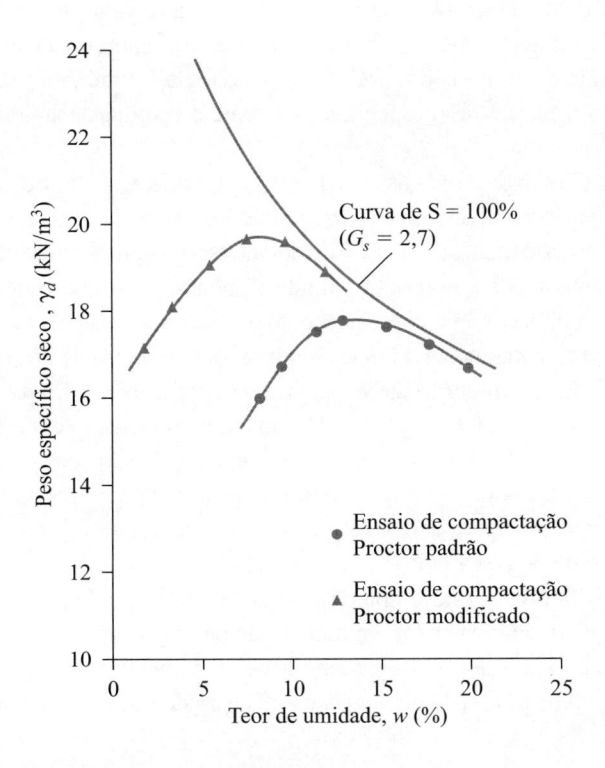

Figura 12.1 Curvas de compactação Proctor padrão e modificado para um silte argiloso (método A)

O Capítulo 2 apresentou o conceito de densidade relativa (para a compactação de solos granulares), definida como

$$D_r = \left[\frac{\gamma_d - \gamma_{d(\min)}}{\gamma_{d(\max)} - \gamma_{d(\min)}}\right] \frac{\gamma_{d(\max)}}{\gamma_d}$$

onde:

γ_d = peso específico seco de compactação em campo;
$\gamma_{d(\max)}$ = peso específico seco máximo de compactação, conforme determinado em laboratório;
$\gamma_{d(\min)}$ = peso específico seco mínimo de compactação, conforme determinado em laboratório.

Para solos granulares em campo, o grau de compactação obtido é frequentemente medido em termos de densidade relativa. A comparação das expressões para a densidade relativa e da compactação relativa revela que:

$$\mathrm{CR} = \frac{A}{1 - D_r(1 - A)} \qquad (12.3)$$

onde $A = \dfrac{\gamma_{d(\min)}}{\gamma_{d(\max)}}$.

12.3 Compactação em campo

A compactação comum em campo é feita por cilindros. Dos diversos tipos de cilindros utilizados, os mais comuns são

1. Cilindros de roda lisa (ou cilindros lisos);
2. Cilindros de pneus;
3. Cilindros de pé de carneiro;
4. Cilindros vibratórios.

A Figura 12.2 mostra um *cilindro de roda lisa* que também pode criar vibração vertical durante a compactação. Os cilindros de roda lisa são adequados para reações à prova de cilindramento e para concluir a construção de aterros com solos arenosos ou argilosos. Eles proporcionam uma cobertura de 100% sob as rodas, e a pressão de contato pode ser tão elevada quanto 300 a 400 kN/m². No entanto, eles não produzem um peso específico uniforme de compactação quando utilizados em camadas espessas.

Os *cilindros de pneus* (Figura 12.3) são melhores que os cilindros de roda lisa em diversos aspectos. Os cilindros pneumáticos, que podem pesar até 2000 kN, consistem em um vagão completamente carregado com várias fileiras de pneus. Os pneus ficam próximos uns dos outros – quatro a seis pneus por fileira. A pressão de contato sob os pneus pode chegar a 600 a 700 kN/m², e eles dão uma cobertura de aproximadamente 70% a 80%. Os cilindros pneumáticos, que podem ser utilizados para a compactação de solos arenosos e argilosos, produzem uma combinação de pressão e ação de amassar.

Os *cilindros de pé de carneiro* (Figura 12.4) consistem basicamente em tambores com grande número de projeções. A área de cada uma das projeções pode ser de 25 a 90 cm². Esses cilindros são *mais eficazes na compactação de solos coesivos*. A pressão de contato sob as projeções pode variar de 1500 a 7500 kN/m². Durante a compactação em campo, as passagens iniciais compactam a porção inferior de uma camada. Depois, o meio e o topo da camada são compactados.

Os *cilindros vibratórios* são eficazes na compactação de solos granulares. Os vibradores podem ser anexados aos cilindros de roda lisa, de pneus ou de pé de carneiro para enviar vibrações para o solo a ser compactado. As figuras 12.2 e 12.4 mostram cilindros de roda lisa vibratórios e um cilindro de pé de carneiro vibratório, respectivamente.

Em geral, a compactação em campo depende de vários fatores, como o tipo de compactador, o tipo de solo, o teor da umidade, a espessura da elevação, a velocidade de reboque do compactador e o número de passagens que o rolo faz.

A Figura 12.5 mostra a variação do peso específico de compactação com a profundidade para uma duna de areia mal graduada compactada por cilindro de tambor vibratório. A vibração foi produzida pela instalação de um peso excêntrico

Figura 12.2 Cilindros vibratórios de roda lisa (Dmitry Kalinovsky/Shutterstock.com)

Figura 12.3 Cilindro de pneus (Vadim Ratnikov/Shutterstock.com)

Figura 12.4 Cilindro de pé de carneiro vibratório (Artit Thongchuea/Shutterstock.com)

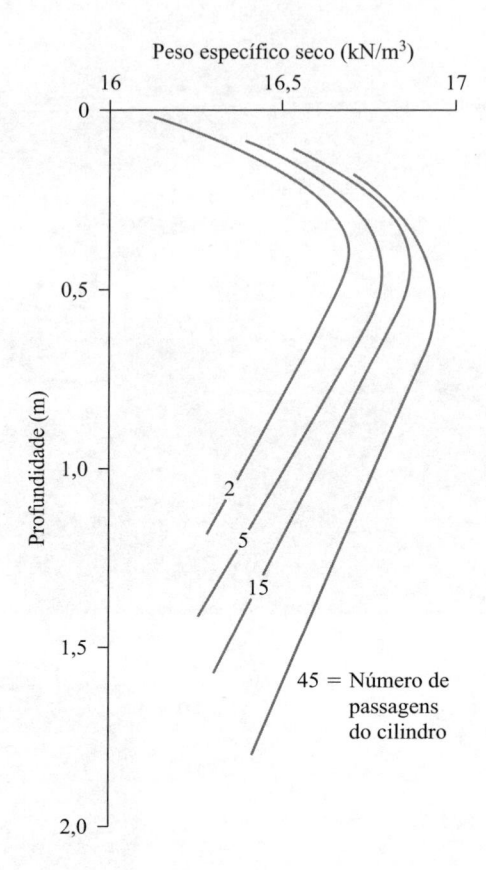

Figura 12.5 Compactação vibratória de uma areia: variação do peso específico seco com a profundidade e o número de passagens do cilindro; espessura da camada = 2,44 m (com base em D'Appolonia, D. J., Whitman, R. V. e D'Appolonia, E. (1969). Sand compaction with vibratory rollers, *Journal of the Soil Mechanics and Foundations Division*, American Society of Civil Engineers, v. 95, n. SM1, p. 263-284.)

em um eixo giratório simples dentro do tambor cilíndrico. O peso do rolo utilizado para essa compactação foi de 55,7 kN, e o diâmetro do tambor era 1,19 m. As camadas foram mantidas a 2,44 m. Observe que, a qualquer profundidade, o peso específico seco de compactação aumenta com o número de passagens feitas pelo rolo. Contudo, a taxa de aumento do peso específico diminui gradativamente depois de 15 passagens. Observe também a variação do peso específico seco com a profundidade pelo número de passagens do rolo. O peso específico seco e, portanto, a densidade relativa, D_r, atingem valores máximos a uma profundidade de aproximadamente 0,5 m e, em seguida, diminuem gradualmente à medida que a profundidade aumenta. O motivo é a falta de pressão confinante em direção à superfície. Uma vez que a relação entre a profundidade e a densidade relativa (ou o peso específico seco) para um solo para determinado número de passagens for determinada, para a compactação satisfatória com base em determinada especificação, a espessura aproximada de cada camada pode ser facilmente estimada.

Placas vibratórias manuais podem ser utilizadas na compactação eficiente de solos granulares em uma área limitada. As placas vibratórias também podem ser instaladas em conjunto nas máquinas. Elas podem ser utilizadas em áreas menos restritas.

12.4 Pré-compressão

Quando camadas de solo argiloso altamente compressíveis e normalmente adensadas estão a uma profundidade limitada e grandes recalques por adensamento são esperados como resultado da construção de grandes edifícios, aterros rodoviários ou barragens de terra, a pré-compressão do solo pode ser utilizada para minimizar o recalque pós-construção. Os princípios de pré-compressão são mais bem explicados com referência à Figura 12.6. Aqui, a carga estrutural proposta por área específica é $\Delta\sigma'_{(p)}$, e a espessura da camada de argila sob adensamento é H_c. O recalque por adensamento primário máximo causado pela carga estrutural é, então,

$$S_{c(p)} = \frac{C_c H_c}{1 + e_o} \log \frac{\sigma'_o + \Delta\sigma'_{(p)}}{\sigma'_o} \tag{12.4}$$

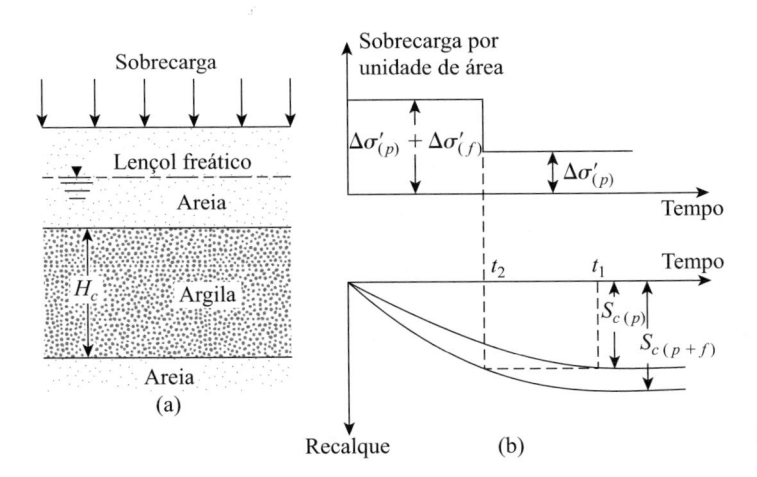

Figura 12.6 Princípios da pré-compressão

A relação recalque-tempo sob a carga estrutural será como mostrada na Figura 12.6b. No entanto, se uma sobrecarga de $\Delta\sigma'_{(p)} + \Delta\sigma'_{(f)}$ for colocada no terreno, o recalque por adensamento primário será:

$$S_{c(p+f)} = \frac{C_c H_c}{1 + e_o} \log \frac{\sigma'_o + [\Delta\sigma'_{(p)} + \Delta\sigma'_{(f)}]}{\sigma'_o} \qquad (12.5)$$

A relação recalque-tempo sob uma sobrecarga de $\Delta\sigma'_{(p)} + \Delta\sigma'_{(f)}$ também é mostrada na Figura 12.6b. Observe que um recalque total de $S_{c(p)}$ ocorreria no momento t_2, que é bem mais curto que t_1. Assim, se uma sobrecarga temporária total de $\Delta\sigma'_{(p)} + \Delta\sigma'_{(f)}$ for aplicada na superfície do terreno para o tempo t_2, o recalque será igual a $S_{c(p)}$. Nesse tempo, se a sobrecarga for removida e uma estrutura com uma carga permanente por área específica de $\Delta\sigma'_{(p)}$ for construída, não ocorrerá um recalque relevante. O procedimento descrito há pouco é chamado de *pré-compressão*. A sobrecarga total de $\Delta\sigma'_{(p)} + \Delta\sigma'_{(f)}$ pode ser aplicada por meio de aterros temporários.

Derivação das equações para obtenção de $\Delta\sigma'_{(f)}$ e t_2

A Figura 12.6b mostra que, sob uma sobrecarga adicional de $\Delta\sigma'_{(p)} + \Delta\sigma'_{(f)}$, o grau de adensamento no tempo t_2 após a aplicação da carga é:

$$U = \frac{S_{c(p)}}{S_{c(p+f)}} \qquad (12.6)$$

A substituição das equações (12.4) e (12.5) pela Equação (12.6) produz

$$U = \frac{\log\left[\dfrac{\sigma'_o + \Delta\sigma'_{(p)}}{\sigma'_o}\right]}{\log\left[\dfrac{\sigma'_o + \Delta\sigma'_{(p)} + \Delta\sigma'_{(f)}}{\sigma'_o}\right]} = \frac{\log\left[1 + \dfrac{\Delta\sigma'_{(p)}}{\sigma'_o}\right]}{\log\left\{1 + \dfrac{\Delta\sigma'_{(p)}}{\sigma'_o}\left[1 + \dfrac{\Delta\sigma'_{(f)}}{\Delta\sigma'_{(p)}}\right]\right\}} \qquad (12.7)$$

A Figura 12.7 dá as grandezas de U para várias combinações de $\Delta\sigma'_{(p)}/\sigma'_o$ e $\Delta\sigma'_{(f)}/\Delta\sigma'_{(p)}$. O grau de adensamento representado na Equação (12.7) é, na verdade, o grau médio de adensamento no tempo t_2, como mostrado na Figura 12.7b. No entanto, se o grau médio de adensamento for usado para determinar t_2, podem ocorrer alguns problemas na construção. A razão é que, depois da remoção da sobrecarga e da colocação da carga estrutural, a porção da argila próxima da superfície de drenagem continuará a expandir, e o solo próximo do plano médio continuará a comprimir (veja a Figura 12.8). Em alguns

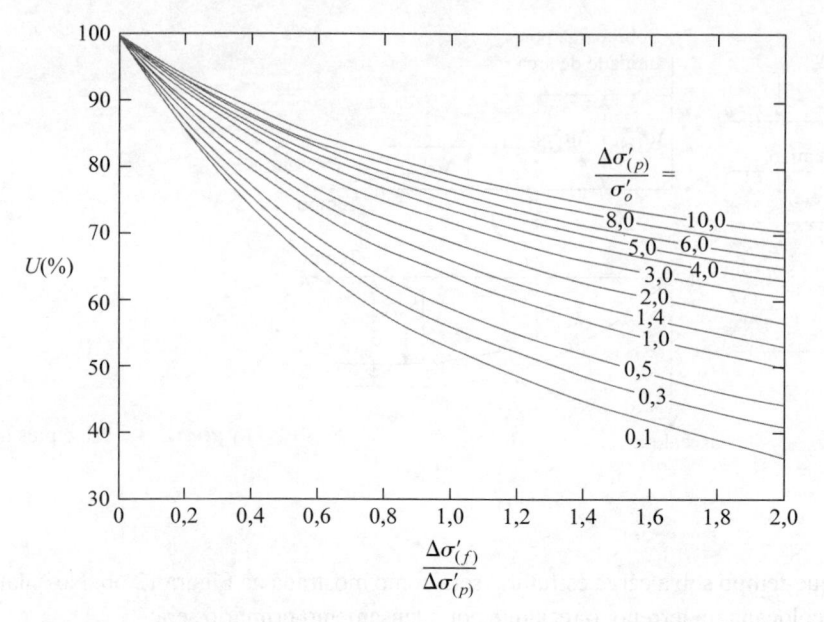

Figura 12.7 Gráfico de U em relação a $\Delta\sigma'_{(f)}/\Delta\sigma'_{(p)}$ para diversos valores de $\Delta\sigma'_{(p)}/\sigma'_o$ – Equação (12.7)

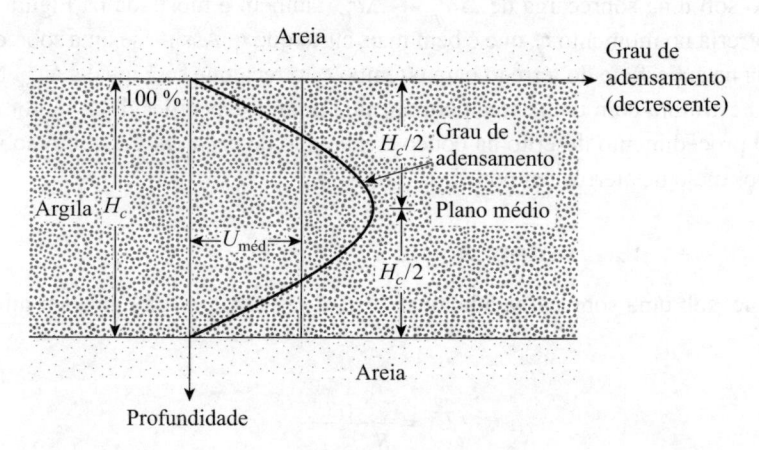

Figura 12.8

casos, pode resultar o recalque contínuo líquido. Uma abordagem conservadora pode resolver o problema; isto é, suponha que U na Equação (12.7) é o grau do plano médio do adensamento (Johnson, 1970a). Agora, com base na Equação (2.77),

$$U = f(T_v) \qquad (2.77)$$

onde:

T_v = fator de tempo = $C_v t_2/H^2$;
C_v = coeficiente de adensamento;
t_2 = tempo;
H = trajetória de drenagem máxima (= $H_c/2$ para a drenagem de duas vias e H_c para a drenagem de uma via).

A variação de U (o grau do plano médio de adensamento) com T_v é dada na Figura 12.9.

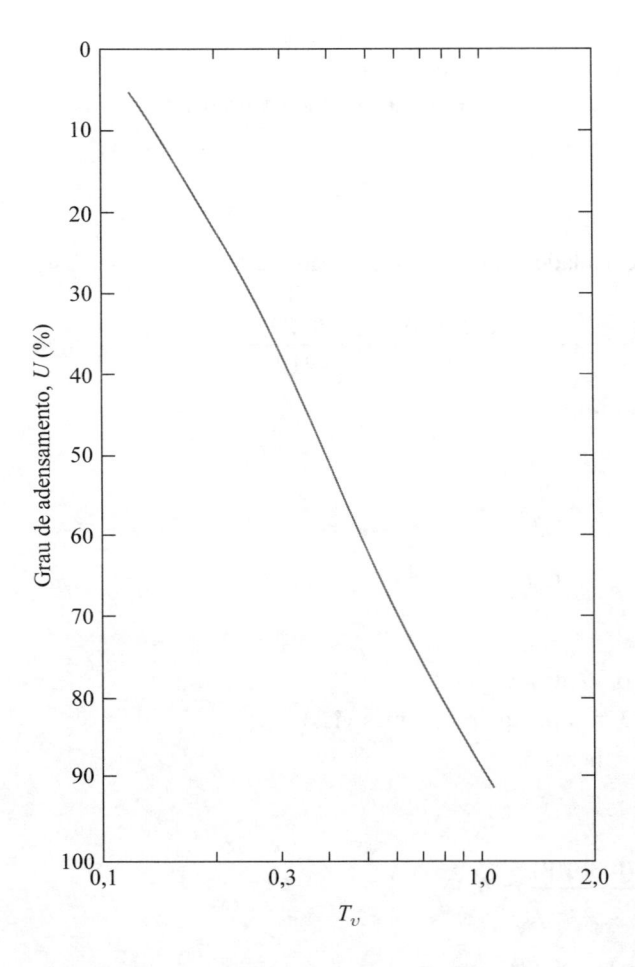

Figura 12.9 Gráfico do grau em plano médio do adensamento em relação a T_v

Procedimento para obtenção dos parâmetros de pré-compressão

Dois problemas podem ser encontrados pelos engenheiros durante o trabalho de pré-compressão em campo:

1. O valor de $\Delta\sigma'_{(f)}$ é conhecido, porém t_2 deve ser obtido. Nesse caso, obtenha σ'_o, $\Delta\sigma_{(p)}$, e resolva U, usando a Equação (12.7) ou a Figura 12.7. Para esse valor de U, obtenha T_v com base na Figura 12.9. Em seguida,

$$t_2 = \frac{T_v H^2}{C_v} \quad (12.8)$$

2. Para um valor especificado de t_2, $\Delta\sigma'_{(f)}$ deve ser obtido. Nesse caso, calcule T_v.
Em seguida, use a Figura 12.9 para obter o grau em plano médio do adensamento, U. Com o valor estimado de U, vá para a Figura 12.7 para obter o valor necessário de $\Delta\sigma'_{(f)}/\Delta\sigma'_{(p)}$ e, em seguida, calcule $\Delta\sigma'_{(f)}$.

Diversos relatos de casos sobre o uso bem-sucedido de técnicas de pré-compressão para o melhoramento do solo da fundação estão disponíveis na literatura (por exemplo, Johnson, 1970a).

Exemplo 12.1

Examine a Figura 12.6. Durante a construção de uma ponte de rodovia, espera-se que a carga média permanente na camada de argila aumente em aproximadamente 115 kN/m². A pressão efetiva de sobrecarga no meio da camada de argila é 210 kN/m². Aqui, $H_c = 6$ m, $C_c = 0,28$, $e_o = 0,9$ e $C_v = 0,36$ m²/meses. A argila é normalmente adensada. Determine:

a. O recalque de adensamento primário total da ponte sem pré-compressão.
b. A sobrecarga, $\Delta\sigma'_{(f)}$, necessária para eliminar todo o recalque por adensamento primário em nove meses por pré-compressão.

Solução

Parte a

O recalque por adensamento primário total pode ser calculado com base na Equação (12.4):

$$S_{c(p)} = \frac{C_c H_c}{1+e_o} \log\left[\frac{\sigma'_o + \Delta\sigma'_{(p)}}{\sigma'_o}\right] = \frac{(0,28)(6)}{1+0,9}\log\left[\frac{210+115}{210}\right]$$
$$= 0{,}1677 \text{ m} = \mathbf{167{,}7\,mm}$$

Parte b
Temos:

$$T_v = \frac{C_v t_2}{H^2}$$

$C_v = 0{,}36$ m²/meses
$H = 3$ m (drenagem por duas vias)
$t_2 = 9$ meses

Logo,

$$T_v = \frac{(0{,}36)(9)}{3^2} = 0{,}36$$

De acordo com a Figura 12.9, para $T_v = 0{,}36$, o valor de U é 47%. Agora,

$$\Delta\sigma'_{(p)} = 115 \text{ kN/m}^2$$

e

$$\sigma'_o = 210 \text{ kN/m}^2$$

então,

$$\frac{\Delta\sigma'_{(p)}}{\sigma'_o} = \frac{115}{210} = 0{,}548$$

De acordo com a Figura 12.7, para $U = 47\%$ e $\Delta\sigma'_{(p)}/\sigma'_o = 0{,}548$, $\Delta\sigma'_{(f)}/\Delta\sigma'_{(p)} \approx 1{,}8$; assim,

$$\Delta\sigma'_{(f)} = (1{,}8)(115) = \mathbf{207\,kN/m^2}$$

Referências bibliográficas

AASHTO. *LRFD Bridge Design Specifications*. Washington, DC: American Association of State Highway and Transportation Officials, 1994.

_____. *LRFD Bridge Design Specifications*. 2. ed. Washington, DC: American Association of State Highway and Transportation Officials, 1998.

ACI. *Building Code Requirements for Structural Concrete (318-02) and Commentary (318R-02)*. Detroit, Michigan: American Concrete Institute, 2002.

AMER, A. M.; AWAD, A. A. Permeability of Cohesionless Soils. *Journal of the Geotechnical Engineering Division*, American Society of Civil Engineers, v. 100, n. GT12, p. 1309-1316, 1974.

AMERICAN CONCRETE INSTITUTE. *ACI Standard Building Code Requirements for Reinforced Concrete, ACI 318-11*, Farmington Hills, MI, 2011.

AMERICAN PETROLEUM INSTITUTE (API). Recommended Practice for Planning. *Designing, and Constructing Fixed Offshore Platforms, API RP2A*, 17. ed. Washington, DC: American Petroleum Institute, 1987.

_____. Recommended Practice for Planning. *Designing, and Constructing Fixed Offshore Platforms, API RP2A*, 22. ed. Washington, DC: American Petroleum Institute, 2007.

AMERICAN SOCIETY OF CIVIL ENGINEERS. Timber Piles and Construction Timbers. *Manual of Practice*, n. 17, American Society of Civil Engineers, New York, 1959.

_____. Design of Pile Foundations (Technical Engineering and Design Guides as Adapted from the U. S. Army Corps of Engineers, n. 1). New York: American Society of Civil Engineers, 1993.

_____. Subsurface Investigation for Design and Construction of Foundations of Buildings. *Journal of the Soil Mechanics and Foundations Division*, American Society of Civil Engineers, v. 98, n. SM5, p. 481-490, 1972.

AMERICAN SOCIETY FOR TESTING AND MATERIALS. *Annual Book of ASTM Standards*, v. 4, 8, West Conshohocken, PA, 2001.

_____. *Annual Book of ASTM Standards*, v. 4, 8, West Conshohocken, PA, 2007.

_____. *Annual Book of ASTM Standards*, v. 4, 8, West Conshohocken, PA, 2011.

_____. *Annual Book of ASTM Standards*, v. 4, 8, West Conshohocken, PA, 2014.

ANAGNOSTOPOULOS, A. et al. Empirical Correlations of Soil Parameters Based on Cone Penetration Tests (CPT) for Greek Soils. *Geotechnical and Geological Engineering*, v. 21, n. 4, p. 377-387, 2003.

API. *Recommended Practice for Planning, Designing and Constructing Fixed Offshore Platforms – Working Stress Design, APR RP 2A*. 20. ed. Washington DC: American Petroleum Institute, 1993.

BAGUELIN, F.; JÉZEQUEL, J. F.; SHIELDS, D. H. *The Pressuremeter and Foundation Engineering*. Clausthal: Trans Tech Publications, 1978.

BALDI, G. et al. Design Parameters for Sands from CPT. *Proceedings, Second European Symposium on Penetration Testing*, Amsterdam, v. 2, p. 425-438, 1982.

BALDI, G. et al. Cone Resistance in Dry N. C. and O. C. Sands, Cone Penetration Testing and Experience, *Proceedings, ASCE Specialty Conference*, St. Louis, p. 145-177, 1981.

BAZARAA, A. *Use of the Standard Penetration Test for Estimating Settlements of Shallow Foundations on Sand*, Ph. D. Dissertation, Civil Engineering Department. Champaig-Urbana, Illinois: University of Illinois, 1967.

BENTLER, J. G.; LABUZ, J. F. Performance of a Cantilever Retaining Wall. *Journal of Geotechnical and Geoenvironmental Engineering*, American Society of Civil Engineers, v. 132, n. 8, p. 1062-1070, 2006.

BEREZANTZEV, V. G.; KHRISTOFOROV, V. S.; GOLUBKOV, V. N. Load Bearing Capacity and Deformation of Piled Foundations. *Proceedings, Fifth International Conference on Soil Mechanics and Foundation Engineering*, Paris, v. 2, p. 11-15, 1961.

BIAREZ, J.; BUREL, M.; WACK, B. Contribution a L'étude de la Force Portante des Fondations. *Proceedings, 5th International Conference on Soil Mechanics and Foundation Engineering*, Paris, v. 1, p. 603-609, 1961.

BJERRUM, L. Embankments on Soft Ground. *Proceedings of the Specialty Conference*, American Society of Civil Engineers, v. 2, p. 1-54, 1972.

BJERRUM, L.; JOHANNESSEN, I. J.; EIDE, O. Reduction of Skin Friction on Steel Piles to Rock. *Proceedings, Seventh International Conference on Soil Mechanics and Foundation Engineering*, Mexico City, v. 2, p. 27-34, 1969.

BJERRUM, L.; SIMONS, N. E. Comparison of Shear Strength Characteristics of Normally Consolidated Clay. *Proceedings, Research Conference on Shear Strength of Cohesive Soils*, ASCE, p. 711-726, 1960.

BOOKER, J. R. Application of theories of plasticity for cohesive frictional soils. Ph. D. thesis, University of Sydney, Australia, 1969.

BOUSSINESQ, J. *Application des Potentials a L'Étude de L'Équilibre et du Mouvement des Solides Élastiques*. Paris: Gauthier-Villars, 1883.

BOWLES, J. E. *Foundation Analysis and Design*. 2. ed. New York: McGraw-Hill, 1977.

_____. *Foundation Analysis and Design*. New York: McGraw-Hill, 1982.

_____. Elastic Foundation Settlement on Sand Deposits. *Journal of Geotechnical Engineering*, ASCE, v. 113, n. 8, p. 846-860, 1987.

_____. *Foundation Analysis and Design*. New York: McGraw-Hill, 1996.

BOZOZUK, M. Foundation Failure of the Vankleek Hill Tower Site. *Proceedings*, Specialty Conference on Performance of Earth and Earth-Supported Structures, v. 1, Part 2, p. 885-902, 1972.

BRAND, E. W.; MUKTABHANT, C.; TAECHANTHUMMARAK, A. Load Test on Small Foundations in Soft Clay. *Proceedings, Specialty Conference on Performance of Earth and Earth-Supported Structures*. American Society of Civil Engineers, v. 1, Part 2, p. 903-928, 1972.

BRIAUD, J. L. et al. *Behavior of Piles and Pile Groups*, Report n. FHWA/RD 83/038, Washington, DC: Federal Highway Administration, 1985.

BURLAND, J. B.; BURBIDGE, M. C. Settlement of Foundations on Sand and Gravel. *Proceedings, Institute of Civil Engineers*, Part I, v. 7, p. 1325-1381, 1985.

CAQUOT, A.; KERISEL, J. Sur le terme de surface dans le calcul des fondations en milieu pulverulent. *Proceedings, Third International Conference on Soil Mechanics and Foundation Engineering*, Zurich, v. I, p. 336-337, 1953.

CARRIER III, W. D. Goodbye, Hazen; Hello, Kozeny-Carman. *Journal of Geotechnical and Geoenvironmental Engineering*, ASCE, v. 129, n. 11, p. 1054-1056, 2003.

CASAGRANDE, A. Determination of the Preconsolidation Load and Its Practical Significance. *Proceedings, First International Conference on Soil Mechanics and Foundation Engineering*, Cambridge, MA, v. 3, p. 60-64, 1936.

CASAGRANDE, L. Comments on Conventional Design of Retaining Structure. *Journal of the Soil Mechanics and Foundations Division*, ASCE, v. 99, n. SM2, p. 181-198, 1973.

CHANDLER, R. J. The *in situ* Measurement of the Undrained Shear Strength of Clays Using the Field Vane. *STP 1014, Vane Shear Strength Testing in Soils: Field and Laboratory Studies*, American Society for Testing and Materials, p. 13-44, 1988.

CHAPUIS, R. P. Predicting the Saturated Hydraulic Conductivity of Sand and Gravel Using Effective Diameter and Void Ratio. *Canadian Geotechnical Journal*, v. 41, n. 5, p. 787-795, 2004.

CHEN, Y. J.; KULHAWY, F. H. Case History Evaluation of the Behavior of Drilled Shafts under Axial and Lateral Loading. *Final Report, Project 1493-04, EPRI TR-104601*, Geotechnical Group, Cornell University, Ithaca, NY, dez. 1994.

CHRISTIAN, J. T.; CARRIER, W. D. Janbu, Bjerrum, and Kjaernsli's Chart Reinterpreted. *Canadian Geotechnical Journal*, v. 15, p. 124-128, 1978.

CHU, S. C. Rankine Analysis of Active and Passive Pressures on Dry Sand. *Soils and Foundations*, v. 31, n. 4, p. 115-120, 1991.

COULOMB, C. A. *Essai sur une Application des Règles de Maximis et Minimum à quelques Problemes de Statique Relatifs à l'Architecture*. Mem. Acad. Roy. des Sciences, Paris, v. 3, p. 38, 1776.

COYLE, H.M.; CASTELLO, R.R. New Design Correlations for Piles in Sand. *Journal of the Geotechnical Emgeneering Division*, American Society of Civil Engeneers, v. 107, n. GT&, p. 965-986, 1981

CRUDEN, D. M.; VARNES, D. J. Landslide Types and Processes, *Special Report 247*, Transportation Research Board, p. 36-75, 1996.

CUBRINOVSKI, M.; ISHIHARA, K. Empirical Correlation Between SPT N-Value and Relative Density for Sandy Soils. *Soils and Foundations*, v. 39, n. 5, p. 61-71, 1999.

_____. Maximum and Minimum Void Ratio Characteristics of Sands. *Soils and Foundations*, v. 42, n. 6, p. 65-78, 2002.

D'APPOLONIA, D. J.; WHITMAN, R. V.; D'APPOLONIA, E. Sand Compaction with Vibratory Rollers. *Journal of the Soil Mechanics and Foundations Division*, American Society of Civil Engineers, v. 95, n. SM1, p. 263-284, 1969.

DARCY, H. *Les Fontaines Publiques de la Ville de Dijon*. Paris, 1856.

DAS, B. M. *Principles of Soil Dynamics*. Boston: PWS Publishing Company, 1992.

_____. *Soil Mechanics Laboratory Manual*. 8. ed. New York: Oxford University Press, 2013.

_____. *Advanced Soil Mechanics*. 4. ed. Boca Raton, FL: CRC Press, 2014.

DE BEER, E. E. Experimental Determination of the Shape Factors and Bearing Capacity Factors of Sand. *Geotechnique*, v. 20, n. 4, p. 387-411, 1970.

DEERE, D. U. Technical Description of Rock Cores for Engineering Purposes. *Felsmechanik und Ingenieurgeologie*, v. 1, n. 1, p. 16-22, 1963.

DOBRIN, M. B. *Introduction to Geophysical Prospecting*. New York: McGraw-Hill, 1960.

DUNCAN, J. M.; BUCHIGNANI, A. N. *An Engineering Manual for Settlement Studies*. Berkeley: Department of Civil Engineering, University of California, 1976.

ELMAN, M. T.; TERRY, C. F. Retaining Walls with Sloped Heel. *Journal of Geotechnical Engineering*, American Society of Civil Engineers, v. 114, n. GT10, p. 1194-1199, 1988.

FOX, E. N. The Mean Elastic Settlement of a Uniformly Loaded Area at a Depth below the Ground Surface. *Proceedings, 2nd International Conference on Soil Mechanics and Foundation Engineering*, Roterdam, v. 1, p. 129-132, 1948.

GRIFFITHS, D. V. A Chart for Estimating the Average Vertical Stress Increase in an Elastic Foundation below a Uniformly Loaded Rectangular Area. *Canadian Geotechnical Journal*, v. 21, n. 4, p. 710-713, 1984.

HANNA, A. M.; MEYERHOF, G. G. Experimental Evaluation of Bearing Capacity of Footings Subjected to Inclined Loads. *Canadian Geotechnical Journal*, v. 18, n. 4, p. 599-603, 1981.

HANSBO, S. *A New Approach to the Determination of the Shear Strength of Clay by the Fall Cone Test*, Swedish Geotechnical Institute, Report n. 114, 1957.

_____ *Jordmateriallära*: 211. Estocolm: Awe/Gebers, 1975.

HANSEN, J. B. *A Revised and Extended Formula for Bearing Capacity*, Bulletin 28, Danish Geotechnical Institute, Kopenhagen, 1970.

HARA, A., OHATA, T.; NIWA, M. Shear Modulus and Shear Strength of Cohesive Soils. *Soils and Foundations*, v. 14, n. 3, p. 1-12, 1971.

HATANAKA, M.; UCHIDA, A. Empirical Correlation between Penetration Resistance and Internal Friction Angle of Sandy Soils. *Soils and Foundations*, v. 36, n. 4, p. 1-10, 1996.

HIGHWAY RESEARCH BOARD. *Report of the Committee on Classification of Materials for Subgrades and Granular Type Roads*, v. 25, p. 375-388, 1945.

HJIAJ, M.; LYAMIN, A. V.; SLOAN, S. W. Numerical Limit Analysis Solutions for the Bearing Capacity Factor N_γ. *International Journal of Solids and Structures*, v. 42, n. 5-6, p. 1681-1804, 2005.

JAKY, J. The Coefficient of Earth Pressure at Rest. *Journal for the Society of Hungarian Architects and Engineers*, p. 355-358, out. 1944.

JAMILKOWSKI, M. et al. New Developments in Field and Laboratory Testing of Soils. *Proceedings, XI International Conference on Soil Mechanics and Foundation Engineering.* San Francisco, v. 1, p. 57-153, 1985.

JANBU, N.; BJERRUM, L.; KJAERNSLI, B. Veiledning vedlosning av fundamentering – soppgaver. *Publication*, n. 18, Norwegian Geotechnical Institute, p. 30-32, 1956.

JARQUIO, R. Total Lateral Surcharge Pressure Due to Strip Load. *Journal of the Geotechnical Engineering Division*, American Society of Civil Engineers, v. 107, n. GT10, p. 1424-1428, 1981.

JOHNSON, S. J. Precompression for Improving Foundation Soils. *Journal of the Soil Mechanics and Foundations Division*, American Society of Civil Engineers, v. 96, n. SM1, p. 114-144, 1970.

KAMEI, T.; IWASAKI, K. Evaluation of Undrained Shear Strength of Cohesive Soils using a Flat Dilatometer. *Soils and Foundations*, v. 35, n. 2, p. 111-116, 1995.

KARLSRUD, K.; CLAUSEN, C. J. F.; AAS, P. M. Bearing Capacity of Driven Piles in Clay, the NGI Approach. In: GOURVENEC, S.; CASSIDY, M. (eds.) *Frontiers in Offshore Geotechnics: ISFOG*. Australia, Perth: Taylor and Francis Group, 2005. p. 775-782.

KENNEY, T. C. Discussion. *Journal of the Soil Mechanics and Foundations Division*, American Society of Civil Engineers, v. 85, n. SM3, p. 67-69, 1959.

KOLB, C. R.; SHOCKLEY, W. G. Mississippi Valley Geology: Its Engineering Significance. *Proceedings*, American Society of Civil Engineers, v. 124, p. 633-656, 1959.

KULHAWY, F. H.; JACKSON, C. S. Some Observations on Undrained Side Resistance of Drilled Shafts. *Proceedings, Foundation Engineering*: Current Principles and Practices, American Society of Civil Engineers, v. 2, p. 1011-1025, 1989.

KULHAWY, F. H.; MAYNE, P. W. *Manual of Estimating Soil Properties for Foundation Design*. Palo Alto, CA: Electric Power Research Institute, 1990.

KUMBHOJKAR, A. S. Numerical Evaluation of Terzaghi's N_γ. *Journal of Geotechnical Engineering*, American Society of Civil Engineers, v. 119, n. 3, p. 598-607, 1993.

LADD, C. C. et al. Stress Deformation and Strength Characteristics. *Proceedings, Ninth International Conference on Soil Mechanics and Foundation Engineering.* Tokyo, v. 2, p. 421-494, 1977.

LANCELLOTTA, R. *Analisi di Affidabilità in Ingegneria Geotecnica*, Atti Istituto Scienza Construzioni, n. 625, Politecnico di Torino, 1983.

LARSSON, R. Undrained Shear Strength in Stability Calculation of Embankments and Foundations on Clay. *Canadian Geotechnical Journal*, v. 17, p. 591-602, 1980.

LEE, J.; SALGADO, R.; CARRARO, A. H. Stiffness Degradation and Shear Strength of Silty Sand. *Canadian Geotechnical Journal*, v. 41, n. 5, p. 831-843, 2004.

LIAO, S. S. C.; WHITMAN, R. V. Overburden Correction Factors for SPT in Sand. *Journal of Geotechnical Engineering*, American Society of Civil Engineers, v. 112, n. 3, p. 373-377, 1986.

LIU, J. L.; YUAN, Z. I.; ZHANG, K. P. Cap-Pile-Soil Interaction of Bored Pile Groups. *Proceedings, Eleventh International Conference on Soil Mechanics and Foundation Engineering*, San Francisco, v. 3, p. 1433-1436, 1985.

MANSUR, C. I.; HUNTER, A. H. Pile Tests – Arkansas River Project. *Journal of the Soil Mechanics and Foundations Division*, American Society of Civil Engineers, v. 96, n. SM6, p. 1545-1582, 1970.

MARCHETTI, S. *In Situ* Test by Flat Dilatometer. *Journal of Geotechnical Engineering Division*, ASCE, v. 106, GT3, p. 299-321, 1980.

MARCUSON, W. F. III; BIEGANOUSKY, W. A. SPT and Relative Density in Coarse Sands. *Journal of Geotechnical Engineering Division*, American Society of Civil Engineers, v. 103, n. 11, p. 1295-1309, 1977.

MARTIN, C. M. Exact Bearing Capacity Calculations Using the Method of Characteristics. *Proceedings, 11th International Conference of the International Association for Computer Methods and Advances in Geomechanics*, Turim, Italy, v. 4, p. 441-450, 2005.

MAYNE, P. W.; KEMPER, J. B. Profiling OCR in Stiff Clays by CPT and SPT. *Geotechnical Testing Journal*, ASTM, v. 11, n. 2, p. 139-147, 1988.

MAYNE, P. W.; KULHAWY, F. H. K_o–OCR Relationships in Soil. *Journal of the Geotechnical Engineering Division*, ASCE, v. 108, n. GT6, p. 851-872, 1982.

MAYNE, P. W.; MITCHELL, J. K. Profiling of Overconsolidation Ratio in Clays by Field Vane. *Canadian Geotechnical Journal*, v. 25, n. 1, p. 150-158, 1988.

MAYNE, P. W.; POULOS, H. G. Approximate Displacement Influence Factors for Elastic Shallow Foundations. *Journal of Geotechnical and Geoenvironmental Engineering,* ASCE, v. 125, n. 6, p. 453-460, 1999.

MAZINDRANI, Z. H.; GANJALI, M. H. Lateral Earth Pressure Problem of Cohesive Backfill With Inclined Surface. *Journal of Geotechnical and Geoenviromental Engineering*, ASCE, v. 123, n. 2, p. 110-112, 1997.

MENARD, L. *An Apparatus for Measuring the Strength of Soils in Place*, master's thesis. University of Illinois, Urbana, Illinois, 1956.

MESRI, G. A Re-evaluation of $su_{(mob)} \approx 0.22\sigma_p$ Using Laboratory Shear Tests. *Canadian Geotechnical Journal*, v. 26, n. 1, p. 162-164, 1989.

MESRI, G.; OLSON, R. E. Mechanism Controlling the Permeability of Clays. *Clay and Clay Minerals*, v. 19, p. 151-158, 1971.

MEYERHOF, G. G. Penetration Tests and Bearing Capacity of Cohesionless Soils. *Journal of the Soil Mechanics and Foundations Division*, American Society of Civil Engineers, v. 82, n. SM1, p. 1-19, 1956.

_____. Discussion on Research on Determining the Density of Sands by Spoon Penetration Testing. *Proceedings, Fourth International Conference on Soil Mechanics and Foundation Engineering*, v. 3, p. 110, 1957.

_____. Some Recent Research on the Bearing Capacity of Foundations. *Canadian Geotechnical Journal*, v. 1, n. 1, p. 16-26, 1963.

_____. Shallow Foundations. *Journal of the Soil Mechanics and Foundations Division*, American Society of Civil Engineers, v. 91, n. SM2, p. 21-31, 1965.

_____. Bearing Capacity and Settlement of Pile Foundations. *Journal of the Geotechnical Engineering Division*, American Society of Civil Engineers, v. 102, n. GT3, p. 197-228, 1976.

MICHALOWSKI, R. L. An Estimate of the Influence of Soil Weight on Bearing Capacity Using Limit Analysis. *Soils and Foundations*, v. 37, n. 4, p. 57-64, 1997.

MORRIS, P. M.; WILLIAMS, D. T. Effective Stress Vane Shear Strength Correction Factor Correlations. *Canadian Geotechnical Journal*, v. 31, n. 3, p. 335-342, 1994.

NEWMARK, N. M. *Simplified Computation of Vertical Pressure in Elastic Foundation*, Circular 24 Urbana, IL:, University of Illinois Engineering Experiment Station, 1935.

NOTTINGHAM, L. C.; SCHMERTMANN, J. H. *An Investigation of Pile Capacity Design Procedures*, Research Report n. D629. Gainesville, FL: Department of Civil Engineering, University of Florida, 1975.

OHYA, S.; IMAI, T.; MATSUBARA, M. Relationships between N Value by SPT and LLT Pressuremeter Results. *Proceedings, 2nd European Symposium on Penetration Testing*, v. 1, Amsterdam, p. 125-130, 1982.

OLSON, R. E. Consolidation Under Time-Dependent Loading. *Journal of Geotechnical Engineering*, ASCE, v. 103, n. GT1, p. 55-60, 1977.

O'NEILL, M. W. Personal communication, 1997.

O'NEILL, M. W.; REESE, L. C. *Drilled Shafts*: Construction Procedure and Design Methods, FHWA Report n. IF-99-025, 1999.

OSTERBERG, J. O. New Piston-Type Soil Sampler. *Engineering News-Record*, 24 abr. 1952.

PARK, J. H.; KOUMOTO, T. New Compression Index Equation. *Journal of Geotechnical and Geoenvironmental Engineering*, ASCE, v. 130, n. 2, p. 223-226, 2004.

PATRA, C. R. et al. Estimation of Average Settlement of Shallow Strip Foundation on Granular Soil under Eccentric Load. *International Journal of Geotechnical Engineering*, v. 7, n. 2, p. 218-222, 2013.

PECK, R. B.; HANSON, W. E.; THORNBURN, T. H. *Foundation Engineering*, 2. ed. New York: Wiley, 1974.

PRANDTL, L. Über die Eindringungsfestigkeit (Härte) plastischer Baustoffe und die Festigkeit von Schneiden. *Zeitschrift fur angewandte Mathematik und Mechanik*, v. 1, n. 1, p. 15-20, 1921.

RANDOLPH, M. F.; MURPHY, B. S. Shaft Capacity of Driven Piles in Clay. *Proceedings, 17th Annual Offshore Technology Conference*, Houston, TX, p. 371-378, 1985.

REESE, L. C.; O'NEILL, M. W. New Design Method for Drilled Shafts From Common Soil and Rock Tests. *Proceedings, Foundation Engineering*: Current Principles and Practices, American Society of Civil Engineering, v. 2, p. 1026-1039, 1989.

REESE, L. C.; TOUMA, F. T.; O'NEILL, M. W. Behavior of Drilled Piers under Axial Loading. *Journal of Geotechnical Engineering Division*, American Society of Civil Engineers, v. 102, n. GT5, p. 493-510, 1976.

REISSNER, H. Zum Erddruckproblem. *Proceedings, First International Congress of Applied Mechanics*, Delft, p. 295-311, 1924.

RENDON-HERRERO, O. Universal Compression Index Equation. *Journal of the Geotechnical Engineering Division*, American Society of Civil Engineers, v. 106, n. GT11, p. 1178-1200, 1980.

RICCERI, G.; SIMONINI, P.; COLA, S. Applicability of Piezocone and Dilatometer to Characterize the Soils of the Venice Lagoon. Geotechnical and Geological Engineering, v. 20, n. 2, p. 89-121, 2002.

RIOS, L.; SILVA, F. P. Foundations in Downtown São Paulo (Brazil). *Proceedings, Second International Conference on Soil Mechanics and Foundation Engineering*. Roterdam, v. 4, p. 69, 1948.

ROBERTSON, P. K.; CAMPANELLA, R. G. Interpretation of Cone Penetration Tests. Part I: Sand. *Canadian Geotechnical Journal*, v. 20, n. 4, p. 718-733, 1983.

ROLLINS, K. M. et al. Drilled Shaft Side Friction in Gravelly Soils. *Journal of Geotechnical and Geoenvironmental Engineering*, American Society of Civil Engineers, v. 131, n. 8, p. 987-1003, 2005.

SAIKA, A. Vertical Stress Averaging over a Layer Depth Down the Axis of Symmetry of Uniformly Loaded Circular Regime: An Analytical-cum-Graphical Solution. *International Journal of Geotechnical Engineering*, v. 6, n. 3, p. 359-363, 2012.

SALGADO, R. *The Engineering of Foundations*. New York: McGraw-Hill, 2008.

SAMARASINGHE, A. M.; HUANG, Y. H.; DRNEVICH, V. P. Permeability and Consolidation of Normally Consolidated Soils. *Journal of the Geotechnical Engineering Division*, ASCE, v. 108, n. GT6, p. 835-850, 1982.

SCHMERTMANN, J. H. Undisturbed Consolidation Behavior of Clay. *Transactions*, American Society of Civil Engineers, v. 120, p. 1201, 1953.

_____. Measurement of *In Situ* Shear Strength. *Proceedings, Specialty Conference on* In Situ *Measurement of Soil Properties*, ASCE, v. 2, p. 57-138, 1975.

_____. *Guidelines for Cone Penetration Test*: Performance and Design, Report FHWA-TS-78-209. Washington, DC: Federal Highway Administration, 1978.

_____. Suggested Method for Performing the Flat Dilatometer Test. *Geotechnical Testing Journal*, ASTM, v. 9, n. 2, p. 93-101, 1986.

SCHMERTMANN, J. H.; HARTMAN, J. P.; BROWN, P. R. Improved Strain Influence Factor Diagrams. *Journal of the Geotechnical Engineering Division*, American Society of Civil Engineers, v. 104, n. GT8, p. 1131-1135, 1978.

SCHULTZE, E. Probleme bei der Auswertung von Setzungsmessungen. *Proceedings, Baugrundtagung*, Essen, Germany, p. 343, 1962.

SEED, H. B.; ARANGO, I.; CHAN, C. K. *Evaluation of Soil Liquefaction Potential during Earthquakes*, Report n. EERC 75-28, Earthquake Engineering Research Center. University of California, Berkeley, 1975.

SEED, H. B. et al. Influence of SPT Procedures in Soil Liquefaction Resistance Evaluations. *Journal of Geotechnical Engineering*, ASCE, v. 111, n. 12, p. 1425-1445, 1985.

SEILER, J. F.; KEENEY, W. D. The Efficiency of Piles in Groups. *Wood Preserving News*, v. 22, n. 11, nov. 1994.

SHIBUYA, S.; HANH, L. T. Estimating Undrained Shear Strength of Soft Clay Ground Improved by Pre-Loading with PVD – Case History in Bangkok. *Soils and Foundations*, v. 41, n. 4, p. 95-101, 2001.

SHIELDS, D. H.; TOLUNAY, A. Z. Passive Pressure Coefficients by Method of Slices. *Journal of the Soil Mechanics and Foundations Division*, ASCE, v. 99, n. SM12, p. 1043-1053, 1973.

SIVAKUGAN, N.; DAS, B. *Geotechnical Engineering*–A Practical Problem Solving Approach. Fort Lauderdale, FL: J. Ross Publishing, 2010.

SIVARAM, B.; SWAMEE, A. A Computational Method for Consolidation Coefficient. *Soils and Foundations,* v. 17, n. 2, p. 48-52, 1977.
SKEMPTON, A. W. Notes on the Compressibility of Clays. *Quarterly Journal of Geological Society,* London, v. C, p. 119-135, 1944.
_____. The Colloidal Activity of Clays. *Proceedings, 3rd International Conference on Soil Mechanics and Foundation Engineering.* Londres, v. 1, p. 57-61, 1953.
_____. The Planning and Design of New Hong Kong Airport. *Proceedings, The Institute of Civil Engineers.* London, v. 7, p. 305-307, 1957.
_____. Long-Term Stability of Clay Slopes. *Geotechnique,* v. 14, p. 77, 1964.
_____. Residual Strength of Clays in Landslides, Folded Strata, and the Laboratory. *Geotechnique,* v. 35, n. 1, p. 3-18, 1985.
_____. Standard Penetration Test Procedures and the Effect in Sands of Overburden Pressure, Relative Density, Particle Size, Aging and Overconsolidation. *Geotechnique,* v. 36, n. 3, p. 425-447, 1986.
SLADEN, J. A. The Adhesion Factor: Applications and Limitations. *Canadian Geotechnical Journal,* v. 29, n. 2, p. 323-326, 1992.
SOWERS, G. B.; SOWERS, G. F. *Introductory Soil Mechanics and Foundations.* 3 ed. New York: Macmillan, 1970.
STAS, C. V.; KULHAWY, F. H. Critical Evaluation of Design Methods for Foundations Under Axial Uplift and Compression Loading. *REPORT EL-3771,* Electric Power Research Institute, Palo Alto, CA, 1984.
STEINBRENNER, W. Tafeln zur Setzungsberechnung. *Die Strasse,* v. 1, p. 121-124, 1934.
STOKOE, K. H.; WOODS, R. D. *In Situ* Shear Wave Velocity by Cross-Hole Method. *Journal of Soil Mechanics and Foundations Division,* American Society of Civil Engineers, v. 98, n. SM5, p. 443-460, 1972.
SZECHY, K.; VARGA, L. *Foundation Engineering* – Soil Exploration and Spread Foundation. Budapeste: AkademiaiKiado, 1978.
TAYLOR, D. W. *Fundamentals of Soil Mechanics.* New York: Wiley, 1948.
TEFERRA, A. *Beziehungen zwischen Reibungswinkel, Lagerungsdichte und Sonderwiderständen nichtbindiger Böden mit verschiedener Kornverteilung.* Ph. D. Thesis, Technical University of Aachen Germany, 1975.
TERZAGHI, K. *Theoretical Soil Mechanics.* New York: Wiley, 1943.
TERZAGHI, K.; PECK, R. B. *Soil Mechanics in Engineering Practice.* New York: Wiley, 1967.
TERZAGHI, K.; PECK, R. B.; MESRI, G. *Soil Mechanics in Engineering Practice.* 3. ed. New York: Wiley, 1996.
THINH, K. D. How Reliable is Your Angle of Internal Friction? *Proceedings, XV International Conference on Soil Mechanics and Geotechnical Engineering.* Istambul, Turquia, v. 1, p. 73-76, 2001.
UNESCO. *Reinforced Concrete*: An International Manual. London: Butterworth, 1971.
U. S. DEPARTMENT OF NAVY. *Soil Mechanics Design Manual* 7. 01. Washington, DC: U. S. Government Printing Office, 1986.
VARGAS, M. Building Settlement Observations in São Paulo. *Proceedings Second International Conference on Soil Mechanics and Foundation Engineering,* Roterdam, v. 4, p. 13, 1948.
_____. Foundations of Tall Buildings on Sand in São Paulo (Brazil). *Proceedings, Fifth International Conference on Soil Mechanics and Foundation Engineering,* Paris, v. 1, p. 841, 1961.
VESIC, A. S. Bending of Beams Resting on Isotropic Elastic Solids. *Journal of the Engineering Mechanics Division,* American Society of Civil Engineers, v. 87, n. EM2, p. 35-53, 1961.
_____. Bearing Capacity of Deep Foundations in Sand. *Highway Research Record,* n. 39, National Academy of Sciences, Washington DC, p. 112-154, 1963.
_____. *Experiments with Instrumented Pile Groups in Sand,* American Society for Testing and Materials, Special Technical Publication n. 444, p. 177-222, 1969.
_____. Tests on Instrumental Piles – Ogeechee River Site. *Journal of the Soil Mechanics and Foundations Division,* American Society of Civil Engineers, v. 96, n. SM2, p. 561-584, 1970.
_____. Analysis of Ultimate Loads of Shallow Foundations. *Journal of the Soil Mechanics and Foundations Division,* American Society of Civil Engineers, v. 99, n. SM1, p. 45-73, 1973.
_____. *Design of Pile Foundations,* National Cooperative Highway Research Program Synthesis of Practice n. 42, Transportation Research Board, Washington, DC, 1977.
VIJAYVERGIYA, V. N.; FOCHT, J. A., Jr. *A New Way to Predict Capacity of Piles in Clay.* Offshore Technology Conference Paper 1718, Fourth Offshore Technology Conference, Houston, 1972.
WESTERGAARD, H. M. A Problem of Elasticity Suggested by a Problem in Soil Mechanics: Soft Material Reinforced by Numerous Strong Horizontal Sheets. *Contributions to the Mechanics of Solids, Dedicated to Stephen Timoshenko.* New York: MacMillan, 1938. p. 268-277.
WHITAKER, T.; COOKE, R. W. An Investigation of the Shaft and Base Resistance of Large Bored Piles in London Clay. *Proceedings, Conference on Large Bored Piles,* Institute of Civil Engineers, London, p. 7-49, 1966.
WOLFF, T. F. Pile Capacity Prediction Using Parameter Functions. *Predicted and Observed Axial Behavior of Piles, Results of a Pile Prediction Symposium,* sponsored by the Geotechnical Engineering Division, ASCE, Evanston, IL, jun. 1989, ASCE Geotechnical Special Publication n. 23, p. 96-106, 1989.
WONG, K. S.; TEH, C. I. Negative Skin Friction on Piles in Layered Soil Deposit. *Journal of Geotechnical and Geoenvironmental Engineering,* American Society of Civil Engineers, v. 121, n. 6, p. 457-465, 1995.
WOOD, D. M. Index Properties and Critical State Soil Mechanics. *Proceedings, Symposium on Recent Developments in Laboratory and Field Tests and Analysis of Geotechnical Problems,* Bangcok, p. 309, 1983.
WROTH, C. P.; WOOD, D. M. The Correlation of Index Properties with Some Basic Engineering Properties of Soils. *Canadian Geotechnical Journal,* v. 15, n. 2, p. 137-145, 1978.
ZHU, D. Y.; QIAN, Q. Determination of Passive Earth Pressure Coefficient by the Method of Triangular Slices. *Canadian Geotechnical Journal,* v. 37, n. 2, p. 485-491, 2000.
ZHU, M.; MICHALOWSKI, R. L. Shape Factors for Limit Loads on Square and Rectangular Footings. *Journal of Geotechnical and Geoenvironmental Engineering,* American Society of Civil Engineering, v. 131, n. 2, p. 223-231, 2005.

Índice remissivo

A
Adensamento
    definição de, 37-38
    grau médio de, 44
    tempo de, 42-46
    trajetória máxima de drenagem, 43
Adobe, 67
Agente defloculante, 9
Amostrador bipartida, 73-74
Amostrador de pistão, 83
Ângulo de atrito, 50
Ângulo de atrito drenado:
    variação com índice de plasticidade, 56, 57
    variação com índice de vazios e de pressão, 55-56
Ângulo de atrito, ensaio de penetração do cone, 94
Ângulo de atrito residual, 58
Área circular carregada, tensão, 145-146
Área retangular, tensão, 149-154
Atividade, 20-21
Atrito negativo da película, estaca, 245-247
Avaliação da qualidade da rocha, 104

B
Barragem natural, 64
Barrilete, 103-104
Barrilete de tubo duplo, 104
Barrilete de tubo simples, 104
Braço morto, 64
Broca para perfuração, 72

C
Calcita, 61
Cálculo de recalque, fundação rasa:
    elástico, 168-169, 170-177
Caliche, 67
Canal de fluxo, 34
Capacidade da estaca:
    Método de Meyerhof, 191, 224
    Método de Vesic, 226-229
    resistência ao atrito, 231-232
Capacidade de suporte
    admissível, 125
    efeito da compressibilidade, 139-141
    efeito do lençol freático, 127
    eixo perfurado, final, 258-261, 268-269
    eixo perfurado, recalque, 262-269, 271-276
    equação geral, 128
    fator de segurança, 125
    fator, Terzaghi, 128-129
    final, ruptura por cisalhamento local, 117
    ruptura, modo de, 117-121
    teoria, Terzaghi, 121-125

Capacidade de suporte admissível, fundação rasa
    com base no recalque, 191-193
    correlação com a resistência à penetração padrão, 191
    geral, 125
Capacidade de suporte máxima, Terzaghi, 121-125
Capacidade geral de suporte, fundação rasa:
    equação, 128
    fator de forma, 130
    fator de inclinação, 130
    fator de profundidade, 129-130
    fatores da capacidade de carga, 128-129
Carga concentrada, tensão, 145, 163-164
Carga pontual, tensão, 145, 163
Caulinita, 10
Célula de proteção, ensaio pressiométrico, 97
Cinto de corrente serpenteado, 65
Coeficiente:
    adensamento, 37
    graduação, 8
    índice de compressão, 38
    uniformidade, 8
Coeficiente de graduação, 8
Coeficiente de uniformidade, 8
Coeficiente do empuxo de terra:
    Coulomb, ativo, 293-295
    Coulomb, passivo, 303-304
    em repouso, 281
    Rankine ativa, aterro granular, 288
    Rankine ativa, aterro horizontal, 284
    Rankine passiva, aterro horizontal, 299
    Rankine passiva, aterro inclinado, 301
Coeficiente do empuxo de terra em repouso, 281
Coesão, 50
Coesão aparente, 50
Coesão não drenada, 54
Compactação relativa, 333
Compressibilidade, efeito sobre a capacidade de suporte, 139-141
Condição de contorno, 34
Condutividade hidráulica:
    ensaio com carga variável, 29
    ensaio de carga constante, 29
    relação com o índice de vazios, 29-30
    valores típicos para, 29
Correção, resistência ao cisalhamento de palheta, 88
Critério de ruptura de Mohr-Coulomb, 50-51
Critérios do projeto do filtro, 325
Curva de recompressão, adensamento, 41

D
Densidade relativa, 14-15
Depósito de geleiras, 65-66
Depósito de pântano de planície aluvial, 65

Depósito de riachos entrelaçados, 63
Depósito de solo eólico, 61, 66-67
Depósito glaciofluvial, 66
Depósitos aluviais, 63-65
Depósitos de barra de pontal, 64
Deslizamento, muro de arrimo, 313-316
Distribuição granulométrica, 7-8
Duna de areia, 66

E
Efeito da compressibilidade do solo, capacidade de suporte, 139-141
Eixo perfurado:
    capacidade de suporte, final, 258-261, 269-270
    capacidade de suporte, recalque, 262-265, 271-273
    mistura de concreto, 256
    procedimento para construção, 250-255
    tipos de, 249-250
    transferência de carga, 256
empuxo ativo de terra
    Coulomb, 293-296
    Rankine, 283-286, 288-291
Empuxo ativo de terra de Rankine:
    aterro horizontal, 283-286
    aterro inclinado, 288-291
Empuxo de terra de Coulomb
    ativo, 293-296
    passivo, 303-304
Empuxo de terra em repouso, 280-283
Empuxo passivo:
    Coulomb, 303-304
    horizontal, 299-301
    superfície de ruptura curva, 304-305
Ensaio de cisalhamento de palheta, 85-88
Ensaio de cisalhamento direto, 51-52
Ensaio de compressão simples, 55-56
Ensaio de peneiramento, 7-8
Ensaio de penetração de cone, 90-93
Ensaio de penetração estática, 90-94
Ensaio dilatométrico, 100-103
Ensaio pressiométrico, 97-100
Ensaio triaxial:
    adensado drenado, 52
    adensado não drenado, 52-53
    não adensado não drenado, 54-55
Equação de Laplace, 34
Espaçamento, perfurações, 70
Estaca de deslocamento, 217
Estaca de ponta, 214-215
Estacas de atrito, 214
Estacas de não deslocamento, 217

F
Fator de forma, capacidade de suporte, 130
Fator de inclinação, capacidade de suporte, 130
Fator de influência:
    carga retangular, 150
Fator de influência da deformação, 182-185, 187-188
Fator de profundidade, capacidade de suporte, 129-130
Fator de segurança, fundação rasa, 125
Fator de tempo, 44
Filtro, 324-325
Fissura de tração, 284
Fundação em radier:
    capacidade de suporte, 201-203
    capacidade de suporte final bruta, 201
    capacidade de suporte final líquida, 201
    recalque diferencial de, 203
    tipos, 200-201
Fundação flexível, recalque elástico, 170-172

G
Gradiente hidráulico, 29
Gradiente hidráulico crítico, 36
Gráfico de plasticidade, 23

Grau de saturação, 11
Grau médio de adensamento, 44
Gumbo, 67

H
Hélice contínua, 71
Humo, 67

I
Ilita, 10
Índice de compressão:
    correlações para, 39-40
    definição de, 39
Índice de expansão, 40
Índice de liquidez, 20
Índice de plasticidade, 20
Índice de recompressão, 41
Índice de recuperação, 104
Índice de rigidez, 139
Índice de rigidez crítica, 140
Índice de tensão horizontal, 101
Índice de vazios, 10
    relação máximo-mínimo, 14
Índice do grupo, 21
Índice material,s 101
Instalação da estaca, 215-219
Intemperismo mecânico, 60
Intemperismo químico, 60

J
Juntas de construção, 324
Juntas de contração, 324
Juntas, muro de arrimo, 324

L
Lama, 67
Lama de perfuração, 80
Lei de Darcy, 29
Lençol freático, efeito sobre a capacidade de suporte, 127
Limite de contração, 19
Limite de liquidez, 21
Limite de plasticidade, 19
Limite de tamanho, 10
Limites de Atterberg, 19-20
Linha de fluxo, 34
Linha equipotencial, 34
Loess, 66

M
Martelo, instalação de estacas, 215-219
Massa específica, 12
Mecanismo de transferência de carga, estaca, 219-221
Método de Wenner, pesquisa da resistividade, 112
Minerais de argila, 21
Modos de ruptura, 117-121
Módulo de elasticidade para argila, valores típicos para, 168
Módulo pressiométrico, 98
Módulo dilatométrico, 101
Montmorilonita, 10
Morena, 65
Morena do solo, 65
Morena terminal, 65
Muro de arrimo:
    cantiléver, 306
    contraforte, 306
    drenagem, aterro, 324-325
    gravidade, 306
    junta, 324
    proporcionamento, 308
    ruptura por cisalhamento profundo, 310
    teorias de aplicação do empuxo de terra, 308-310
    verificação de estabilidade, 310-311
Muro de arrimo cantiléver, geral, 306

Muro de arrimo de contraforte, 306
Muro de arrimo por gravidade
    definição, 306

N
Nome do grupo
    solo de granulação fina, 26
    solo de grãos grossos, 25
    solo orgânico, 27
Número de penetração padrão:
    correlação, ângulo de atrito, 80-81
    correlação, consistência da argila, 76-77
    correlação, densidade relativa, 79-80
    correlação, proporção de sobreadensamento, 77-78

O
Observação sobre o lençol freático, 85
Ondas P, 107-109
Ondas S, 107

P
Palheta de campo, dimensões de, 87
parâmetro A, Skempton
    definição de, 55
    valores típicos, 55
parâmetro B, Skempton, 55
Parâmetro da poropressão, 34
Penetrômetro de cone de atrito mecânico, 91
Penetrômetro elétrico de cone de atrito, 90
Percentual de finos, 8
Perfuração por lavagem, 72-73
Perfuração por percussão, 72
Perfuração rotativa, 88
Peso específico:
    saturado, 13
    seco, 12
    úmido, 12
Peso específico saturado, 12
Peso específico seco, 12
Peso específico úmido, 12
Pesquisa de refração, 107-109
Pesquisa de refração sísmica, 107-109
Pesquisa sísmica *cross-hole*, 111-112
Planícies aluviais, 64
Porosidade, 11
Pré-compressão:
    consideração geral, 336
    grau de adensamento de plano médio, 337
Pressão de pré-adensamento, 38-39
Profundidade da fenda de tração, 253
Profundidade de perfuração, 69-70
Proporção da área, 75
Proporcionamento, muro de arrimo, 308

R
Razão de atrito, 90
Recalque elástico:
    com base na teoria da elasticidade, 170-172
    geral, 172
    método do fator de influência da deformação, 182-185, 187-188
    rígida, 171
Recalque, estaca:
    elástico, 242-243
Reconhecimento, 68
Recuperador de testemunho, 74, 75
Rede de fluxo, 33
Relação peso-volume, 10-14
Relatório de perfuração, 106
Resistência à compressão simples, 55-56
Resistividade, 107

Ruptura local por cisalhamento, capacidade de suporte, 118
Ruptura por cisalhamento por punção, capacidade de suporte, 118

S
Sapata cantiléver, 197-198
Sapata combinada, 195-200
Sapata combinada retangular, 195-196
Sapata trapezoidal, 196-197
Saprolito, 67
Saturação, grau de, 12
Sensibilidade, 59
Sistema de classificação AASHTO, 21-22
Sistemas de classificação do solo, 21-28
Sistema unificado, 22-27
Solo normalmente adensado, 39
Solo orgânico, 67
Solo pré-adensado, 39
Solo residual, 61-62
Solução de Westergaard, tensão:
    área circular carregada, 165
    carga pontual, 163-164
    carga retangular, 165-166
Superfície de ruptura curva, pressão passiva, 304-305

T
Tamanho da peneira, 8
Taxa de tempo do adensamento, 42-46
Tensão:
    área circular carregada, 145-146, 165
    carga concentrada, 144, 163
    carga em sapata contínua, 147-148
    carga linear, 146-147
    carga retangular, 149-154, 165-167
    isóbaro, 155
Tensão de contato, dilatômetro, 101
Tensão efetiva, 34-36
tensão efetiva residual, 57-58
Tensão em expansão, dilatômetro, 101
Tensão vertical, média, 156-158, 160-161
Tensão vertical média,
    área retangular carregada, 156-160
    carga circular, 160-161
Teor de umidade, 12
Teor de umidade ideal, 331
Terra roxa, 67
Testemunhagem, 103-105
Tilito glacial, 65
Tipo de estaca:
    aço, 206-209
    compostas, 214
    concreto, 209-212
    hélice contínua, 71
    madeira, 212-214
Tombamento, muro de arrimo, 311-313
Trado helicoidal, 71
Tubos *Shelby*, 83

V
Velocidade de Darcy, 29
Velocidade, ondas P, 108
Verificação de estabilidade, muro de arrimo:
    capacidade de suporte, 316-318
    deslizamento, 313-316
    tombamento, 311-313
Volume, coeficiente de adensamento, 43

Z
Zona ativa, solo expansivo, 205
Zonas de cisalhamento radial, capacidade de suporte, 121